Excel 数据分析教程

（第2版）

主　编　段　杨

副主编　张　莉

参　编　黄　攀　曾　静　盛加林

电子工业出版社

Publishing House of Electronics Industry

北京·BEIJING

内 容 简 介

本书立足已掌握 Excel 初步知识的读者，系统地介绍了 Excel 2016 的一些高级功能的使用方法和技巧，并通过大量实用案例，引导读者将所学知识应用到实际工作中。本书共 8 章，从数据的采集、整理、分析、展示到控件、VBA 和 Python 的开发，所有内容都紧扣数据分析的主题，为读者进入更高阶段的学习打下基础。

全书结构紧凑、重点突出、立足商务实用，既整合了入门类图书的看图说话、图文并茂的特点，又融入了技术型图书的分类精准、逻辑严密的特点，特别是借鉴了案例类图书融会贯通、举一反三的优点，使其具有广泛的适应性和实用性，适合具有一定基础的 Excel 用户学习和参考，也适合高校本科专业基础课使用。

图书在版编目（CIP）数据

Excel 数据分析教程 / 段杨主编. —2 版. —北京：电子工业出版社，2021.9

ISBN 978-7-121-42189-1

Ⅰ. ①E… Ⅱ. ①段… Ⅲ. ①表处理软件－高等学校－教材 Ⅳ. ①TP391.13

中国版本图书馆 CIP 数据核字（2021）第 203986 号

责任编辑：程超群　　　　特约编辑：田学清

印　　刷：北京七彩京通数码快印有限公司

装　　订：北京七彩京通数码快印有限公司

出版发行：电子工业出版社

　　　　　北京市海淀区万寿路 173 信箱　　　　邮编：100036

开　　本：787×1092　　1/16　　印张：18.25　　字数：467.2 千字

版　　次：2017 年 8 月第 1 版

　　　　　2021 年 9 月第 2 版

印　　次：2025 年 7 月第 7 次印刷

定　　价：55.00 元

前 言
Preface

随着计算机软/硬件的不断升级，以及教学方式的不断改革，计算机教学内容也需要不断改进。作为 Office 组件中较有价值的 Excel，也迎来了 2016 版。作为目前主流的表格制作和数据处理软件之一，它以其功能强大、操作简便及安全稳定等特点成为办公用户必备的数据处理软件之一，其应用涵盖了办公自动化应用的多个领域，包括统计、财会、人事、管理、销售等。

但也正是由于 Excel 的功能十分强大，所以要想熟练掌握其高级功能，选择一本合适的参考书尤为重要。本书依据 2017 年 8 月第 1 版进行修订。原书共 8 章，从数据可视化、基本分析方法到基本工具、函数、加载宏、控件和 VBA 等都有涉及，系统地介绍了 Excel 2016 的一些高级功能的使用方法和技巧，从图表到各级分析工具，再到 VBA，所有内容都紧扣数据分析的主题。不但为读者进入更高阶段的学习打下了基础，而且其中的方法也可以直接用于解决工作中遇到的实际问题。这是其通用性的一面。

第 1 版出版后已过去了 4 年，这期间，编者及其他使用者又探索出了一些新的应用场景或使用方法，需要体现在书中；一些新的工具的推出对 Excel 的应用有促进作用，特别是 Python 的 Excel 支持库，可以加入。另外，新方法层出不穷，需要在教学中体现出来；在使用本书的学生中，已经有进入毕业实践环节的，他们将日常使用 Excel 遇到的一些具体问题也反馈给老师，需要在书中体现一些具有共性的技巧。

修订之后，本书具有以下特色：更加偏向操作，因为许多学校都在增大实践实验课程所占的比例，像这类课程，当然要体现这一趋势；更加贴近实际应用，新增案例将更多地体现微观分析，更少使用宏观分析；更加紧跟流行技术，增强对读者的吸引力。

全书结构紧凑、重点突出。参与编写本书的老师都拥有在高校长期从事相关理论和实验课程教学的经历，对之前 Excel 的各种版本也有相当的了解，主编段杨长期从事"Visual Basic"课程的教学，主要编写第 1、7、8 章，副主编张莉主要编写第 3、5 章。另外，参与本书的编写的还有黄攀（第 6 章）、曾静（第 2 章）和盛加林（第 4 章）。

此外，在本书的编写过程中，编者还参考了一些著作，在此对这些著作的作者表示感谢。

在编写过程中，虽然编者尽心尽力，倾注了大量心血，但由于水平有限，书中难免有不妥之处，恳请广大读者和同仁批评指正。

编　者

目录
Contents

第1章　Excel 数据分析之前——数据获取
　　　 与准备 1

学习目标 1

本章提要 1

1.1　数据分析概述 1

1.2　数据获取 5

1.3　数据准备 14

　　1.3.1　数据排序 14

　　1.3.2　数据筛选 22

小技巧 26

上机题 1 27

课后习题 1 28

第2章　Excel 数据分析入门——透视
　　　 分析 29

学习目标 29

本章提要 29

2.1　分类汇总 29

2.2　合并计算 35

2.3　数据透视表 40

　　2.3.1　创建数据透视表 41

　　2.3.2　应用数据透视表 43

　　2.3.3　应用数据透视图 58

　　2.3.4　切片器的使用 62

小技巧 64

上机题 2 64

课后习题 2 66

第3章　Excel 数据分析初步——模拟
　　　 运算 68

学习目标 68

本章提要 68

3.1　模拟运算表 69

3.2　方案分析 75

3.3　目标搜索 82

小技巧 87

上机题 3 88

课后习题 3 88

第4章　Excel 数据分析进阶——函数的
　　　 应用 90

学习目标 90

本章提要 90

4.1　使用函数进行决策分析 91

4.2　常用 Excel 函数 98

　　4.2.1　文本函数 98

　　4.2.2　逻辑函数 108

　　4.2.3　统计函数 112

　　4.2.4　查找与引用函数 114

4.2.5　日期及时间函数 125

4.2.6　数学与三角函数 132

小技巧 139

上机题 4 140

课后习题 4 141

**第 5 章　Excel 数据分析提高——应用
加载宏** 143

学习目标 143

本章提要 143

5.1　描述性统计分析 144

5.1.1　集中趋势 144

5.1.2　离中趋势 151

5.1.3　使用数据分析工具进行
描述性统计分析 157

5.2　预测分析 163

5.3　规划分析 178

小技巧 190

上机题 5 191

课后习题 5 193

**第 6 章　Excel 数据可视化——图表的
应用** 195

学习目标 195

本章提要 195

6.1　Excel 图表类型介绍 195

6.2　企业的经营现状分析——雷达图
应用 212

6.3　高级图表操作 219

小技巧 234

上机题 6 235

课后习题 6 236

**第 7 章　Excel 数据分析自动化——控件和宏
的应用** 238

学习目标 238

本章提要 238

7.1　Excel 控件简介 239

7.2　表单控件的综合应用 249

7.3　创建和使用宏 253

7.3.1　命令宏 253

7.3.2　函数宏简介 261

小技巧 264

上机题 7 265

课后习题 7 266

**第 8 章　Excel 二次开发——VBA 和
Python 的应用** 268

学习目标 268

本章提要 268

8.1　VBA 初步 269

8.1.1　VBA 编程对象 269

8.1.2　VBA 快速上手 271

8.2　Python 初步 274

8.2.1　在 Python 中安装 Excel
支持库 274

8.2.2　用 Python 完成 Excel 的
常用操作 277

小技巧 281

上机题 8 282

课后习题 8 284

参考文献 286

第**1**章

Excel 数据分析之前——数据获取与准备

1. 了解数据分析的含义、作用。
2. 理解数据分析的一般过程，即基本步骤。
3. 掌握获取数据的几种主要途径。
4. 熟练掌握用 Excel 进行数据排序和数据筛选的主要方法。

本章提要

✦ 数据科学是一门新兴科学，它以数据为中心，帮助我们理解数据，用数据进行创新，在一定程度上，可以推动社会发展。今天，数据科学的研究应用不仅限于科研人员、企业机构，针对它的教学已经拓展到大学甚至高中阶段，人们开始关注如何在工作、日常生活中应用数据科学。

✦ 在现代企业的经营管理过程中，数据已经成为重要的资源。如今，从社交媒体活动、移动互动到市场数据、交易细节，在结构和数量上都存在着大量的数据。因此，高效的数据管理成为企业成功的关键之一。本章将简要介绍数据分析的含义、作用和基本步骤，以及对数据进行初步整理的方法。

1.1 数据分析概述

1. 数据分析的含义

（1）数据的定义。

数据（data）是观察的结果，是对客观事物的逻辑归纳，是用于表示客观事物的未经加工的原始素材。数据可以是连续的值，如声音、图像，称为模拟数据；也可以是离散的值，如符号、文字，称为数字数据。

（2）数据分析的定义。

数据分析是指用合适的统计分析方法对收集到的数据进行分析，将这些数据进行汇总，并形成可以被人们理解的资料，从中提取有用的信息，进而发挥数据的作用。概言之，数据分析是为了提取有用的信息和形成结论而对数据进行详细研究与概括总结的过程。

数据分析常常以数量的形式展现，通过实验、观察、调查等方式获取结果。

（3）数据分析的发展。

数据分析的数学基础在20世纪早期就已确立，但直到计算机出现才使得实际操作成为可能，并使数据分析得以推广。数据分析是数学与计算机科学相结合的产物。

人类社会最早大规模管理和使用数据是从数据库的诞生开始的。数据库的出现使得数据管理的复杂度大大降低，互联网的出现又促使人类社会数据量出现第二次大的飞跃，使数据传播更加快捷。如今的时代是一个数据风暴的时代，几乎每个企业都会讲究数据，通过数据向消费者阐述产品的好处、企业的信誉度，还会通过数据向自己提供企业做得好的地方、出现的问题及需要改进的地方；以微博和微信为代表的新型社交网络的出现与快速发展使得用户产生数据的意愿更加强烈；以智能手机、平板电脑为代表的新型移动设备的出现使得人们在网上发表自己意见的途径更为便捷。这3个因素综合起来，共同推动了数据量的快速增长，使得企业能获得的数据多而且杂，必须经过分析才能使用。

2．数据分析的价值、作用和应用领域

（1）数据分析的价值。

一般来说，数据分析具有3点价值，值得人们去学习和运用，如图1-1所示。

图1-1　数据分析的价值

- 帮助决策：提供企业现阶段的整体运营情况，以及企业各项业务的构成，其中包括各项业务的发展及变动情况，帮助企业决策者了解企业现状，从而为决策提供起点。
- 规避风险：确定企业存在问题的原因，对这些原因做出相应的分析并提出解决方案。
- 把握动向：对企业未来的发展趋势做预测，便于企业制订运营目标和计划。

在产品的整个生命周期、市场调研、售后服务、最终处置等各个过程中，都应该进行适当的数据分析，只有这样，才能提供有效性。例如，一个企业的领导人通过市场调查，分析得到的数据以判定市场动向，从而制订合适的生产及销售计划。

（2）数据分析的作用。

数据分析在企业的日常经营分析中具有以下作用。

① 市场营销方面。

- 精准寻找目标用户：利用数据挖掘技术，发现用户特征，构建用户画像，预测用户行为，对用户进行合理分群，进行用户偏好预测、用户个性化推荐等。
- 用户行为研究：针对用户的多维度属性、标签和行为数据，进行用户流失预警、用户生命周期分析、用户影响力分析、用户价值分析等相关用户行为研究。

- 行业竞品和行情监控：监测并分析行业竞品情况，收集并解读相关用户和市场研究报告，为企业产品规划提供支持。

② 运营管理方面。

- 提供最新运营情况：对日报、周报、月报等日常报告和数据进行制作与维护，及时反馈最新的运营情况。
- 为运营管理提供决策支持：基于企业业务的运营情况展开深入分析，提出运营业务发展策略建议。
- 监控运营活动效能：监控、分析运营活动，评估运营活动效能，提出运营活动优化和成本控制解决方案，并主导或协助落实。
- 团队绩效考核：针对运营团队整体 KPI（关键业绩指标）考核及情况制订对应绩效考核方案并跟踪其实施。

③ 产品研发方面。

- 产品优化支持：对相关业务线产品进行用户分析、营收分析、行为分析、活动效果评估等，做出相应报告，为产品优化和业务运营提供支持。
- 新产品研发支持：根据已有数据，为新产品的开发提供决策依据和方向，实现业务所需的数据分析、数据产品设计。

④ 大数据平台支持方面。

- 对于数据量容易达到海量级别的行业，如金融行业（基金、证券、期货、投资）或提供数据服务的 IT 企业，往往会有大数据平台搭建和维护等需求。
- 对企业各种大数据基础设施进行研发与运维，提升其运行效率、稳定性和可用性。
- 有利于大数据项目的数据挖掘和建模，并对实现 BI 分析、数据产品开发、算法开发提供系统性支持。

除了上面提及的作用，数据分析在不同行业也会起到其他不同的作用。例如，在教育行业，可能还会需要数据分析师发表学术论文或专利，或者进行科研成果转换等；物流企业需要数据分析师对仓储效率、成本、库存等方面进行分析挖掘；互联网金融企业对反欺诈信用风控系统、策略、模型开发有更多的需求。

总的来讲，有数据产生的行业就需要数据分析岗位，以数据驱动的产品和经营活动更需要数据分析师。数据分析师在不同行业、不同职能部门起到的作用也会有所不同。

（3）数据分析的应用领域。

数据分析在不同的企业所起的作用大小会有所不同，互联网/电子商务行业对数据分析在市场营销和运营方面的作用尤为重要，如图 1-2 所示。

综上所述，企业可以通过数据分析了解目标客户群体喜欢什么，在什么时间、什么地点能够找到他们的生活轨迹，企业就能通过数据分析随时调整投放产品的方式、营销策略等，帮助决策者做出正确的判断，以便采取适当的行动。

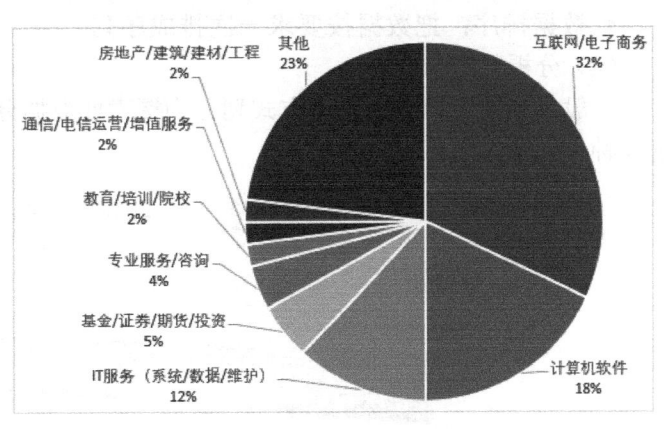

图1-2　数据分析的作用

3．数据分析的基本步骤

数据分析主要包括 6 步，它们缺一不可、相辅相成，是企业在运用数据分析时不可缺少的步骤，如图 1-3 所示。

图1-3　数据分析的基本步骤

（1）目标明确。

不管是人还是事，都得需要一个目的，才能有清晰的思路，而数据分析也不例外，人们在分析数据的时候，一定要知道分析数据的目的，不能一味地追求数据的数量，应该透过现象看本质。

只有明确数据分析的目的，才不会偏离方向，使决策者做出正确的决策，只有这样，才能确保数据分析过程具备有力的先决条件，进而为数据的收集、处理、分析提供清晰的指引方向。

（2）搜集数据。

搜集数据是指按照确定的数据分析目的收集相关数据的过程，它为数据分析提供依据。

（3）整理数据。

如今，整理数据已经广泛地应用于各种企业和事业单位中，内容涉及票据收发、生产调度、计划管理、销售分析等。数据指数字、符号、字母和各种文字的集合，可以用计算机收集、记录数据，而整理数据涉及的加工处理比一般的算术运算要广泛得多，是指以下几方面工作中的一个或多个的组合，最终绘制成文字和数字的表格或图表。

- 数据采集：采集所需的信息。
- 数据分组：指定编码，按有关信息进行有效的分组。
- 数据组织：整理数据或用某些方法安排数据。
- 数据计算：进行各种算术或逻辑运算。
- 数据存储：将原始数据或计算的结果保存起来，供以后使用。
- 数据检索：按消费者的要求找出有用的信息。
- 数据排序：把数据按要求一次排成序列。

（4）分析数据。

一般，企业会把数据分析方式划分为探索性数据分析、验证性数据分析、描述性数据分析 3 种，如图 1-4 所示。

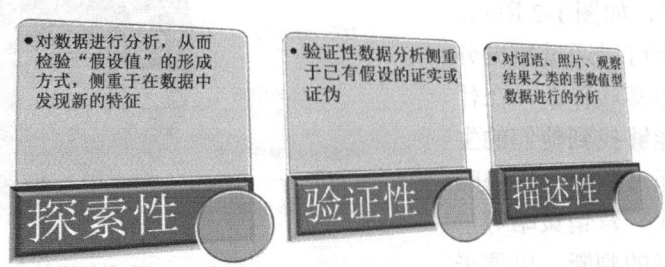

图1-4　数据分析方式

探索性数据分析是一种对数据进行分析,从而检验"假设值"的形成方式,侧重于在数据中发现新的特征;验证性数据分析侧重于已有假设的证实或证伪;描述性数据分析是指对词语、照片、观察结果之类的非数值型数据进行的分析。

(5)表现数据。

表现数据在数据分析的基本步骤中是一个重要的角色,只有将搜集到的数据通过处理和分析,形成有用的信息,并且用常见的柱形图、饼图、折线图等方式进行展现,才能让人们更加一目了然地发现数据的本质及作用,如图 1-5 所示。

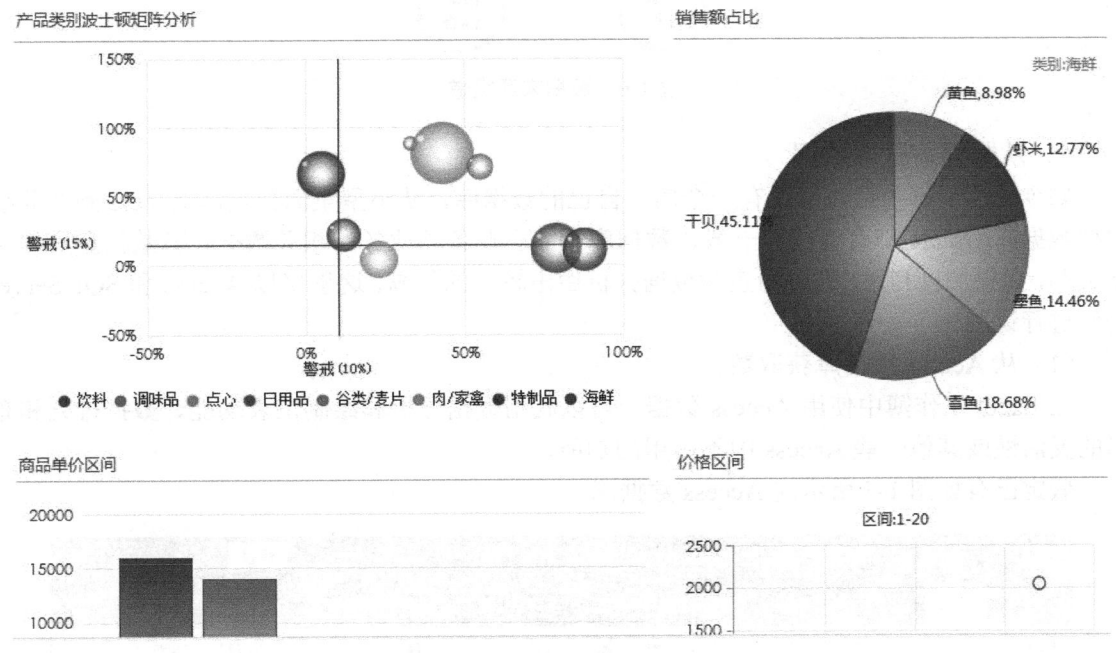

图1-5　常用数据表现方式

(6)得出结论。

得出结论是数据分析的最后一步,是对整个数据分析过程的总结,对企业决策者来说是一种参考,可以为决策者提供科学、严谨的决策依据。

一份优秀的数据分析报告,需要有一个明确的主题、一个清晰的目录,图文并茂地阐述数据、条理清晰地展现数据,使决策者能一目了然地看出报告的核心内容,这样既能用视觉冲击阅读人思考,又能很明确地阐述数据分析的核心内容。

最后,需要放置结论及建议,这样不仅可以为决策者指出问题,还可以提供方案和想法,以便决策者在决策时作为参考。

1.2　数据获取

理论上,所有包含有用信息的资源都可以称为数据,如文字、图片、视听资源等,但是图片和音像资料需要人工分析并将结构格式化才能得到数据。即使是文字资料,很多也是非格式化的,不能直接使用 Excel 进行分析,因此,这里所说的数据获取是指获取格式化的表格类型的数据。

数据获取是按照确定的数据分析目的收集相关数据的过程，为数据分析提供依据。一般数据来源渠道有 3 种，如图 1-6 所示。

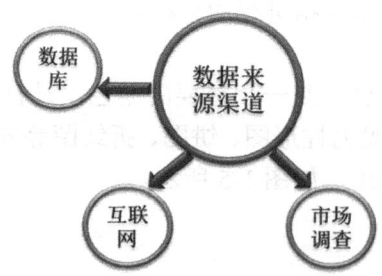

图1-6　数据来源渠道

1．从数据库获取数据

如今，几乎每个企业都会有一个属于自己的数据库，从小型桌面数据库 Access 到企业级大型数据库 Oracle 都有可能。一般，数据库存放企业各项业务的相关数据，其数据量是相当庞大的，如果加以利用，则可为企业数据分析做出较大的贡献。这里仅以 Access 和 SQL Server 为例进行说明。

（1）从 Access 数据库获取数据。

在 Excel 工作簿中使用 Access 数据，可以利用数据分析和绘制图表功能、数据排列和布局的灵活性或其他一些 Access 中不可用的功能。

假定已有如图 1-7 所示的 Access 数据库。

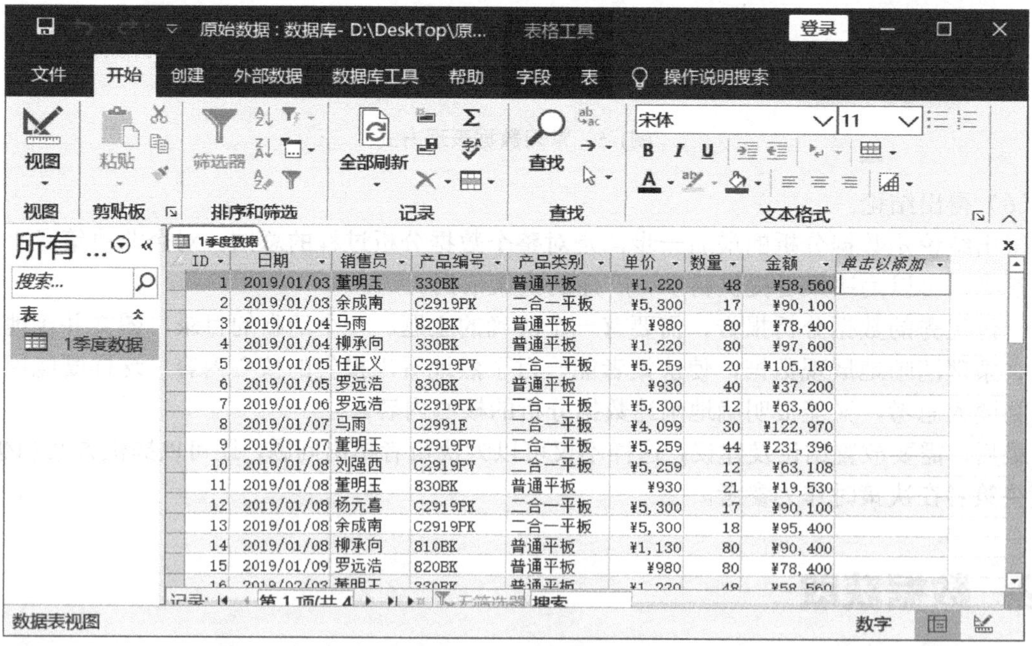

图1-7　Access 数据库

第 1 步，打开 Access 数据库，选定要导出到 Excel 中的表或查询，选定一个表，单击鼠标右键，然后在弹出的快捷菜单中选择"导出"→"Excel"选项，如图 1-8 所示。

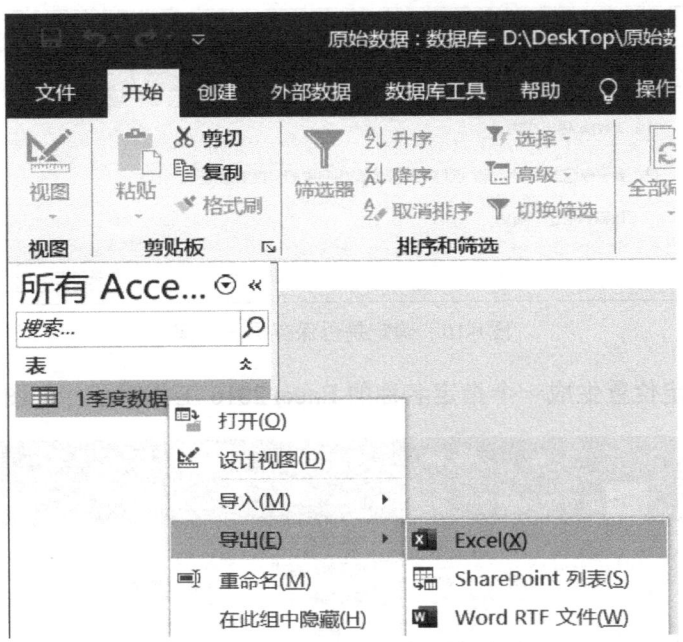

图1-8 在 Access 中选择要导出的数据

第 2 步，在弹出的"导出-Excel 电子表格"对话框中指定导出的路径、文件名和文件格式，这里格式就选择默认的 Excel 工作簿，如图 1-9 所示。

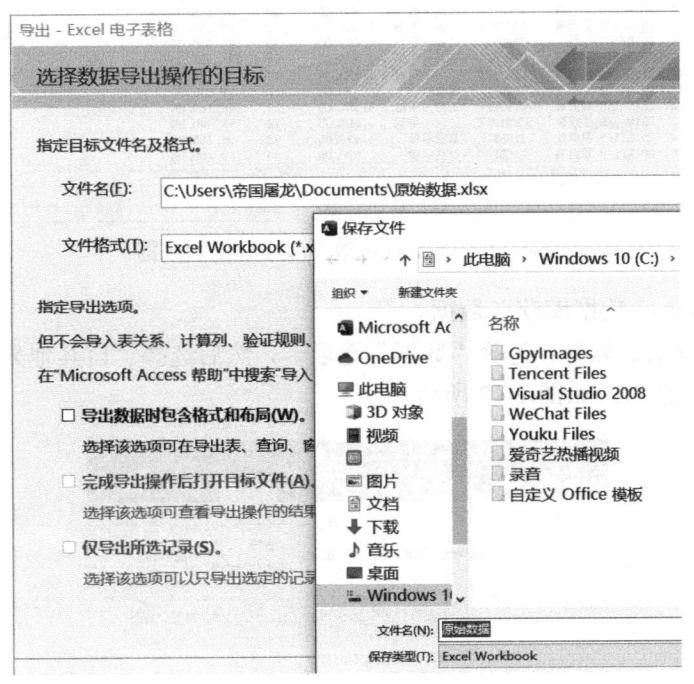

图1-9 "导出-Excel 电子表格"对话框

单击"确定"按钮后，会再弹出一个对话框以确定是否保存导出步骤，如果将来还要重复导出该表，则可以选中"保存导出步骤"复选框，下次导出同一工作表时将跳过选择导出文件路径、文件名和文件格式的步骤。然后单击"关闭"按钮，如图 1-10 所示。

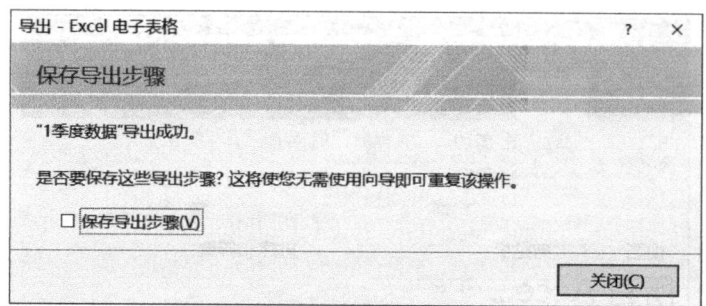

图1-10　确定是否保存导出步骤

这样就会在指定位置生成一个指定名称的 Excel 2016 工作簿了，如图 1-11 所示。

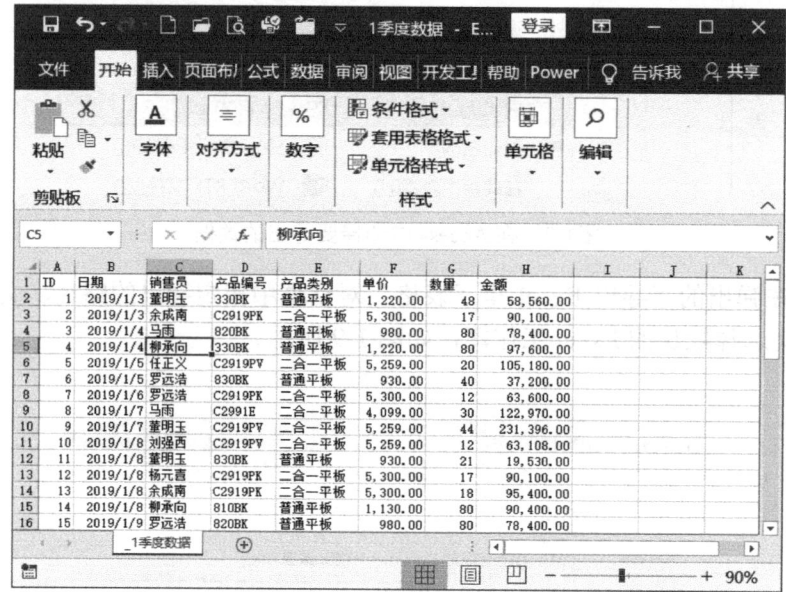

图1-11　从 Access 数据库中导出的数据

（2）从 SQL Server 数据库获取数据。

第 1 步，打开 Excel 软件，选择"数据"选项卡，然后选择"自其他来源"下拉菜单中的"来自 SQL Server"选项，如图 1-12 所示。

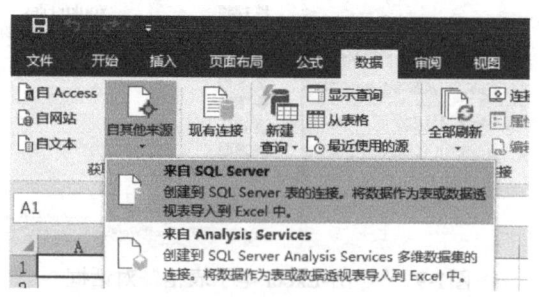

图1-12　选择"来自 SQL Server"选项

此时将弹出"数据连接向导"对话框，在此输入服务器名称，即计算机名，如图 1-13 所示。

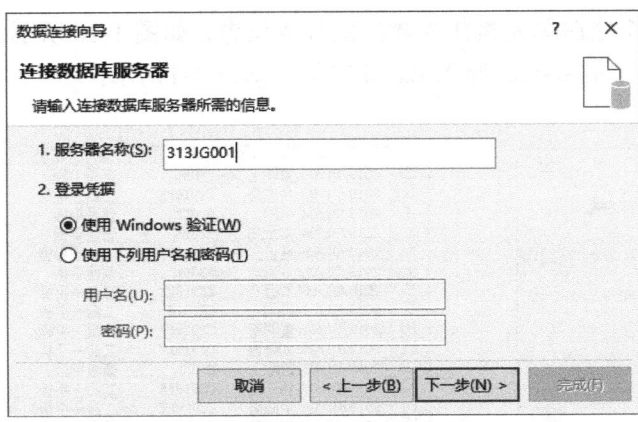

图1-13 "数据连接向导"对话框

第 2 步，当出现导入内容的具体设置界面时，选择要导入的表，如图 1-14 所示。

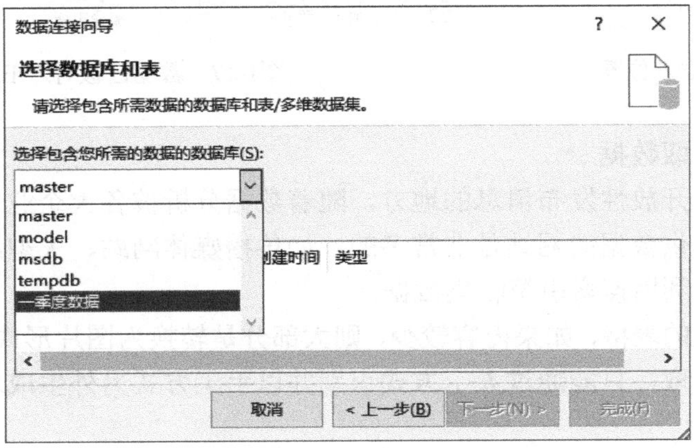

图1-14 选择要导入的表

第 3 步，保存数据连接，如图 1-15 所示。

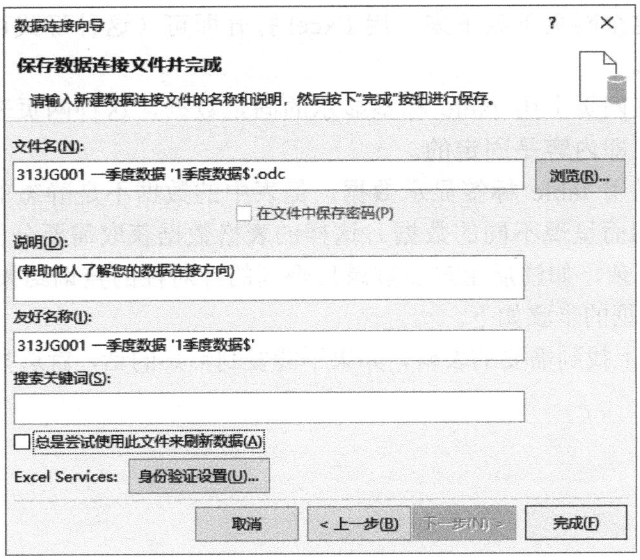

图1-15 保存数据连接

第4步，选择一个空白单元格作为数据的导入位置，如图1-16所示。单击"确定"按钮，可以看到SQL Server中的数据被导入Excel中了，如图1-17所示。

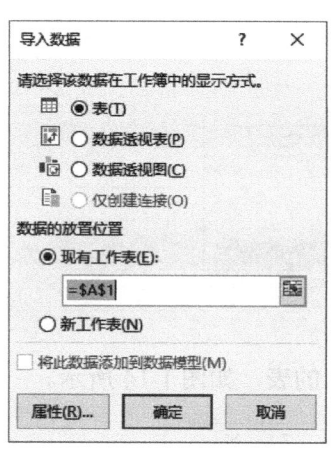

图1-16　选择导入位置

	A	B	C	D	E	F	G
1	日期	销售员	产品编号	产品类别	单价	数量	金额
2	2019/01/03	董明玉	330BK	普通平板	¥1,220	48	¥58,560
3	2019/01/03	余成南	C2919PK	二合一平板	¥5,300	17	¥90,100
4	2019/01/04	马雨	820BK	普通平板	¥980	80	¥78,400
5	2019/01/04	柳承向	330BK	普通平板	¥1,220	80	¥97,600
6	2019/01/05	任正义	C2919PV	二合一平板	¥5,259	20	¥105,180
7	2019/01/05	罗远浩	830BK	普通平板	¥930	40	¥37,200
8	2019/01/06	罗远浩	C2919PK	二合一平板	¥5,300	12	¥63,600
9	2019/01/07	马雨	C2991E	二合一平板	¥4,099	30	¥122,970
10	2019/01/07	董明玉	C2919PV	二合一平板	¥5,259	44	¥231,396
11	2019/01/08	刘强西	C2919PV	二合一平板	¥5,259	12	¥63,108
12	2019/01/08	董明玉	830BK	普通平板	¥930	21	¥19,530
13	2019/01/08	杨元喜	C2919PK	二合一平板	¥5,300	17	¥90,100
14	2019/01/08	余成南	C2919PK	二合一平板	¥5,300	18	¥95,400
15	2019/01/08	柳承向	810BK	普通平板	¥1,130	80	¥90,400
16	2019/01/09	罗远浩	820BK	普通平板	¥980	80	¥78,400
17	2019/02/03	董明玉	330BK	普通平板	¥1,220	48	¥58,560
18	2019/02/03	余成南	C2919PK	二合一平板	¥5,300	17	¥90,100
19	2019/02/04	马雨	820BK	普通平板	¥980	80	¥78,400
20	2019/02/04	柳承向	330BK	普通平板	¥1,220	80	¥97,600
21	2019/02/05	任正义	C2919PV	二合一平板	¥5,259	20	¥105,180
22	2019/02/05	罗远浩	830BK	普通平板	¥930	40	¥37,200

图1-17　数据已被导入Excel中

2. 从互联网获取数据

互联网属于一个开放性发布消息的地方，随着数据分析被各大企业运用，网络上也出现了一大批的数据。提供数据的网站是非常多的，如传播媒体网站、大型综合门户网站、行业组织网站等，还可以利用搜索引擎收集数据。

对于网页上呈现的表格，如果内容较少，则大部分是转换为图片形式发布的，因此，这部分表格的内容无法获取，只能通过人工方式识别并以手工方式另外生成表格，这就不是本节要讲的数据获取了。

不是以图片形式呈现的表格（特别是内容较多、转换成图片后无法完整展示的表格）大体分为3种。

- 最简单的一种是网页制作时直接将Excel表格保存为网页，然后供用户浏览。这时只需直接将这个网页下载下来，用Excel打开即可（这种形式可以参考国家统计局里面的表格）。
- 其次是直接在网页上用table标签显示的固定数据，这种网页表格内容不随网页的刷新而刷新，即内容是固定的。
- 稍微复杂的是用table标签显示数据，但表中的数据不是静态的，而是随着网页刷新或用户不同而呈现不同的数据。这样的表格数据获取需要分析提交链接请求、参数等，比较复杂，如注册用户在登录后得到的针对性的查询结果生成的表格。

从互联网获取数据的步骤如下。

第1步，在网页上找到需要的表格，如果不能复制粘贴的话，就选择其网址，然后复制，如图1-18所示。

图1-18　复制网址

第 2 步，打开 Excel 软件，在"数据""选项卡"的"获取外部数据"下拉菜单中选择"自Web"选项，如图 1-19 所示。

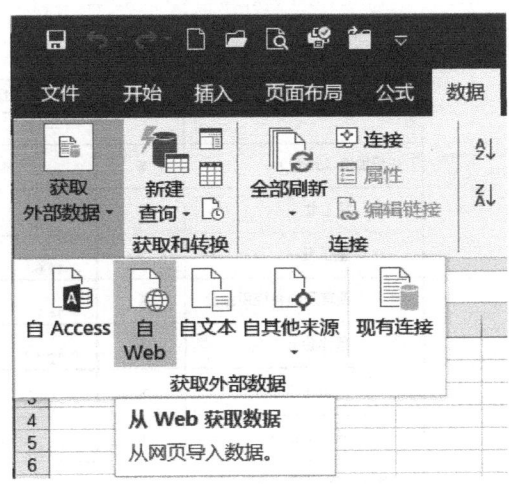

图1-19　选择"自 Web"选项

第 3 步，在弹出的页面中，在"地址"文本框中粘贴刚刚复制的网址，单击"转到"按钮，如图 1-20 所示。

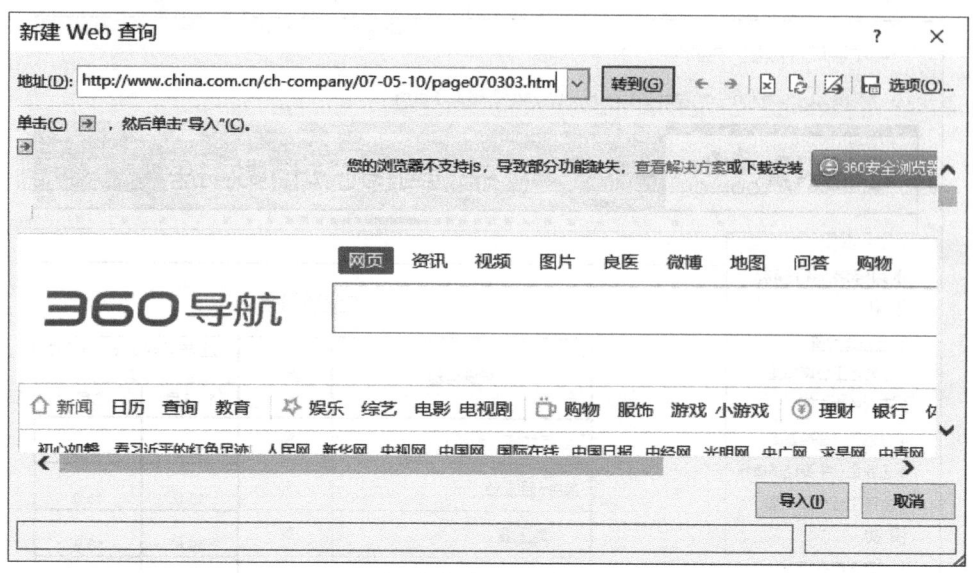

图1-20　粘贴网址

第4步，稍等一会儿，就会弹出导航器，里面就有刚刚网页上的表格，如图1-21所示。

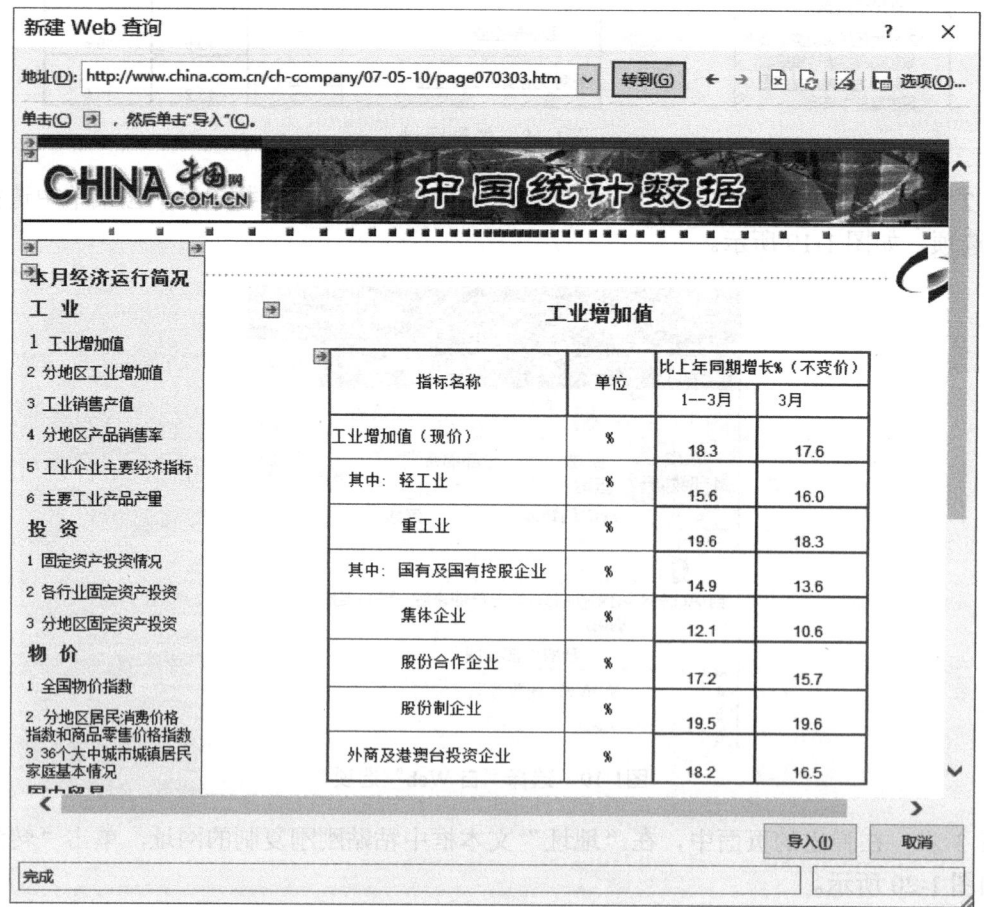

图1-21　出现需要的表格

选择需要的表格，然后单击下方的"导入"按钮，如图 1-22 所示。

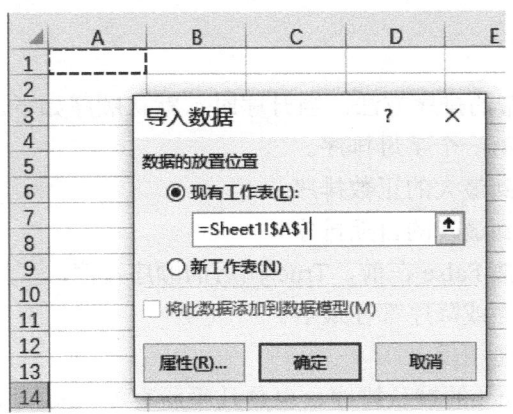

图1-22　单击"导入"按钮

选择要导入的具体单元格（该单元格将是表格的最左上单元格），如图 1-23 所示。

图1-23　选择要导入的具体单元格

第 5 步，此时表格就会加载到 Excel 中，而且其格式与网页上的格式是一样的，如图 1-24 所示。

	A	B	C	D
1	指标名称	单位	比上年同期增长%（不变价）	
2			1--3月	3月
3	工业增加值（现价）	%	18.3	17.6
4	其中: 轻工业	%	15.6	16
5	重工业	%	19.6	18.3
6	其中:国有及国有控股企业	%	14.9	13.6
7	集体企业	%	12.1	10.6
8	股份合作企业	%	17.2	15.7
9	股份制企业	%	19.5	19.6
10	外商及港澳台投资企业	%	18.2	16.5

图1-24　从网页上导入 Excel 中的数据表

此外，网上还有一些公开出版物，从中也可以收集与企业业务相关的数据，这些数据都是比较权威的，真实性和可靠性比较强。不过这些出版物很多都是 PDF 格式的，这些 PDF 格式的电子出版物下载后，其中的表格直接复制后粘贴到 Excel 中，往往只会把整个表的内容粘贴到同一个单元格中，此时应该先将其粘贴到 Word 中，再从 Word 中复制到 Excel 中。

3．通过市场调查获取数据

市场调查是运用科学的方法，有目的地、系统地收集、记录、整理有关调查信息和资料，为市场预测和营销决策提供客观的数据资料。

在进行市场调查时，往往已经有了明确的调查项目，对于调查项目会返回的数据的数量、类型、字节长度等都有了明确的预期，可以直接填入 Excel 中。

1.3　数据准备

由于现代企业产生的数据又多又杂，因此分析之前要进行数据准备，就是从混乱纷杂的数据中依据核心指标挑选出核心数据，挑选的方法主要是数据排序和数据筛选。排序和筛选操作是一般数据库管理软件都具备的功能，Excel 的排序和筛选操作更加方便和直观。排序和筛选操作通过按指定的标准对数据进行组织，使得数据管理更加高效。

1.3.1　数据排序

1．默认排序

默认排序是 Excel 自带的排序方法，当升序时，默认顺序如下。

文本：按首字拼音的第一个字母排序。

数字：从最小的负数到最大的正数排序。

日期：从最早的日期到最晚的日期排序。

逻辑：在逻辑值中，按 False 在前、True 在后的顺序排序。

空白单元格：无论升序或降序都在最后。

当降序时，正好与上述相反。

其实，这并不只是 Excel 的默认排序，也是几乎所有 Windows 程序甚至 Windows 操作系统本身的默认排序。

2．简单排序

（1）按列简单排序。

按列简单排序是指对所选的数据按照一列数据作为排序关键字进行排序的方法。图1-25 为上证股票某天的股票行情数据清单。

现假设需要按照涨幅对股票数据进行排序，具体操作步骤如下。

选定排序字段的标志所在列的任意一个单元格，这里选定 C1 单元格，单击"数据"→"排序和筛选"选项组中的"升序"（或"降序"）按钮，或者单击"开始"→"编辑"→"排序和筛选"中的"升序"（或"降序"）按钮，都可快速排序。

注意：不要选定 C 列标，否则会弹出"排序提醒"对话框，让用户在这里再选择一次，如图 1-26 所示。

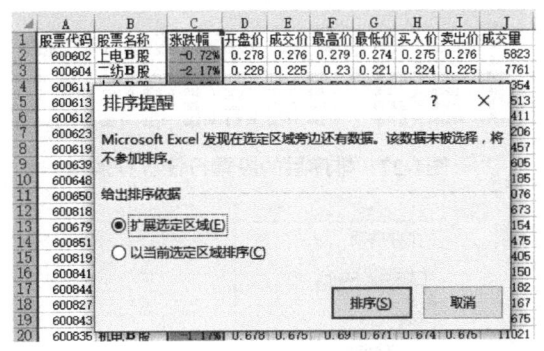

图1-25　上证股票某天的股票行情数据清单　　　　　　图1-26　"排序提醒"对话框

如果选择默认的"扩展选定区域"单选按钮，则选定区域会自动扩展到所有连续的数据区域，就如同只选择 C1 单元格（或其他任何单元格）一样，即选中整个数据列表；如果选中"以当前选定区域排序"单选按钮，则只对 C 列排序，其他列的数据并不随之改变（在 Excel 2000 以前的版本中，这样做将直接只对 C 列排序，而不会弹出"排序提醒"对话框）。

当同时选中两列以上时，如同时选中 C、D 两列后执行"排序"命令，会怎么样呢？此时不会再弹出"排序提醒"对话框，只会对 C、D 两列按 C 列排序。

事实上，经对各版本 Excel 进行实测，如果只选中一个单元格，则可直接对整个表排序；如果选择两个以上相邻的单元格，这些单元格如果在同一行或同一列，那么将弹出对话框，否则将不警告而只对选中单元格排序。

单击常用工具栏中的降序工具按钮 $Z\downarrow$。因为是按涨幅排序的，即从大到小排序，所以应选择降序排序。如果是按照跌幅排序的，则应选择升序排序。

排序后的股票行情数据清单如图 1-27 所示。

（2）按行简单排序。

按行简单排序是指对所选的数据按照其中的一行数据作为排序关键字进行排序的方法。如果数据本身是按行组织的，则可以选择此方法。

例如，有如图 1-28 所示的学生成绩表原始数据，可以通过转置将其粘贴为以"姓名""数学""总分"3项为列字段，再进行排序，但如果想在保持现有格式的同时进行排序，就要用到按行排序了。

选中数据表中的任意单元格，切换到"数据"→"排序和筛选"选项组，单击"排序"按钮，打开"排序"对话框。

单击其中的"选项"按钮，弹出"排序选项"对话框，在"方向"选区中选定"按行排序"单选按钮，然后单击"确定"按钮，如图1-29所示。

再次返回"排序"对话框，先选择主关键字（此处选择"行3"），再选择需要的次序（此处选择"降序"），最后单击"确定"按钮，结果如图1-30所示（按数学单科成绩排名）。

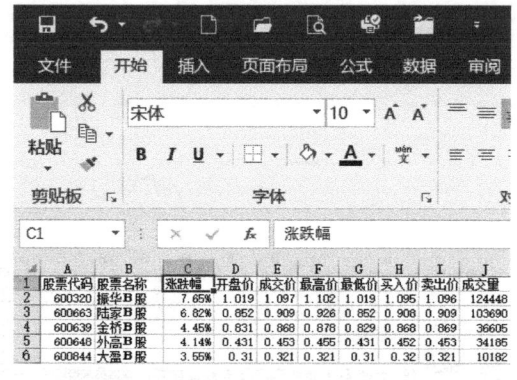

图1-27　排序后的股票行情数据清单

	A	B	C	D	E	F	G	H	I	J
1					学生成绩表					
2	姓名	杨源喜	刘卫中	张爱国	柳愿	雷民	马耀华	佴明玉	任正义	罗远浩
3	数学	98	89	72	74	92	70	72	65	68
4	总分	265	267	227	252	245	231	219	209	205

图1-28　学生成绩表原始数据

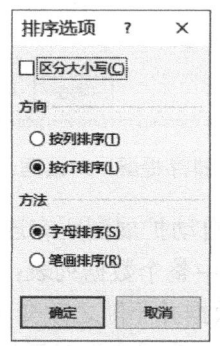

图1-29　"排序选项"对话框

	A	B	C	D	E	F	G	H	I	J
1					学生成绩表					
2	姓名	杨源喜	雷民	刘卫中	柳愿	张爱国	佴明玉	马耀华	罗远浩	任正义
3	数学	98	92	89	74	72	72	70	68	65
4	总分	265	245	267	252	227	219	231	205	209

图1-30　按行排序的结果

3．复杂排序

（1）多关键字复杂排序。

多关键字复杂排序是指对选定的数据区域按照两个以上的排序关键字按行或按列进行排序的方法。简单排序操作虽然简单，但不能满足复杂的排序要求。例如，对于人事数据清单，可能要求按单位排序，同一单位的按性别排序，同一单位且同一性别的按工资排序等。这时排序工具按钮就无法实现此效果了。按单位排序后，在按性别排序时，将打乱原来按单位排好的顺序。这时需要使用"开始"→"编辑"→"排序和筛选"选项组中的"自定义排序"命令实现。例如，前面给出的例子，如果要求涨幅相同的股票按成交量排序，则具体操作步骤如下。

① 选定数据清单中的任意单元格为当前单元格。

② 单击"开始"→"编辑"→"排序和筛选"选项组中的"自定义排序"按钮，将弹出

"排序"对话框。

③ 指定主要关键字为涨跌幅，排序方式为降序；次要关键字为成交量，排序方式也为降序。此时的"排序"对话框如图 1-31 所示。

从"排序"对话框可以看出，和以前的版本相比，Excel 2016 能提供远多于 3 个的排序依据。如果要按 3 个以上字段实施复合排序，则可以连续两次执行排序操作。但是需要注意的是，应将相对主要的关键字放在第 2 次排序过程中。排序后的部分结果如图 1-32 所示。

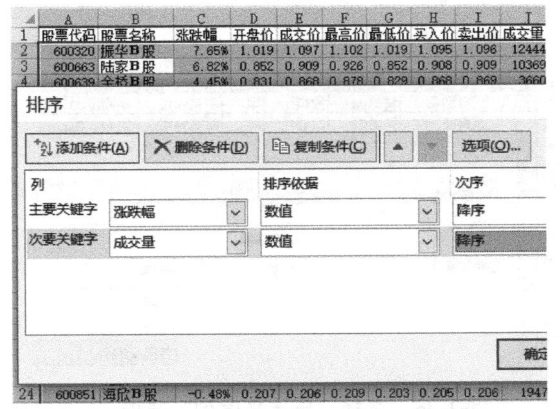

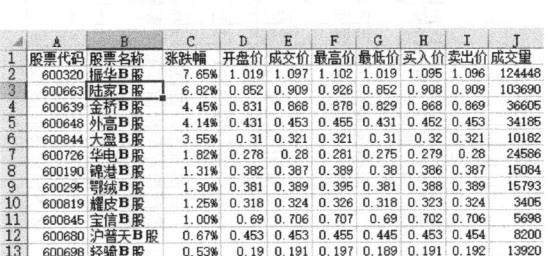

图1-31 设置了排序参数的"排序"对话框　　　　图1-32 排序后的部分结果

又如，同时对总分、语文两个关键字进行降序排序，如图 1-33 所示。

在此对话框中，继续单击"添加条件"按钮，可以设置更多的排序条件；单击"删除条件"按钮，可以删除选定的条件；单击 ▲ 或 ▼ 按钮，可以调整多个条件之间的优先级关系。

（2）中文笔画排序。

如果按中文排序，则默认的是按首字母的拼音排序，但也可以按笔画排序，只要在"排序选项"对话框的"方法"选区中选中"笔画排序"单选按钮即可，如图 1-34 所示。

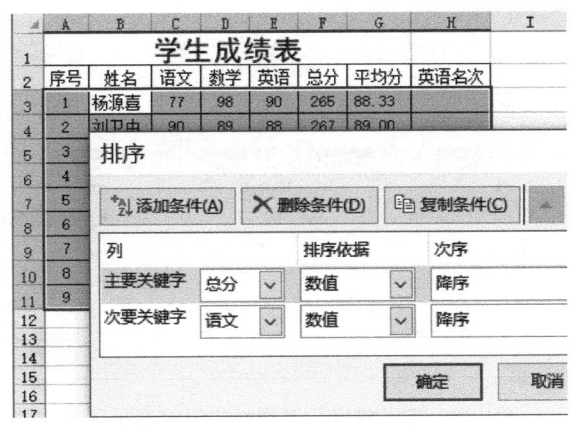

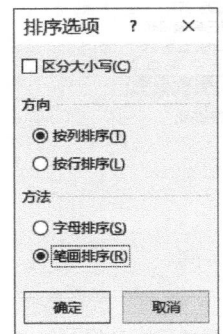

图1-33 多关键字按行排序　　　　图1-34 在"排序选项"对话框中设置笔画排序

单击"确定"按钮，返回"排序"对话框，即可在"次序"下拉列表中通过升序或降序设置来确定首字笔画是从少到多还是从多到少。

（3）自定义序列排序。

自定义序列排序是指对选定的数据区域按用户自定义的顺序进行排序，这里以自定义"甲、乙、丙、丁……"排序为例进行操作，原始数据如图1-35所示。

① 在"排序"对话框中，在"主要关键字"下拉列表中选择"等级"选项，在"次序"下拉列表中选择"自定义序列"选项，如图1-36所示。

② 在弹出的"自定义序列"对话框的"自定义序列"列表框中选择"甲、乙、丙、丁……"选项，然后单击"确定"按钮，如图1-37所示。

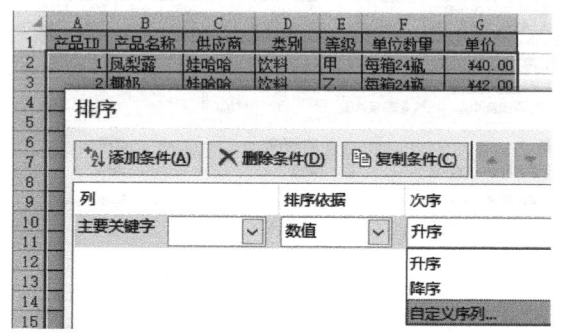

图1-35　原始数据　　　　　　　　　　　　图1-36　选择"自定义序列"选项

③ 此时已返回到"排序"对话框，在"次序"下拉列表中已显示了"甲、乙、丙、丁……"，表示已根据等级字段所在列为依据对数据按"甲、乙、丙、丁……"的次序进行了排序，如图1-38所示。

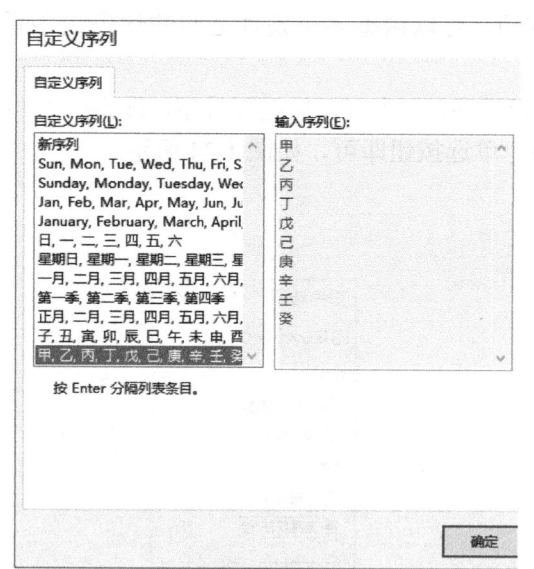

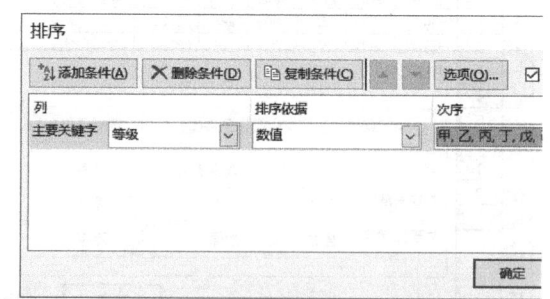

图1-37　在"自定义序列"对话框中选择　　　图1-38　在"排序"对话框中已经选择了所需的
　　　　　自定义序列　　　　　　　　　　　　　　　自定义序列

最终排序结果如图1-39所示。

产品ID	产品名称	供应商	类别	等级	单位数量	单价
1	凤梨露	娃哈哈	饮料	甲	每箱24瓶	¥40.00
4	碘盐	泡乐食品	调味品	甲	每箱12包	¥28.00
7	五香粉	中坝	特制品	甲	每箱10盒	¥35.00
9	鸭脯	九尺	肉/家禽	甲	每袋1000克	¥23.00
10	龙利鱼	粤洋	海鲜	甲	每袋500克	¥33.00
13	虾仁	粤洋	海鲜	甲	每袋500克	¥16.00
2	椰奶	娃哈哈	饮料	乙	每箱24瓶	¥42.00
8	花椒粉	中坝	调味品	乙	每箱30瓶	¥48.00
12	沙拉酱	粤洋	日用品	乙	每箱12瓶	¥38.00
16	曲奇	元祖	点心	乙	每箱30盒	¥88.00
3	花生酱	娃哈哈	调味品	丙	每箱6瓶	¥48.00
6	生抽	中坝	调味品	丙	每箱6瓶	¥54.00
11	保鲜膜	粤洋	日用品	丙	每袋6包	¥47.00
15	鸡精	铁骑力士	调味品	丙	每箱30盒	¥17.50
5	芝麻油	泡乐食品	调味品	丁	每箱12瓶	¥135.00
14	松花皮蛋	铁骑力士	特制品	丁	每箱18个	¥23.25

图1-39　最终排序结果

（4）让数据按需排序。

如果要将员工按其所在部门进行排序，当这些部门名称既不是按拼音排序的，也不是按笔画排序的，也没有预定的自定义序列可用时，该怎么办呢？可采用自定义序列来排序。

① 选中数据表中的任意单元格，单击"数据"→"排序和筛选"选项组中的"排序"按钮，在弹出的"排序"对话框的"次序"下拉列表中选择"自定义序列"选项，然后在弹出的"自定义序列"对话框的"输入序列"文本框中输入部门排序的序列（如"机关，车队，一车间，二车间，三车间"等），单击"添加"和"确定"按钮退出。

② 选中"部门"列中的任意一个单元格，再次执行"数据"→"排序"命令，打开"排序"对话框，在"次序"下拉列表中选中刚才自定义的序列，单击"确定"按钮返回，所有数据就按要求进行了排序。

（5）利用颜色排序。

用户还可以根据字体的颜色或单元格的（填充）颜色进行排序，当然，前提是用户已设置了不同的颜色。按颜色排序的原始数据如图 1-40 所示。

	A	B	C	D	E	F
1		某饮吧价目表				
2	商品名	口味	大杯	中杯	小杯	备注
3	奶茶	原味、草莓、椰肉	15	10	8	
4	咖啡	摩卡、拿铁、猫屎	45	35	25	续杯半价
5	花茶	菊花、玫瑰、茉莉	25	20	15	送饼干
6	果茶	柠檬、山楂、枸杞	30	25	20	送蛋糕

图1-40　按颜色排序的原始数据

① 单击"口味"列中的任意一个单元格，弹出"排序"对话框，设置"主要关键字"为"口味"，"排序依据"为"字体颜色"，在"次序"下拉列表中选择一种颜色，如图 1-41 所示。

② 单击"添加条件"按钮，添加次要关键字，设置"排序依据"为"字体颜色"，在"次序"下拉列表中选择另一种颜色，并选择"在底端"选项，如图 1-42 所示。

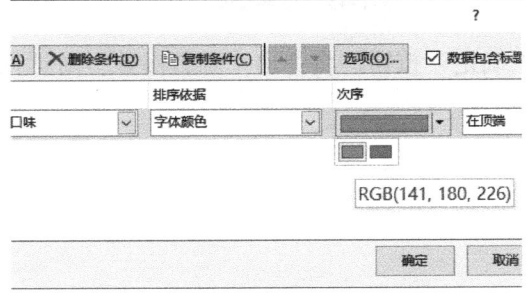

图1-41　按颜色排序时选择颜色

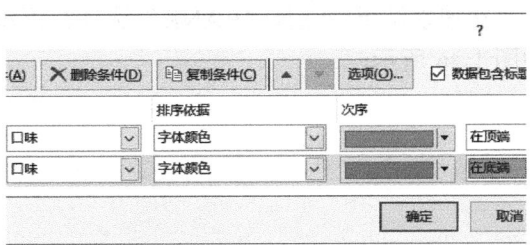

图1-42　按颜色排序时选择次序

③ 单击"确定"按钮，效果如图1-43所示。

A	B	C	D	E	F
1	某饮吧价目表				
商品名	口味	大杯	中杯	小杯	备注
奶茶	原味、草莓、椰肉	15	10	8	
花茶	菊花、玫瑰、茉莉	25	20	15	送饼干
咖啡	摩卡、拿铁、猫屎	45	35	25	续杯半价
果茶	柠檬、山楂、枸杞	30	25	20	送蛋糕

图1-43　按颜色排序的效果

4．利用函数排序

当对某些数值列（如工龄、工资、名次等）进行排序时，用户可能不希望打乱表格原有数据的顺序，而只希望得到一个排列名次。这时就可以使用 RANK 函数来实现。该函数常用于求某个数值在某一区域内的排名，其语法形式如下：

```
RANK (number, ref, [order])
```

其中，number 为需要求排名的那个数值或单元格名称（单元格内必须为数字）；ref 为排名的参照数值区域；order 为 0 或 1，默认（不用输入）为 0，得到的就是从大到小的降序排列，若想求倒数第几位，即从小到大的升序排列（如考查客服的被投诉次数，应该是被投诉次数越少的排名越靠前），则 order 参数的值为 1。

例如，在前述的学生成绩表中，在不更改已经按总分排序的前提下，增加一列作为英语单科名次，如图 1-44 所示。

选定 H3 单元格，切换到"公式"选项卡，单击"插入函数"按钮，在"搜索函数"文本框中输入 rank，如图 1-45 所示。

A	B	C	D	E	F	G	H
1	学生成绩表						
序号	姓名	语文	数学	英语	总分	平均分	英语名次
1	杨源喜	77	98	90	265	88.33	
2	刘卫中	90	89	88	267	89.00	
3	张爱国	88	72	67	227	75.67	
4	柳愿	92	74	86	252	84.00	
5	雷民	81	92	72	245	81.67	
6	马耀华	67	70	94	231	77.00	
7	佩明玉	74	72	73	219	73.00	
8	任正义	65	65	79	209	69.67	
9	罗远浩	62	68	75	205	68.33	

图1-44　准备利用函数排序

图1-45　搜索函数

在搜索结果中选择"RANK"选项，再单击"确定"按钮，将弹出"函数参数"对话框，如图 1-46 所示。

图1-46　利用函数排序时设置函数参数

先对表中的第一位同学，即杨源喜同学的英语成绩进行排名，看这个成绩在全部成绩中排在从大到小的第几位，因此，Number 参数选择杨源喜的英语成绩所在的 E3 单元格，而 Ref 参数则是所有英语成绩所在的单元格区域 E3:E11，由于是降序排列，所以 Order 参数省略。最终得到的结果已经在"函数参数"对话框中实时显示了，是第 2 位。

现在将 H3 单元格的函数直接拖动复制到 H4:H11 单元格区域，求其他同学的英语成绩排名，结果如图 1-47 所示。

可以看出，结果明显错误，原因何在？选中最后一位同学的"英语名次"所在单元格 H11 中的公式，查看错在哪里，如图 1-48 所示。

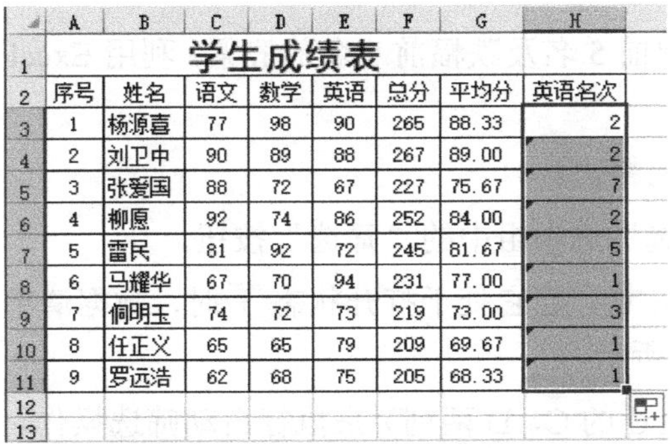

图1-47　利用函数排序的结果

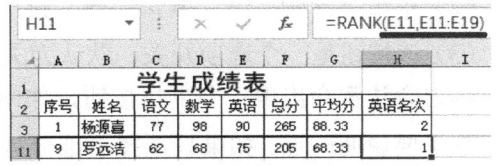

图1-48　选中 H11 单元格

原因很快被找到，是因为 Ref 参数引用了无效的单元格，而又使用了相对引用，所以在向下复制公式时，后面的结果单元格里引用了没有数据的单元格。因此，H3 单元格里的 Ref 参数应该使用绝对引用，如图 1-49 所示。

现在重新向下复制公式，即可得到正确的排名，如图 1-50 所示。

图1-49　更改公式中的单元格引用方式

更有用的是，RANK 函数可以指定排名的范围。例如，在本例中，不是在所有同学中都进行按英语成绩的单科排名，而仅仅只是在几位同学（但必须在相邻单元格区域）中进行排名，就能得到正确的结果，如图 1-51 所示。

| RANK | ▼ | : | × | ✓ | f_x | =RANK(E7,$E$3:$E$11) |

学生成绩表

序号	姓名	语文	数学	英语	总分	平均分	英语名次
1	杨源喜	77	98	90	265	88.33	2
2	刘卫中	90	89	88	267	89.00	3
3	张爱国	88	72	67	227	75.67	9
4	柳愿	92	74	86	252	84.00	4
5	雷民	81	92	72	245	81.67	8
6	马耀华	67	70	94	231	77.00	1
7	侗明玉	74	72	73	219	73.00	7
8	任正义	65	65	79	209	69.67	5
9	罗远浩	62	68	75	205	68.33	6

图1-50　利用函数排序的最终结果

| RANK | ▼ | : | × | ✓ | f_x | =RANK(E4,$E$4:$E$7) |

学生成绩表

序号	姓名	语文	数学	英语	总分	平均分	英语名次
1	杨源喜	77	98	90	265	88.33	
2	刘卫中	90	89	88	267	89.00	1
3	张爱国	88	72	67	227	75.67	4
4	柳愿	92	74	86	252	84.00	2
5	雷民	81	92	72	245	81.67	3
6	马耀华	67	70	94	231	77.00	
7	侗明玉	74	72	73	219	73.00	
8	任正义	65	65	79	209	69.67	
9	罗远浩	62	68	75	205	68.33	

图1-51　利用函数在指定范围内排序

因此，RANK 函数更应被理解为排名函数，而不是排序函数。

1.3.2　数据筛选

筛选用于在海量数据中找出符合条件的数据。例如，在股票买卖操作前，通常需要按照一定的条件从几百只股票中找出自己感兴趣或有潜力的股票。Excel 的自动筛选功能使得挑选股票的操作变得非常简单。

1．自动筛选

股市行情中经常需要显示成交量前 5 名、涨幅前 5 名及跌幅前 5 名的股票。利用 Excel 的自动筛选功能即可实现，基本步骤如下。

（1）选定数据清单中的某个单元格为当前单元格。

（2）单击"开始"→"编辑"→"排序和筛选"选项组中的"筛选"按钮。

（3）该按钮是一个选项开关，默认为关闭状态 ▽，当它处于打开状态 ▼ 时，数据清单每列的标志旁边都会出现一个下拉按钮，如图 1-52 所示。

这里要说明一点，如果只选择了部分列（如上述的 C、D 两列）来执行自动筛选操作，则将只在 C、D 两列的字段名旁边出现下拉按钮，如图 1-53 所示。

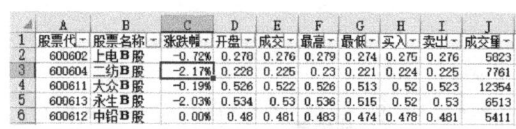

图1-52　"筛选"按钮处于打开状态时的股票行情
数据清单

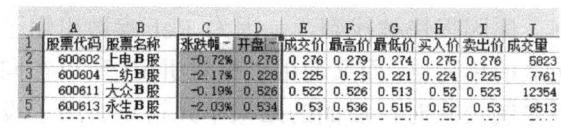

图1-53　选择部分列进行自动筛选的效果

（4）单击"成交量"字段旁的下拉按钮，此时将显示该字段值的列表，以及其他筛选选项，如图 1-54 所示。

（5）可以从中选择一个值作为筛选数据清单的条件，也可以在"搜索"文本框中输入搜索词。这里选择"数字筛选"→"前 10 项"选项，将弹出"自动筛选前 10 个"对话框，如图 1-55 所示。

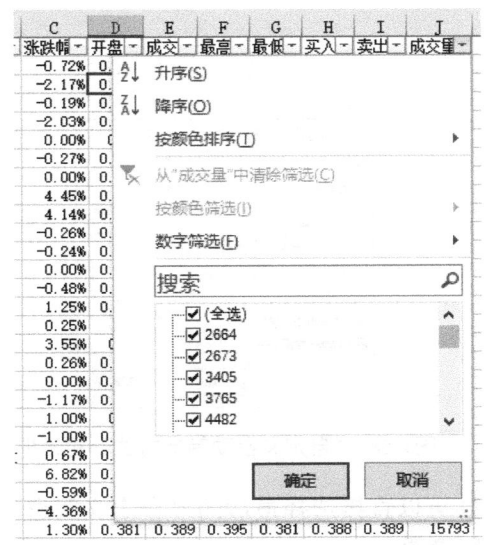

图1-54　使用了"筛选"的字段值列表

图1-55　"自动筛选前10个"对话框

（6）根据需要，可以设置筛选最大或最小，或者筛选前几个等。这里设置筛选最大的前 5 个，筛选结果如图 1-56 所示。

	A	B	C	D	E	F	G	H	I	J
1	股票代	股票名称	涨跌幅	开盘	成交	最高	最低	买入	卖出	成交量
9	600639	金桥B股	4.45%	0.831	0.868	0.878	0.829	0.868	0.869	36605
10	600648	外高B股	4.14%	0.431	0.453	0.455	0.431	0.452	0.453	34185
24	600663	陆家B股	6.82%	0.852	0.909	0.926	0.852	0.908	0.909	103690
29	600776	东信B股	-1.07%	0.28	0.277	0.282	0.273	0.276	0.277	26676
33	600320	振华B股	7.65%	1.019	1.097	1.102	1.019	1.095	1.096	124448
36										

图1-56　筛选结果

此时表中满足条件的记录所在的行号是蓝色的，设置了筛选条件的下拉按钮变为筛选图标，以提醒操作者当前显示的是筛选的结果，以及对哪些字段进行了筛选。

类似地，还可以对"涨跌幅"字段按最大和最小选项设置筛选条件，筛选出涨幅和跌幅前 5 名的股票。

注意：如果是对同一个工作表中的 1 个以上字段设置筛选条件，则将筛选出同时满足所设置的所有筛选条件的记录。因此，当要筛选出涨幅前 5 名的股票时，应先将"成交量"字段的筛选条件设置为全部，即取消"成交量"字段的筛选条件。

2．自定义条件筛选

对于较为复杂的筛选条件，可以使用"自动筛选"中的"自定义"选项。例如，要筛选沪指中的上海本地上市公司的股票，即股票名称中以"上"或"沪"字开头的股票，其操作步骤如下。

（1）单击"股票名称"字段旁的下拉按钮，在下拉列表中指向"文本筛选"选项（因为 Excel 已自动识别当前列的数据类型为文本），会在右侧展开快捷菜单，这里已有几个选项可用，如图 1-57 所示。

（2）选择"开头是"选项，会自动弹出如图 1-58 所示的"自定义自动筛选方式"对话框，并且已经在第一个条件框中填好了"开头是"几个字，用户只需直接在后面的依据文本框中选择（或填写）筛选依据即可。

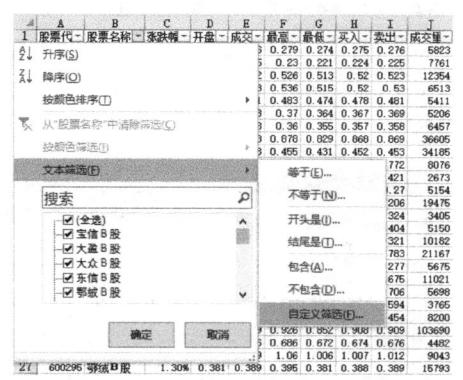

图1-57 "文本筛选"选项

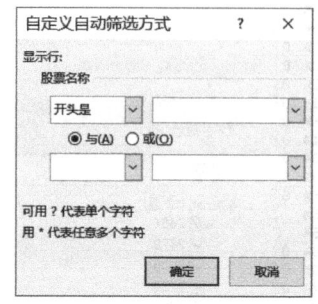

图1-58 "自定义自动筛选方式"对话框

如果这几个快捷命令还能不满足用户的要求，则可以直接选择最后的"自定义筛选"选项，在弹出的"自定义自动筛选方式"对话框中进行设置。

最终筛选结果如图1-59所示。

又如，要筛选成交量大于 20 000 且涨幅为 2%～5%的股票，其操作步骤如下。

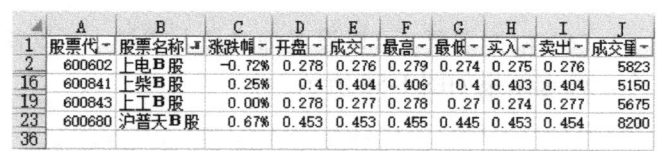

	A	B	C	D	E	F	G	H	I	J
1	股票代	股票名称	涨跌幅	开盘	成交	最高	最低	买入	卖出	成交量
2	600602	上电B股	-0.72%	0.278	0.276	0.279	0.274	0.275	0.276	5823
16	600841	上柴B股	0.25%	0.4	0.404	0.406	0.4	0.403	0.404	5150
19	600843	上工B股	0.00%	0.278	0.277	0.278	0.27	0.274	0.277	5675
23	600680	沪普天B股	0.67%	0.453	0.453	0.455	0.445	0.453	0.454	8200
36										

图1-59 最终筛选结果1

（1）单击"成交量"字段旁的下拉按钮，指向"数字筛选"选项（因为Excel已自动识别出当前列的数据类型为数字），在右侧展开的快捷菜单中选择"大于"选项，会弹出"自定义自动筛选方式"对话框，并且已经在第一个条件框里填好了"大于"几个字，用户只需直接在后面的依据文本框中选择（或填写）筛选依据"20 000"即可。

（2）单击"涨跌幅"字段旁的下拉按钮，用同样的方式选择"介于"选项，在随后的"自定义自动筛选方式"对话框中输入筛选依据。

注意：两个条件之间的关系为"与"，如图1-60所示。

最终筛选结果如图1-61所示。

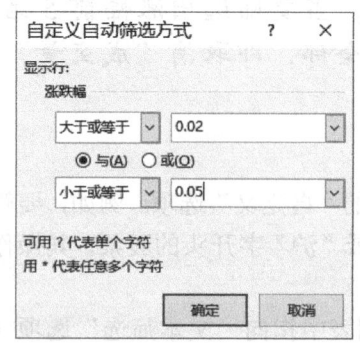

图1-60 在"自定义自动筛选方式"对话框中设置数值参数

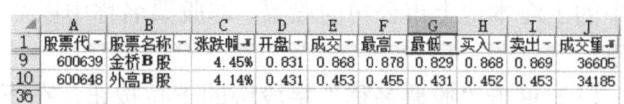

	A	B	C	D	E	F	G	H	I	J
1	股票代	股票名称	涨跌幅	开盘	成交	最高	最低	买入	卖出	成交量
9	600639	金桥B股	4.45%	0.831	0.868	0.878	0.829	0.868	0.869	36605
10	600648	外高B股	4.14%	0.431	0.453	0.455	0.431	0.452	0.453	34185
36										

图1-61 最终筛选结果2

3．高级筛选

对于更为复杂的筛选，自动筛选就无能为力了。例如，自动筛选可以对多个字段同时设置筛选条件，但是各字段筛选条件之间的关系只能是"与"。例如，在上例中，"涨跌幅"字段中的两个条件也可以是"或"的关系，但"涨跌幅"的条件和"成交量"的条件之间只能是"与"的关系。又如，"自定义选项"虽然功能较强，但是最多只能应用两个运算符，即同一个字段最多只能设置两个限制条件。因此，对于更为复杂的筛选，如多个需要设置条件的字段之间需要为"或"的关系，或者同一字段需要设置 3 个以上限制条件，就必须使用高级筛选实现。高级筛选操作的关键是条件区域的设置。

例如，要筛选涨跌幅为 2%～5%且成交量大于 20 000 或涨跌幅为-5%～-1%且成交量大于 10 000 的股票，则条件区域应选择工作表的某个区域（通常位于数据清单下方），按图 1-62 进行设置。

涨跌幅	涨跌幅	成交量
>=0.02	<=0.05	>=20000
>=-0.05	<=-0.01	>=10000

图1-62　设置条件区域

条件区域的第一行是要设置条件的字段名，可以重复，也可以有多个，这样可以打破同一个字段最多只能设置两个限制条件的限制。下面是有关的条件，每个条件由关系运算符和相应的参数构成。同一行的条件间是"与"的关系，不同行的条件之间是"或"的关系，这样可以打破各字段筛选条件之间的关系只能是"与"的限制。因此，该条件实际上是：

（跌涨幅 >= 2% 与 跌涨幅 <= 5% 与 成交量 >= 20 000）

或

（跌涨幅 >= -5% 与 跌涨幅 <= -1 %与 成交量 >= 10 000）

这正是所需的筛选条件。设置好条件区域以后，高级筛选的操作步骤如下。

（1）将光标放在工作表中的任意位置（不在数据区或不在条件区都没关系），选择"数据"→"高级"选项，如图 1-63 所示。

（2）将弹出"高级筛选"对话框，Excel 已正确选定了数据清单和条件区域所在的单元格区域（如果不正确，则可在此修改），如图 1-64 所示。

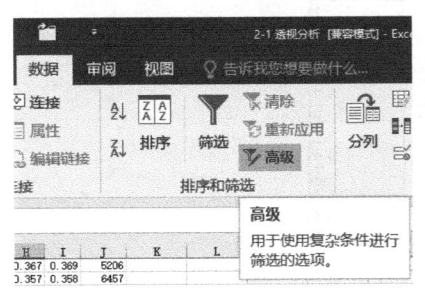

图1-63　选择高级筛选

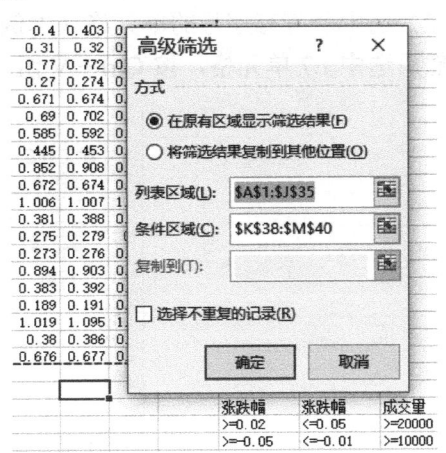

图1-64　"高级筛选"对话框

高级筛选的结果如图 1-65 所示。

	A	B	C	D	E	F	G	H	I	J
1	股票代码	股票名称	涨跌幅	开盘价	成交价	最高价	最低价	买入价	卖出价	成交量
9	600639	金桥B股	4.45%	0.831	0.868	0.878	0.829	0.868	0.869	36605
10	600648	外高B股	4.14%	0.431	0.453	0.455	0.431	0.452	0.453	34185
20	600835	机电B股	-1.17%	0.676	0.675	0.69	0.671	0.674	0.675	11021
29	600776	东信B股	-1.07%	0.28	0.282	0.282	0.273	0.276	0.277	26676
30	600054	黄山B股	-1.63%	0.92	0.905	0.923	0.894	0.903	0.906	12966
36										

图1-65　高级筛选的结果

由高级筛选的启动位置可以了解，在"开始"选项卡中集成了很多常用功能，但有些细致的功能只能在专门的选项卡中才能找到。

小技巧

隔行插入空行

假定有一个表，如图1-66所示。

	A	B	C	D
1	职工姓名	性别	工龄	工资
2	杨源喜	男	12	6400
3	刘卫中	女	8	4300
4	任正义	男	9	4300
5	罗远浩	男	2	3600
6	柳愿	女	3	3600

图1-66　隔行插入空行原数据

现在需要隔行插入一个空行，如果一行一行的插，那么当有几百行数据时，工作量大得惊人。

正确做法如下。

（1）在最后一列之后的那一列输入"序号"，只需在第一行输入任意标题文字（本例就输入"序号"两个字），在第二行输入"1"，在第三行输入"2"，然后同时选中"1"和"2"所在的两个单元格，向下填充到有数据的最后一行。

（2）选中所有有序号的单元格（本例中是E2:E6单元格区域），按Ctrl＋C组合键进行复制，然后选中E7单元格，按Ctrl＋V组合键进行粘贴，如图1-67所示。

	A	B	C	D	E
1	职工姓名	性别	工龄	工资	序号
2	杨源喜	男	12	6400	1
3	刘卫中	女	8	4300	2
4	任正义	男	9	4300	3
5	罗远浩	男	2	3600	4
6	柳愿	女	3	3600	5
7					1
8					2
9					3
10					4
11					5

图1-67　隔行插入空行的操作方法

（3）选中A1:E11单元格区域，按"序号"字段进行升序排列。

（4）删除E列。

思考：如果需要在每行后面插入两个空行，那么该怎么做呢？答案是只需将序号多复制一组即可。

上机题1

1．在 Excel 条件格式中运用公式进行筛选

在条件格式中使用公式来突出显示图 1-68 中工资最高的 3 项。

	A	B	C	D	E	F
1	职工姓名	性别	部门	职务	工龄	工资
2	陈亦民	男	开发部	部门经理	10	7800
3	杨源喜	男	财务部	高级职员	12	6400
4	刘卫中	女	测试部	高级职员	8	4300
5	任正义	男	开发部	高级职员	9	4300
6	罗远浩	男	测试部	普通职员	2	3600
7	柳愿	女	财务部	部门经理	3	3600
8	张爱国	男	开发部	普通职员	6	4300
9	侗明玉	女	测试部	普通职员	6	5000
10	马耀华	男	开发部	高级职员	7	5200
11	李光东	男	开发部	普通职员	8	5000
12	雷民	男	测试部	部门经理	9	6500
13	孔婉晴	男	开发部	普通职员	1	2800
14	马羽	女	财务部	普通职员	10	7000

图1-68　在条件格式中使用公式突出显示的原始数据

2．在筛选结果中重新排序

现有云南、贵州、四川 3 个省 2019 年十强城市市区 GDP 排名，如图 1-69 所示。

	A	B	C	D	E
1	排名	省	城市	区数	市区GDP总量
2	1	四川	成都	12	13102
3	2	云南	昆明	7	5068.9
4	3	贵州	贵阳	6	3241.98
5	4	四川	宜宾	3	1610.76
6	5	四川	绵阳	3	1592.42
7	6	四川	泸州	3	1150.02
8	7	贵州	遵义	3	1122.99
9	8	云南	曲靖	2	1105.2
10	9	云南	玉溪	2	974.9
11	10	四川	自贡	4	880.06

图1-69　云南、贵州、四川3个省2019年十强城市市区 GDP 排名

现在需要在按省筛选后，使省内各城市排名结果依然保持顺序。

3．让表中序号不参与排序

已有按"语文"字段进行排序的清单，如图 1-70 所示。

	A	B	C	D	E
1			学生成绩表		
2	序号	姓名	语文	数学	英语
3	1	柳愿	92	74	86
4	2	刘卫中	90	89	88
5	3	张爱国	88	72	67
6	4	雷民	81	92	72
7	5	杨源喜	77	98	90
8	6	侗明玉	74	72	73
9	7	马耀华	67	70	94
10	8	任正义	65	65	79
11	9	罗远浩	62	68	75

图1-70　已按"语文"字段进行排序的清单

现在要改成按"数学"字段排序，但不需要打乱已有的序号。

 **课后习题①**

1．在 Excel 中，排序能不能按行标题排序？

2．在进行自定义筛选时，如果要筛选以"川"字开头的字符串，那么可使用的方法有哪些？如果要筛选包含"川"字的字符串，那么又该怎么做？

3．在高级筛选的条件区域中，同一行条件之间的关系、不同行条件之间的关系分别是什么？

4．操作：使用筛选汇总功能分析员工工资。

本例将统计分析员工的工资，涉及以下内容。

（1）按照"工资"降序排列。

（2）按照"部门"升序排列，按照"工资"降序排列。

（3）筛选出"高级职员"的相应数据。

（4）筛选出"部门"为"开发部"且工资低于 5 000 元的数据。

（5）以"性别"为分类依据，统计男女的人数。

（6）以"部门"为分类依据，统计各部门的工资总和。

使用筛选汇总功能分析员工工资的原始数据如图 1-71 所示。

请将每个操作过程截图保存。

5．操作：利用模糊筛选功能从给定范围中筛选出适当的数据。

模糊筛选通常也可称为通配符筛选，常用的数值类型有数值型、日期型和文本型，通配符"？"和"*"只能配合文本型数据使用，如果是日期型和数值型的数据，则需要通过设置限定范围（如大于、小于、等于等）来实现。例如，在如图 1-72 所示的原始数据中筛选出姓"马"且名字只有一个字的项。

	A	B	C	D	E	F
1	职工姓名	性别	部门	职务	工龄	工资
2	陈亦民	男	开发部	部门经理	10	7800
3	杨源喜	男	财务部	高级职员	12	6500
4	刘卫中	女	测试部	高级职员	8	4300
5	任正义	男	开发部	高级职员	9	4300
6	罗远浩	男	测试部	普通职员	2	3600
7	柳愿	女	财务部	部门经理	3	3600
8	张爱国	男	开发部	普通职员	6	4300
9	侗明玉	女	测试部	普通职员	6	5000
10	马耀华	男	开发部	高级职员	7	5200
11	李光东	男	开发部	普通职员	8	5000
12	雷民	男	测试部	部门经理	9	6500
13	孔婉晴	男	开发部	普通职员	1	2800
14	马羽	女	财务部	普通职员	10	7000

图1-71 使用筛选汇总功能分析员工工资的原始数据

	A	B	C	D
1	职工号	姓名	性别	部门名称
2	zg001	杨源喜	女	办公室
3	zg002	雷民	男	办公室
4	zg003	罗远浩	男	人事部
5	zg004	马羽	女	销售部
6	zg005	侗明玉	女	销售部
7	zg006	柳愿	男	市场部
8	zg007	孔婉晴	男	市场部
9	zg008	陈亦民	男	市场部
10	zg009	李光东	女	人事部
11	zg010	马耀华	女	财务部
12	zg011	任正义	男	财务部
13	zg012	刘卫中	男	销售部
14	zg013	张爱国	男	销售部
15	zg014	何洪涛	男	销售部
16	zg015	秦桂荣	女	办公室
17	zg016	岳云山	男	开发部
18	zg017	周红兵	女	开发部
19	zg018	马苗	女	开发部
20	zg019	王利宏	男	开发部

图1-72 模糊筛选的原始数据

Excel 数据分析入门——透视分析

1. 了解数据汇总分析的含义、作用。
2. 理解数据汇总分析的几种主要方法。
3. 掌握分类汇总、分级显示、合并计算和切片器的使用方法。
4. 熟练掌握数据透视表和数据透视图的创建与应用。

✦ 透视分析本质上是一种微观的、静态的(因为没有变量)三维数据分析。本章主要通过一些应用实例，介绍分类汇总、合并计算和数据透视表，着重说明 Excel 中数据透视表和数据透视图的使用方法与操作技巧。

✦ 在报表处理过程中，除了需要对数据进行排序、筛选等最简单的分析处理，还经常需要对报表中的数据进行各种汇总计算。例如，在销售管理方面，需要定期对销售情况进行分类汇总；有时需要对多个报表进行合并计算；对于更高层次的管理人员，可能需要从不同的分析角度，对同一张报表根据不同的指标进行分类汇总，这一过程被形象地称为透视分析。而这些操作在 Excel 中都可以方便、快捷地实现。

2.1 分类汇总

在各种报表处理中，最常用的就是分类汇总。所谓分类汇总，就是指根据指定的类别将数据以指定的方式进行统计，这样可以快速对大型表格中的数据进行汇总与分析，以获得想要的统计数据。例如，会计核算需要按照科目将明细账分类汇总；仓库管理需要按照库存产品类别将库存产品分类汇总；医院管理需要按照疾病进行病源病谱的分类汇总等。

在进行分类汇总操作之前，首先要确定分类的依据。在确定了分类依据以后，还不能直接进行分类汇总，必须按照选定的分类依据将数据清单按预定的分类依据排序，从而使相同关键字的行排列在相邻行中，以利于分类汇总操作，否则可能造成分类汇总错误。

1. 创建和使用分类汇总

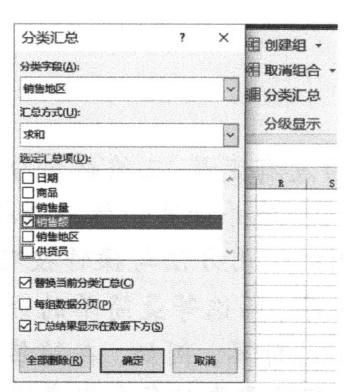

图2-1　分类汇总的数据源

例如，有如图 2-1 所示的数据源，现对其进行分类汇总操作。

（1）创建分类汇总。

① 确定分类依据并排序。此处按"销售地区"进行排序。

② 选中清单内任一单元格，依次单击"数据"→"分级显示"→"分类汇总"按钮，弹出"分类汇总"对话框。

③ 在"分类汇总"对话框中，选择"分类字段"为"销售地区"，在"汇总方式"下拉列表中选择"求和"选项，在"选定汇总项"列表框中选择想要计算的项，如选中"销售额"复选框，如图 2-2 所示。

④ 单击"确定"按钮，得到分类汇总结果，如图 2-3 所示。

图2-2　"分类汇总"对话框　　　　　图2-3　分类汇总结果

（2）分级显示汇总。

对数据清单进行分类汇总后，在行标题左侧出现了一些新的标志，称为分级显示符号，主要用于显示/隐藏某些明细数据，明细数据就是进行了分类汇总的数据清单或工作表中分级显示的分类汇总行或列。

在分级显示视图中，单击行级符号 1，仅显示总和与列标志；单击行级符号 2，仅显示分类汇总与总和；单击行级符号 3，会显示所有的明细数据。

单击"隐藏明细数据"按钮 ➖，表示将当前级的下一级明细数据隐藏起来；单击"显示明细数据"按钮 ➕，表示将当前级的下一级明细数据显示出来。

（3）嵌套分类汇总。

嵌套分类汇总是指对一个模拟运算表格进行多次分类汇总，每次分类汇总的关键字（分类依据）各不相同。在创建嵌套分类汇总前，需要对多次汇总的分类字段进行排序，由于排序字段不止一个，因此属于多列排序。下面以"销售地区"和"商品"两列为例进行操作（先将数据清单还原到初始状态）。

① 在"数据"→"排序和筛选"选项组中进行排序操作，如图 2-4 所示。

② 在"数据"→"分级显示"选项组中打开"分类汇总"对话框，选择按"求和"方式、按"销售地区"对"销售量"和"销售额"两列数据进行汇总，单击"确定"按钮，完成第一次汇总，如图 2-5 所示。

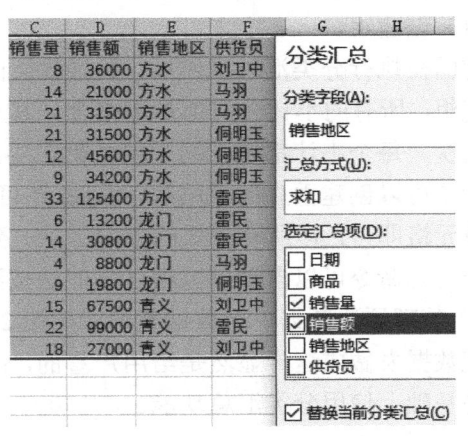

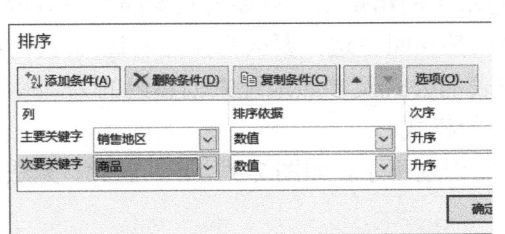

图2-4　在嵌套分类汇总前先进行排序操作　　　　图2-5　第一次汇总的操作及结果

③ 再次打开"分类汇总"对话框，在"分类字段"下拉列表中选择"商品"选项，在"汇总方式"下拉列表中选择"计数"选项，在"选定汇总项"列表框中选中"供货员"复选框，同时取消选中"替换当前分类汇总"复选框，完成第二次分类汇总，如图 2-6 所示。

这样就形成了两次嵌套分类汇总，结果如图 2-7 所示。

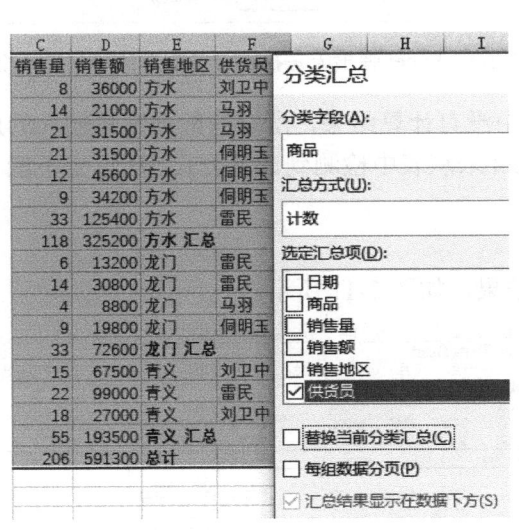

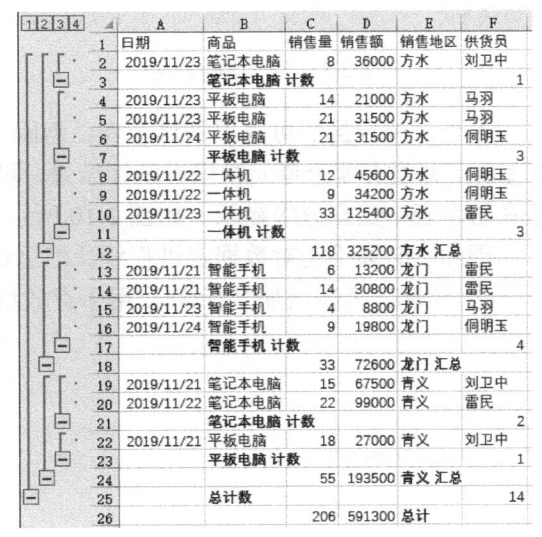

图2-6　第二次汇总的参数设置　　　　　　　图2-7　两次嵌套分类汇总的结果

（4）删除分类汇总。

在"分类汇总"对话框中单击"全部删除"按钮，即可删除分类汇总。

2．组合与分级显示

Excel 自动创建的分类汇总在显示格式和汇总用词上都是固定的，但有时用户并不喜欢这种风格。为了更方便地查看和研究数据，用户可以对数据进行组合与分级显示。分级显示是指将工作表的数据分成多个层级，以便于各级的数据管理。例如，以一所学校来说，可以将它分成各个专业，各个专业又分成各个年级，年级之下又分各班，班之下再分出许多学生，这样，学校、专业、年级、班、学生就形成了一个分级结构。

（1）创建组。

前面在执行分类汇总操作后，数据就会自动添加分级显示，Excel 按照公式的参照地址方向创建组，所有的小计公式都是用来合计其上方单元格的数据的，因此，Excel 可以创建垂直的组层次。每个小计都属于同一层（第2层），而总计属于比较高的一层（第1层）。

除了可以创建垂直的组层次，Excel 还可以创建水平的组层次，只要公式参照其左方或右方的单元格即可，但所有公式的方向必须一致（要么都参照左边，要么都参照右边）。此时执行分类汇总命令可以自动创建组（仍然是按照工作表的公式及参照地址来创建组的）。

① 整理原始数据。把数据整理成如图 2-8 所示的样式。

把数据表做成这样显然是给用户看的，但计算机识别不了，如图 2-9 所示。因此，无法在此表的基础上使用分类汇总功能。

	A	B	C	D	E	F	G
1	2019年度销售额统计						
2		一月	二月	三月	四月	五月	六月
3	涪城区						
4	青义店	55320	34420	41230	44334	94303	56939
5	龙门店	34290	83479	53208	56674	84300	43500
6	高水店	17940	45990	62204	74239	48390	84390
7	安州区						
8	界牌店	82040	45330	83230	74030	53939	43405
9	秀水店	91304	73340	65408	43213	73936	64398
10	桑枣店	43209	63204	43230	46636	83934	83291

图2-8　整理原始数据

oft Excel

Microsoft Excel 无法确定当前列表或选定区域的哪一行包含列标签，因此不能执行此命令。

- 若要将选定区域或选定区域的首行用作标签，而不是数据，请单击"确定"按钮。
- 如果选定的数据集有误，请选定任一单元格，再重新执行此命令。
- 若要要创建列标签，请单击"取消"按钮，然后在各列数据顶端输入文本标签。
- 有关创建标签的详细内容，请单击"帮助"按钮。

| 确定 | 取消 | 帮助(H) |

图2-9　Excel 弹出无法执行分类汇总命令的提示框

另外，用户虽然可以识别这个表，但因为其中没有计算结果，所有的数据都是输入的原始数据，并没有哪个单元格里有统计结果，即 Excel 未从表中检测到计算公式，所以也不能直接在这个表中建立分级显示，如图 2-10 所示。

因此，必须手动对数据表进行统计汇总计算。

② 计算。为表增加几行/列，用于存放统计结果，如图 2-11 所示。

Microsoft Excel

不能建立分级显示。

确定

图2-10　Excel 弹出不能建立分级显示的提示框

	A	B	C	D	E	F	G	H	I	J
1	2019年度销售额统计									
2		一月	二月	三月	Q1统计	四月	五月	六月	Q2统计	上半年总计
3	涪城区									
4	青义店	55320	34420	41230		44334	94303	56939		
5	龙门店	34290	83479	53208		56674	84300	43500		
6	高水店	17940	45990	62204		74239	48390	84390		
7	涪城小计									
8	安州区									
9	界牌店	82040	45330	83230		74030	53939	43405		
10	秀水店	91304	73340	65408		43213	73936	64398		
11	桑枣店	43209	63204	43230		46636	83934	83291		
12	安州小计									
13	总计									

图2-11　整理数据源

进行汇总计算，简便起见，这里假定使用求和的方式进行操作。

首先，计算 E 列和 I 列的"Q1 统计"和"Q2 统计"，它们都是用于统计本行左侧3个单元格的数据的。

其次,计算第 7 行和第 12 行的"涪城小计"和"安州小计",它们都是用于统计本列上方 3 个单元格的数据的,包括对"Q1 统计"和"Q2 统计"的小计。

再次,计算 J 列的"上半年总计",它是"Q1 统计"和"Q2 统计"之和,也包括对"涪城小计"和"安州小计"行中的"Q1 统计"和"Q2 统计"进行汇总。

最后,计算第 13 行的"总计",它是第 7 行和第 12 行的"涪城小计"和"安州小计"之和,也包括对"Q1 统计""Q2 统计""上半年总计"这 3 列中的"涪城小计"和"安州小计"进行汇总。

对不同计算步骤填充不同底色后,结果如图 2-12 所示。

③ 创建组操作。单击数据表中任意一个单元格,在"数据"→"分级显示"选项组中单击"创建组"(注意:有些版本这里是"组合"命令)右侧的下拉按钮,在弹出的下拉菜单中选择"自动建立分级显示"选项,如图 2-13 所示。

	A	B	C	D	E	F	G	H	I	J
1	2019年度销售额统计									
2		一月	二月	三月	Q1统计	四月	五月	六月	Q2统计	上半年总计
3	涪城区									
4	青义店	55320	34420	41230	130970	44334	94303	56939	195576	326546
5	龙门店	34290	83479	53208	170977	56674	84300	43500	184474	355451
6	高水店	17940	45990	62204	126134	74239	48390	84390	207019	333153
7	涪城小计	107550	163889	156642	428081	175247	226993	184829	587069	1015150
8	安州区									
9	界牌店	82040	45330	83230	210600	74030	53939	43405	171374	381974
10	秀水店	91304	73340	65408	230052	43213	73936	64398	181547	411599
11	桑枣店	43209	63204	43230	149643	46636	83934	83291	213861	363504
12	安州小计	216553	181874	191868	590295	163879	211809	191094	566782	1157077
13	总计	324103	345763	348510	1018376	339126	438802	375923	1153851	2172227

图2-12 计算源数据

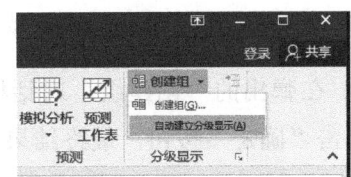

图2-13 选择"自动建立分级显示"选项

已建立的自动分级显示如图 2-14 所示。

1 2 3		A	B	C	D	E	F	G	H	I	J
	1	2019年度销售额统计									
	2		一月	二月	三月	Q1统计	四月	五月	六月	Q2统计	上半年总计
	3	涪城区									
	4	青义店	55320	34420	41230	130970	44334	94303	56939	195576	326546
	5	龙门店	34290	83479	53208	170977	56674	84300	43500	184474	355451
	6	高水店	17940	45990	62204	126134	74239	48390	84390	207019	333153
	7	涪城小计	107550	163889	156642	428081	175247	226993	184829	587069	1015150
	8	安州区									
	9	界牌店	82040	45330	83230	210600	74030	53939	43405	171374	381974
	10	秀水店	91304	73340	65408	230052	43213	73936	64398	181547	411599
	11	桑枣店	43209	63204	43230	149643	46636	83934	83291	213861	363504
	12	安州小计	216553	181874	191868	590295	163879	211809	191094	566782	1157077
	13	总计	324103	345763	348510	1018376	339126	438802	375923	1153851	2172227

图2-14 已建立的自动分级显示

显然,组合或自动分级显示就是要按用户安排数据的方式来分类汇总数据,既要体现用户自己的意思,又要使用 Excel 提供的分级显示按钮。

④ 解除分级显示。如果要清除分级显示结果,则可在"数据"→"分级显示"选项组中单击"取消组合"右侧的下拉按钮,在弹出的下拉菜单中选择"清除分级显示"选项即可。

(2)自定义分级显示区域。

Excel 自动建立的分级显示涵盖了整个数据表,用户还可以自己选择表中的部分数据源建立分级显示。假定只将一季度涪城的数据组成一个分组,则只需在选中 A2:E7 单元格区域后,选择"创建组"下拉菜单中的"自动建立分级显示"选项即可，结果如图 2-15 所示。

这样，分析区域就局限在用户感兴趣的数据范围内了。

还可以进一步自定义。例如，用户虽然选定了全部数据，但只关心列总计而不关心行总计，或者再进一步，用户只想对部分数据关心列总计，如只想显示涪城地区前 3 个月（而不关心是涪城地区的哪个店）的数据情况，可按下列步骤操作。

① 仍然选中 A2:E7 单元格区域，选择"创建组"下拉菜单中的"创建组"选项，如图 2-16 所示。

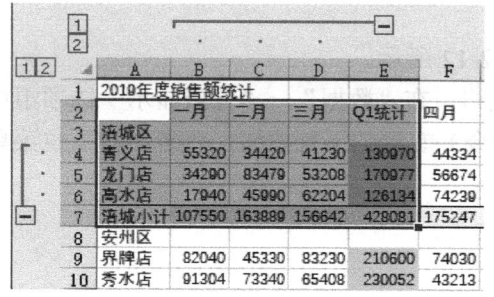

图2-15　自定义分级显示区域结果

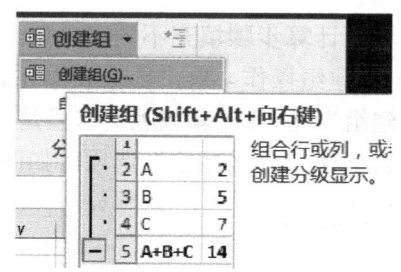

图2-16　选择"创建组"选项

② 在弹出的"创建组"对话框中，选中"列"单选按钮，如图 2-17 所示。

单击"确定"按钮，最终结果如图 2-18 所示。

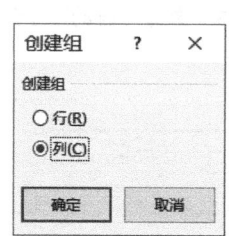

图2-17　设置"创建组"对话框的参数

图2-18　最终结果

③ 取消组合。选择"分级显示"→"取消组合"下拉菜单中的"取消组合"选项，在弹出的"取消组合"对话框中选中"列"单选按钮，然后单击"确定"按钮，如图 2-19 所示。

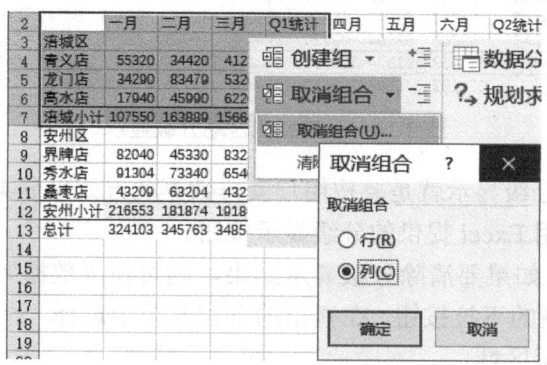

图2-19　取消组合操作

这样即可取消刚才建立的自定义分级显示。

2.2　合并计算

一个公司可能有很多的分公司，每个分公司具有各自的销售报表和会计报表，又或者每个分公司的年度报表是由 12 个月的报表组成的，这就使得数据很分散。为了对整个公司的情况进行全面了解，就需要将这些分散的数据整合到一起，这就是 Excel 的合并计算。Excel 提供了两种合并计算方法。

1. 按位置合并计算

按位置合并计算在具体操作时又可以分为两种情况：一种是需要计算的源表和需要存放结果的目标表处于不同的视图中；另一种是源表和目标表在同一视图中。

（1）源表和目标表在不同的视图中。

假设已有 1 月和 2 月的销售汇总数据，分别存放在工作表"1 汇总""2 汇总"中，图 2-20 即"1 汇总"工作表。

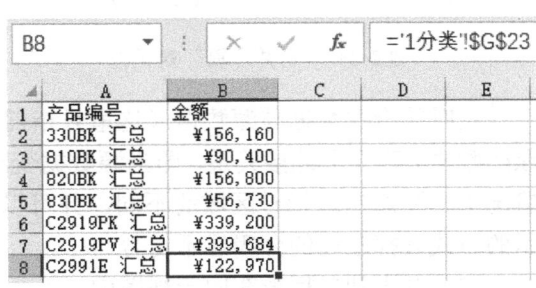

该表中的数据来自"1 分类"工作表中的汇总项。需要存放合并数据的工作表为"1—2 月汇总"。假设这 3 个工作表的格式相同，则可通过按位置合并计算操作，将前两个工作表的数据合并到"1—2 月汇总"工作表中。

图2-20　"1汇总"工作表

按位置合并计算操作的基本步骤如下。

① 选定要存放合并数据的"1—2 月汇总"工作表为当前工作表，并选定存放合并数据的单元格区域，如图 2-21 所示。

② 单击"数据"→"数据工具"选项组中的"合并计算"按钮，如图 2-22 所示。

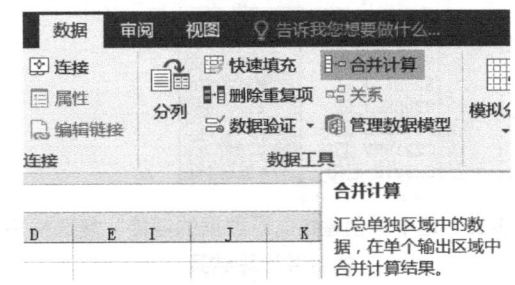

图2-21　选定存放合并数据的单元格区域　　　　图2-22　单击"合并计算"按钮

③ 弹出"合并计算"对话框，在其中选择合并方式和引用位置，如图 2-23 所示。

④ 单击"确定"按钮，完成合并计算，结果如图 2-24 所示。

如果在"合并计算"对话框中选中了"创建指向源数据的链接"复选框，则存放合并数据的工作表中存放的不是单纯的合并数据，而是计算合并数据的公式。此时在工作表的左侧将出现分级显示符号，可以根据需要显示或隐藏源数据，如图 2-25 所示。

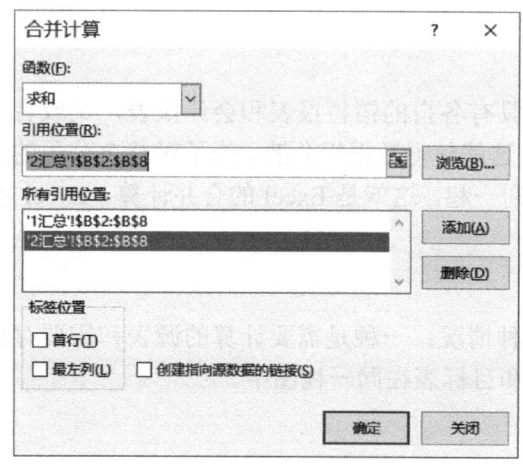

图2-23 "合并计算"对话框

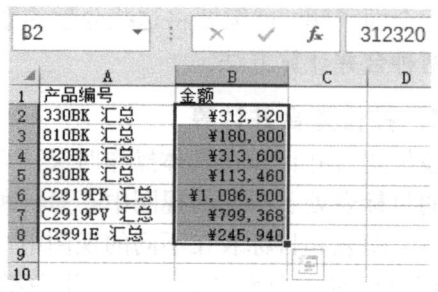

图2-24 合并计算的结果

这时的合并数据与源数据（这里只指前面的"1分类"和"2分类"，不包括前两个月的原始数据）建立了链接关系，即当源数据变动时，合并数据会自动更新，保持一致。在这两种情况下，注意左边行号区域的不同，并可以打开分级符号进行查看；也可以通过取消分级显示的方式去掉左边的分级显示符号。

（2）源表和目标表在同一视图中。

如果所有的数据按同样的顺序和位置排列，则可在同一视图中进行按位置合并计算操作。例如，如果用户的数据来自同一模板创建的一系列工作表，就可通过位置在同一视图中进行合并计算。本例中，3个分公司的数据分别放在3个工作表中，如图2-26所示。

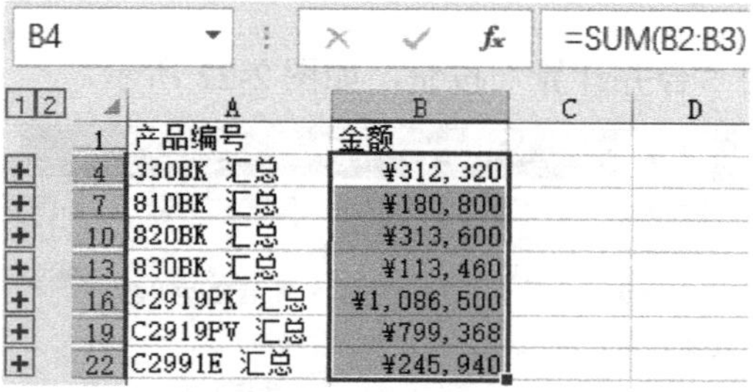

图2-25 选中"创建指向源数据的链接"复选框后
的合并计算结果

图2-26 在同一视图中进行合并计算的
原始数据

现在要把3个分公司的相关数据统一到"合并计算"空白工作表中，操作如下。

① 选中"合并计算"工作表，依次单击"视图"→"窗口"→"新建窗口"按钮，新建一个工作簿窗口，如图2-27所示。

② 再单击两次"新建窗口"按钮，新建两个工作簿窗口，这样，共有4个工作簿窗口，如图2-28所示。

③ 依次单击"视图"→"窗口"→"全部重排"按钮，弹出"重排窗口"对话框，在其中选择排列方式为"平铺"，并选中"当前活动工作簿的窗口"复选框，如图2-29所示。

④ 单击"确定"按钮后，所有窗口被平铺显示，调整为每个窗口显示一张不同的工作表，如图2-30所示。

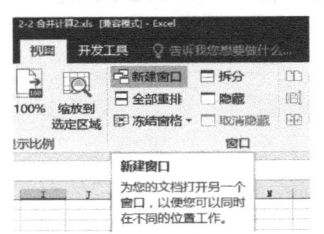

图2-27 新建工作簿窗口

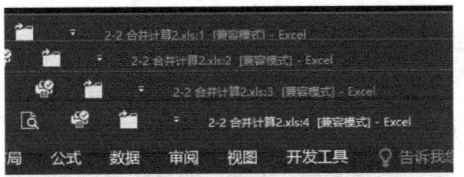

图2-28 新建多个工作簿窗口

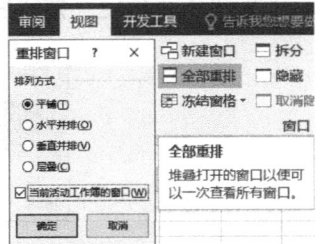

图2-29 设置重排窗口

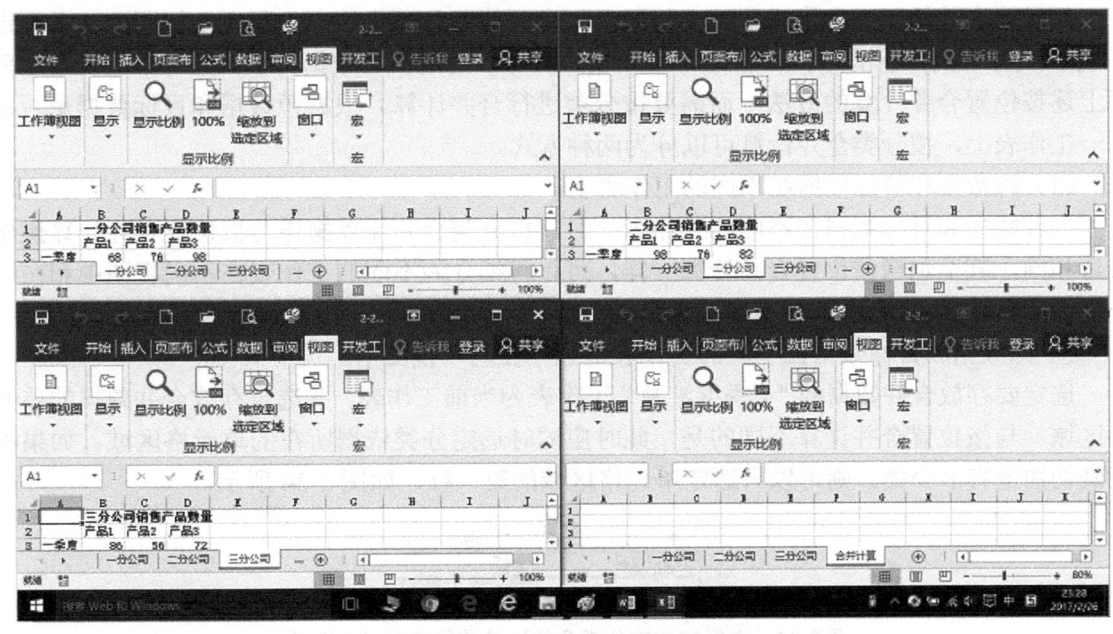

图2-30 重排窗口的效果

⑤ 单击"合并计算"工作表标签，选定其中的 A1 单元格，依次单击"数据"→"数据工具"→"合并计算"按钮，如图 2-31 所示。

⑥ 在弹出的"合并计算"对话框中，设置数据引用位置分别为其他 3 个工作表的 A2:D6 单元格区域，并在"标签位置"选区中选中"首行"和"最左列"两个复选框，如图 2-32 所示。

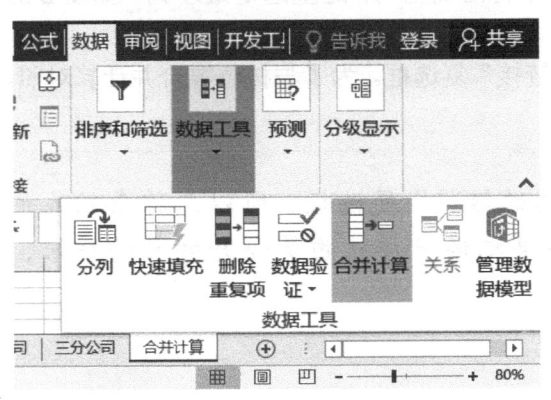

图2-31 单击"合并计算"按钮

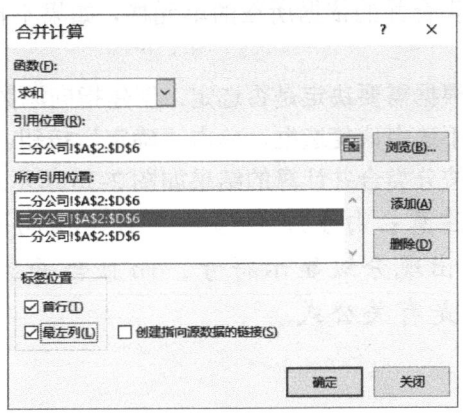

图2-32 合并计算的参数设置

⑦ 单击"确定"按钮后，3个分公司的数据被合并计算到一个工作表中，如图2-33所示。

图2-33 合并计算的效果

2. 按分类合并计算

如果待合并的工作表格式不完全相同，如有可能各月销售的产品不完全相同，这里假定3月的销售产品有变化，用"3汇总"工作表来保存3月的汇总数据，那么此时不能简单地采用上述按位置合并计算的方法，而需要按分类进行合并计算。根据源数据和目标数据是否在同一工作表上，按分类合并计算可以分为两种方式。

（1）源数据和目标数据在不同的工作表上。

当源数据和目标数据在不同的工作表上时，按分类合并计算操作与按位置合并计算操作大致相同，甚至也像按位置合并计算一样，可以再细分为不同的工作表在不同视图中和在同一视图中两种方式。

① 源数据和目标数据在不同的工作表上且不在同一视图中。

选定要存放合并数据的"1季度汇总"工作表为当前工作表，并选定存放合并数据的单元格区域。与按位置合并计算不同的是，此时应同时选定分类依据所在的单元格区域。如果不能确切知道有多少类，则可以只选定单元格区域的第一行，如图2-34所示。

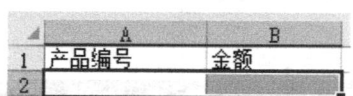

图2-34 选择存放按分类合并计算结果的单元格区域

单击"合并计算"按钮，弹出"合并计算"对话框，在这里指定需要使用的函数，添加各工作表需要合并的源数据区域。与按位置合并计算操作不同的是，此时除了要选定待合并的数据区域，还需要选定分类合并的依据对应的单元格区域，而且各工作表中待合并的数据区域可能不完全相同，需要逐个选定。与按位置合并计算不同的是，它需要指定标志位置，即分类合并的依据所在的单元格，如果不指定，则将出现空列，这里选定最左列，如图2-35所示。

根据需要决定是否选定"创建指向源数据的链接"复选框。为了与按位置合并计算对照，这里不选中该复选框，单击"确定"按钮。

按分类合并计算的结果如图2-36所示。

注意：由于没有选定"创建指向源数据的链接"复选框，所以工作表的左侧没有出现分级显示符号，而且合并数据的单元格中存放的是合并计算的结果，而不是有关公式。

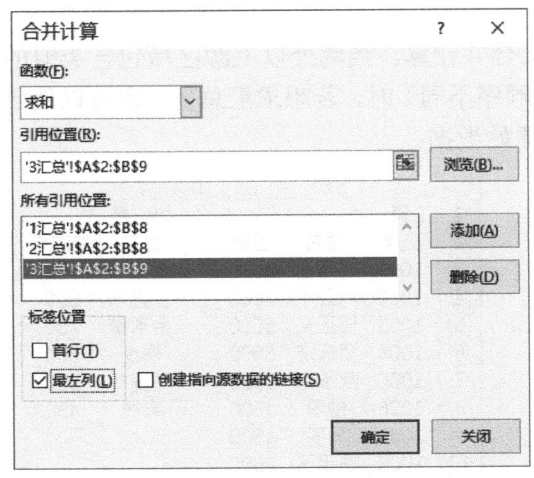

图2-35　选择按分类合并的依据所在的单元格

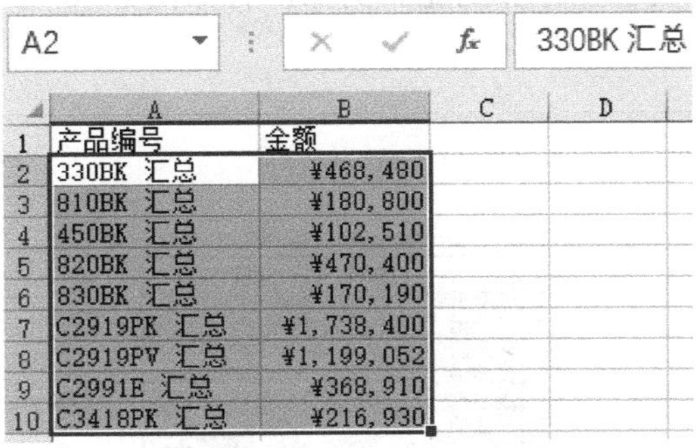

图2-36　按分类合并计算的结果

② 源数据和目标数据在不同工作表上但都在同一视图中。

标准的按分类合并计算需要先在目标工作表里设置好字段，合并计算时只考虑标签位置。更为快捷的方法是事先不需要在目标工作表中做任何准备，只要有一张空的工作表即可。

例如，有以下 4 个分公司的数据，如图 2-37 所示。

先选中"总表"中的 A1 单元格，然后单击"合并计算"按钮，在弹出的"合并计算"对话框中，将光标定位在"引用位置"文本框中，然后选择"北京"工作表中的 A1:C6 单元格区域，单击"添加"按钮。

继续重复此操作，将另外 3 张工作表中的 A1:C5 单元格区域都添加到"所有引用的位置"列表框中，并同时选中"首行"和"最左列"两个复选框，如图 2-38 所示。

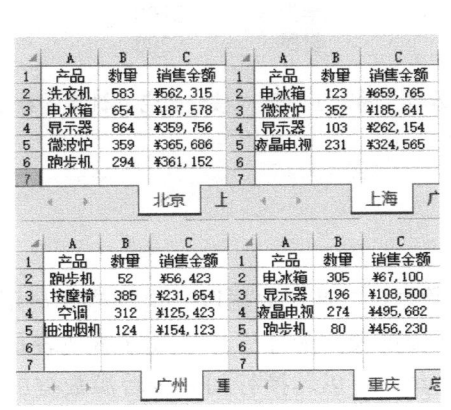

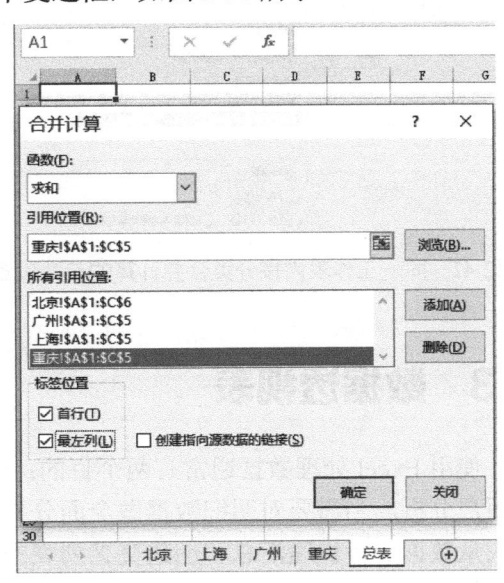

图2-37　更为快捷地按分类合并计算的原始数据

图2-38　更为快捷地按分类合并计算的参数设置

更为快捷地按分类合并计算的结果如图 2-39 所示。很明显，此图少了一个列字段，最终还要手工添加。因此，这种方法虽快速但不严谨。

（2）源数据和目标数据在同一工作表上。

有时，同一工作表内的不同区域也可以直接合并计算。当两处以上源区域包含类似的数据，却以不同方式排列（主要是行记录的数量、顺序不同）时，若想求汇总值，则可以使用按分类合并计算功能。例如，有如图 2-40 所示的原始数据。

	A	B	C
1		数量	销售金额
2	洗衣机	583	¥562,315
3	电冰箱	1082	¥914,443
4	显示器	1163	¥730,410
5	微波炉	711	¥551,327
6	跑步机	426	¥873,805
7	按摩椅	385	¥231,654
8	空调	312	¥125,423
9	抽油烟机	124	¥154,123
10	液晶电视	505	¥820,247

	A	B	C	D	E	F
1	工资				加班费	
2	工号	姓名	工资		姓名	加班费
3	1001	杨源喜	4900		刘卫中	700
4	1002	刘卫中	5600		罗远浩	850
5	1003	任正义	5000		余承南	780
6	1004	罗远浩	6000		柳愿	600
7	1005	余承南	3000		马耀华	390
8	1006	柳愿	4500		雷民	480
9	1007	马羽	4500			
10	1008	侗明玉	2600			
11	1009	马耀华	3000			
12	1010	李光东	3200			
13	1011	雷民	4800			

图2-39　更为快捷地按分类合并计算的结果　　　图2-40　同一工作表内按分类合并计算的原始数据

现在要在同一张表的中间区域建立员工总收入数据表，可利用按分类合并计算的方法在此处进行合并计算，如图 2-41 所示。

同一工作表内按分类合并计算的结果如图 2-42 所示。

姓名	收入
杨源喜	4900
刘卫中	6300
任正义	5000
罗远浩	6850
余承南	3780
柳愿	5100
马羽	4500
侗明玉	2600
马耀华	3390
李光东	3200
雷民	5280

图2-41　同一工作表内按分类合并计算的参数设置　　　图2-42　同一工作表内按分类合并计算的结果

2.3　数据透视表

使用 Excel 处理数据通常有两个目的：一是计算数据；二是使数据以一定的格式显示，便于用户分析。当需要对明细数据做全面分析时，数据透视表是最佳工具。数据透视表是一种对大量数据进行快速汇总和创建交叉列表的交互式工具，可以转换行列来查看源数据的不同汇总结果，而且可以显示自己感兴趣的明细数据。它本质上是一种动态工作表，提供了一种以不同角度审视数据的简便方法。它有机地结合了分类汇总和合并计算的优点，可以方便地调整分类汇总的分类。Excel 的数据透视图报告功能使得数据透视表的分析结果可用图表方式提交，这样更为方便。

2.3.1　创建数据透视表

1．数据准备——制作数据列表

为了分析方便，首先将 1—3 月的数据复制到一个新工作表"1季度数据"中。为此，需要创建一个新的工作表"1季度数据"，并选定 A1 单元格为当前单元格。单击"剪切板"对话框中的"全部粘贴"按钮，复制的 12 个月的数据被依次粘贴到新工作表中。如果次序不对，则可将该工作表按日期项排序，如图 2-43 所示。

	B	C	D	E	F	G
1	销售员	产品编号	产品类别	单价	数量	金额
2	佃明玉	330BK	平板电脑	¥1,220	48	¥58,560
3	余成南	C2919PK	手机	¥5,300	17	¥90,100
45	余成南	C3418PK	手机	¥10,330	21	¥216,930
46	刘卫中	C2919PV	手机	¥5,259	12	¥63,108
47	罗远浩	820BK	平板电脑	¥980	80	¥78,400
48	雷民	C2919PK	手机	¥5,300	77	¥408,100

图2-43　数据透视表原始数据（局部）

2．创建数据透视表的具体操作

（1）新建数据透视表。

① 在"插入"→"表格"选项组中选择"数据透视表"选项。

② 在弹出的"创建数据透视表"对话框中，选定数据源和准备放置透视表的位置，如图 2-44 所示。

若采用本工作表的数据，则直接指定本工作簿中的某个表，以及该表中的区域；如果要另外选择数据源，则还应选中"使用外部数据源"单选按钮，此时将弹出"现有连接"对话框，用户可在现有连接中选择，如果没有现成的现有连接，则可单击左下方的"浏览更多"按钮，如图 2-45 所示，将会弹出标准的 Windows 打开文件对话框，从中选择需要的文件。

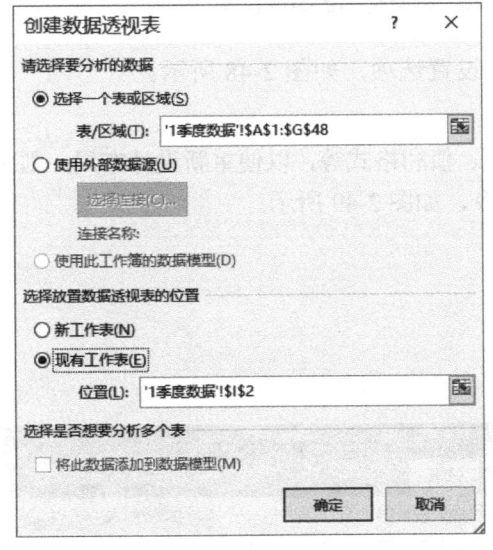

图2-44　"创建数据透视表"对话框

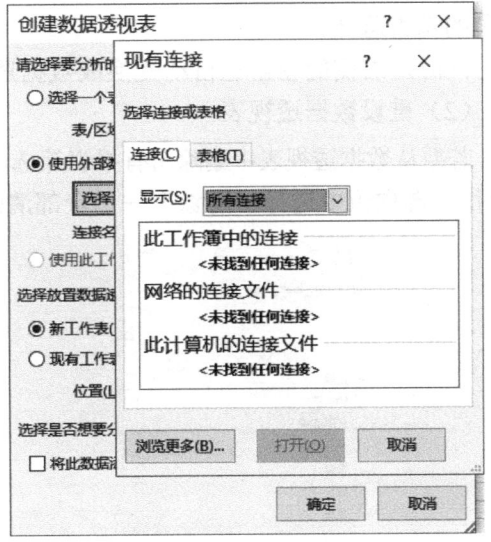

图2-45　创建数据透视表时使用外部数据源

③ 单击"确定"按钮，在当前工作表中创建数据透视表，如图 2-46 所示。

图2-46　新建的数据透视表

④ 根据分析要求，设置数据透视表的版式。该步骤也是创建数据透视表过程中最关键的一步。假设要分析各销售员不同时期的销售业绩，则可以日期作为行字段，以销售员作为列字段，将金额作为数据项。从"数据透视表字段列表"中，将相应的字段拖放到行字段、列字段和数据项位置。

此时创建的（初始化的）数据透视表如图 2-47 所示。其中最右一列有每天的销售总计，最下一行有每位销售员的销售总计。

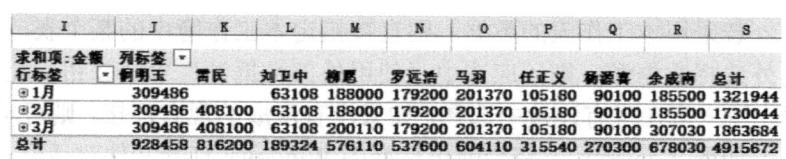

求和项:金额	列标签								
行标签	倒明玉	雷民	刘卫中	杨恩	罗运浩	马羽	任正义	杨巍巍	余成雨	总计
⊞1月	309486		63108	188000	179200	201370	105180		90100	185500	1321944
⊞2月	309486	408100	63108	188000	179200	201370	105180		90100	185500	1730044
⊞3月	309486	408100	63108	200110	179200	201370	105180		90100	307030	1863684
总计	928458	816200	189324	576110	537600	604110	315540	270300	678030	4915672

图2-47　初始化的数据透视表

同时，右侧的窗格也自动变换成数据透视表的设置选项，如图 2-48 所示。

（2）重设数据透视表。

若要从数据透视表中删除所有报表筛选器、标签、值和格式等，以便重新设计布局，则可在"操作"选项组中选择"清除"→"全部清除"命令，如图2-49 所示。

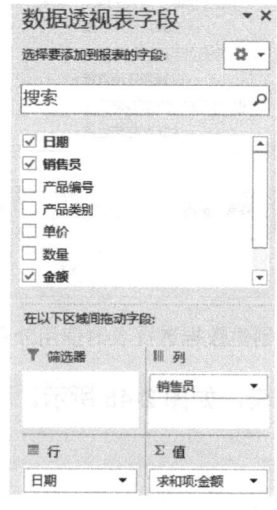

图2-48　"数据透视表字段"窗格

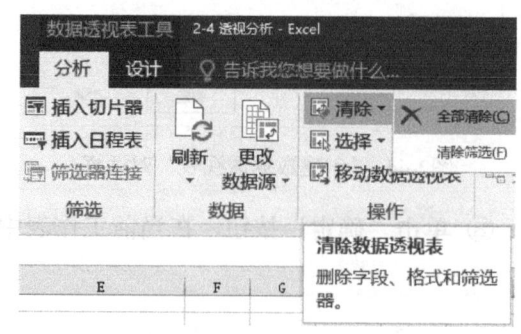

图2-49　重设数据透视表

这样可有效清除表中各元素，将数据透视表改回初始样式。在这里，清除的仅仅是数据表中的数据，不会将整个数据透视表删除，数据透视表的数据连接、位置和缓存都保持不变。

2.3.2　应用数据透视表

数据透视表的突出优点是可以利用它对数据进行透视分析，即根据不同的分析要求，对数据透视表进行各种操作。例如，进行不同级别的概括汇总，添加或删除分析指标，显示或隐藏细节数据，改变数据透视表的版式等。

1．数据透视表的编辑

在创建了数据透视表之后，可以使用"数据透视表字段"窗格来编辑数据透视表，即添加、删除和重新排列字段。

（1）添加或删除字段。

当需要分析不同的指标时，不需要重新制作报表，只需在原数据透视表的基础上，根据需要简单地添加或删除字段即可。例如，对于以上按月和季度显示的数据透视表，需要进一步分析不同产品类别的销售情况，即可将"产品类别"字段添加到数据透视表的行字段或列字段中，具体操作步骤如下。

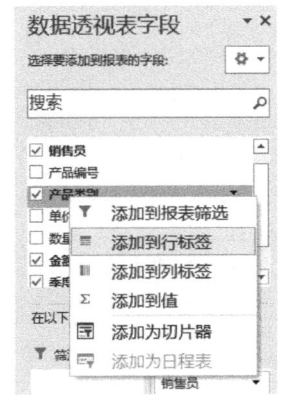

图2-50　选择"添加到行标签"选项

首先，选中数据透视表中的任意一个单元格，此时"数据透视表字段"窗格自动弹出，再选中其中的"产品类别"复选框，然后在其下拉菜单中选择"添加到报表筛选""添加到行标签""添加到列标签""添加到值"4 个选项中的 1 个即可，如图 2-50 所示。

添加了"产品类别"字段的数据透视表如图 2-51 所示。

添加到行或列的字段会自动在一行或一列上展开该字段的各个值，而添加到报表筛选部分的字段，会将该字段的值显示在一个下拉列表中，用户可根据一项或多项来筛选所需显示的数据，如图 2-52 所示。

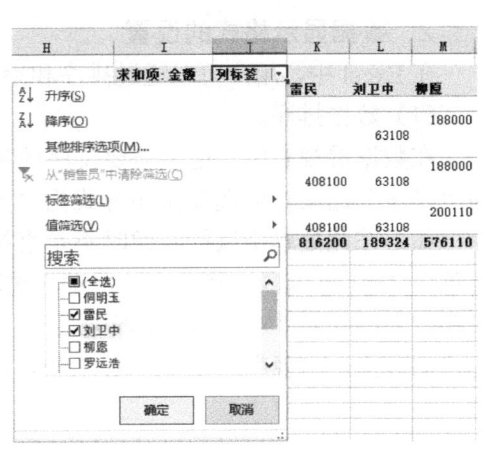

图2-51　添加了"产品类别"字段的数据透视表　　　图2-52　数据透视表中的筛选字段

（2）重新排列字段。

添加或删除字段的更直接的操作方式是按住鼠标左键，拖动需要的字段，在"在以下区域间拖动字段"中的"筛选器""行""列""Σ值"这4个数据区域间拖动时，被选中的字段会变成按钮状，当被拖动的字段进入数据列表区域后，会自动选择如图2-53所示的前4种图标中的一种。

如果要从数据透视表中删除某个字段，则只需将其拖离数据透视表即可，此时鼠标指针会变成图2-53中的最后一种图标。

（3）设置字段格式。

如果用户需要设置数据透视表中各字段的显示格式、汇总方式等，则可以通过执行"数据透视表工具"→"分析"→"活动字段"中的"字段设置"命令，调出如图2-54所示的"字段设置"对话框来实现。

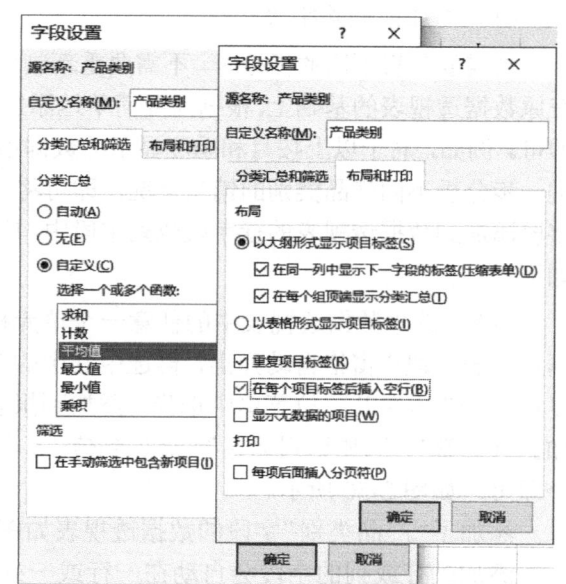

行字段	列字段	页字段	数据字段	删除

图2-53　在数据透视表中拖动字段　　　　　　　图2-54　"字段设置"对话框

2. 数据显示格式的设置

在 Excel 中，用户可以通过排序和筛选两种方式对数据透视表的数据显示格式进行设置。

（1）数据排序。

在数据透视表中，选中需要排序的字段标签（如某个月或某个人名），单击鼠标右键，指向"排序"选项，可选择排序方式为"升序"或"降序"，这是将所有人按人名排序。

如果在此处单击鼠标右键时不是直接选择"升序"或"降序"选项，而是选择"其他排序选项"，则还可以多选一个"手动"选项，允许按自己的喜好进行排序，如按住"雷民"字段并把它移动到"刘卫中"字段之后（注意：此时"按住"的意思是指将鼠标指针指向选中单元格的边框，出现朝向上下左右4个方向的箭头时按住鼠标左键），如图2-55所示。

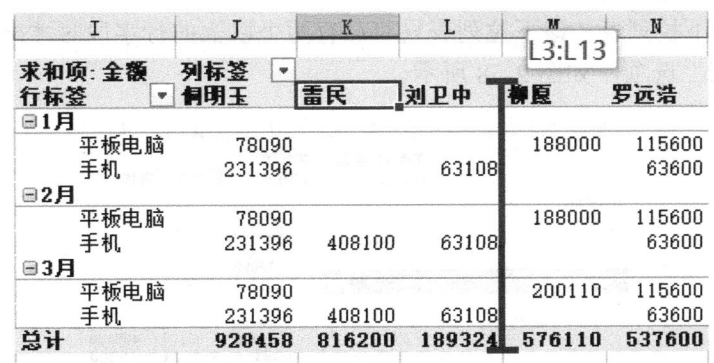

求和项:金额	列标签				
行标签	何明玉	雷民	刘卫中	柳夏	罗远浩
□1月					
平板电脑	78090			188000	115600
手机	231396		63108		63600
□2月					
平板电脑	78090			188000	115600
手机	231396	408100	63108		63600
□3月					
平板电脑	78090			200110	115600
手机	231396	408100	63108		63600
总计	928458	816200	189324	576110	537600

图2-55　手动排序

如果不是右击字段，而是右击某个具体的值（某个数值），则在指向"排序"选项后，还可以选择"其他排序选项"命令，或者选中这个值后，转向"数据"→"排序和筛选"选项组，单击"排序"按钮，一样可以弹出如图 2-56 所示的"按值排序"对话框。

这里，可以按某个人（或某个月）的值进行升序（降序）排序，这会打乱按人名（或按月）的排序。

（2）数据筛选。

用户可以通过数据筛选操作，筛选出符合指定条件的数据，也能够实现数据查找功能。Excel 2016 的数据筛选又分为标签筛选和值筛选。

① 标签筛选：在数据透视表中，单击"行标签"或"列标签"旁的下拉按钮，在下拉菜单中选择"标签筛选"命令，将看到已经熟悉的菜单，如图 2-57 所示。

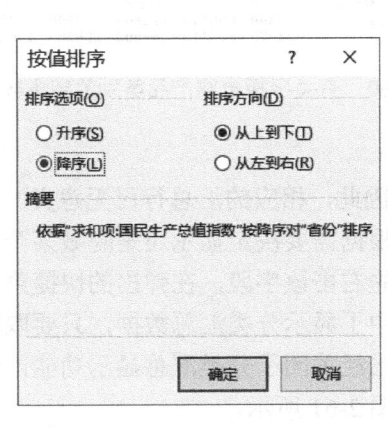

图2-56　"按值排序"对话框

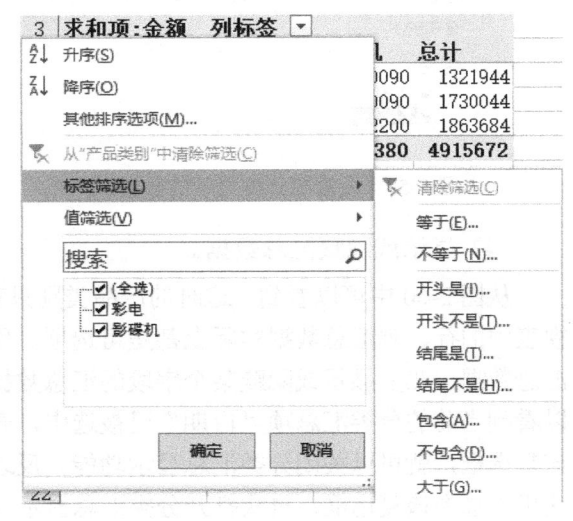

图2-57　选择"标签筛选"命令

② 值筛选：如果仅需要根据已有的某值进行筛选，则在上述下拉菜单中选择"值筛选"选项即可，这就是前面学过的自动筛选。

（3）分类显示数据。

在 Excel 2016 的数据透视表中，对所有的行字段、列字段都增加了分类选项下拉列表。如果只希望了解数据透视表中某个分类的数据，则可以单击相应字段的下拉按钮，然后选择需要显示的分类数据。例如，只显示平板电脑产品类别的数据，可以先在"行标签"的下拉菜单的"选择字段"下拉列表（该下拉列表只有在有两个以上的行字段时才出现，列字段同理）中选择"产品类别"选项，如图 2-58 所示。

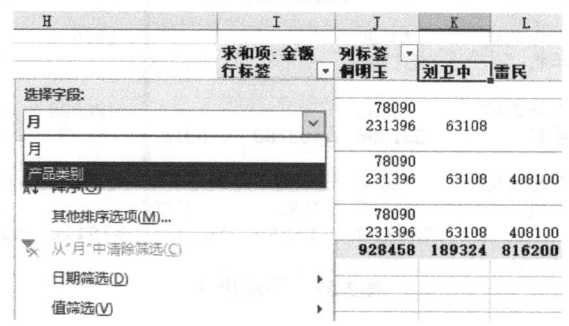

图2-58　"选择字段"下拉列表

然后取消选中"手机"复选框，最后单击"确定"按钮，如图 2-59 所示。

此时将得到有关平板电脑产品类别的销售数据，如图 2-60 所示。

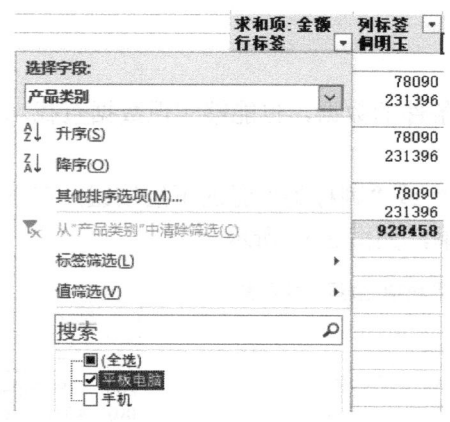

图2-59　设置要分类显示的数据

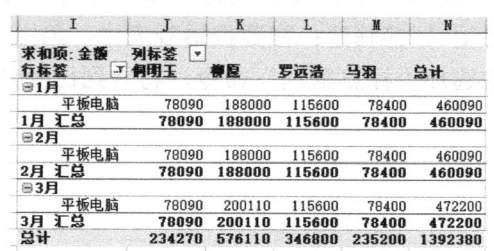

求和项：金额	列标签				
行标签	佩明玉	樊霆	罗远洛	马羽	总计
⊟1月					
平板电脑	78090	188000	115600	78400	460090
1月 汇总	78090	188000	115600	78400	460090
⊟2月					
平板电脑	78090	188000	115600	78400	460090
2月 汇总	78090	188000	115600	78400	460090
⊟3月					
平板电脑	78090	200110	115600	78400	472200
3月 汇总	78090	200110	115600	78400	472200
总计	234270	576110	346800	235200	1392380

图2-60　有关平板电脑产品类别的销售数据

（4）显示或隐藏汇总数据。

从图 2-60 中可以看到，这时的产品类别只有一类，因此，相应的汇总行已无意义。数据透视表中的行、列汇总数据实际上都是可选项。用户可以根据需要决定显示还是隐藏某个字段的汇总数据。在要显示或隐藏某个字段的汇总数据时，首先右击该字段，在弹出的快捷菜单中可以看到当前的分类汇总项"日期"已被选中，表示已选中了显示分类汇总数据，只要取消选中该复选框，就可以关闭分类汇总显示功能。反之，如果已经关闭了分类汇总显示功能，则可在这里再选中该复选框，再次打开分类汇总显示功能，如图 2-61 所示。

也可以这样操作：选中该字段，此时鼠标指针变成向右的实心箭头状，并且该字段的所有汇总项都被选中，如图 2-62 所示。

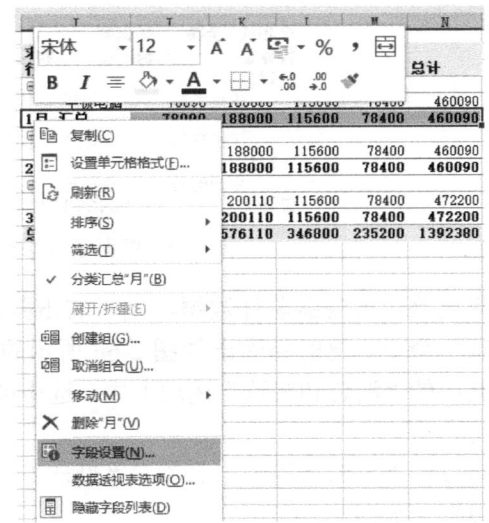

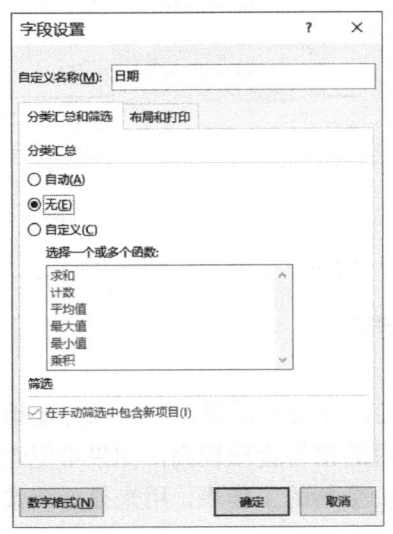

图2-61 在数据透视表中显示或隐藏汇总数 图2-62 在数据透视表中显示或隐藏汇总数据的方法之
据的方法之一 二：选中汇总项

选中所有的汇总项后，单击鼠标右键，在弹出的快捷菜单中选择"字段设置"选项，然后在弹出的"字段设置"对话框中选中"无"单选按钮，单击"确定"按钮，如图 2-63 所示。

还可以在"数据透视表工具"→"设计"→"布局"选项组中单击"分类汇总"下拉按钮进行设置，如图 2-64 所示。

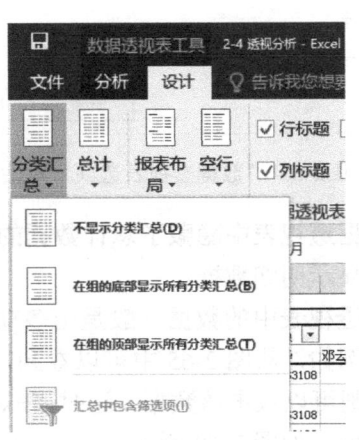

图2-63 在数据透视表中显示或隐藏汇总数据的 图2-64 在数据透视表中显示或隐藏汇总数据的方法
方法之二：设置字段 之三

上述方法均能实现对汇总项的显示或隐藏操作。对于第三种方法，在这里有一点要注意：选择"在组的底部显示所有分类汇总"选项和"在组的顶部显示所有分类汇总"选项是有区别的。例如，当选择"在组的顶部显示所有分类汇总"选项时，刚才所说的单击鼠标右键一次选中所有按月分类汇总就无法实现。隐藏了分类汇总数据的数据透视表如图 2-65 所示。

求和项:金额	列标签				
行标签	肖明玉	柳愿	罗远浩	马羽	总计
⊟1月					
平板电脑	78090	188000	115600	78400	460090
⊟2月					
平板电脑	78090	188000	115600	78400	460090
⊟3月					
平板电脑	78090	200110	115600	78400	472200
总计	**234270**	**576110**	**346800**	**235200**	**1392380**

图2-65　隐藏了分类汇总数据的数据透视表

如果要显示或隐藏总计数据，则可右击数据透视表，在弹出的快捷菜单中执行"数据透视表选项"命令。这时将弹出如图2-66所示的"数据透视表选项"对话框。

在其中的"汇总和筛选"选项卡中，选中或取消选中"显示列总计"或"显示行总计"复选框即可。

也可以在"数据透视表工具"→"设计"选项卡的"布局"选项组中单击"总计"下拉按钮进行设置，如图2-67所示。

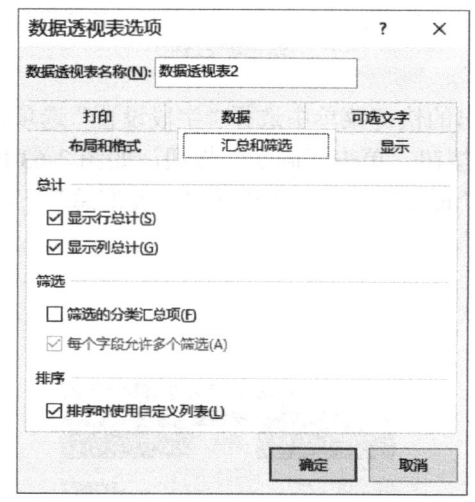

图2-66　"数据透视表选项"对话框

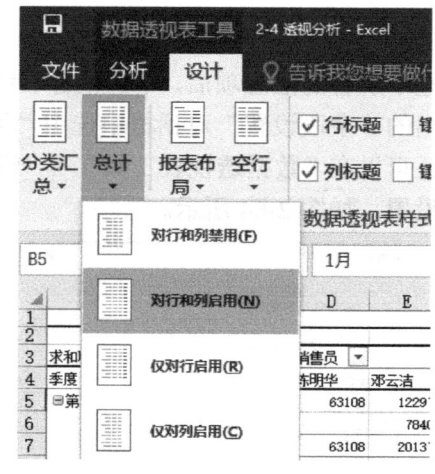

图2-67　设置总计数据的方法之二

在数据透视表中隐藏了总计数据的效果如图2-68所示。

（5）显示明细数据。

数据透视表中的数据一般是由多项数据汇总得来的，如果有需要，则可以方便地查看明细数据。例如，从图2-65中可以看到，销售员柳愿3月的销售金额较高，如果希望查看其明细数据，则可以双击该数据。这时，Excel将自动创建一个新的工作表，用来显示该数据对应的明细数据，如图2-69所示。

图2-68　在数据透视表中隐藏了总计数据的效果

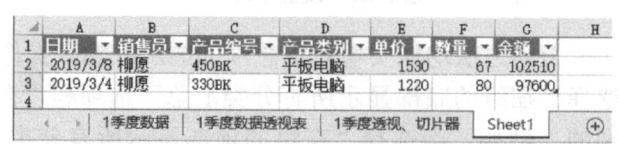

图2-69　Excel自动创建的明细数据工作表

（6）调整显示方向。

在刚才创建的数据透视表中，"日期"和"产品类别"作为行字段，其数据分别显示在不同的行，称为行方向显示；而"销售员"是列字段，其数据显示在不同的列，称为列方向显示，如图 2-70 所示。

此时，行方向字段过多，可以考虑设置页字段，让指定的数据按页方向显示。例如，要详尽地分析每位销售员的业绩，可以设置"销售员"字段以页方向显示，操作方法是直接将"销售员"字段从列字段处拖放到页字段处即可，如图 2-71 所示。

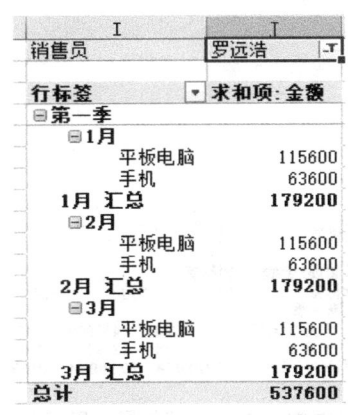

求和项:金额	列标签 ▼					
行标签 ▼	桐明王	刘卫中	雷民	柳庭	罗远浩	马羽
□第一季						
□1月						
平板电脑	78090			188000	115600	78400
手机	231396	63108			63600	122970
1月 汇总	309486	63108		188000	179200	201370
□2月						
平板电脑	78090			188000	115600	78400
手机	231396	63108	408100		63600	122970
2月 汇总	309486	63108	408100	188000	179200	201370
□3月						
平板电脑	78090			200110	115600	78400
手机	231396	63108	408100		63600	122970
3月 汇总	309486	63108	408100	200110	179200	201370
总计	928458	189324	816200	576110	537600	604110

图2-70　行/列方向显示　　　　　　图2-71　添加了页字段的数据透视表

目前显示的是销售员罗远浩的销售业绩。单击"销售员"字段右边的下拉按钮，可以选择显示其他销售员或全部，可以显示其他销售员或全部销售员的销售业绩。

在图 2-71 中，由于将"销售员"字段从原来的列方向改变为页方向，所以没有字段按列方向显示，但有两个字段是按行方向显示的，因而可读性不佳。为此，按照类似的方法，将"日期"字段改为列方向显示。将"日期"字段拖动到列字段后的数据透视表如图 2-72 所示。

销售员	罗远浩 ▼			
求和项:金额	列标签 ▼			
行标签 ▼	1月	2月	3月	总计
□第一季				
平板电脑	115600	115600	115600	346800
手机	63600	63600	63600	190800
总计	179200	179200	179200	537600

图2-72　将"日期"字段拖动到列字段后的数据透视表

（7）改变数据显示方式。

一般情况下，数据透视表中显示的都是实际的汇总数据。为了更清晰地分析数据间的关系，如比例或构成关系、差异关系等，可以指定数据透视表以特殊的显示方式来显示数据。Excel 2016 提供了差异、百分比、差异百分比、按列递加、指数等不同的数据显示方式。用户可以根据分析的要求选择最合适的数据显示方式。

例如，要在如图 2-73 所示的数据透视表中分析不同时期的销售增长情况，可以选择按差异来显示汇总数据，具体操作如下。

① 右击数值区的任意一个数值，在弹出的快捷菜单中选择"值显示方式"选项，如图2-74所示。

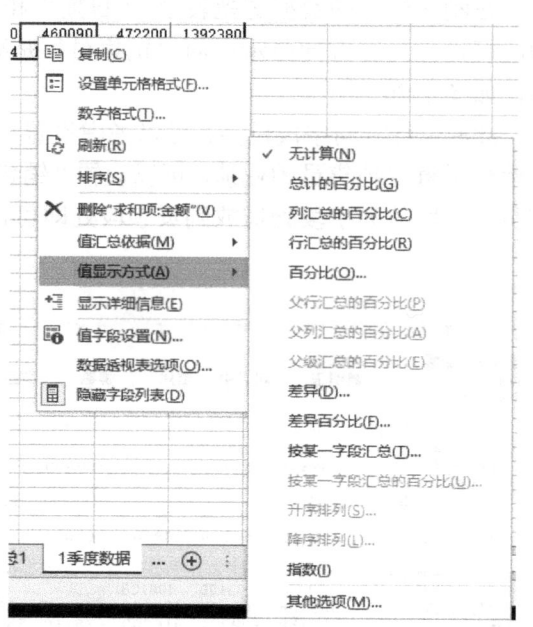

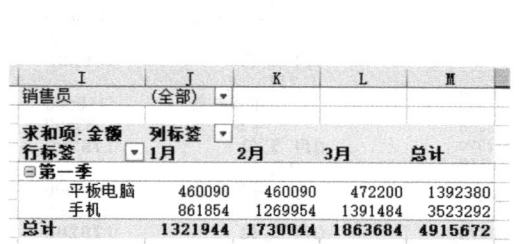

图2-73　准备进行差异化显示的数据透视表

图2-74　选择"值显示方式"选项

② 选择"差异"显示方式，弹出"值显示方式"对话框，在"基本字段"下拉列表中选定"日期"选项，在"基本项"下拉列表中选定"（上一个）"选项，如图2-75所示。

③ 单击"确定"按钮。按差异显示的数据透视表如图2-76所示。

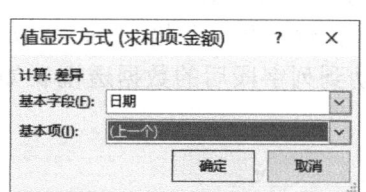

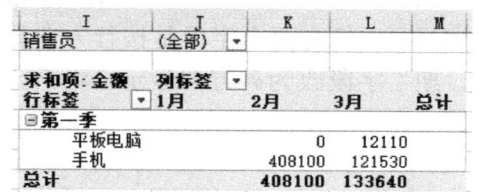

图2-75　"值显示方式"对话框

图2-76　按差异显示的数据透视表

该数据透视表清晰地反映出2月手机销售金额较1月手机销售金额（因为旧的数据是比较基准，所以Excel没有显示）有较大幅度的上升，而平板电脑的销售金额没有增长；3月手机销售金额较2月手机销售金额（因为旧的数据是比较基准，所以Excel没有显示）上升幅度减小，平板电脑销售金额较2月有了一定的增长。

（8）利用颜色增加数据透视表的信息量。

用户可以通过Excel中的"条件格式"选项，对报表的颜色和图形标识做突出显示处理，以显示报告的重点，使之更具有可读性。

准备应用条件格式的数据透视表如图2-77所示，选中B5单元格。

然后切换到"开始"→"样式"选项组，单击"条件格式"下拉按钮，选择"突出显示单元格规则"选项，如图2-78所示。

	A	B	C	D
1	销售员	(全部) ▼		
2				
3	求和项:金额	列标签 ▼		
4	行标签 ▼	平板电脑	手机	总计
5	1月3日	58560	90100	148660
6	1月4日	176000		176000
7	1月5日		37200	105180	142380
8	1月6日		63600	63600

图2-77 准备应用条件格式的数据透视表　　图2-78 选择"突出显示单元格规则"选项

此时，如果直接选择"大于""小于"等选项，将弹出如图 2-79 所示的对话框，可快速设置格式。

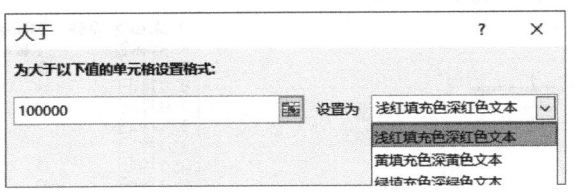

图2-79 设置格式

此时，在 B5 单元格旁边将出现应用范围选项，默认只应用于本单元格，选择"所有显示"求各项:金额"值的单元格"选项，如图 2-80 所示，效果如图 2-81 所示。

图2-80 设置"突出显示单元格规则"的应用范围　　图2-81 设置"突出显示单元格规则"后的效果

如果这种快速设置条件格式的方式不能满足用户的要求，则可以选择"其他规则"选项，将弹出"新建格式规则"对话框（其实，在"条件格式"下拉菜单中就有"新建格式规则"选项），在这里可以设置更详细的条件格式，如图 2-82 所示。

在"新建格式规则"对话框中，可以对数字、字体、边框、填充等进行设置。如果还不满足要求，则可以选择"条件格式"下拉菜单中的"数据条""色阶""图标集"3 个选项之一，如选择"图标集"选项，如图 2-83 所示。

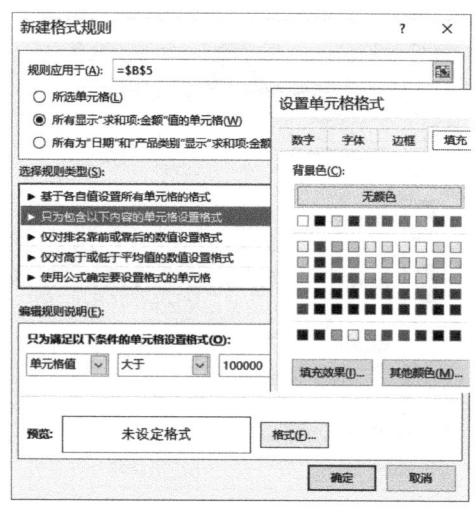

图2-82 "新建格式规则"对话框

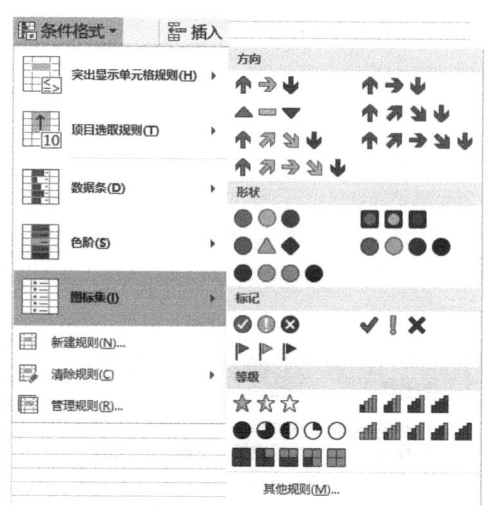

图2-83 选择"图标集"选项

选择其中一种图标，再选择"其他规则"选项，如图 2-84 所示。

这样即可用选定的图标标注数据，效果如图 2-85 所示。

图2-84 设置图标应用参数

图2-85 应用了图标集的效果

（9）设置数据透视表样式。

Excel 2016 为数据透视表提供了几十种自动套用格式，利用它们可以快捷、方便地修饰数据透视表，使其更具可读性。具体操作如下。

选定数据透视表中的任意单元格，再单击"开始"选项卡中的"套用表格格式"下拉按钮，从中选择需要的表格格式后，单击"确定"按钮，结果如图 2-86 所示。

也可切换到"设计"选项卡，直接在"数据透视表样式"选项组中选择格式。如果对系统给定的数据透视表样式都不满意，则可以自己设计一种样式。单击"设计"→"数据透视表样式"选项组中的下拉按钮，在样式表底部选择"新建数据透视表样式"选项，如图 2-87 所示。此时将弹出如图 2-88 所示的"新建数据透视表样式"对话框。

在该对话框中，用户可以根据自己的意愿和需求，对数据透视表的名称、表元素与格式等进行自定义设置。例如，要对"报表筛选标签"进行设置，应先选中它，然后单击"格式"按钮，弹出如图 2-89 所示的"设置单元格格式"对话框。

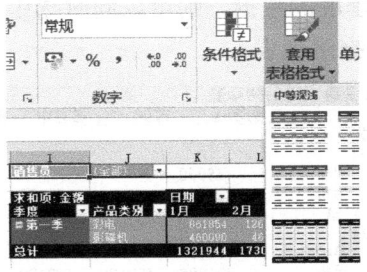

图2-86　设置了格式的数据透视表

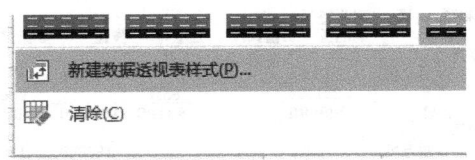

图2-87　选择"新建数据透视表样式"选项

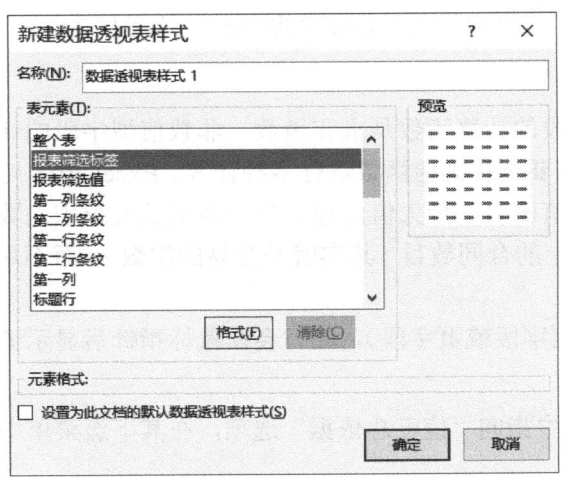

图2-88　"新建数据透视表样式"对话框

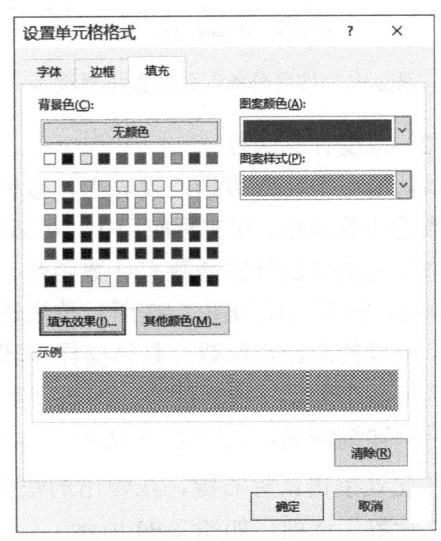

图2-89　"设置单元格格式"对话框

在该对话框中进行所需的设置，完成后单击"确定"按钮即可。

3．数据分析

数据透视表不仅能方便用户布局数据字段和设置显示方式，更重要的是，通过数据透视表，还可分析已经获得的数据。数据透视表提供了多种汇总函数来进行数据的计算，除此之外，用户还可以根据需要在计算字段和计算项中创建公式。

（1）调整分析步长。

对于日期型字段，可以根据需要调整分析步长，可以指定其按月、季度或年重新进行分组。例如，对于完成前面操作后得到的数据透视表，为了更清楚地比较企业的月度销售数据，指定其按月进行分类汇总。具体操作步骤如下。

① 右击"日期"字段中的任一日期数据单元格，在弹出的快捷菜单中选择"创建组"选项，弹出"组合"对话框，如图 2-90 所示。

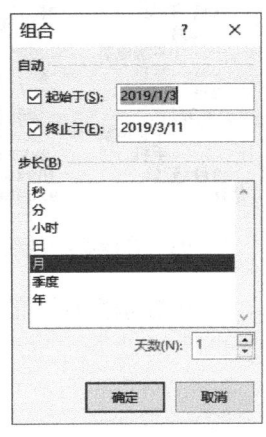

图2-90　"组合"对话框

② 在"步长"列表框中选中"月"选项，单击"确定"按钮。按月分类汇总的数据透视表如图 2-91 所示。

如果需要分析更宏观的情况，则可以在"组合"对话框的"步长"列表框中清除选中"月"选项，而选中"季度"选项。如果希望同时查看月度和季度的数据，则可以同时选中"月"和"季度"选项。图 2-92 是同时按月和季度分类汇总的数据透视表。

求和项:金额	列标签 ▼				
行标签 ▼	佣明玉	雷民	刘卫中	柳厦	罗远浩
⊟1月					
平板电脑	78090			188000	115600
手机	231396		63108		63600
1月 汇总	309486		63108	188000	179200
⊟2月					
平板电脑	78090			188000	115600
手机	231396	408100	63108		63600
2月 汇总	309486	408100	63108	188000	179200
⊟3月					
平板电脑	78090			200110	115600
手机	231396	408100	63108		63600
3月 汇总	309486	408100	63108	200110	179200
总计	928458	816200	189324	576110	537600

图2-91　按月分类汇总的数据透视表

求和项:金额	列标签 ▼			
行标签 ▼	佣明玉	雷民	刘卫中	柳厦
⊟第一季				
⊟1月				
平板电脑	78090			188000
手机	231396		63108	
1月 汇总	309486		63108	188000
⊟2月				
平板电脑	78090			188000
手机	231396	408100	63108	
2月 汇总	309486	408100	63108	188000
⊟3月				
平板电脑	78090			200110
手机	231396	408100	63108	
3月 汇总	309486	408100	63108	200110
总计	928458	816200	189324	576110

图2-92　同时按月和季度分类汇总的数据透视表

（2）改变计算函数。

默认情况下，在数据透视表中，数值型字段的计算函数是求和函数，非数值型字段的计算函数是计数函数。在实际应用中，可以根据需要选择其他函数进行多种计算。Excel 2016 对数据透视表提供的计算函数有计数函数、平均值函数、最大值函数、最小值函数及乘积函数等。例如，需要统计如图 2-92 所示数据透视表中的合同数目（其实就是交易的次数），而不是金额，可以使用计数函数。具体操作步骤如下。

选定某个数据字段（注意：不是行字段、列字段或页字段），此时会在鼠标指针后显示该数据项的详细情况，如图 2-93 所示。

在此处单击鼠标右键，在弹出的快捷菜单中指向"值汇总依据"选项，在其下级菜单中选择"计数"选项，如图 2-94 所示。

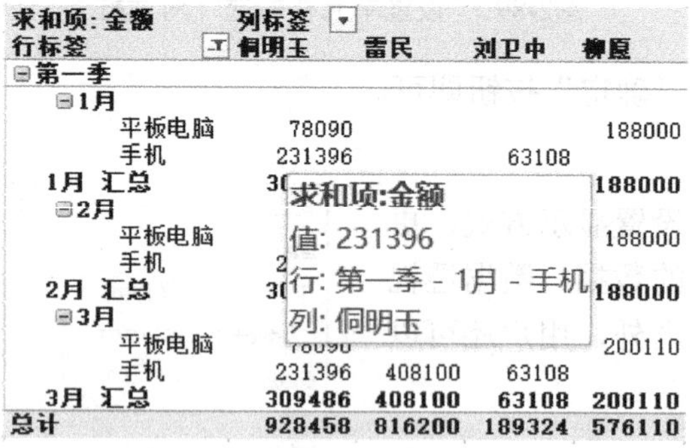

图2-93　在鼠标指针后显示数据项的详细情况

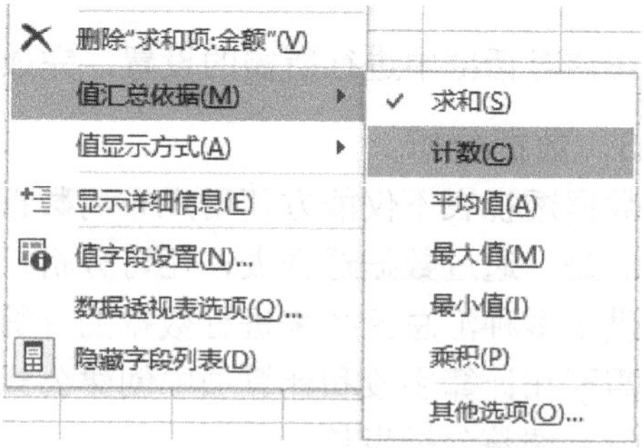

图2-94　选择"计数"选项

按计数函数计算的数据透视表如图 2-95 所示。

（3）添加、修改、删除计算字段。

有时候，若用户觉得系统提供的计算函数还不能满足自己分析数据的需要，则可以自己添加计算字段。

① 添加计算字段。

用户可以通过添加计算字段来使用自己创建的公式，并且可以使用数据透视表中的其他字段数据进行计算。例如，在如图 2-96 所示的数据透视表中，想要计算每月产品的平均销售价格，可选中数据透视表，执行“数据透视表工具”→“分析”→“计算”选项组的“字段、项目和集”下拉菜单中的“计算字段”命令，如图 2-97 所示。

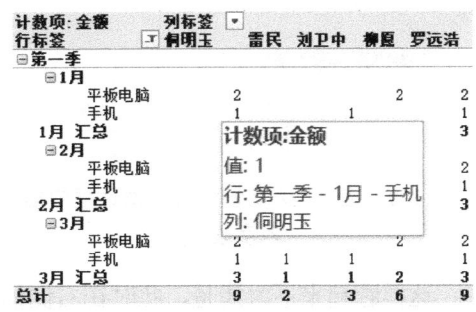

图2-95　按计数函数计算的数据透视表

	A	B	C	D
1	销售员	(全部)		
2				
3	求和项:金额	列标签		
4	行标签	平板电脑	手机	总计
5	⊞1月	460090	861854	1321944
6	⊞2月	460090	1269954	1730044
7	⊞3月	472200	1391484	1863684
8	总计	1392380	3523292	4915672

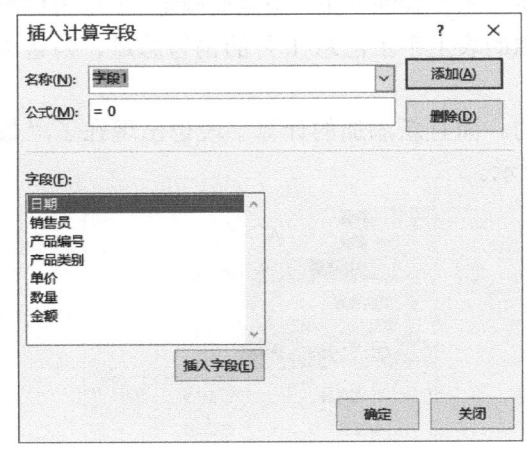

图2-96　准备添加计算字段的数据透视表

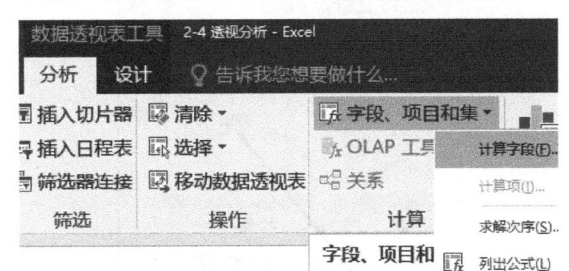

图2-97　执行“计算字段”命令

此时会弹出如图 2-98 所示的“插入计算字段”对话框，在其中进行如图 2-99 所示的设置。

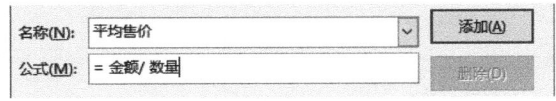

图2-98　“插入计算字段”对话框

图2-99　在“插入计算字段”对话框中进行设置

为了避免手工输入公式错误，或者字段名称太长，不想手动输入，可以在该对话框的“字段”列表框中选中需要的字段，然后单击“插入字段”按钮，将其输入“公式”文本框中，如图 2-100 所示。

完成后单击“确定”按钮，此时的数据透视表如图 2-101 所示。

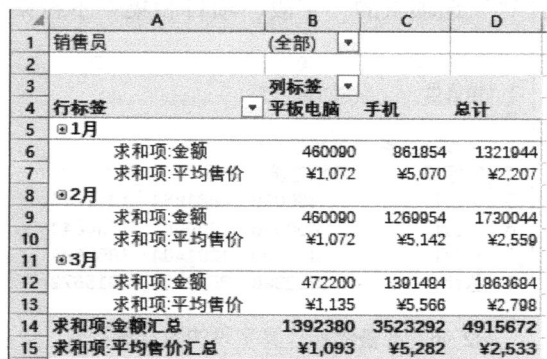

图2-100 在"插入计算字段"对话框中插   图2-101 插入计算字段后的数据透视表
入字段

这样看起来不太清楚，此时在右侧的"数据透视表字段"窗格中，将"列"列表框中的"Σ
数值"（只要行或列中有两个以上字段就会多出这个）拖到"行"列表框中，如图2-102所示。
调整后的数据透视表如图2-103所示。

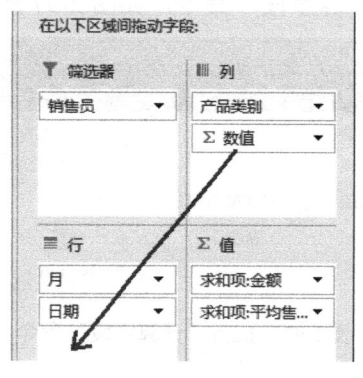

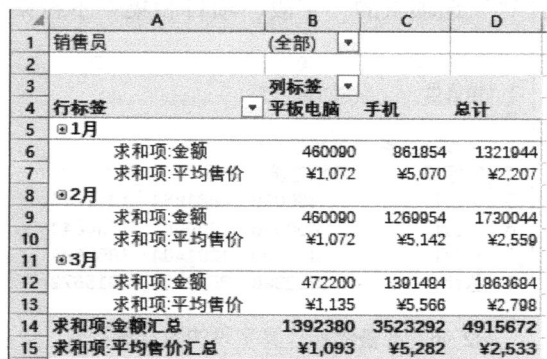

图2-102 调整显示效果   图2-103 调整后的数据透视表

答案是否正确呢？或者说答案是不是我们想要的呢？验证一下，假定要验证"1月销售所
有设备的平均售价是不是2 207"，则可在一张单独的表上手工汇总1月的销售总量、销售总
金额、每台销售均价，结果如图2-104所示。

答案是吻合的，说明添加的计算字段是准确的。而且新添加的计算字段也出现在了"数
据透视表的字段"窗格的列表框中，如图2-105所示。

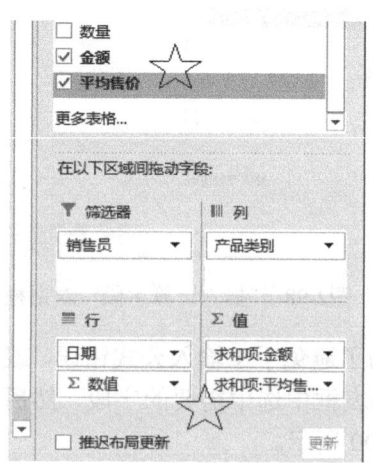

图2-104 对插入计算字段后的计算结果进行验证   图2-105 查看插入的计算字段

② 修改及删除计算字段。

如果需要修改该计算字段，则只需在"插入计算字段"对话框中进行相应的修改后单击"确定"按钮即可；如果不再需要该计算字段，则只需在这里删除后单击"确定"按钮即可，如图 2-106 所示。

③ 显示公式列表。

在添加了计算字段后，有时用户需要了解当前数据透视表中使用了哪些公式。此时可以选中数据透视表，执行"数据透视表工具"→"分析"→"计算"选项组的"字段、项目和集"下拉菜单中的"列出公式"命令，Excel 会自动生成一张新的工作表，列出用户已经创建的公式，如图 2-107 所示。

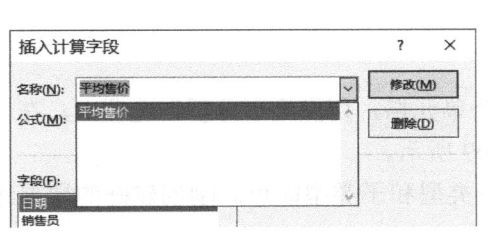

图2-106　修改或删除计算字段

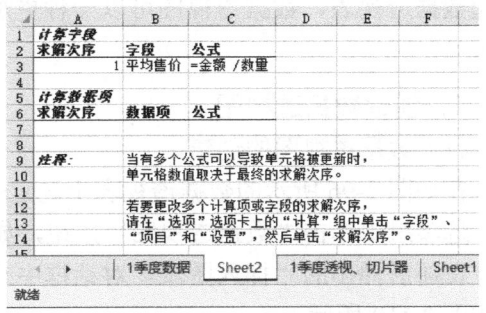

图2-107　显示公式列表

④ 注意事项。

在整个操作过程中，需要注意的就是选择计算字段。例如，在上例中，如果把"手机""平板电脑"这样的文字输入到公式中，就会出错，如图 2-108 所示。其原因就在于，"手机""平板电脑"不是本例中合法的字段名称，而只是字段值。

（4）更新数据。

数据透视表中的数据都是汇总计算的结果，因此，当数据透视表中的数据有误时，不能直接在其上进行修改，而需要修改数据来源工作表，然后通过更新数据，使数据透视表更新为修改后的数据计算的结果。具体操作如下。

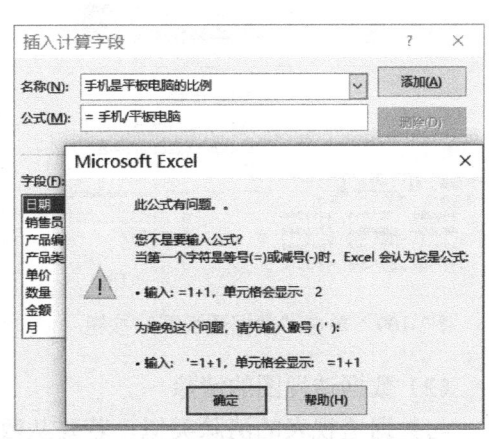

图2-108　插入错误的计算字段后 Excel 弹出的
提示消息

① 单击存放源数据的工作表标签，切换到该工作表。

② 修改工作表中有误的单元格数据。

③ 单击数据透视表的工作表标签，切换到数据透视表。

④ 右击数据透视表，在弹出的快捷菜单中选择"刷新"选项。

这时，数据透视表中的数据将根据修改的源数据自动更新。

通过以上介绍可以看出，从形式上看，数据透视表与一般的工作表没有明显的差别，但是实际上它有以下两个重要特性。

① 透视性：虽然数据透视表也是一个二维表，但是由于其每个数据都是汇总计算的结果，

所以可以说它是一个三维表格。此外，可以根据用户的需要，对数据透视表的汇总方式、显示方式进行调整，从而为用户从多角度分析数据提供极大的方便。

② 只读性：数据透视表可以像一般工作表一样进行修饰或制作图表，但是不能直接修改，而必须通过修改源数据和更新数据的方法进行编辑。

2.3.3 应用数据透视图

使用数据透视表可以准确地计算和分析数据，但有时候很难从字面上把握数据的全部含义。Excel 的数据透视图功能可以方便地将数据透视表的分析结果以更直观的图表方式提交。比起数据透视表，数据透视图可以一种更加可视化和易于理解的方式展示数据和数据之间的关系。

1. 创建数据透视图

（1）数据透视图的创建。

在如图 2-96 所示的数据透视表中选定任意一个单元格，切换到"分析"选项卡，在"工具"选项组中单击"数据透视图"按钮，如图 2-109 所示。

在随后弹出的"插入图表"对话框中选择图表类型和子类型即可。刚创建好的数据透视图如图 2-110 所示。

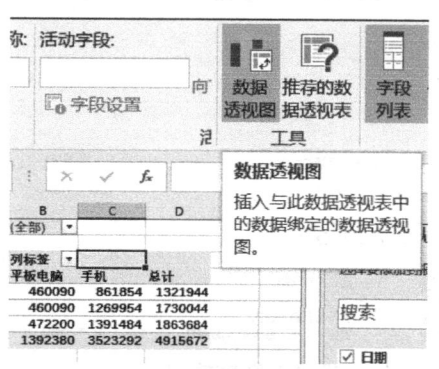

图2-109 单击"数据透视图"按钮

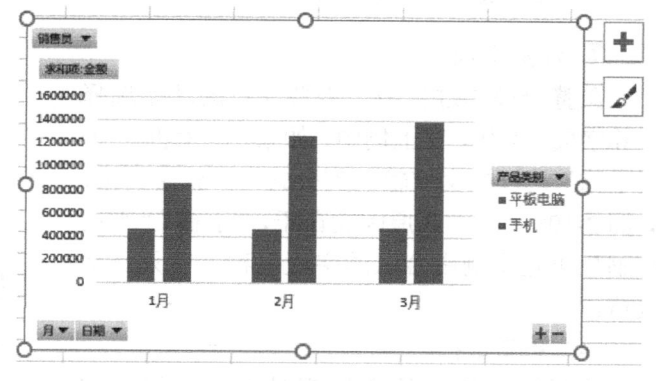

图2-110 刚创建好的数据透视图

（2）数据透视图的清除。

与数据透视表的清除类似，若要从数据透视图中删除所有报表筛选器、标签、值和格式等，以便重新设计布局，则可在"数据透视图工具"→"分析"→"操作"选项组中选择"清除"→"全部清除"命令，如图 2-111 所示。

这样可有效清除数据透视图中各元素，将数据透视图改回初始样式，在这里，清除的仅仅是数据透视图中的数据，数据透视图的数据连接、位置和缓存都保持不变。

2. 调整数据透视图

完成数据透视图的创建之后，用户可以按照自己的需要对数据透视图进行编辑与设置。

（1）更改数据透视图的类型。

若用户对创建的图表类型不满意，则可通过"数据透视图工具"→"设计"选项卡的"图表样式"选项组进行更改，如图 2-112 所示。

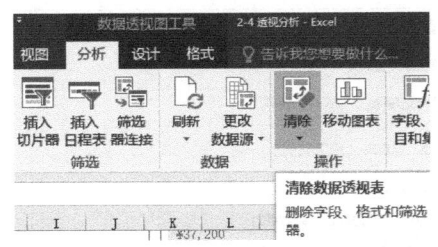

图2-111　清除数据透视图

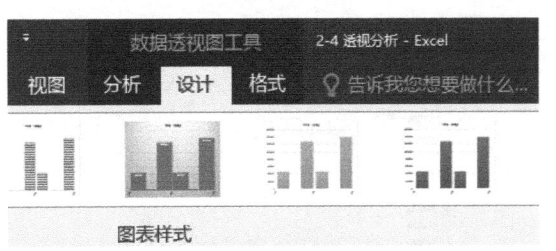

图2-112　更改数据透视图的类型

（2）设置数据透视图的布局与格式。

可以在"数据透视图工具"→"设计"选项卡的"图表布局"选项组中单击"快速布局"下拉按钮，在其中进行更改，如图 2-113 所示。

如果快速布局不能满足要求，则可以在"数据透视图工具"→"设计"选项卡的"图表布局"选项组中选择"添加图表元素"命令，以此来优化图表布局，在此可设置图表标签等各种图表元素，还可以添加趋势线，如图 2-114 所示。

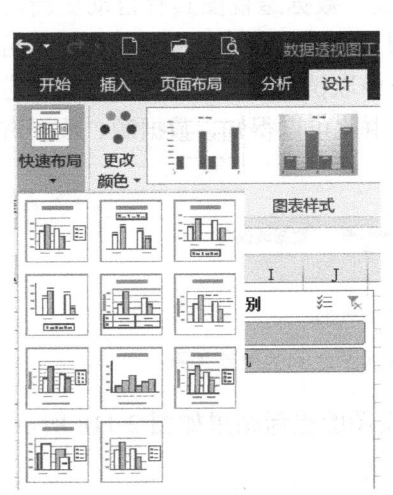

图2-113　更改数据透视图的布局与格式

图2-114　"添加图表元素"下拉菜单

3．分析数据透视图

数据透视图创建以后，可以像数据透视表一样方便地进行分析。

（1）显示筛选的数据。

在数据透视图中，行字段、列字段和页字段都有相应的下拉按钮。如果要分类显示某种产品类别的数据或某个季度的数据，或者某位销售员的数据，则可以单击相应字段的下拉按钮，然后去除不需要显示的选项。

（2）更改计算函数。

对于数据字段，还有相应的函数按钮，如果要改变计算函数，则可右击该按钮，在弹出的快捷菜单中选择"值字段设置"选项，如图 2-115 所示。

在随后弹出的"值字段设置"对话框中更改计算函数即可，如图 2-116 所示。

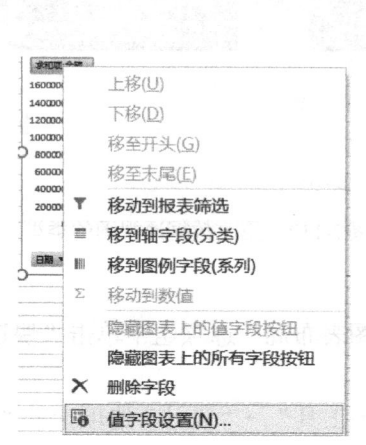

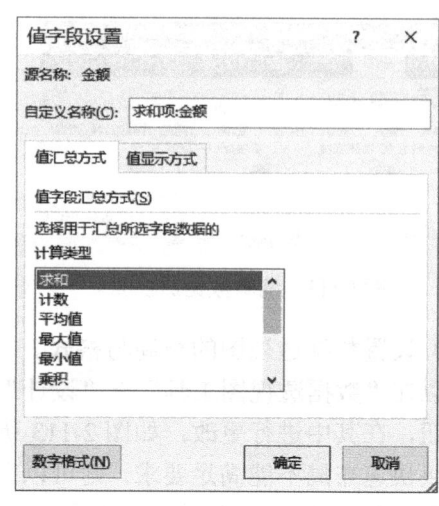

图2-115　选择"值字段设置"选项　　　　图2-116　在"值字段设置"对话框中更改计算函数

（3）更新数据透视图。

因为数据透视图与包含其源数据的数据透视表是链接在一起的，所以当数据透视表中的数据改变后，数据透视图也会自动随之改变。也就是说，数据透视图具有自动更新功能。例如，当将数据透视表中的"日期"字段分组由月改为日（右击"日期"字段，选择"组及显示明细数据"→"分组"命令，在弹出的"分组"对话框中取消选中"月"和"季度"选项，并选中"日"选项）时，相应的数据透视图会自动更新。由此可以得知，数据源、数据透视表和数据透视图之间的更新关系如图2-117所示。

图2-117　数据源、数据透视表和数据透视图之间的更新关系

变更数据透视表的"日期"字段分组后，数据透视图的更新结果如图2-118所示。

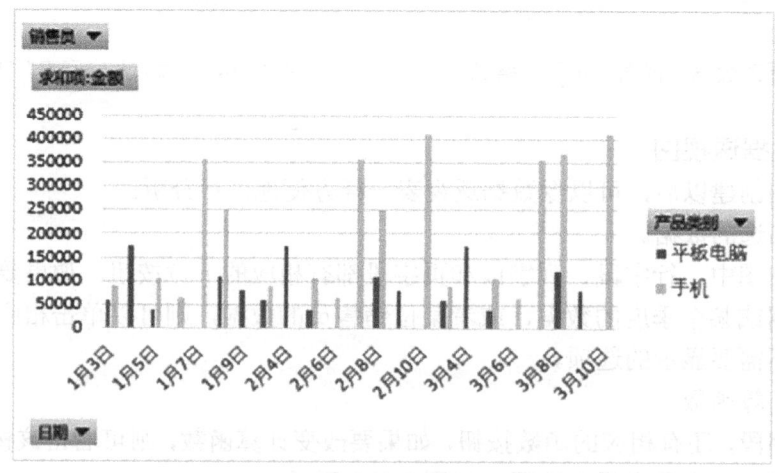

图2-118　数据透视图的更新结果（部分）

（4）趋势线分析。

Excel 为图表提供了添加趋势线的功能。在数据透视图中添加趋势线可以使得图形化的数据更有用。例如，可以用现有 17 天的手机销售数据来预测未来 1 天的手机销售数据。具体操作步骤如下。

右击手机数据系列中的任意柱形标志，在弹出的快捷菜单中选择"添加趋势线"选项，如图 2-119 所示。

弹出"设置趋势线格式"窗格，该窗格与原有窗格并列，根据数据的特点，选择趋势预测或回归分析的类型。这里，在"趋势线选项"中选择多项式类型，在"阶数"数值框（指图 2-120 中的"顺序"数值框，属于 Excel 版本问题，因为"阶数"更贴近数学表述方法，所以这是用"阶数"）中选择 2，设置前推预测的周期数为 1，如图 2-120 所示。

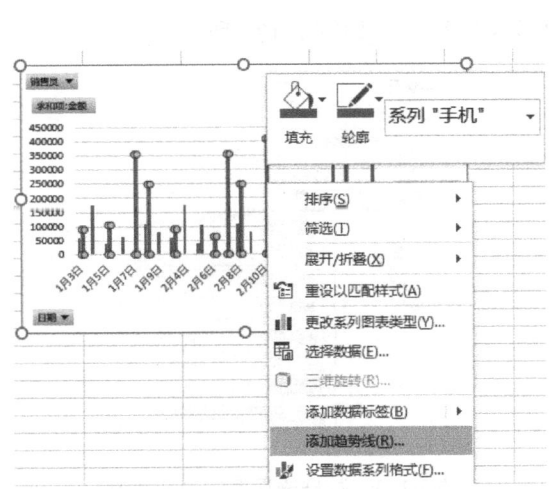

图2-119　在数据透视图中添加趋势线　　　　　图2-120　设置趋势线的参数

单击"确定"按钮后，就会出现添加了前推周期为 1 的趋势线的数据透视图，如图 2-121 所示。

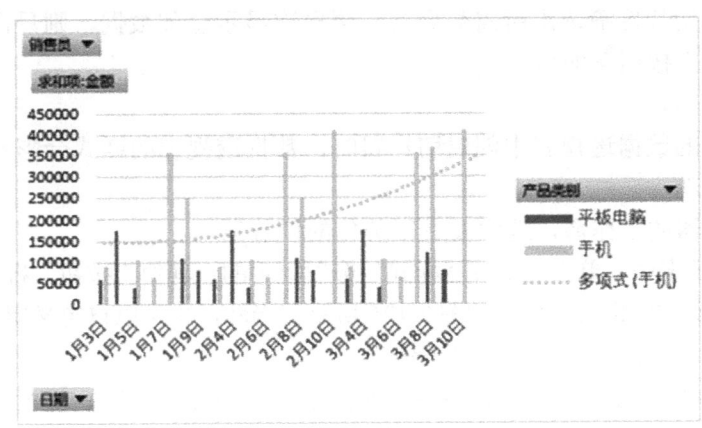

图2-121　添加了前推周期为1的趋势线的数据透视图

2.3.4　切片器的使用

切片器提供了一种可视性极强的筛选方法，用来筛选数据透视表中的数据。一旦插入切片器，就可使用按钮对数据进行快速分段和筛选，达到仅显示所需数据的效果。插入切片器的主要目的是筛选数据透视表中的数据。切片器是易于使用的筛选组件，它包含一组按钮，使用户能够快速地筛选数据透视表中的数据，而无须打开下拉列表查找要筛选的项目。但此功能不能在兼容模式下使用。

（1）在数据透视表中插入切片器。

选择已经创建好的数据透视表，在"分析"选项卡中，单击"筛选"选项组中的"切片器"下拉按钮，在弹出的下拉菜单中选择"插入切片器"选项，弹出"插入切片器"对话框，选中要进行筛选的字段，如图 2-122 所示。

单击"确定"按钮后，即可在数据透视表中插入切片器，如图 2-123 所示。

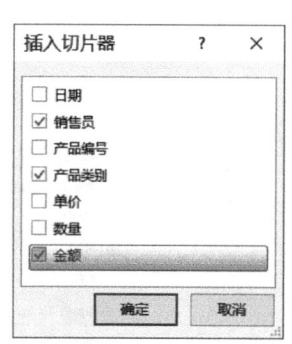

图2-122　在数据透视表中插入切片器的操作

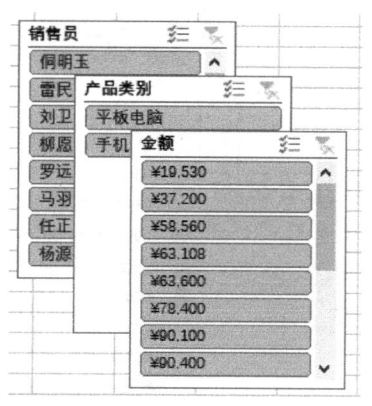

图2-123　数据透视表中的切片器

（2）通过切片器查看数据透视表中的数据。

可以在切片器中选择要查看的项目。例如，单击"销售员"切片器中的"侗明玉"按钮，即可筛选出销售员侗明玉的销售业绩，如图 2-124 所示。

如果用户使用切片器筛选出所需数据后，想再次显示全部数据，则只需单击切片器右上角的"清除筛选器"按钮 即可。

（3）美化切片器。

当用户在现有的数据透视表中创建切片器时，数据透视表的样式会影响切片器的样式，从而形成统一的外观。

打开包含切片器的工作簿，选中要进行美化的切片器。

在"选项"选项卡中，单击"切片器样式"选项组中的"其他"按钮，将展开更多的切片器样式，在其中选择所需的样式即可，如图 2-125 所示。当然，也可以自定义切片器样式。

（4）切片器在非数据透视表的场景下使用。

切片器并非只能使用在数据透视表中。实际上，当存在筛选时，就可以使用切片器。例如，在如图 2-126 所示的 Excel 表中选中数据区域中的任意单元格，即可在"插入"→"表格"→"设计"→"筛选器"中选择"切片器"命令，在弹出的"插入切片器"对话框中选中"省"复选框。

图2-124　在数据透视表中使用切片器

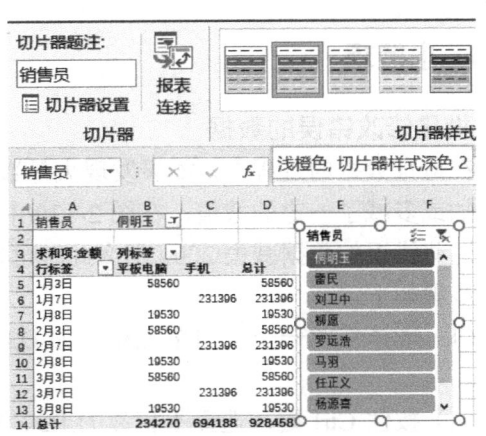

图2-125　在数据透视表中美化切片器

选中切片器，在"切片器工具"→"选项"→"按钮"选项组的"列"数值框中，将列数由默认的 1 改为 3（因为本例包含 3 个省），这样切片器的 3 个按钮就变成横排的了，如图 2-127 所示。

图2-126　在 Excel 表中插入切片器

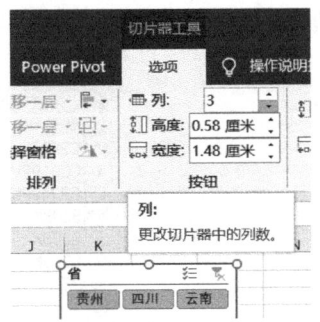

图2-127　更改切片器按钮的排列方式

再次右击切片器，在弹出的快捷菜单中选择"切片器设置"选项，在弹出的"切片器设置"对话框中，取消选中"显示页眉"复选框，如图 2-128 所示。

最后，将切片器的大小调整好，并在表中留出足够的行距，将切片器放到指定的地方，最终效果如图 2-129 所示。

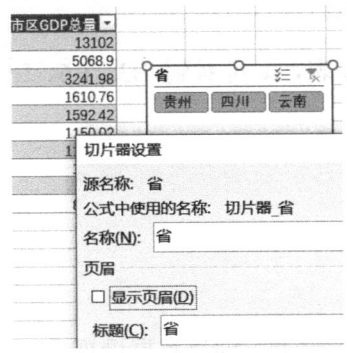

图2-128　去除切片器的页眉

行	A	B	C	D	E
1	贵州		四川		云南
2	排名 ▼	省 ▼	城市 ▼	区数 ▼	市区GDP总量 ▼
3	1	四川	成都	12	13102
4	2	云南	昆明	7	5068.9
5	3	贵州	贵阳	6	3241.98
6	4	四川	宜宾	3	1610.76
7	5	四川	绵阳	3	1592.42
8	6	四川	泸州	3	1150.02
9	7	贵州	遵义	3	1122.99
10	8	云南	曲靖	2	1105.2
11	9	云南	玉溪	2	974.9
12	10	四川	自贡	4	880.06

图2-129　最终效果

此时切片器的功效将发挥到最大。

 **小技巧**

批量修改错误的数据

在检查数据的过程中，如果发现大量数据出现错误，并且这些错误属于运算错误。例如，都多加或多减了一定的数值，在图 2-130 中，B3、B6、B9 单元格中的数据都多加了 200，需要将这些错误的数据减去 200。那么此时可以使用批量修改的方法快速修改错误的数据，具体操作步骤如下。

（1）选择任意一个空白单元格，如 D3，输入"200"，按 Ctrl+C 组合键复制单元格中的内容。

（2）按住 Ctrl 键，选择不相邻的 B3、B6、B9 单元格，这里一定要注意一个细节，即必须先选中 B3、B6、B9 单元格中的任意一个，再按住 Ctrl 键选中其他单元格，否则就相当于把存放"200"这个数字的 D3 单元格也选中了，此时最后的结果将把 D3 单元格本身减去 200 而变为 0，而其他几个选中的单元格的值反而不会变。

（3）单击"开始"选项卡的"剪贴板"选项组中的"粘贴"下拉按钮 ，在弹出的下拉菜单中选择"选择性粘贴"选项，弹出"选择性粘贴"对话框，在"运算"选区中，选中"减"单选按钮，如图 2-130 所示。

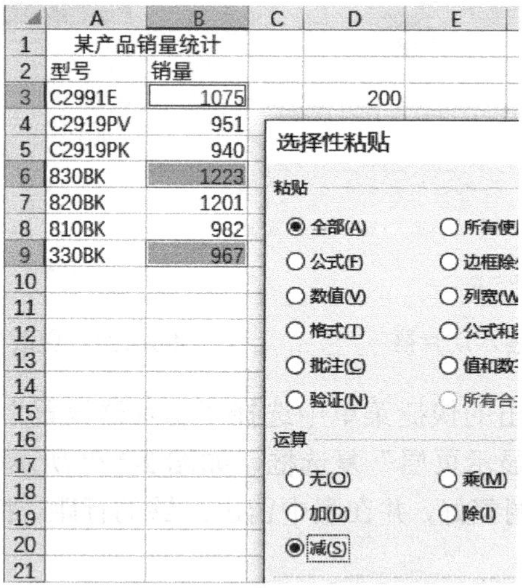

图2-130 选中"减"单选按钮

（4）然后单击"确定"按钮。此时将返回 Excel 工作表，即可看到 B3、B6、B9 单元格中的数据都减去了 200。

 上机题 2

1．应用数据透视表进行多地区经济指标统计分析

以某市下辖各县市区 2018—2020 年的各项经济指标为依据，创建数据透视表并进行相应的分析。原始数据如图 2-131 所示。

	A	B	C	D	E	F
1	年代	县/市/区	固定资产投资	国民生产总值	国民生产总值指数	人均GDP
2	2018	江城区	2.74	3880.53	108.86	7813.07
3	2019	江城区	7.64	4212.82	109.22	7434.00
4	2020	江城区	8.23	4757.45	109.71	9010.70
5	2018	游神区	0.50	3831.90	109.03	6054.00
6	2019	游神区	0.29	4151.54	108.99	6734.00
7	2020	游神区	1.28	4659.99	109.60	7554.00
8	2018	定州区	23.83	2120.35	109.30	7640.01
9	2019	定州区	19.67	2348.54	109.50	8748.00
10	2020	定州区	24.13	2662.08	110.20	9338.00
11	2018	河油市	3.47	9456.84	110.15	12922.00
12	2019	河油市	4.41	10606.85	111.66	14396.00
13	2020	河油市	6.38	12442.87	113.62	16809.00
14	2018	四台县	0.13	2175.68	108.78	5221.00
15	2019	四台县	3.08	2450.48	110.54	5829.00
16	2020	四台县	2.65	2807.41	112.96	6678.00
17	2018	茶亭县	29.88	5033.08	108.98	12040.86
18	2019	茶亭县	35.77	5458.22	110.25	13000.00
19	2020	茶亭县	37.92	6002.54	111.50	14257.81
20	2018	北山县	3.40	1713.81	110.60	6462.52
21	2019	北山县	6.71	1940.94	113.18	8162.00
22	2020	北山县	23.20	2388.38	117.60	8974.65
23	2018	平文县		337.44	110.09	5340.00
24	2019	平文县	0.18	377.16	110.21	6647.00
25	2020	平文县	1.08	445.36	112.70	6691.00
26	2018	紫翁县	8.72	300.13	111.71	5734.57
27	2019	紫翁县	12.96	340.65	112.08	6478.00
28	2020	紫翁县	11.10	390.20	111.86	7277.00
29	2018	经开区	58.30	9195.04	110.04	10465.00
30	2019	经开区	78.00	10275.50	111.73	11340.00
31	2020	经开区	131.21	12078.15	113.41	13661.00

图2-131　原始数据

2．应用数据透视表进行股票收益核算

图 2-132 是根据每次买卖股票的交割单建立的一个明细账，它是将要建立数据透视表的基础数据。请依据该明细账生成一个数据透视表，并以其中任意一只股票为例给出售卖盈利点。

	A	B	C	D	E	F	G
1	日期	摘要	股票	价格	数量	金额	余额
2	2018-09-01	存入	000000			¥20,000.00	¥20,000.00
3	2018-09-10	买入	000568	¥24.80	400	-¥9,985.00	¥10,015.00
4	2018-09-20	买入	000573	¥9.78	1000	-¥9,844.00	¥171.00
5	2018-09-25	送股	000568		240		¥171.00
6	2019-03-03	卖出	000568	¥18.90	-640	¥12,017.00	¥12,188.00
7	2019-04-17	买入	600709	¥14.20	900	-¥12,863.00	-¥675.00
8	2019-04-18	存入	000000			¥28,000.00	¥27,325.00
9	2019-04-25	买入	600812	¥8.88	1000	-¥8,937.00	¥18,388.00
10	2019-05-29	买入	600707	¥17.85	1000	-¥17,966.00	¥422.00
11	2019-06-24	送股	000573		400		¥422.00
12	2019-07-03	送股	600812		100		¥422.00
13	2019-08-03	配股	600812	¥3.50	200	-¥700.00	-¥278.00
14	2019-08-28	派息	600707	¥0.24		¥240.00	-¥38.00
15	2019-12-09	配股	600709	¥9.45	135	-¥1,276.00	-¥1,314.00

图2-132　明细账

3．应用数据透视表统计结果制作成绩区间

数据透视表不仅可以对数据进行方便的分析和展现，其分析结果还可直接用于对数据进行进一步加工。现有 5 名学生的 3 次文化课考核结果，如图 2-133 所示（注：演示时，学生成绩可用以下函数得到"=Int(RandBetween(50,95))"）。

	A	B	C	D
1	姓名	英语	数学	数据分析
2	杨源喜	76	60	69
3	杨源喜	58	70	56
4	杨源喜	59	68	89
5	刘卫中	90	53	54
6	刘卫中	87	90	55
7	刘卫中	57	50	54
8	张爱国	89	51	82
9	张爱国	56	90	68
10	张爱国	93	67	86
11	雷民	55	52	70
12	雷民	76	94	77
13	雷民	67	68	85
14	柳原	87	85	51
15	柳原	53	59	57
16	柳原	53	91	88

图2-133 5名学生的3次文化课考核结果1

现需要得到每名学生的最高分和最低分区间。

 **课后习题**

1．数据透视表的透视性和只读性指的是什么？

2．制作数据透视表的数据源可以是二维数据列表吗？

3．合并计算包括哪些类型？

4．在进行分类汇总操作之前，除了要确定分类的依据，还必须按什么依据排序？

5．在分类汇总结果中查看明细数据，可使用的方法有哪些？

6．操作：用合并计算核对工作表中的数据。如图2-134所示，核对1月销量和2月销量是否一致。

7．操作：利用数据透视表进行经济数据的统计分析。现有A省、B市、C区的2008—2018年的部分国民经济统计数据，如图2-135所示。要求完成以下分析。

	A	B	C
1	产品编号	1月销售额	
2	330BK	¥156,160	
3	810BK	¥90,400	
4	820BK	¥156,800	
5	830BK	¥56,730	
6	C2919PK	¥339,200	
7	C2919PV	¥399,684	
8	C2991E	¥122,970	
9			

	A	B	C
1	产品编号	2月销售额	
2	330BK	¥156,160	
3	810BK	¥92,400	
4	820BK	¥156,800	
5	830BK	¥56,730	
6	C2919PK	¥747,310	
7	C2919PV	¥399,684	
8	C2991E	¥122,970	
9			

1月销量　2月销量

图2-134 用合并计算的方法核对数据

	A	B	C	D	E
1	年代	省份	国民生产总值	人均GDP	实际人均GDP
2	2008	A省	1497.56	3304.00	3011.85
3	2009	A省	1697.90	3706.00	3403.12
4	2010	A省	1817.25	4081.00	3771.72
5	2011	A省	1903.04	4356.00	4078.65
6	2012	A省	1953.27	4147.95	3887.49
7	2013	A省	2050.14	4318.81	4013.77
8	2014	A省	2279.34	4668.00	4342.33
9	2015	A省	2523.73	5558.00	5127.31
10	2016	A省	2821.11	5969.00	5461.12
11	2017	A省	3433.50	7196.00	6577.70
12	2018	A省	4075.75	8787.73	8003.40
13	2008	B市	2849.52	4444.00	4051.05
14	2009	B市	3452.97	5345.00	4908.17
15	2010	B市	3953.78	5345.00	4939.93
16	2011	B市	4256.01	6079.00	5691.95
17	2012	B市	4569.19	6931.96	6496.69
18	2013	B市	5088.96	7662.76	7121.52
19	2014	B市	5516.76	8362.00	7778.60
20	2015	B市	6018.28	8960.00	8265.68
21	2016	B市	6921.29	10513.24	9618.70
22	2017	B市	8477.63	12918.00	11808.04
23	2018	B市	10096.11	14782.26	13462.90
24	2008	C区	825.11	4701.00	4285.32
25	2009	C区	912.15	5102.00	4685.03
26	2010	C区	1050.14	5167.00	4775.42
27	2011	C区	1116.67	5904.00	5528.09
28	2012	C区	1168.55	6469.73	6063.48
29	2013	C区	1364.36	7469.81	6942.20
30	2014	C区	1491.60	7913.00	7360.93
31	2015	C区	1612.65	8457.00	7801.66
32	2016	C区	1886.35	9700.00	8874.66
33	2017	C区	2209.09	11199.00	10236.75
34	2018	C区	2604.19	13108.00	11938.07

图2-135 部分国民经济统计数据

- 计算出每个省、市、区的 2008—2018 年的年均国民生产总值、平均人均 GDP、平均实际人均 GDP。
- 筛选出 2018 年每个省、市、区的数据，并对筛选出的数据按照国民生产总值的大小进行排序。
- 计算每年每个省、市、区的实际人均 GDP 与人均 GDP 的比重。
- 用现有数据画出 2018 年每个省、市、区的实际人均 GDP 与人均 GDP 的数据透视图。

8．操作：应用数据透视表生成成绩占比和排名。

现有 5 名学生的 3 次文化课考核结果，如图 2-136 所示（注：演示时，学生成绩可用以下函数得到 "=Int(RandBetween(50,95))"）。

现需要得到每名学生的总成绩占比及排名，如图 2-137 所示。

	A	B	C	D
1	姓名	英语	数学	数据分析
2	杨源喜	76	60	69
3	杨源喜	58	70	56
4	杨源喜	59	68	89
5	刘卫中	90	53	54
6	刘卫中	87	90	55
7	刘卫中	57	50	54
8	张爱国	89	51	82
9	张爱国	56	90	68
10	张爱国	93	67	86
11	雷民	55	52	70
12	雷民	76	94	77
13	雷民	67	68	85
14	柳愿	87	85	51
15	柳愿	53	59	57
16	柳愿	53	91	88

图2-136　5名学生的3次文化课考核结果2

F	G	H	I
姓名 ▼	总得分	成绩占比	排名
雷民	644	20.48%	2
刘卫中	590	18.76%	5
柳愿	624	19.84%	3
杨源喜	605	19.24%	4
张爱国	682	21.69%	1
总计	3145	100.00%	

图2-137　每名学生的总成绩占比及排名

Excel 数据分析初步——模拟运算

1. 了解敏感分析的含义、作用。
2. 掌握模拟运算表的两种主要形态的使用方法。
3. 熟练掌握方案的创建、浏览、编辑方法。
4. 熟练掌握目标搜索技术及其实际应用场景。

本章提要

◆ 敏感分析也称"What-If 分析",是财务、会计、管理、统计等应用领域不可缺少的工具。在财务分析中,许多指标的计算都要涉及若干参数。例如,长期投资项目,其偿还额与利率、付款期数、每期付款额度等参数密切相关。又如,固定资产的折旧与固定资产原值、估计残值、固定资产的生命周期、折旧计算的期次及余额递减速率等参数密切相关。

◆ 敏感分析在方法上表现为模拟分析,模拟分析是指模型中某一变量的值或某一语句组发生变化后,求得的模型解与原模型的比较分析,即系统允许用户提问"如果……",系统回答"怎么样……"。这是手动操作无法做到的,它不仅解决了复杂性的问题,还可以通过反复询问在多种方案之间进行权衡,从而降低风险。

◆ 本章主要通过投资分析等问题介绍 Excel 的模拟运算表、方案和单变量求解的应用;着重说明单变量模拟运算表和双变量模拟运算表的操作步骤,并介绍在模拟运算表的基础上进行敏感分析的方法,以及应用方案和单变量求解工具辅助决策的方法。

3.1　模拟运算表

所谓模拟运算表，实际上就是指工作表中的一个单元格区域，它可以显示一个计算公式中某些参数的值的变化对计算结果的影响。它提供了一种快捷手段，可以通过一步运算计算出多种情况下的值，并将所有不同的计算结果以列表方式同时显示出来，因而便于查看、比较和分析。

具体来说，模拟运算表是在假设公式中的变量有一组替代值，代入公式取得一组结果值时使用的，该组结果值就构成一个模拟运算表。但是，Excel 对模拟运算表有一些限制，如一个模拟运算表一次只能处理 1 或 2 个输入单元格，不能创建含有 3 个及以上输入单元格的模拟运算表。因此，根据分析计算公式中参数的个数，模拟运算表又分为单变量模拟运算表和双变量模拟运算表。

单变量模拟运算表：输入一个变量的不同替代值，并显示此变量对一个或多个公式的影响。

双变量模拟运算表：输入两个变量的不同替代值，并显示这两个变量对一个公式的影响。

1．单变量模拟运算表

单变量求解用来解决假定一个公式想获取某一结果值，其中变量的引用单元格应取值为多少的问题，变量的引用单元格只能是一个，公式对单元格的引用可以是直接的，也可以是间接的。Excel 2016 根据所提供的目标值，不断调整引用单元格的值，直至达到要求的公式的目标值，变量的值才会确定。

单变量模拟运算表主要用来分析当其他因素不变时，一个参数的变化对目标值的影响。从数学上说，就是对公式中的一个变量用不同的值替换，该过程将产生一组显示其结果的系列值，如果把这一系列值排列在一个表格中，就构成了单变量模拟运算表，该表既可以是面向列的模拟运算表，也可以是面向行的模拟运算表。

表 3-1 为单变量模拟运算表的一般形式。

表 3-1　单变量模拟运算表的一般形式

变　　量	公式 1	公式 2	公式 3	...	公式 n
变量值 1					
变量值 2					
...					
变量值 n					

例 3-1　计算一元方程式。

例如，一个简单的数学方程式 $f(x) = 2x^3 + 5x - 7$ 中含有变量 x，只要代入 x 的值后，即可算出该方程式的答案。也就是说，如果 x 代入 0，则答案为-7，如果 x 代入 1，则答案为 0。当有大量的数字要代入此方程式中并分别计算出不同的结果时，就可以使用模拟运算表。

首先，建立如图 3-1 所示的表格，并在 B3 单元格中输入公式。

选中 A3:B13 区域，在"数据"→"预测"选项组中单击"模拟分析"下拉按钮，如图 3-2 所示。

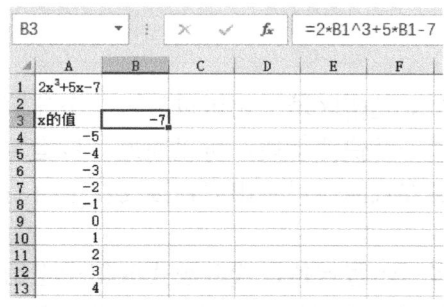

图3-1　在表格中输入一元方程式

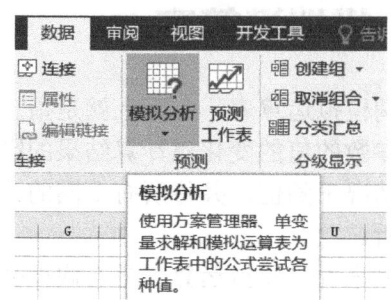

图3-2　单击"模拟分析"下拉按钮

在下拉菜单中选择"模拟运算表"选项，弹出"模拟运算表"对话框，在"输入引用列的单元格"文本框中选择 B1，如图 3-3 所示。

此处要特别注意的是，如果模拟的数据放在一个列区域中，如本例中模拟的"x 的值"放在 A4:A13 这个列区域中，那么，在"模拟运算表"对话框中，要在"输入引用列的单元格"文本框中输入选定的单元格；反之，如果模拟的数据放在一个行区域中，那么，在"模拟运算表"对话框中，要在"输入引用行的单元格"文本框中输入选定的单元格。

所谓引用列的单元格，就是指模拟运算表的模拟数据（最左列数据）要代替公式中的单元格地址。本例的模拟运算表是对"x 的值"的模拟数据，因此，指定 $B$1 装入不同的 x 值，为了方便，通常称其为模拟运算表的列变量。

模拟运算表得出的运算结果如图 3-4 所示。

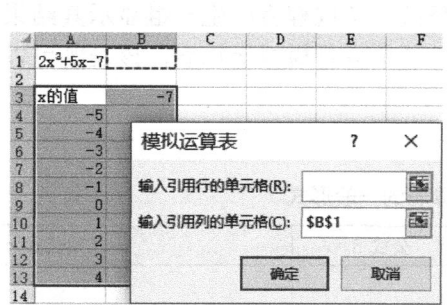

图3-3　设置"模拟运算表"对话框的参数

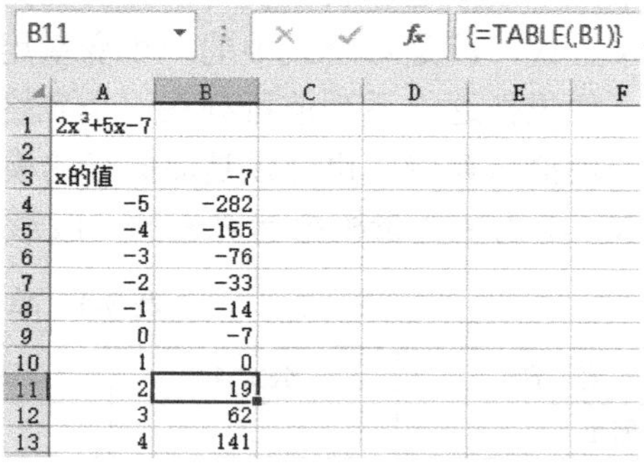

图3-4　模拟运算表得出的运算结果

例 3-2　购房贷款。

例如，用户贷款 10 万元购房，要了解不同利率情况下每月的还贷金额，就需要使用模拟运算表，但要先熟悉一下 PMT 函数。该函数主要根据固定利率、定期付款和贷款金额求出每期应偿还的贷款金额。PMT 函数格式如下：

```
=PMT ( Rate, Nper, Pv, Fv, Type )
```

其中各参数的含义如下。

Rate——每期的利息。

Nper——付款期数。

Pv——贷款金额。

Fv——未来终值，默认值为 0，一般，在银行贷款中，此值为 0。

Type——默认值为 0，表明期末付款，如果该值为 1，则表明期初付款。

具体操作如下：在工作表中建立原始数据，将要替换工作表上某个值的数值排成一行或一列。在本例中，要替换工作表中的贷款年利率，因此将准备替换的贷款年利率排成一列，并在第一个准备替换的贷款年利率值的右上方相邻单元格中输入将要使用的公式（如果原来准备替换的数值是排成一行的，则在第一个准备替代的贷款年利率值的左下方相邻单元格中输入将要使用的公式）。PMT 函数得出的运算结果如图 3-5 所示。

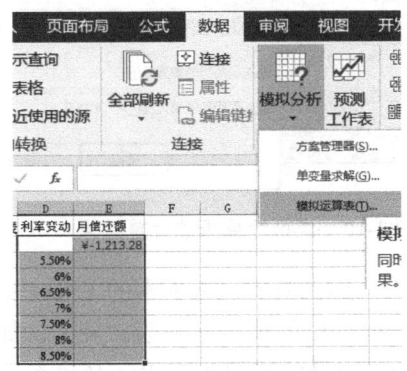

图3-5　PMT 函数得出的运算结果

这样就计算出了在还未替换的情况下，用现有贷款年利率（8%）计算出的月偿还额。现在，选定包含了输入数值和公式的单元格区域 D2:E9，在"数据"→"预测"选项组中单击"模拟分析"下拉按钮，选择"模拟运算表"选项，如图 3-6 所示。

在弹出的"模拟运算表"对话框中，在"输入引用列的单元格"文本框中选择 B4 单元格（因为这些数据是要替换 B4 单元格中的值的），单击"确定"按钮，就会得到一系列结果值，如图 3-7 所示。

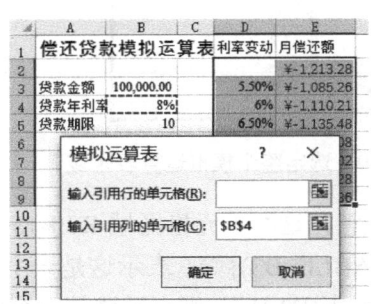

图3-6　选择"模拟运算表"选项　　　　图3-7　"模拟运算表"对话框

例 3-3　公司贷款。

再用一个示例来看一下 PMT 函数结合单变量模拟运算表的使用。假设某公司要贷款 1 000 万元，年限为 10 年，目前的年利率为 5%，分月偿还，则利用 PMT 函数可以计算出每月的偿还额。具体操作步骤如下。

在工作表中输入有关参数，如图 3-8 所示。

	A	B	C
1	贷款分析		
2	贷款额	10,000,000	
3	年利率	5%	
4	年限	10	
5	月偿还额		

图3-8　在工作表中输入有关参数

在 B5 单元格中输入计算月偿还额的公式"= PMT(B3/12,B4*12,B2)"。

在上述公式中，PMT 函数有 3 个参数：第一个参数是利率，因为要计算的偿还额是按月计算的，所以要将年利率除以12，将其转换成月利率；第二个参数是还款期数，需要乘以12；第三个参数为贷款额。该函数的计算结果为106 065.52，即在年利率为5%，年限为10年的条件下，需要每月偿还106 065.52元。

选择某个单元格区域作为模拟运算表存放区域，在该区域的最左列输入假设的年利率变化范围。因为该数据系列通常是等差或等比数列，所以可利用Excel的自动填充功能快速建立。

在模拟运算表区域的第2列第1行输入计算月偿还额的计算公式。

选定整个模拟运算表区域，如图3-9所示。

选择"数据"选项卡中的"模拟运算表"命令，在弹出的"模拟运算表"对话框的"输入引用列的单元格"文本框中输入"$B$3"，单击"确定"按钮。模拟运算表的计算结果如图3-10所示。

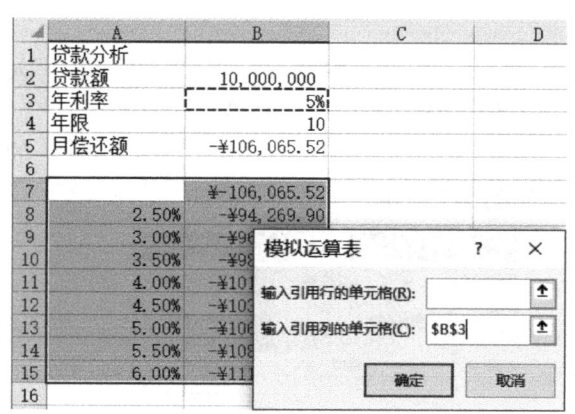

图3-9 选定整个模拟运算表区域   图3-10 模拟运算表的计算结果

请注意，这时单元格区域B8:B15中的公式为"{= 表(,B3)}"（高版本的Excel中显示的是"{=TABLE(,B3)}"），表示这是一个以B3单元格为列变量的模拟运算表。反之，如果公式形如"{= 表(B3,)}"，则表示这是一个以B3单元格为行变量的模拟运算表。从这个公式的表述方式上，还可以进一步看出：在Excel工作表中，当一个函数有多个参数时，如果前面或中间某个参数被忽略，那么一定要多写一个逗号；如果中间有连续两个参数被忽略（当然，前提是该函数允许这些忽略），则要给出两个逗号，依次类推，如果一个函数最后有一个或多个参数被忽略，则可以不写出多余的逗号。因此，即使该函数最后多一个逗号，值也不会变，但如果多两个逗号，就要出错了。

与一般的计算公式相似，当改变模拟数据时，模拟运算表的数据会自动重新计算。

PMT函数除了用于贷款分析，还可以计算出其他以年金方式付款的支付额。例如，需要以按月定额存款方式在20年中存款10万元，假设存款年利率为4%，则函数PMT可以用来计算月存款额，公式为"=PMT(4%/12,20*12,0,100 000)"，公式计算结果为272.65，即向年利率4%的存款账户每月存入272.65元，20年后连本带利可获得10万元。

2．双变量模拟运算表

双变量模拟运算表的排列方式如表3-2所示。

表 3-2　双变量模拟运算表的排列方式

列输入单元格	计算公式	变量 1	变量 2	变量 3	...	公式 n
	变量 1					
	变量 2					
行输入单元格	变量 3					
	...					
	变量 n					

在其他因素不变的情况下，当需要分析两个参数的变化对目标值的影响时，需要使用双变量模拟运算表。

例 3-4　计算二元方程式。

例如，利用双变量模拟运算表求解数学方程式。设有二元函数如下：

$$f(x) = 2x^3 + 3y^2 - 2xy + 3x - 2y + 7$$

可以分别对 x 和 y 代入一些数值，使之得出正确答案。这就要用到双变量模拟运算表，在行和列上都输入准备代入的数据，并在行列交叉处输入公式，如图 3-11 所示。

使用"模拟运算表"选项，分别指定行和列引用的单元格，即可得到结果，如图 3-12 所示。

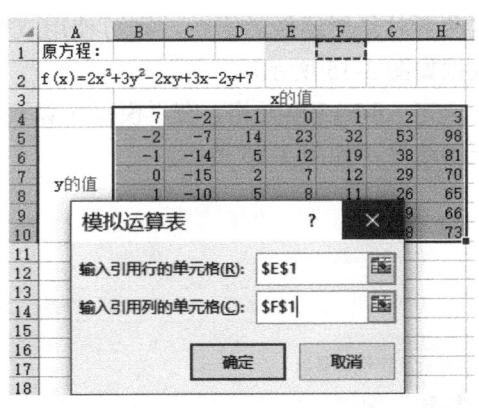

图3-11　在 Excel 中输入二元方程式的表达式　　图3-12　双变量模拟运算表计算二元方程式的结果

例 3-5　公司贷款——利率加年限。

如果例 3-3 不仅要考虑利率的变化，还要选择年限，则需要分析不同的利率和不同的年限对贷款的偿还额的影响，这时需要使用双变量模拟运算表。双变量模拟运算表的操作步骤与单变量模拟运算表的操作步骤类似。

选择某个单元格区域作为模拟运算表存放区域，在该区域的最左列输入假设的年利率变化范围；在该区域的第一行输入可能的年限数据。

在模拟运算表区域的左上角单元格中输入计算月偿还额的计算公式。

选定整个双变量模拟运算表区域，如图 3-13 所示。

选择"数据"选项卡中的"模拟运算表"命令。

在"模拟运算表"对话框的"输入引用行的单元格"文本框中输入"$B$4"；在"输入引用列的单元格"文本框中输入"$B$3"，单击"确定"按钮。

双变量模拟运算表的计算结果如图 3-14 所示。

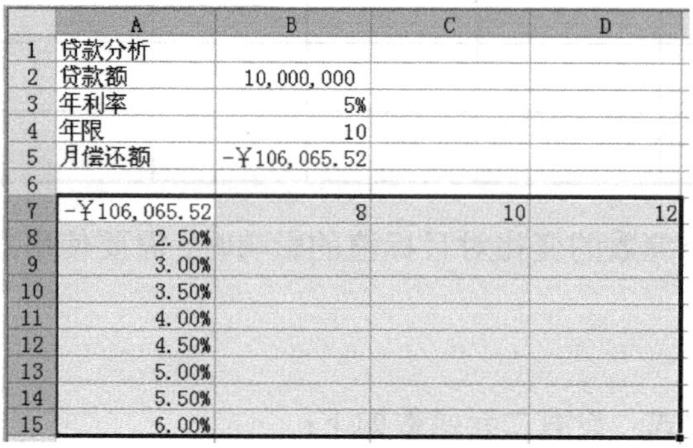

图3-13　选定整个双变量模拟运算表区域

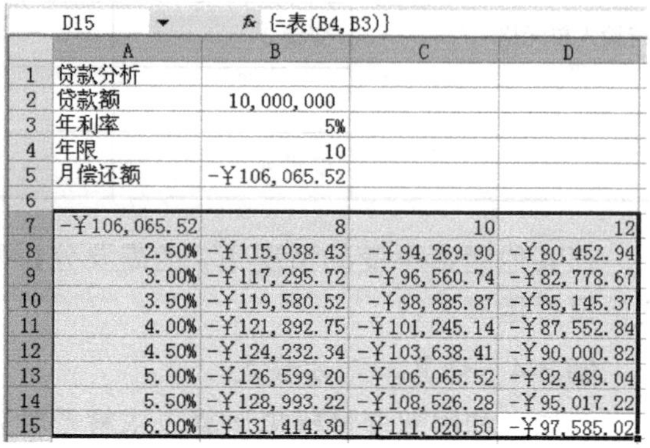

图3-14　双变量模拟运算表的计算结果

其中，B8:D15 单元格区域的计算公式为"{=表(B4,B3)}"，表示这是一个以 B4 单元格为行变量，以 B3 单元格为列变量的模拟运算表。

例 3-6　购房贷款——利率加额度。

例如，利用双变量模拟运算表求解不同贷款金额与贷款年利率的偿还额。如果要同时考虑这两者对月偿还额的影响，则可使用双变量模拟运算表求解。输入替代值和计算公式的原始数据如图 3-15 所示。

选定 A8:E15 单元格，在"模拟运算表"对话框中分别指定行和列的引用单元格，即可得到正确结果，如图 3-16 所示。

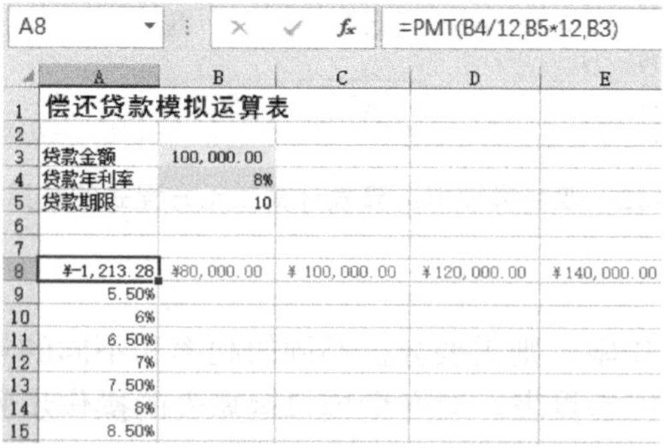

图3-15　输入替代值和计算公式的原始数据

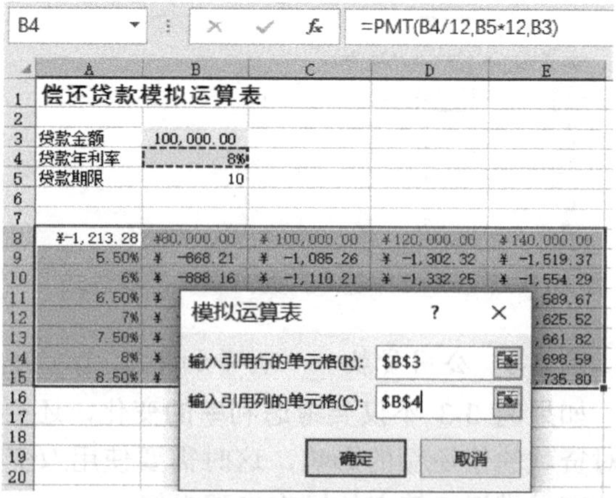

图3-16　在 PMT 函数中使用双变量模拟运算表的结果

3．从模拟运算表中清除结果

对于不再需要的运算结果，可以将它们从工作表中清除。由于运算结果在数组中，所以不能清除单个值，否则将弹出如图 3-17 所示的提示框。

只能选中整个表，包括输入替代值的行、列和计算公式所在的单元格，然后在"开始"→"编辑"选项组中选择"清除"→"全部清除"命令。当然，也可以只选择结果区域并执行此操作，但必须选中所有结果区域，因为模块运算的结果是存放在数组中的。当然，如果只想要结果并需要进一步修改个别结果值，则可以用复制数值的方式复制到另一区域后执行相关操作。

图3-17　在模拟运算表中试图直接清除结果的提示消息

3.2　方案分析

模拟运算表主要用来考查一个或两个决策变量的变动对于分析结果的影响，但对于一些更复杂的问题，常常需要考查更多的因素。例如，为了达到公司的预算目标，可以从多种途径入手，如可以增加广告促销、提高价格增收、降低包装费和材料费、减少非生产开支等。这就要用到方案了。

在 Excel 中，对于假设分析的更高级应用是使用方案。所谓方案，就是指可以建立产生不同结果的输入值集合，并作为方案保存起来。方案是一组称为可变单元格的输入值，并按用户指定的名称保存起来。每个可变单元格的集合代表一组假设分析的前提，可以将其用于一个工作簿模型，以便观察它对模型其他部分的影响。可以为每个方案定义多达 32 个可变单元格，即对一个模型可以使用多达 32 个变量来进行模拟分析。例如，不同的市场状况、不同的定价策略等可能产生的结果，即利润会怎样变化。

1．各方案使用不同变量时的操作

利用 Excel 提供的方案管理器，可以模拟为达到目标而选择的不同方式。对于每个变量改变的结果都被称为一个方案，根据多个方案的对比分析，可以考查不同方案的优/劣势，从中选择最适合公司目标的方案。

例 3-7　公司损益方案。

图 3-18 是绿梦公司（只是例子，不是实际的公司）2020 年 11 月份的损益表（原始数据），其中包括了各项指标的计算公式。管理人员希望分析通过增加销售收入、减少生产费用、降低销售成本等措施对公司利润总额的影响。这时可以利用 Excel 的方案工具进行分析，主要包括下述操作。

（1）创建方案。

创建方案是方案分析的关键，应根据实际问题需要和可行性创建一组方案。在创建方案之前，为了使创建的方案能够明确地显示有关变量，以及在将来进行方案总结时便于阅读方案总结报告，需要先给有关变量所在的单元格命名。具体操作步骤如下。

在存放有关变量数据单元格的右侧单元格中输入相应指标的名称。

选定要命名的单元格区域和单元格名称区域，如图 3-19 所示。

	A	B	C
1	编制单位：绿梦公司	2020年11月份	
2	项目	行次	本月数
3	一、产品销售收入	1	1402700.00
4	减：产品销售成本	2	624201.50
5	产品销售费用	3	70135.00
6	产品销售税金及附加	4	561080.00
7	二、产品销售利润	7	147283.50
8	加：其他业务利润	9	28054.00
9	减：管理费用	10	14728.35
10	财务费用	11	2805.40
11	三、营业利润	14	157803.75
12	加：投资收益	15	18700.00
13	营业外收入	16	10938.80
14	减：营业外支出	17	45987.20
15	四、利润总额	20	141455.35

图3-18　原始数据

	A	B	C	D
1	编制单位：绿梦公司	2020年11月份		
2	项目	行次	本月数	
3	一、产品销售收入	1	1402700.00	销售收入
4	减：产品销售成本	2	624201.50	销售成本
5	产品销售费用	3	70135.00	销售费用
6	产品销售税金及附加	4	561080.00	销售税金
7	二、产品销售利润	7	147283.50	销售利润
8	加：其他业务利润	9	28054.00	其他利润
9	减：管理费用	10	14728.35	管理费用
10	财务费用	11	2805.40	财务费用
11	三、营业利润	14	157803.75	营业利润
12	加：投资收益	15	18700.00	投资收益
13	营业外收入	16	10938.80	营业外收入
14	减：营业外支出	17	45987.20	营业外支出
15	四、利润总额	20	141455.35	利润总额

图3-19　选定要命名的单元格区域和单元格名称区域

选择"公式"→"定义的名称"→"根据所选内容创建"命令，弹出"以选定区域创建名称"对话框，如图 3-20 所示，在其中取消选中"首行"复选框，只选中"最右列"复选框。

单击"确定"按钮，将右侧单元格中的文本作为左侧单元格的名称。此时方案分析中需要用到的 C3:C15 单元格全部以 D3:D15 单元格的内容命名。这时可按下述步骤逐个创建所需方案。

转到"数据"→"预测"选项组，选择"模拟分析"→"方案管理器"命令，将弹出"方案管理器"对话框。由于现在还没有任何方案，所以"方案管理器"对话框中间显示如图 3-21 所示的信息。

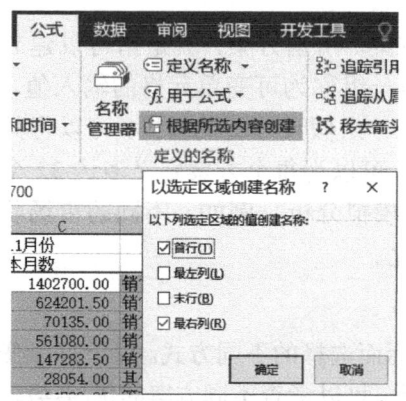

图3-20　"以选定区域创建名称"对话框

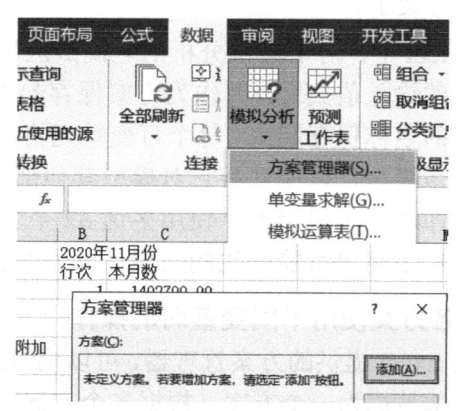

图3-21　未定义方案的"方案管理器"对话框

根据提示，单击"添加"按钮，弹出"编辑方案"对话框，如图 3-22 所示。

在"方案名"文本框中键入方案的名称，这里键入"增加收入"。单击 按钮，用按住 Ctrl 键的方式选中 C3 单元格和 C13 单元格，即指定销售收入和营业外收入所在的单元格为可变单元格，单击"确定"按钮，弹出"方案变量值"对话框，如图 3-23 所示。

该对话框中显示的是原来的数据。在相应的数值框中键入模拟数值，单击"确定"按钮。

此时，"增加收入"方案创建完毕，相应的方案会自动添加到"方案管理器"对话框的"方案"列表框中。

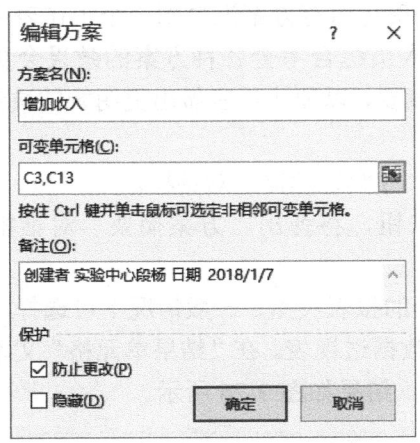

图3-22 "编辑方案"对话框

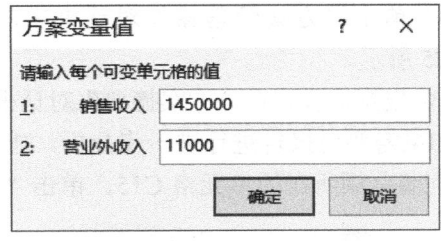

图3-23 "方案变量值"对话框

按照上述步骤依次建立"减少费用"和"降低成本"两个方案。其中,"减少费用"选择 C5 单元格（从 70 135.00 改为 65 000.00）和 C9 单元格（从 14 728.35 改为 12 000.00）;"降低成本"选择 C4 单元格（从 624 201.50 改为 614 000.00）和 C14 单元格（从 45 987.20 改为 42 000.00）。这时的"方案管理器"对话框如图 3-24 所示。

（2）浏览、编辑方案。

方案创建好以后,可以根据需要查看每个方案对利润总额数据的影响。具体操作步骤如下。

① 在"方案管理器"对话框的"方案"列表框中选定要查看的方案。

② 单击"方案管理器"对话框中的"显示"按钮,再单击"确定"按钮。

③ 这时工作表中将显示该模拟方案的计算结果。可以看出,此时结果中有多项值发生了变化。例如,显示"增加收入"这一方案,除"销售收入"和"营业外收入"这两项已经变为方案中指定的值以外,与这两个变量相关的"销售利润""营业利润"的值都改变了,并最终导致目标值"利润总额"的变化。

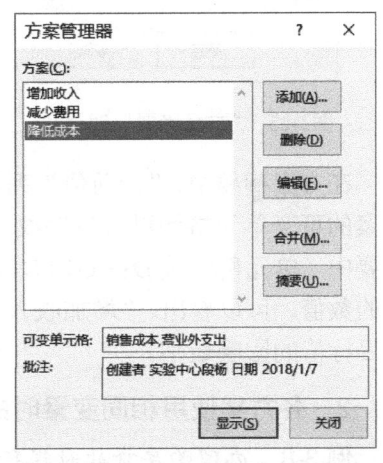

图3-24 已经建立方案的"方案管理器"对话框

注意：由于各方案变量不同,所以在利用方案管理器查看方案时,一次只能查看一个方案,看完后要关闭"方案管理器"对话框并返回原来的状态。如果查看了一个方案后直接查看第二个方案,则会在第一个方案的值（而不是原始值）的基础上进行变动。

当需要修改某个方案时,具体操作步骤如下。

① 在"方案管理器"对话框的"方案"列表框中选定要修改的方案。

② 单击"方案管理器"对话框中的"编辑"按钮,弹出与添加方案时一样的"编辑方案"对话框。可以根据需要修改方案名称、改变可变单元格,以及重新输入可变单元格的变量值。

（3）方案摘要。

上述浏览方式只能一个方案一个方案地查看，如果将所有方案汇总到一个工作表中，再对不同方案的影响进行比较分析，则对于帮助决策人员综合考查各种方案的效果会更好。Excel 的方案工具可以根据需要对多个方案创建方案摘要，以便决策者做出更明智的决策。具体操作步骤如下。

① 依次单击"工具"→"方案"按钮，将弹出"方案管理器"对话框。

② 单击"方案管理器"对话框中的"摘要"按钮，将弹出"方案摘要"对话框，如图 3-25 所示。

③ 根据需要，在"方案摘要"对话框中选择适当的报表类型，一般情况下可选择方案摘要，如果需要对报告进行进一步分析，则可选择方案数据透视表。在"结果单元格"文本框中指定利润总额所在的单元格 C15，单击"确定"按钮，结果如图 3-26 所示。

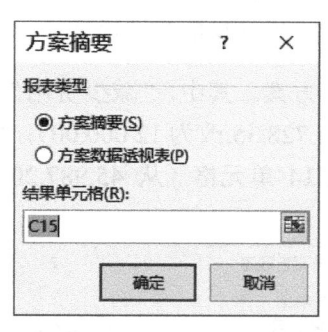
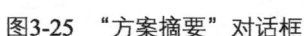

图3-25 "方案摘要"对话框

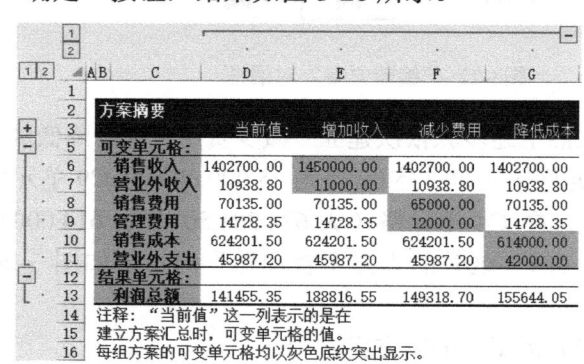

图3-26 显示方案摘要

在方案摘要中，"当前值"列显示的是在建立方案汇总时，可变单元格原来的数值。每组方案的可变单元格均以灰色底纹突出显示。根据各方案的模拟数据计算出的目标值也显示在摘要中（单元格区域 D13:G13），便于决策者比较分析。比较 3 个方案的"利润总额"单元格中的数值，可以看出，"增加收入"方案效果最好，"降低成本"方案次之，"减少费用"方案对目标值的影响最小。

2. 各方案使用相同变量时的操作

例 3-8 办理购房贷款时银行的选择。

例如，用户需要购房，现有多家银行愿意提供贷款。

银行 1：允许贷款 20 万元，年利率 7.5%，贷款年限最长 15 年。

银行 2：允许贷款 25 万元，年利率 8%，贷款年限最长 18 年。

银行 3：允许贷款 30 万元，年利率 8.5%，贷款年限最长 20 年。

现在，要求给出各银行的月偿还额，然后根据自己目前的工资收入来决定选择哪家银行。

根据上述条件，创建原始数据文件并首先以银行 1 的数据计算月偿还额，如图 3-27 所示。

为了利于在以后创建方案摘要报告时能够指出可变单元格及目标单元格各位置代表的意义，可以为单元格命名。选定 B1 单元格，切换到"公式"→"定义的名称"选项组中，选择"定义名称"→"定义名称"命令，如图 3-28 所示。

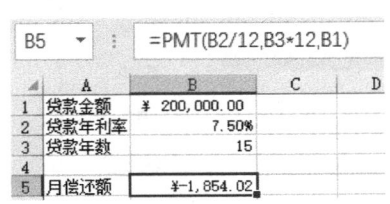

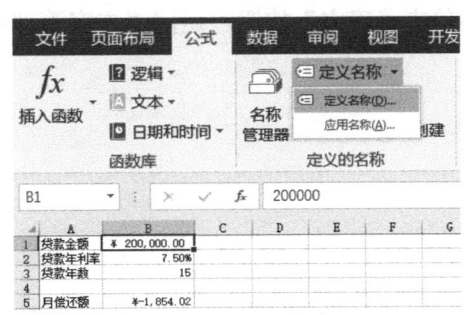

图3-27　计算银行1的月偿还额　　　　　　图3-28　选择"定义名称"命令

在弹出的"新建名称"对话框中，会发现"名称"文本框中已经默认以左侧单元格中的文本为名，如图 3-29 所示。

也可以使用其他名称，但最好用当前名称。确定以后，会发现"名称"文本框中该单元格的名称不再是"B1"，而变成"贷款金额"。以同样的方式对下面 3 个使用数据的单元格进行命名。随后，可以开始创建方案。

选定 B5 单元格，切换到"数据"→"预测"选项组，选择"模拟分析"→"方案管理器"选项，在弹出的"方案管理器"对话框中单击"添加"按钮，如图 3-30 所示。

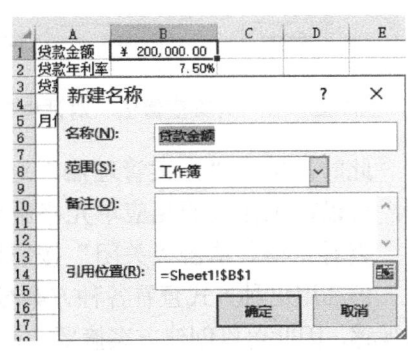

图3-29　"新建名称"对话框

在随后弹出的"添加方案"对话框中进行如图 3-31 所示的设置。

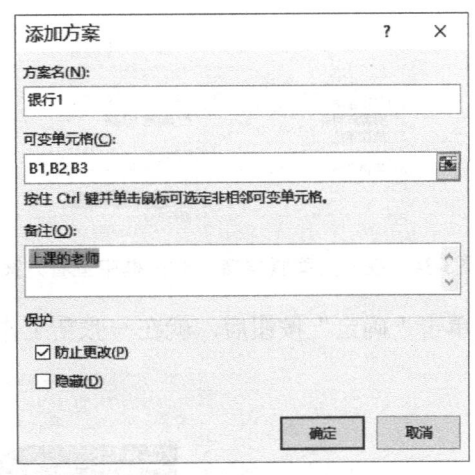

图3-30　单击"添加"按钮　　　　　　图3-31　在"添加方案"对话框中设置参数

单击"确定"按钮后，又弹出"方案变量值"对话框，默认已经填入了当前这 3 个变量的值，继续单击"添加"按钮（只有在最后一次方案创建完成后才单击"确定"按钮），如图 3-32 所示。

再次来到前述的"添加方案"对话框，继续添加第二个方案"银行 2"，可变单元格不变，并在随后弹出的"方案变量值"对话框中输入已知的银行 2 的数据。这样，一直重复，直到把所有方案都建立完毕，最后一次在"方案变量值"对话框中输入变量值后，不再单击"添加"

按钮，而单击"确定"按钮，返回"方案管理器"对话框，如图3-33所示。

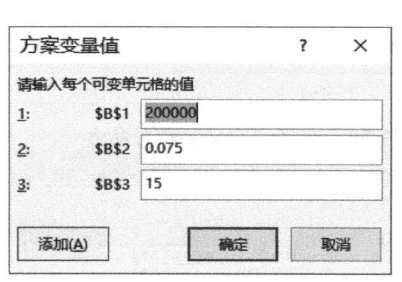

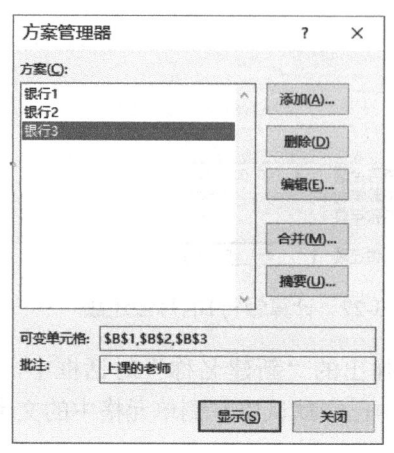

图3-32　在"方案变量值"对话框中设置值　　　图3-33　设置完成的"方案管理器"对话框

此时，单击"方案管理器"对话框中任意一个方案后，单击该对话框下面的"显示"按钮，可以在工作表的相应单元格看到应用新方案的结果，如图3-34所示。

查看完毕，单击"关闭"按钮退出。

但在用这种方式查看各种方案时，每次只能查看一个方案，缺乏把几个方案放在一起比较的即视感，因此可以创建方案摘要。在前述的"方案管理器"对话框中，单击"摘要"按钮，在弹出的"方案摘要"对话框中做相应的设置（一般直接选择默认设置），如图3-35所示。

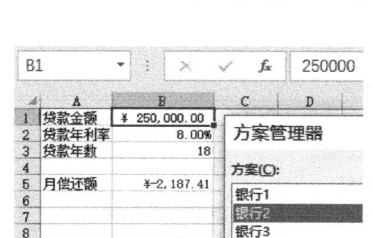

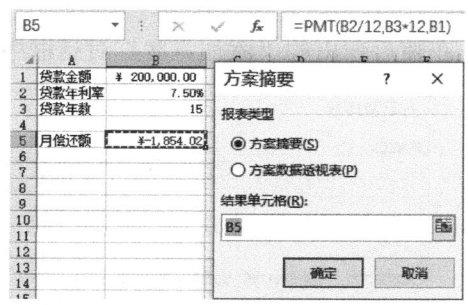

图3-34　在"方案管理器"对话框中查看方案　　　图3-35　在"方案摘要"对话框中设置参数

单击"确定"按钮后，就在一张新工作表上创建了方案摘要，如图3-36所示。

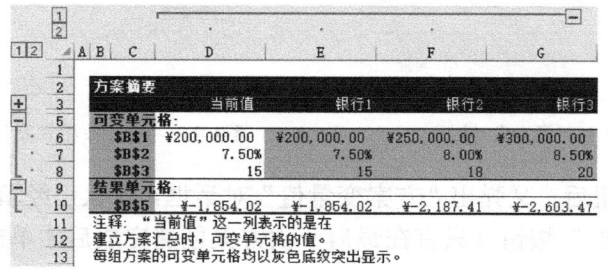

图3-36　方案摘要

例3-9　求解最佳销售方案。

新天地蛋糕铺（只是例子，不是实际的名称）打算推出新的糕点波拿巴，请根据以下3种方案的说明，输入分析数据，并求解最佳销售方案。

方案 A：一个月预计销售 900 个，单价 80 元，需要两位糕点师，月支付工资共 4 800 元。

方案 B：一个月预计销售 700 个，单价 60 元，需要一位糕点师，月支付工资共 2 600 元。

方案 C：一个月预计销售 800 个，单价 55 元，需要一位糕点师，月支付工资共 3 000 元。

根据题意，首先创建模型：最佳销售方案在这里简化成求利润，而已知的条件就是销售量、单价和工资，因此，利润模型为"（销售量×单价）-工资"。然后在工作表上体现这一模型，如图 3-37 所示。

为了以后方便地阅读摘要，先将 B3:B6 单元格命名为其左侧 A3:A6 单元格的名称，选择"公式"→"定义的名称"选项组中的"定义名称"→"定义名称"命令，打开"新建名称"对话框，在此执行相关操作。但在执行过程中会发现，凡是单元格有默认名称的，说明在本工作簿中该名称是唯一的，是可使用的；如果没有默认名称，则在"名称"文本框中输入左侧单元格内的文本，会弹出提示框，如图 3-38 所示。

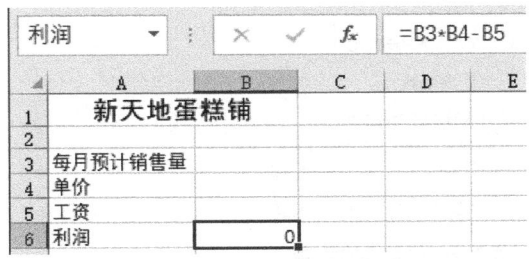

图3-37 最佳销售方案的原始数据

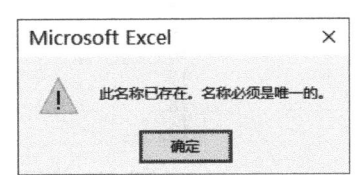

图3-38 输入同一名称时的提示消息

此时，可在"公式"→"定义的名称"选项组的"名称管理器"中删除已存在的同名名称，如图 3-39 所示。

但这样有可能会把前面某个工作表中某个单元格的名称删除，因此，在遇到这种情况时，最好新建一个工作簿。

准备好名称后，选中 B3:B5 单元格区域（这样做的目的是把将来的可变单元格自动添加到"添加方案"对话框的相应位置），依次进入"方案管理器""添加方案""方案变量值"对话框，进行相应的设置，如图 3-40 所示。

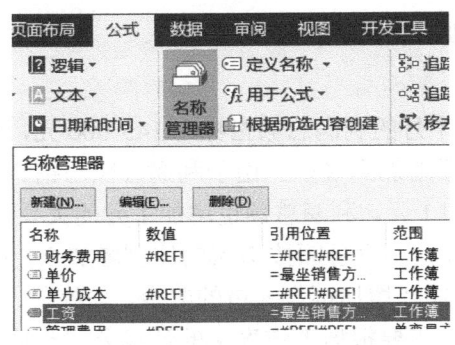

图3-39 在"名称管理器"中删除已存在的同名名称

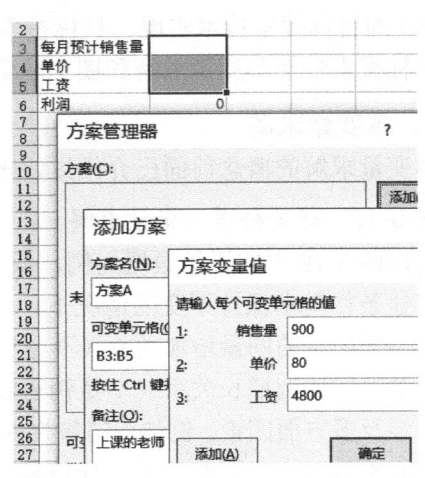

图3-40 创建方案操作

重复上述操作，直到建立好方案 B 和方案 C，单击"确定"按钮，完成方案的创建，此时可以在"方案管理器"对话框中浏览方案，查看有没有错误。

随后，在创建方案摘要时，选中"方案数据透视表"单选按钮，结果如图 3-41 所示。

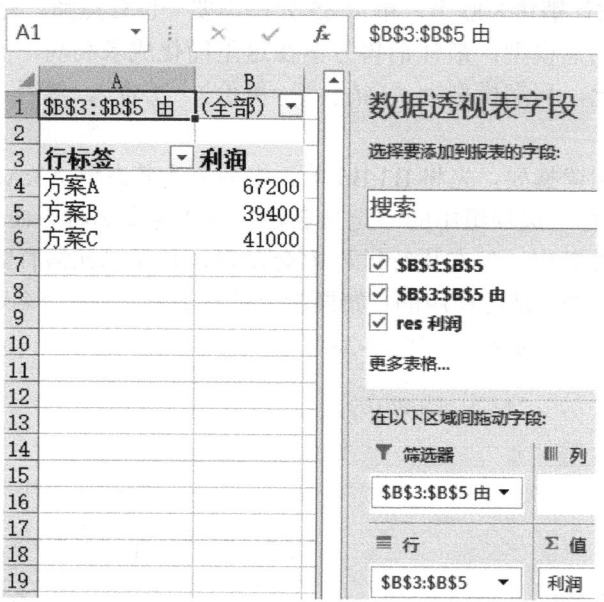

图3-41　选中"方案数据透视表"单选按钮的结果

3.3　目标搜索

敏感分析方法主要采用模拟计算的方法解决不同因素或不同方案对目标的影响问题，是计划人员、决策者常用的工具。但是对于生产的组织和实施人员来说，经常遇到的是相反的问题。例如，根据上级有关部门制订的某个目标，分析要实现该目标需要实现的具体指标，再逐一落实。当然，也可以根据每个具体指标，进一步分析要达到的更详细的指标。在进行这样的分析时，往往由于计算方法较为复杂或许多因素交织在一起而很难进行。这时可以利用 Excel 的目标搜索技术实现。目标搜索就是寻求达到预定目标所需的最佳途径。

目标搜索包括单变量求解和图上求解，下面仅对单变量求解进行介绍。

1．单变量求解

单变量求解的概念前面已介绍过，下面举例说明。

例 3-10　绿梦公司单变量求解。

仍以图 3-18 中的原始数据为例。假设该公司下个月的利润总额指标为 145 000 元，要考查在其他条件基本保持不变的情况下，销售收入需要增加到多少。由于利润总额与销售收入的关系不是简单的同量增加关系（不是销售收入增加 1 元，利润总额也增加 1 元的关系），也不是简单的同比例增长关系（不是销售收入增加 1 元，利润总额按 70% 的比例增加 0.7 元），而可能涉及多方面因素。例如，销售收入增加，可能需要增加销售人员的奖金、差旅费、运输费和装卸费等开支。因此，手工计算是比较复杂的，需要根据工作表中的计算公式一项一项地倒推计算。而 Excel 2016 提供的目标搜索技术，即单变量求解功能可以方便地计算出来。

首先，将有关数据和公式输入工作表中。需要注意的是，使用单变量求解功能的关键是在工作表上建立正确的数学模型，即通过有关公式和函数描述清楚相应数据之间的关系。例如，本例中的产品销售利润、营业利润和利润总额分别是按下述公式计算的：

产品销售利润=产品销售收入-产品销售成本-产品销售费用-产品销售税金

营业利润=产品销售利润+其他业务利润-管理费用-财务费用

利润总额=营业利润+投资收益+营业外收入-营业外支出

销售成本、销售费用等数据也是根据销售收入按一定公式计算出来的。这是保证分析结果有效和正确的前提。应用单变量求解功能的具体操作步骤如下。

选定目标单元格 C15，选择"数据"→"预测"选项组中的"模拟分析"→"单变量求解"命令，弹出"单变量求解"对话框，如图 3-42 所示。

Excel 自动将当前单元格的地址 C15 填入"目标单元格"文本框中；在"目标值"数值框中输入预定的目标 145 000；在"可变单元格"文本框中输入产品销售收入所在的单元格地址"C3"，也可在指定可变单元格后，直接选中 C3 单元格，单击"确定"按钮。

这时弹出"单变量求解状态"对话框，说明已找到一个解，并与要求的解一致。单击"确定"按钮，可以看到求解结果，如图 3-43 所示。

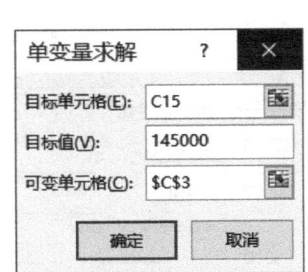

图3-42 "单变量求解"对话框

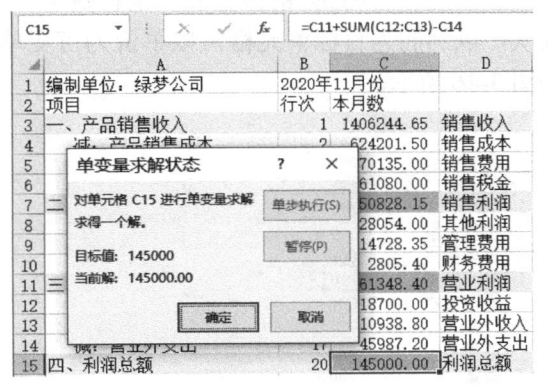

图3-43 单变量求解结果

从图 3-43 中可以看出，在其他条件基本保持不变的情况下，要使利润总额增加到 145 000 元，即增加 3 544.65 元，其销售收入需要增加到 1 406 244.65 元，即同样增加 3 544.65 元。显然，这种同比增加与此例中各项之间只有简单的算术加减运算有关。

例 3-11 学期成绩分布。

下面是一个实际应用。某学校为了全面考核学生的学期成绩，需要结合学生的平时成绩、期中考试成绩和期末考试成绩进行分析，这 3 项的比例具体为 3:3:4。

现在，已知某生的平时成绩为 92 分、期中成绩为 84 分，而家长希望其总成绩是 90 分，此时该生需要在期末考试中得到多少分才能达成目标？

计算过程如图 3-44 所示，输入公式后，因为期末考试还未进行，所以 B5 单元格的值为 0，在这种情况下，B7 单元格的值为 52.8。现在就以 B7 为目标单元格来计算目标值为 90 时，可变单元格 B5 中应为何值。

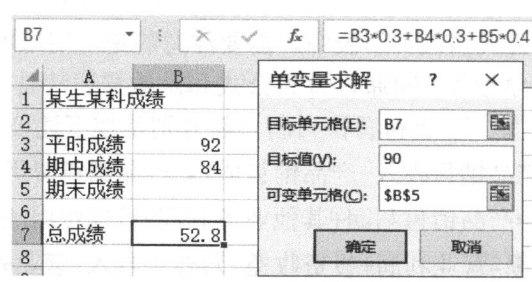

图3-44　计算过程

操作后，发现期末考试应得到93分才能使总成绩为90分。

例3-12　商品理想售价的制订。

某公司花了一大笔钱（固定成本为50 000元，销售费用为45 000元），欲将某个产品投入市场，已知产品单片成本为7.2元、产量能达到5 000，计算产品售价是多少时能盈利170 000元？

首先，按题意在工作表中输入数据并进行前期计算，如图3-45所示。其中涉及的公式如下：

销售金额=单价×数量

生产成本=数量×单片成本

利润=销售金额－销售费用－生产成本－固定成本

其次，以利润为目标单元格，以单价为可变单元格，以 170 000 为目标值进行单变量求解，如图3-46所示。

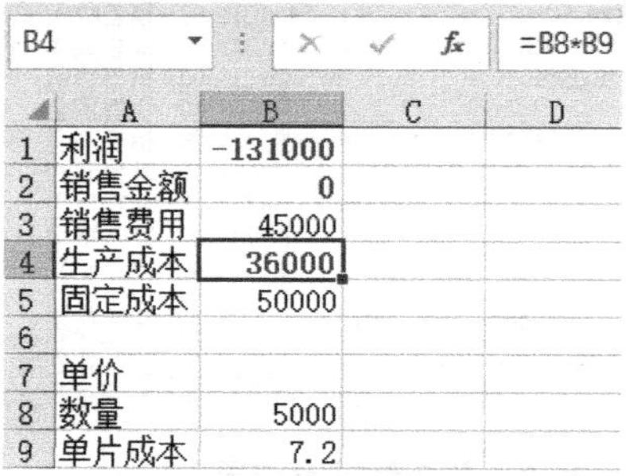

图3-45　单变量求解产品售价的公式的创建 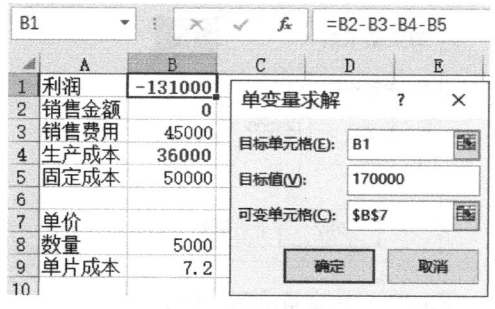 图3-46　单变量求解产品售价操作

最后，得到的产品售价是60.2元。

2．其他应用

利用目标搜索技术可以求解许多类似的问题。例如，利用 PMT 函数，可以根据贷款额、利率和周期方便地计算出每期的还款额。但是反过来，已知某企业近 5 年每月偿还贷款的能力为 100 000 元，要计算其可以承受的贷款额度，就需要掌握更多的函数和计算方法，此时使用目标搜索技术可以直接求解。再如，在宏观经济分析中，要求控制投资规模，在固定资产投资总额降低 5% 的目标下，相应的自筹投资应控制为多少？这可能需要涉及诸多因素，如预算内投资、贷款投资、利用外资投资、国民生产总值、物价指数等，而且这些因素之间还存在着相互制约的关系，手工计算是相当复杂的。利用目标搜索技术，只要在工作表中建立相应的方程就可以直接求解。

上述这些问题归纳起来都是数学上的求解反函数问题，即对已有的函数 $y=f(x)$，给定 y 的值，反过来求解 x。一般情况下，可以按照 y 与 x 的依赖关系构造一个反函数 $x=f(y)$。但是当变量之间的依赖关系较为复杂时，特别是对于非线性函数，构造反函数的工作也是较为复杂和烦琐的。而利用目标搜索技术，可以直接利用函数方便地完成反函数的计算。

另外，利用目标搜索技术还可以直接求解各种方程，特别是求解非线性方程的根。在数值分析中，解任意方程通常有迭代法、割线法、半间距法等多种算法，但大多较为复杂。而利用 Excel 的单变量求解命令是求解方程的方便工具。

Excel 给大家的直观感觉是一张大的表格，可以输入文字、数字、公式和函数，其实 Excel 并非只是在工作表的制作上可以创建公式、函数，进行数据管理（如排序、筛选和分类汇总等）与统计图表的制作而已，在数据求解与规划分析等项目上，其运算功能也是不容忽视的。例如，Excel 也可以用来进行如下方程式的运算：

$$4x - 16 = 0$$

$$2x^3 + 3 = 1$$

$$2x^3 + 5x - 7 = 0$$

诸如一元一次方程式，即含有一个未知数（一元），并且未知数的次方是 1（一次）的等式，对于这些方程式，固然可以用数学方法求解，但利用 Excel 的单变量求解功能也能轻松解答。

基本上，在创建数学公式时，必须先将公式中的变量 x 视为工作表上的某个单元格，称为变量单元格；然后在另一个单元格中输入含有此变量单元格的公式。也就是说，只要改变变量单元格的内容，该公式将自动重新计算出新的结果。

例 3-13　求解方程。

例如，要计算方程式：

$$2x^3 + 3 = 1$$

需要在如图 3-47 所示的工作表中输入公式"=2*B1^3 + 3"。

该表表明，在目标数学方程式里有一个变量 x，由于 x 的值为 0，因此方程式的运算结果为 3。我们都知道，只要改变 B1 单元格的值（变量 x），公式计算出来的结果就会不同。现在想知道 x 的值为多少时，方程式的运算结果为 1。如果用户一个值一个值地去试，那么也许能试出结果；但如果利用 Excel 的单变量求解功能，能立即找到这个合适的 x 值。

（1）选择"数据"→"预测"选项组中的"模拟分析"→"单变量求解"选项，如图 3-48 所示。

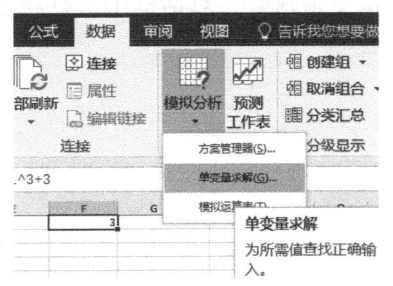

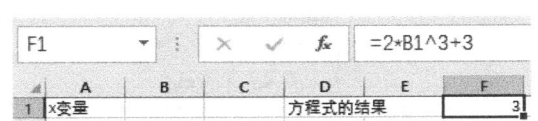

图3-47　单变量求解方程之输入表达式　　图3-48　单变量求解方程之选择"单变量求解"选项

（2）在弹出的"单变量求解"对话框中，设置目标单元格为 F1、目标值为 1、可变单元格为 B1，如图 3-49 所示。

（3）单击"确定"按钮，系统会找到结果，如图 3-50 所示。

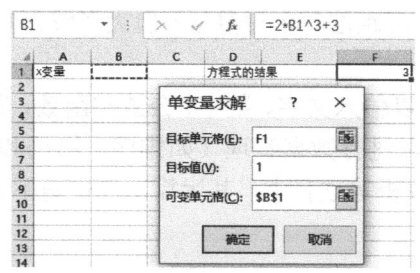

图3-49 单变量求解方程之设置"单变量求解"对话框中的参数

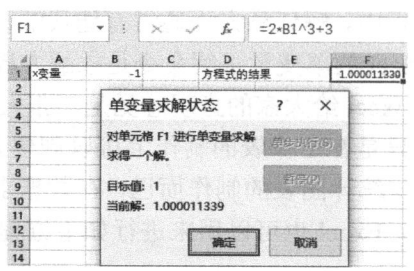

图3-50 单变量求解方程之运算结果

从最终结果来看，这是一个近似解，当 B1 单元格（变量 x）的值为-1 时，方程式的计算结果最接近 1。

例 3-14 一元一次方程的实例。

下面再举一个带应用题性质的实例：有一个两位数，其十位数与个位数的数字之和为 13，若将十位数与个位数交换，所得的新的两位数的数值比原来的两位数的数值小 27。求原来的两位数是什么？

此题的解题思路在于，必须将原来的十位数或个位数中的某一个数设为 x 变量，这样，只要其中一个确定了，由于另一个与它的和是 13，所以等于也确定了。这里，假定十位数是 x，则个位数就是 13-x。这样，原来的两位数就可以表述为

$$10x+(13-x)$$

当个位数与十位数交换位置后，新的两位数可以表述为

$$10\times(13-x)+x$$

又由于新数比旧数小 27，因此有

$$[10x+(13-x)]-[10\times(13-x)+x]=27$$

将方程按上述方式写到 Excel 单元格中，在 B2 单元格为空（x 为 0）的情况下，方程式的值为-117，如图 3-51 所示。

在"单变量求解"对话框中进行相应的设置，如图 3-52 所示。

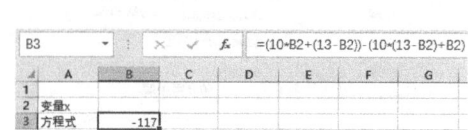

图3-51 单变量求解之应用题计算公式的输入

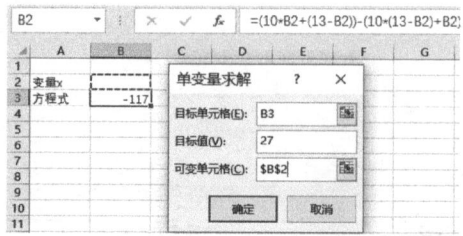

图3-52 单变量求解之应用题的计算过程

单击"确定"按钮后，Excel 计算出结果，如图 3-53 所示。

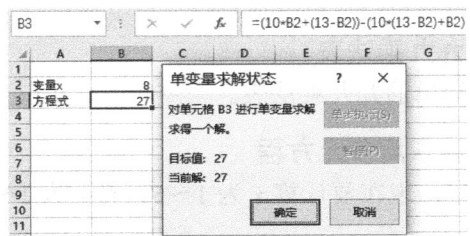

图3-53　单变量求解之应用题的计算结果

也就是说，十位数为 8，因此个位数为 5，原来的两位数为 85，新的两位数为 58。

当然，如果数学基础好，不想在 Excel 中输入那么麻烦的公式，则可以先行打开括号、合并同类项。变换后，该方程式为

$$18x = 144$$

这就基本上不需要用单变量求解功能来计算了。

 小技巧

统一添加单位

选取目标单元格，打开"设置单元格格式"对话框，选择"分类"列表框中的"自定义"选项，在右侧的"类型"下拉列表中选择"0"选项（表示显示为整数，如果有小数，则要四舍五入；如果本来就是整数，需要显示为加两个 0 的小数形式，则可在此选择类型为 0.00），然后在后面添加单位"元"（或其他所需单位），如图 3-54 所示。

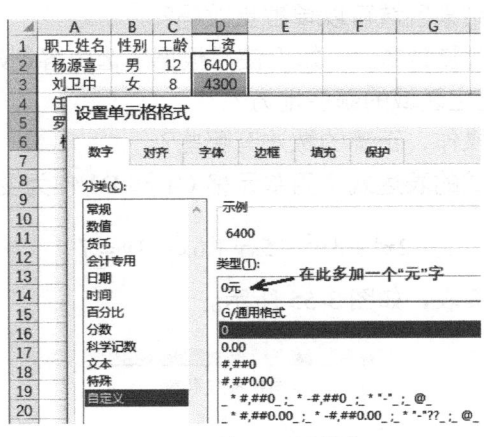

图3-54　统一添加单位

单击"确定"按钮后即可给选定区域统一加上指定的单位了。

特别说明：用这种方法添加单位，在单元格里能看到单位，但在编辑栏中只有数字而没有单位，可以指定一个区域进行运算，结果单元格中会自动添加单位。而如果使用添加文字的方法给区域内的单元格中的数字加上单位，则这些单元格都转化为文本，就不能再进行数学运算了。

✏️ 上机题 3

1．用模拟运算表制作九九乘法表

用 9 行 9 列来生成一个简单的九九乘法表。

2．用双变量模拟运算表求解多元方程

有一方程式"$z=5x-2y+3$"，现在要计算 x 为 1～5、且 y 为 1～7 时（整数）z 的值。

3．用方案分析不同的单品产量对总利润的影响

某光盘生产企业的利润受以下 4 个可变量的影响：单价、数量、推销费率和单片成本。它们之间的关系如下：

利润=销售金额-成本-费用×(1+推销费率)

销售金额=单价×数量

费用=20 000

成本=固定成本＋单价×单片成本

固定成本=70 000

请问生产不同数量的光盘对利润的影响是什么？

4．单变量求解非线性方程

求解下述非线性方程的根：

$$2x^3-5x^2+7x=10$$

📝 课后习题 ③

1．模拟运算表的运算结果区域可以单独更改吗？

2．对单元格区域进行批量命名时，如果使用根据所选内容创建的方式，则选定区域中可以用来命名的值可以位于选定区域的哪些地方？

3．要完成单变量求解操作，正确的做法有哪些？

4．写出计算下述方程式的表达式（用单元格 **C1** 和 **D1** 作为变量）：

$$2x^3 + 3y^2 - 5xy + 6x - 3y = 7$$

5．制作某公司投资方案表，如图 3-55 所示。

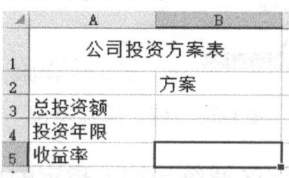

	A	B
1	公司投资方案表	
2		方案
3	总投资额	
4	投资年限	
5	收益率	

图3-55 某公司投资方案表

制作要求如下。

第 1 步，定义名称，选择"公式"→"定义的名称"选项组中的"定义名称"→"定义名称"命令，将 **B3:B5** 单元格定义为左侧单元格内文本所示的名称。

第 2 步，创建方案，依次单击"数据"→"预测"→"模拟分析"→"方案管理器"按钮，按如下条件开始创建方案。

　　方案 A：投资 10 万元，年限 5 年，收益率 24%。

　　方案 B：投资 12 万元，年限 6 年，收益率 25%。

　　方案 C：投资 15 万元，年限 8 年，收益率 28%。

　　6．操作：单变量求解可贷款额度。某企业向银行贷款的年利率为 7.67%，贷款期限为 10 年，企业每年能承受的偿还额为 50 万元，计算企业的可贷款额度。

　　7．操作：单变量求解贷款年限。某企业需要贷款 100 万元，年利率为 7.67%，企业能承受的年偿还额为 20 万元，需要贷款多少年？

Excel 数据分析进阶——函数的应用

4.1 使用函数进行决策分析

根据对未来信息的把握情况，可将决策分析分为 3 类：如果未来的信息是完全的，则称为确定性分析；如果未来的信息是不完全的，但是其变动情况可用概率分布来描述，则称为风险分析；如果未来的信息是不完全的，且其变动情况无法用概率分布来描述，则称为不确定分析。

1. 确定性分析

所谓确定性分析，就是指决策的问题只存在一种自然状态，即未来的事件及与事件有关的各种条件都是确定的。这时的决策比较简单，只需计算出各种条件下的成本、收益等指标，按照特定的目标从中选择最佳方案即可。

（1）单目标求解。

假设某电器公司计划通过其销售网络推销一种电器产品，计划销售价为 10 元/台。该电器的生产有 3 个方案：方案 1，需要投资 100 000 元，投产后每台电器成本为 5 元；方案 2，需要投资 160 000 元，投产后每台电器成本为 4 元；方案 3，需要投资 250 000 元，投产后每台电器成本为 3 元。如果该电器的市场需求量为 120 000 台，那么选择哪种生产方案可获得最大收益？由于在该决策问题中，不同方案的投资费用、生产成本和可获得的利润都是确定的，所以可以直接按要求进行计算。具体操作步骤如下。

在工作表的某列输入各方案的名称；在各方案的右侧一列输入相应的投资金额；在各方案投资金额的右侧一列输入公式，以计算其相应的成本金额，分别为 120 000 乘该方案的单位成本；在各方案成本金额的右侧一列输入公式，以计算其相应的收益金额，分别为 1 200 000 减去相应方案的投资金额和成本金额。其中，方案 2 和方案 3 的收益计算公式可以使用自动填充方式快速建立。此时的工作表如图 4-1 所示。

从图 4-1 中可以明显看到，方案 3 的收益最大。为了能够处理更多方案的情况，以及便于修改方案时可以快捷地找到最佳方案，可以利用 Excel 的查找函数自动选择最佳方案。具体操作步骤如下。

选定要显示最佳方案名称的单元格。单击"插入函数"按钮。在"插入函数"对话框的"或选择类别"下拉列表中选择"查找与引用"选项，在"选择函数"列表框中选择"LOOKUP"选项，如图 4-2 所示。

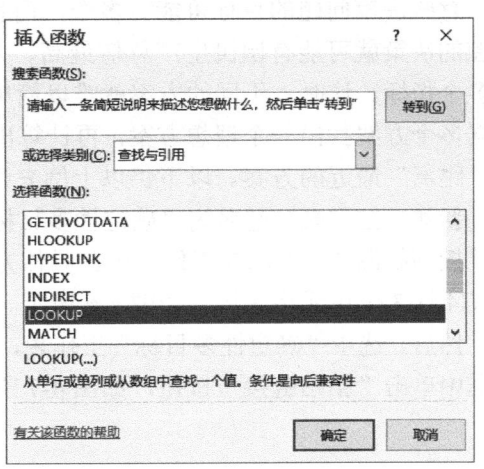

图4-1 单目标求解的数据准备　　　图4-2 "插入函数"对话框

在弹出的 LOOKUP 函数的"选定参数"对话框中选择第一种组合方式，如图 4-3 所示。

在随后的"函数参数"对话框中，在"LOOKUP"选区的 3 个文本框中分别输入函数 "MAX(G2:G4)"，该参数为要查找的数值；"G2:G4"，该参数为要查找的单元格区域；"A2:A4"，该参数为返回值对应的单元格区域，如图 4-4 所示。

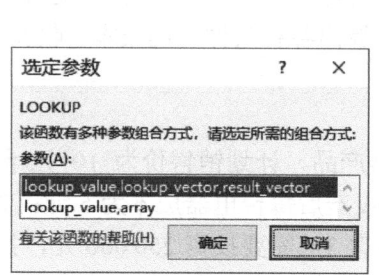

图4-3 LOOKUP 函数的类型选择

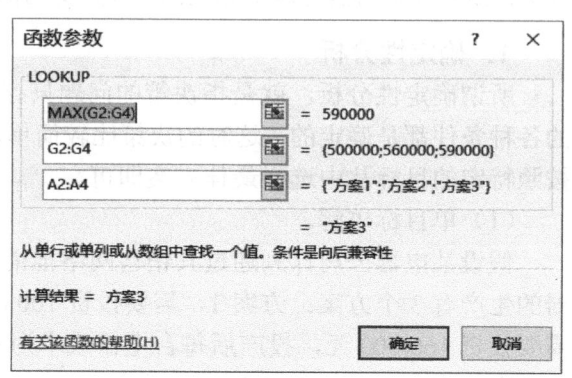

图4-4 "函数参数"对话框

LOOKUP 函数的计算结果如图 4-5 所示。

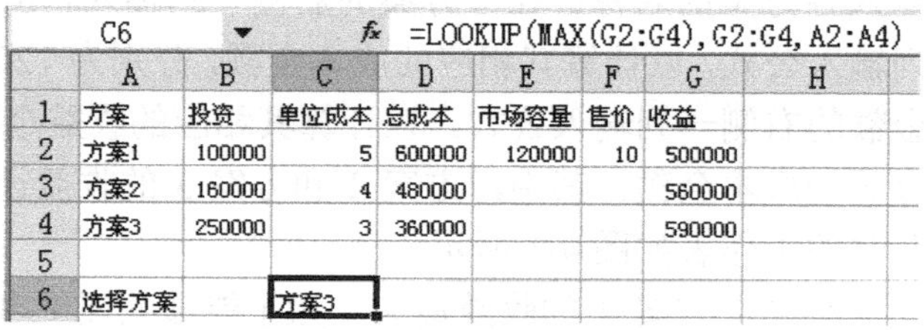

	A	B	C	D	E	F	G	H
1	方案	投资	单位成本	总成本	市场容量	售价	收益	
2	方案1	100000	5	600000	120000	10	500000	
3	方案2	160000	4	480000			560000	
4	方案3	250000	3	360000			590000	
5								
6	选择方案		方案3					

C6 = =LOOKUP(MAX(G2:G4),G2:G4,A2:A4)

图4-5 LOOKUP 函数的计算结果

注意：在使用 LOOKUP 函数时，查找区域应按升序排序，否则将无法正确实现查找要求。

（2）多目标求解。

有些决策问题的目标可能有多个，而且有可能多个目标是相互矛盾的。例如，宏观经济调控的决策就可能有国民生产总值最高、人民生活水平最高、物价指数最低、发展速度平稳等多个指标。这时，不同的方案就难以简单地用最大值、最小值函数比较其优/劣势。这时可根据多个方案找出一个理想方案，再计算出各方案与理想方案的"距离"，从中选择与理想方案"距离"最近的方案。以下仍以上例来说明操作步骤。

新建一工作表，起名为"确定性多目标"，将其中的"方案""投资""总成本""收益"4 项链接到如图 4-1 所示的工作表中。具体方法如下：选定图 4-1 中工作表的 A1:B4、D1:D4、G1:G4 这 3 个单元格区域，如图 4-6 所示。

然后，选中"确定性多目标"工作表，选择"编辑"→"选择性粘贴"命令，在弹出的对话框中单击"粘贴链接"按钮，如图 4-7 所示。

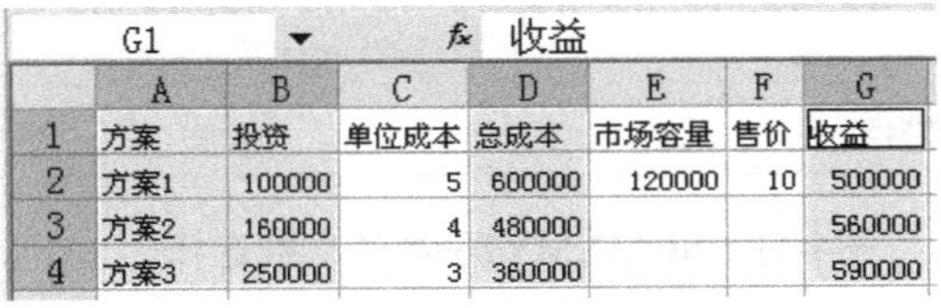

图4-6 选定确定性多目标求解的目标

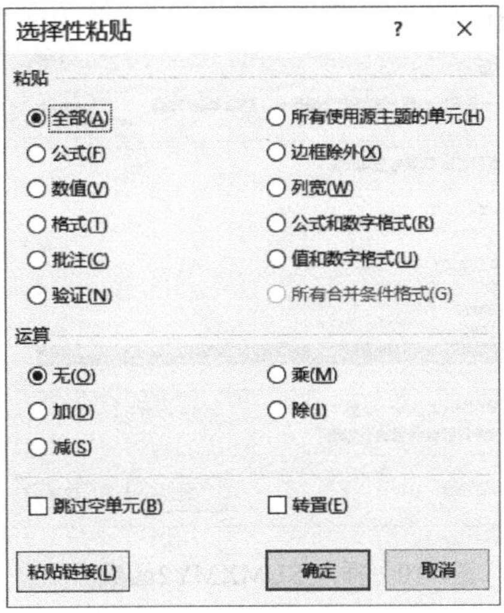

图4-7 使用粘贴链接方式

之所以要使用粘贴链接方式，是因为后面的求平方和函数 SUMXMY2 中使用的参数必须为连续的单元格区域，而不能为不连续的单元格区域，所以不能使用原来的工作表，而必须在一个新的工作表中把原来工作表中不连续的单元格区域粘贴为连续的单元格区域。而如果只粘贴数值，虽也能达到在新工作表中把原来工作表中不连续的单元格区域粘贴为连续单元格区域的效果，但一旦原来工作表中输入的原始数据发生变化，则新工作表中的数据不能更新，因此，必须使用粘贴链接方式。新的"确定性多目标"工作表如图 4-8 所示。

在新工作表中计算出理想方案的有关参数，这里希望理想值为投资最少、成本最低、收益最大，因此，应在 B6 和 C6 单元格使用 MIN 函数，分别对 B2:B4 和 C2:C4 单元格区域的值求最小值；在 D6 单元格应使用 MAX 函数，以对 D2:D4 单元格区域的值求最大值，结果如图 4-9 所示。

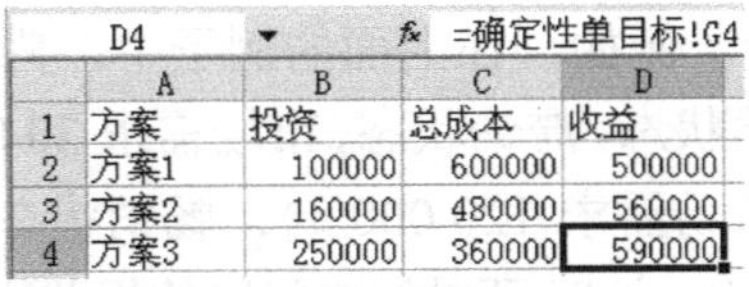

图4-8 新的"确定性多目标"工作表

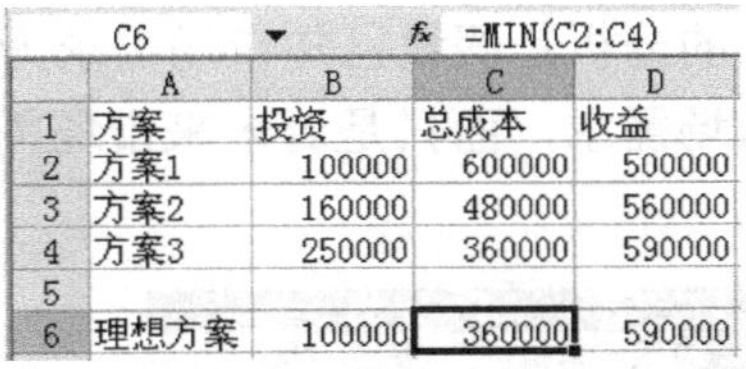

图4-9 计算确定性多目标求解中各目标的理想值

在"收益"列的右侧（E 列）输入计算各方案与理想方案的"距离"公式。因为理想方案中各参数有些是最大值，有些是最小值，简单地用差额计算会有正有负、相互抵消，所以应计算各差额的绝对值的和，也可以计算各差额的平方和（这是为了把正、负差距都转化为正的差距）。这里使用数学与三角函数类别中的 SUMXMY2 函数计算每个方案各参数与理想方案各参数的差额的平方和，如图 4-10 所示。

注意：为了使用自动填充功能，公式中理想方案的单元格区域地址应使用绝对地址或混合地址，如图 4-11 所示。

图4-10　插入 SUMXMY2 函数

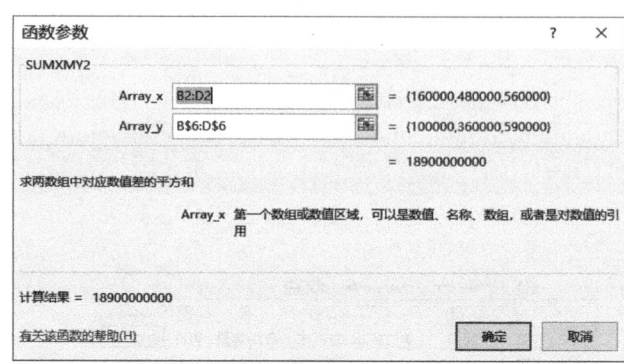

图4-11　SUMXMY2函数的参数选择

SUMXMY2 函数的计算结果如图 4-12 所示。

最后，将几个方案以"距离"为主要关键字进行升序排列，再利用 LOOKUP 函数自动选择最佳方案。这时选择的方案是方案 2，如图 4-13 所示。

	A	B	C	D	E
					=SUMXMY2(B2:D2,B$6:D$6)
1	方案	投资	总成本	收益	距离
2	方案1	100000	600000	500000	65700000000
3	方案2	160000	480000	560000	18900000000
4	方案3	250000	360000	590000	22500000000
5					
6	理想方案	100000	360000	590000	

图4-12　SUMXMY2函数的计算结果

	A	B	C	D	E
C8			=LOOKUP(MIN(E2:E4),E2:E4,A2:A4)		
1	方案	投资	总成本	收益	距离
2	方案2	160000	480000	560000	18900000000
3	方案3	250000	360000	590000	22500000000
4	方案1	100000	600000	500000	65700000000
5					
6	理想方案	100000	360000	590000	
7					
8	选择方案		方案2		

图4-13　确定性多目标求解的计算结果

2. 不确定分析

上面的分析是假设已知市场需求为 120 000 台，在市场经济条件下，更多的情况是不知道确切的市场需求，而只是对未来市场需求有大致的估计。例如，在上面的例子中，假设可能出现 3 种自然状态：滞销状态，市场需求 30 000 台；一般状态，市场需求 120 000 台；畅销状态，市场需求 200 000 台。这时可得到该问题的损益矩阵，如图 4-14 所示，它是将图 4-1 中的 E2 单元格中的数据分别用 30 000、200 000 替代后得到的。

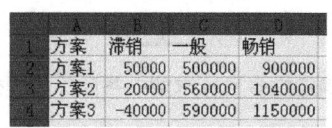

	A	B	C	D
1	方案	滞销	一般	畅销
2	方案1	50000	500000	900000
3	方案2	20000	560000	1040000
4	方案3	-40000	590000	1150000

图4-14　不确定分析中多种方案的损益矩阵

注意：图 4-14 所示的表可以使用单变量模拟运算表，对方案 1、方案 2、方案 3 求出"市场容量"分别为 30 000 台、120 000 台、200 000 台时的收益，并将其分别记入"滞销""一般""畅销"字段下，如图 4-15 所示。

但是要注意，不能使用以"投资"字段为引用行单元格进行双变量模拟运算，因为每个方案除投资额可变之外，单位成本也在变化。

可根据下述不同原则进行不确定分析。

（1）乐观原则。

所谓乐观原则，就是指看好未来市场需求，认为会畅销，在决策时总是选择收益最大或损失最小的方案。该原则的基本思路是先由各方案计算出收益最大值，再在每个方案的最大值中找出最大值，因此该原则也称大中取大法。具体计算方法如下。

在 E 列利用 MAX 函数计算出各方案在不同状态下的最大值；在第 6 行自动查找最大值所在列中最大者对应的方案名。乐观原则下的不确定

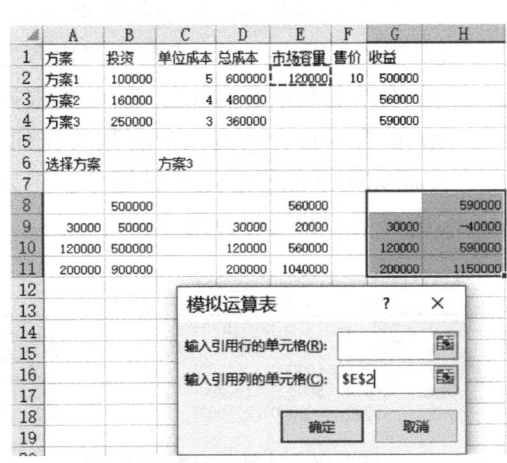

图4-15　使用单变量模拟运算表求出3种状态下的各方案的收益

多目标分析结果如图 4-16 所示，即按乐观原则分析，应选择方案 3。

（2）悲观原则。

所谓悲观原则，就是指决策时从最坏情况出发，认为可能滞销，尽量降低风险。该原则的基本思路是先由各方案计算出收益最小值，然后在每个方案的最小值中找出最大值，因此该原则也称小中取大法。具体计算方法如下。

在 E 列利用 MIN 函数计算出各方案在不同状态下的最小值；在第 6 行自动查找最小值所在列中最大者对应的方案名。悲观原则下的不确定多目标分析结果如图 4-17 所示，即按悲观原则分析，应选择方案 1。

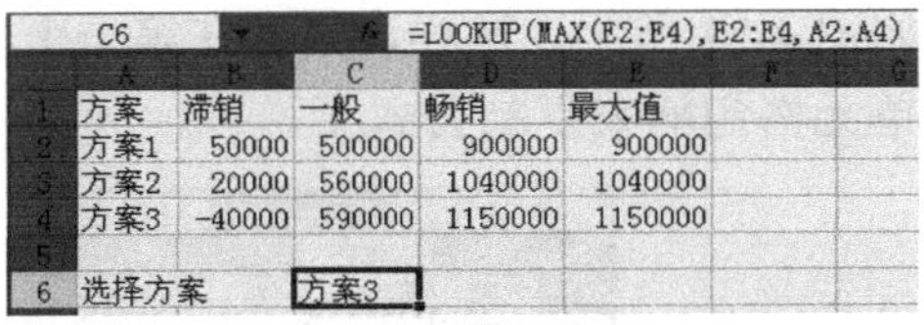

图4-16　乐观原则下的不确定多目标分析结果　　　图4-17　悲观原则下的不确定多目标分析结果

（3）中庸原则。

更多的情况是在决策时既不简单地根据乐观原则，又不完全按照悲观原则，而是采用介于两者之间的中庸原则。这样既不过于冒险，又不过于保守。该原则的基本思路是先由决策者凭经验主观地选取一个 0～1 的乐观系数 α，然后依据下述公式计算出各方案的中庸数：

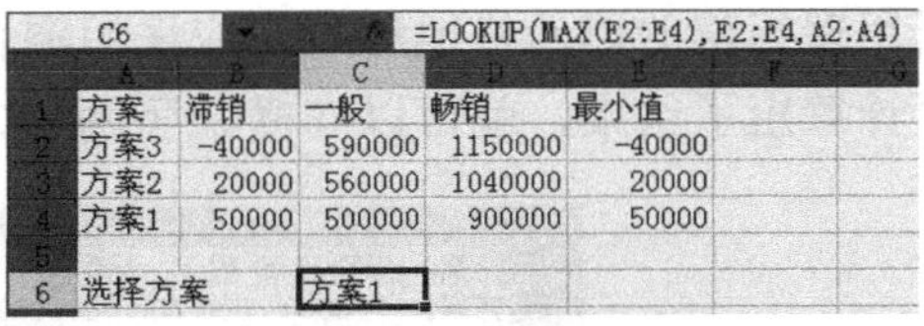

$$H(A_i) = \alpha \left[\text{Max}(R_{ij}) \right] + (1-\alpha) \left[\text{Min}(R_{ij}) \right]$$

也就是说，每个方案的损益值中最大值出现的可能性加上其他可能性（其实就是最小值出现的可能性，因为不考虑其他可能性且没有其他可能性，所以最小值出现的可能性只能是 100% 减去最大值出现的可能性）。其中，$H(A_i)$ 为第 i 个方案的中庸数，R_{ij} 为第 i 个方案第 j 个状态的损益值，这里，i 为 1、2、3 行，j 为 B、C、D 列。最后，在每个方案的中庸数中找出最大值。具体计算方法如下。

① 在 E 列利用 MAX 函数计算出各方案在不同状态下的最大值。

② 在 F 列利用 MIN 函数计算出各方案在不同状态下的最小值。

③ 设乐观系数 α 为 0.6，在 G 列根据上述公式计算出各方案的中庸数，如图 4-18 所示。

④ 在第 6 行自动查找中庸数所在列中最大值对应的方案名，即中中取大法。

中庸原则下的不确定多目标分析结果如图 4-19 所示，即按中庸原则分析，在乐观系数为 0.6 的情况下，应选择方案 3。

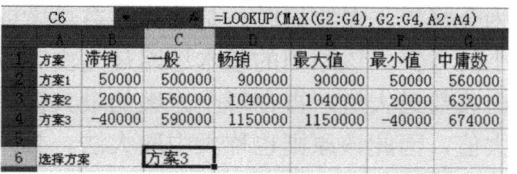

G2 =0.6*E2+(1-0.6)*F2

	A	B	C	D	E	F	G
1	方案	滞销	一般	畅销	最大值	最小值	中庸数
2	方案1	50000	500000	900000	900000	50000	560000
3	方案2	20000	560000	1040000	1040000	20000	632000
4	方案3	-40000	590000	1150000	1150000	-40000	674000

图4-18　计算各方案的中庸数

C6 =LOOKUP(MAX(G2:G4),G2:G4,A2:A4)

	A	B	C	D	E	F	G
1	方案	滞销	一般	畅销	最大值	最小值	中庸数
2	方案1	50000	500000	900000	900000	50000	560000
3	方案2	20000	560000	1040000	1040000	20000	632000
4	方案3	-40000	590000	1150000	1150000	-40000	674000
5							
6	选择方案		方案3				

图4-19　中庸原则下的不确定多目标分析结果

（4）遗憾原则。

所谓遗憾原则，就是指决策时将每种状态的收益最大值作为该状态的理想目标，并将相应状态下其他值与理想值的差称为未达到理想值的遗憾值。该原则的基本思路是先由各方案计算出每种状态下的理想值；再根据理想值计算出每个方案不同状态下的遗憾值（遗憾矩阵）；然后根据遗憾矩阵计算出每个方案的最大遗憾值；最后在各最大遗憾值中选取最小值，以最小值对应的方案作为最佳方案，即根据遗憾矩阵采用大中取小法选出最佳方案。具体计算方法如下。

① 利用 MAX 函数计算出每种状态下的理想值（这一点要特别注意，是每种状态下的理想值，不是每种方案的理想值），如图 4-20 所示。

② 在工作表的另外一个区域建立遗憾矩阵。需要注意的是，为了便于应用自动填充功能，在引用理想值的单元格地址时，应采用混合地址，如图 4-21 所示。这样，只要在第一个单元格里计算出了结果，就可以向横、竖两个方向拖动单元格句柄来复制公式了。

	A	B	C	D
1	方案	滞销	一般	畅销
2	方案1	50000	500000	900000
3	方案2	20000	560000	1040000
4	方案3	-40000	590000	1150000
5	理想值	50000	590000	1150000

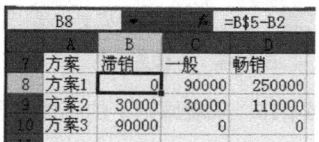

图4-20　运用遗憾原则计算出每种状态下各方案的理想值

B8 =B$5-B2

	A	B	C	D
7	方案	滞销	一般	畅销
8	方案1	0	90000	250000
9	方案2	30000	30000	110000
10	方案3	90000	0	0

图4-21　遗憾矩阵

③ 根据上述遗憾矩阵，按照大中取小法选择方案。先在 E 列计算出遗憾矩阵中每个方案的最大遗憾值，然后将其结果以粘贴数值的方法复制到一张新表中，最后在其中利用 LOOKUP 函数自动查找最大遗憾值中的最小值对应的方案名称。

遗憾原则下的不确定多目标分析结果如图 4-22 所示。

C6 =LOOKUP(MIN(E2:E4),E2:E4,A2:A4)

	A	B	C	D	E	F	G
1	方案	滞销	一般	畅销	最大遗憾值		
2	方案3	90000	0	0	90000		
3	方案2	30000	30000	110000	110000		
4	方案1	0	90000	250000	250000		
5							
6	选择方案		方案3				

图4-22　遗憾原则下的不确定多目标分析结果

3. 风险分析

风险分析与确定性分析、不确定分析不同，这时决策者虽然对未来出现哪种状态不能做出确定的判断，但能根据有关资料估计或计算出各种状态出现的概率。例如，在上例中，虽然不能确定该电器的未来市场需求状态是滞销、一般，还是畅销，但是根据有关历史数据、市场调查资料等信息，知道这 3 种状态出现的概率分别是 0.40、0.55 和 0.05。这时无论做出什么选择，都有一定的风险。因此这类决策问题称为风险分析。

（1）期望值法。

所谓期望值法，即先根据损益矩阵和各状态的概率，按照下述公式计算出每个方案的期望值：

$$E(A_i)=\sum_{j=1}^{n}P(S_j)R_{ij}$$

即各方案在各种状态下的损益与各种状态出现的可能性的乘积和，这个公式明显是中庸原则的延伸，或者说中庸原则只是这个公式的一个特例，因为这里所有的可能性都要加以考虑，所以才把每种可能性都考虑进去，共同构成一个 100%。其中，$E(A_i)$为第 i 个方案的期望值，$P(S_j)$为第 j 种状态的概率，R_{ij} 为第 i 个方案第 j 种状态下的收益。计算出各方案的期望值后，从中选取最大值。具体操作步骤如下。

① 利用数学与三角函数中的 SUMPRODUCT 函数（返回相应的数组或区域的乘积和）计算各方案的期望值。需要注意的是，为了方便应用自动填充功能，概率数据的单元格地址应使用绝对地址或混合地址。SUMPRODUCT 函数的计算结果如图 4-23 所示。

② 在第 7 行自动查找期望值所在列中最大值对应的方案名，结果如图 4-24 所示。

E3　　=SUMPRODUCT(B$2:D$2,B3:D3)

	A	B	C	D	E	F
1	方案	滞销	一般	畅销	期望值	
2	概率	0.40	0.55	0.05		
3	方案1	50000	500000	900000	340000	
4	方案2	20000	560000	1040000	368000	
5	方案3	-40000	590000	1150000	366000	

图4-23　SUMPRODUCT 函数的计算结果

C7　　=LOOKUP(MAX(E3:E5),E3:E5,A3:A5)

	A	B	C	D	E	F	G
1	方案	滞销	一般	畅销	期望值		
2	概率	0.40	0.55	0.05			
3	方案1	50000	500000	900000	340000		
4	方案2	20000	560000	1040000	368000		
5	方案3	-40000	590000	1150000	366000		
6							
7	选择方案		方案2				

图4-24　风险分析中期望值法的计算结果

（2）遗憾期望值法。

所谓遗憾期望值法，就是指先由原损益矩阵计算出遗憾矩阵，再利用期望值法根据遗憾矩阵选择最佳方案。也就是说，该方法与期望值法主要的不同之处在于，期望值法是根据损益矩阵计算的；而遗憾期望值法是根据遗憾矩阵计算的。因此，期望值法最后是从期望值中选择最大者作为最佳方案的；而遗憾期望值法应从遗憾期望值中选取最小者作为最佳方案。

设遗憾矩阵已计算完成，如图 4-21 所示。先按期望值法计算出各方案遗憾矩阵的期望值，再从中选择最小值对应的方案。风险分析中遗憾期望值法的计算结果如图 4-25 所示。

C7　　=LOOKUP(MIN(E3:E5),E3:E5,A3:A5)

	A	B	C	D	E	F
1	方案	滞销	一般	畅销	遗憾期望值	
2	概率	0.40	0.55	0.05		
3	方案1	0	90000	250000	62000	
4	方案2	30000	30000	110000	34000	
5	方案3	90000	0	0	36000	
6						
7	选择方案		方案2			

图4-25　风险分析中遗憾期望值法的计算结果

4.2 常用 Excel 函数

4.2.1 文本函数

1. 查找字符

文本函数的主要功能就是截取、查找、搜索文本中的某个特殊字符，从而实现查找字符、转换文本及编辑字符串等功能。

（1）求字符串位置——FIND 和 FINDB 函数。

函数 FIND 和 FINDB 用于在第二个文本字符串中求出第一个文本字符串，并返回第一个文本字符串的起始位置的值，该值从第二个文本字符串的第一个字符算起，其语法格式如下：

```
FIND (find_text, within_text, start_num)
FINDB (find_text, within_text, start_num)
```

其中各参数的含义如下。

find_text——要查找的文本。

within_text——包含要查找文本的源文本。

start_num——指定要从文本起始位置查找的字符。

FIND 和 FINDB 函数都用于查找字符串在单元格中的位置，但 FIND 函数使用的是单字节字符集（SBCS）语言，该函数始终将每个字符按 1 计算；而 FINDB 函数使用的是双字节字符集（DBCS）语言，该函数会将每个字符按 2 计算。因此，通常情况下，可以笼统地认为 FIND 函数以字符为单位，而 FINDB 函数以字节为单位。

FIND 和 FINDB 函数的应用效果如图 4-26 所示。

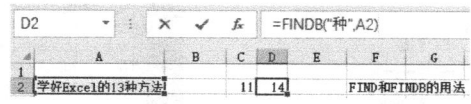

图4-26　FIND 和 FINDB 函数的应用效果

（2）求字符位置——SEARCH 和 SEARCHB 函数。

SEARCH 和 SEARCHB 函数用于在第二个文本字符串中定位第一个文本字符串，并返回第一个文本字符串的起始位置的值，该值从第二个文本字符串的第一个字符算起，其语法格式为：

```
SEARCH (find_text, within_text, start_num)
SEARCHB (find_text, within_text, start_num)
```

其中各参数的含义如下。

find_text——要查找的文本。

within_text——要在其中搜索 find_text 的源文本。

start_num——within_text 中开始搜索的字符编号。

在使用 SEARCH 和 SEARCHB 函数查找特定字符时，可以使用"?"和"*"通配符。而如果要查找实际的"?"和"*"，则需要在该字符的前面输入"~"。

在实际运用中，可以使用 IF 及其他函数将符合查找条件的字符串显示在其他单元格中，不需要确定字符串的位置。

SEARCH 和 SEARCHB 函数的应用效果如图 4-27 所示。

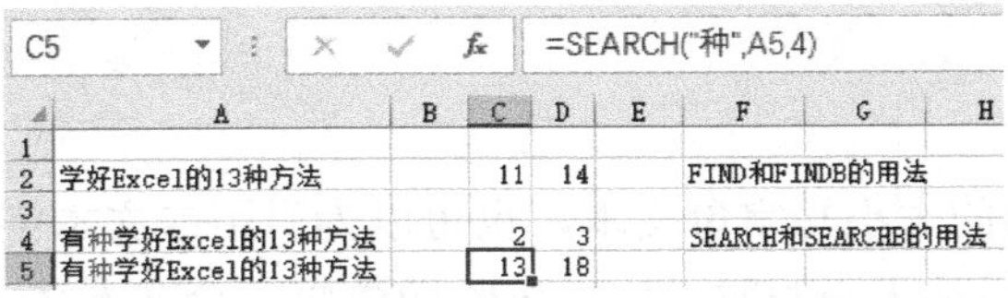

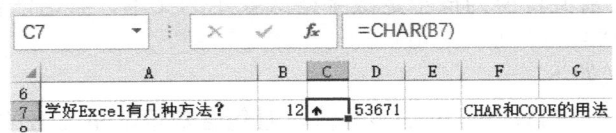

图4-27　SEARCH 和 SEARCHB 函数的应用效果

（3）FIND 和 SEARCH 函数的区别。

函数 SEARCH 和 FIND 都用 start_num 指定开始查找的位置。在本例中，如果省略 start_num 参数，则将从第 1 位开始找，在第 2 个字符就找到了；但如果指定从第 4 个字符开始找，就不会找到第 2 个字符，而在第 13 个字符才找到第 2 个"种"。但有一点要记住，不论从第几位开始找，最后给出的位置都是从整个 within_text 中的第 1 位开始计数的。例如，本例中找到的第 2 个"种"，它不是从 start_num 规定的第 4 位开始计数的，如果是，那么结果应该是 10 而不是 13 了。

SEARCH 和 FIND 函数的区别主要有两点：一是 SEARCH 函数忽略大小写；二是 SEARCH 函数支持通配符。这两点集中在一起，说明 FIND 函数主要用于精确查找，SEARCH 函数用于模糊查找。

2．转换文本

转换文本也是文本函数最常见的一种操作，如转换数字与字符、大小写、格式及货币符号等。

（1）转换数字与字符——CHAR 和 CODE 函数。

CHAR 函数用于将其他类型计算机文件中的代码转换为字符；CODE 函数用于返回文本字符串中第一个字符的数字代码，返回的代码对应计算机当前使用的字符集（一般为 ANSI 字符集）。这两个函数的语法格式如下：

```
CHAR (number)
CODE (text)
```

其中各参数的含义如下。

number——用于转换的字符代码，为 1～255，它使用的是当前计算机所用字符集中的字符，如 Windows 操作系统为 ANSI，CHAR 函数可以将计算机识别的 ASCII 代码还原为能识别的常规字符。

text——需要得到其第一个字符代码的文本字符串，也可是引用其他单元格的文本字符串。

CHAR 和 CODE 函数的应用效果如图 4-28 所示。

图4-28　CHAR 和 CODE 函数的应用效果

特别说明：可打印字符和英文字母等还是遵从 ASCII 码的，不可打印字符只显示方框。

（2）转换大小写——LOWER、UPPER 和 PROPER 函数。

LOWER、UPPER 和 PROPER 函数虽然都能实现大小写的转换，但方式有所不同，其语法格式如下：

```
LOWER (text)
UPPER (text)
PROPER (text)
```

其中，text 为要转换的大小写字母文本，也可以为引用或文本字符串。

在使用这 3 个函数转换大小写时，LOWER 函数将一个文本字符串中的所有大写字母转换为小写字母；UPPER 函数将一个文本字符串中的所有小写字母都转换为大写字母，上述两个函数都不改变文本中的非字母字符；PROPER 函数将文本字符串的首字母（或任何非字母字符之后的首字母）转换为大写，将其余的字母都转换为小写。

LOWER、UPPER 和 PROPER 函数的应用效果如图 4-29 所示。

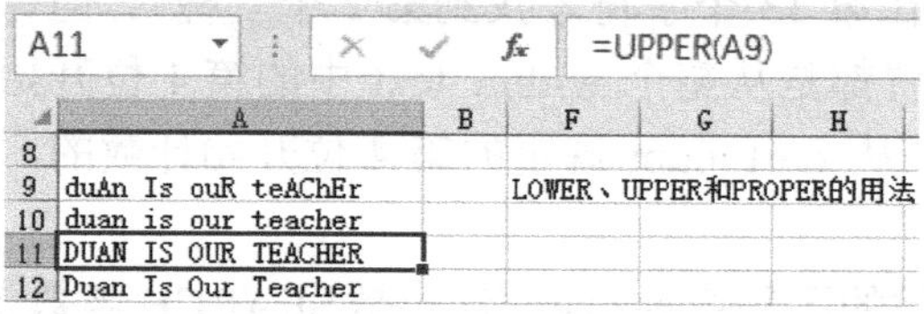

图4-29　LOWER、UPPER 和 PROPER 函数的应用效果

（3）转换字节——ASC 和 WIDECHAR 函数。

ASC 和 WIDECHAR 函数都需要与双字节字符集（DBCS）语言一起使用，其中，ASC 函数将全角（双字节）字符更改为半角（单字节）字符；而 WIDECHAR 函数正好相反，它将半角（单字节）字符转换为全角（双字节）字符。它们的语法格式如下：

```
ASC (text)
WIDECHAR (text)
```

其中，text 为文本或对包含需要更改文本的单元格的引用。

简单地说，ASC 和 WIDECHAR 函数对字节的转换就是对半角与全角的转换。如果文本中没有需要转换的全角（或半角），则文本不会改变。

ASC 和 WIDECHAR 函数的应用效果如图 4-30 所示。

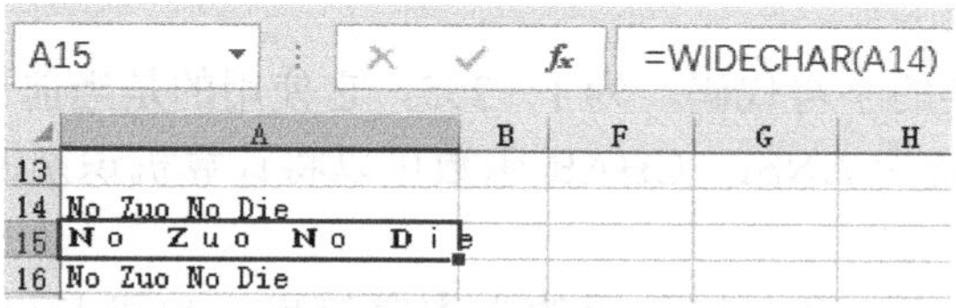

图4-30　ASC 和 WIDECHAR 函数的应用效果

（4）转换数字格式——TEXT 函数。

TEXT 函数用于将数值转换为按指定数字格式表示的文本，其语法格式如下：

```
TEXT (value, format_text)
```

其中各参数的含义如下。

value——要进行转换的数值，可以为数值、对包含数值的单元格的引用或计算结果为数值的公式。

format_text——要转换的数字格式，可以为"单元格格式"对话框的"数字"选项卡下"分类"列表框中的文本形式。

TEXT 函数的应用效果如图 4-31 所示。

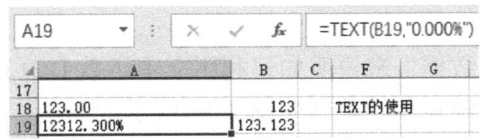

图4-31　TEXT 函数的应用效果

（5）将表示数字的文本转换为数字——VALUE 函数。

VALUE 函数将代表数字的文本字符串转换成数字，其语法格式如下：

```
VALUE (text)
```

其中，text 为代表数字的文本或对需要进行文本转换的单元格的引用，可以是 Excel 中可识别的任意常数、日期或时间格式。如果 text 不是这些格式，则函数 VALUE 将返回错误值"#VALUE!"，表示参数引用值错误。

VALUE 函数的应用效果如图 4-32 所示。

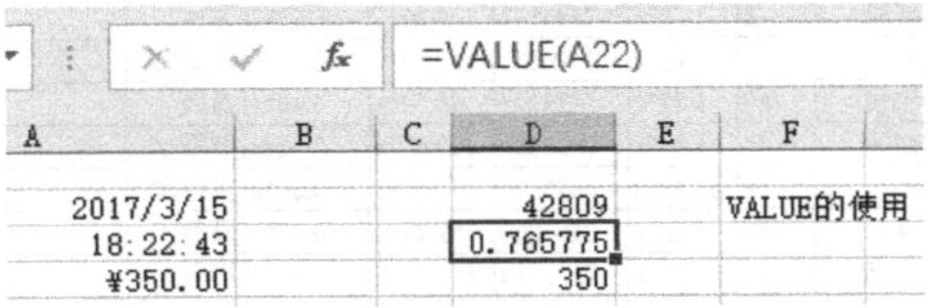

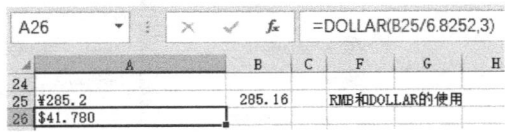

图4-32　VALUE 函数的应用效果

特别说明：当将日期和时间转换为数字时，将变成相应的序列号。

（6）转换货币符号——DOLLAR 和 RMB 函数。

DOLLAR 和 RMB 函数可以依照货币格式将小数四舍五入到指定的位数并转换成文本，其使用的格式如下：

```
($#, ##0.00)
```

DOLLAR 和 RMB 函数的语法格式如下：

```
DOLLAR (number, decimals)
RMB (number, decimals)
```

其中各参数的含义如下。

number——数字、包含数字的单元格引用或计算结果为数字的公式。

decimals——十进制的小数位数。

DOLLAR 和 RMB 函数的应用效果如图 4-33 所示。

图4-33　DOLLAR 和 RMB 函数的应用效果

其中，使用 RMB 函数计算的金额会自动加上"￥"符号；使用 DOLLAR 函数计算的金额会自动加上"$"符号。

例 4-1　利用文本函数转换文本。

汇率是指一种货币兑换另一种货币的比率，以一种货币表示另一种货币的价格。由于世界各国（或各地区）货币名称不同，币值不一，所以，一种货币对其他国家（地区）的货币要规定汇率。这个汇率可能每天都有变化，因此，Excel 中涉及汇率的单元格最好使用绝对引用方式。

本例以"轿车出口销售数据"来说明如何利用文本函数 DOLLAR 和 RMB 将数值转换为相应的货币格式。轿车出口销售原始数据如图 4-34 所示。

品牌	销量	市占率	交易额	个人比例	单位比例	业务员	人民币	美元
比亚迪速锐	23	1.91%	737650	86.96%	13.04%	刘卫中		
比亚迪G6	28	2.33%	1112100	100.00%	0.00%	柳愿		
比亚迪F0	10	0.83%	1234000	100.00%	0.00%	马羽		
比亚迪秦EV	28	2.33%	1347309	100.00%	0.00%	孔婉晴		
比亚迪G5	10	1.83%	1748571	80.00%	20.00%	张爱国		
中华H330	38	3.16%	2538577	100.00%	0.00%	马羽		
中华H220	18	1.50%	3004650	83.33%	16.67%	马羽		
中华H230	37	3.06%	3240275	72.97%	27.03%	张爱国		
中华H3	11	0.92%	3301571	81.82%	18.18%	刘卫中		
中华H530	14	1.16%	3619000	100.00%	0.00%	马羽		
吉利远景	46	3.83%	3874417	95.65%	4.35%	孔婉晴		
吉利全球鹰	32	2.66%	4208000	100.00%	0.00%	刘卫中		
吉利金刚	60	4.99%	6431100	100.00%	0.00%	刘卫中		
吉利帝豪	18	1.50%	7184571	100.00%	0.00%	雷民		
吉利TX4	11	0.92%	7400250	100.00%	0.00%	张爱国		
江淮和悦	67	5.77%	7459722	95.52%	4.48%	雷民		
江铃E200	52	4.33%	7837885	100.00%	0.00%	柳愿		
力帆620	126	10.48%	7893600	100.00%	0.00%	张爱国		
艾瑞泽5	59	5.09%	8457860	89.83%	10.17%	马羽		
长安悦翔	38	3.16%	9371644	100.00%	0.00%	柳愿		
总计	726		92002752					

图4-34 轿车出口销售原始数据

① 选择 H3 单元格，在"公式"→"函数库"选项卡中选择"插入函数"命令，在"插入函数"对话框中选择文本函数类别中的 RMB 函数，然后单击"确定"按钮，在弹出的"函数参数"对话框的"Number"文本框中输入 D3，如图 4-35 所示。

将函数填充到 H4:H23 单元格区域，给所有的金额添加上人民币格式。

② 在 H25 单元格中输入"美元兑人民币"，在 I25 单元格中输入 6.2206（当时的数据），然后选择 I3 单元格，插入函数 DOLLAR。这里，在"Number"文本框中输入 D3/I25，并按 F4 键，将 I25 变为绝对引用，如图 4-36 所示。

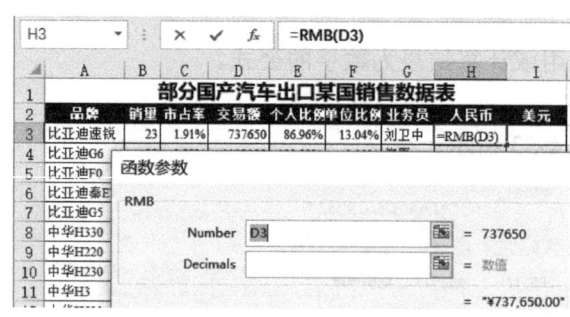

图4-35 设置 RMB 函数参数

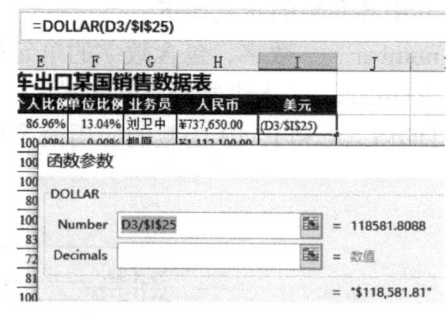

图4-36 设置 DOLLAR 函数参数

将函数填充到 I4:I23 单元格区域，将所有的销售金额都按美元显示出来。

3. 编辑字符串

在文本处理中，编辑字符串也是其中的一方面，其中主要包括合并字符串、求字符串长度及替换字符串等。

（1）合并字符串——CONCATENATE 函数。

CONCATENATE 函数用于将两个以上的文本字符串合并为一个文本字符串，其语法格式如下：

```
CONCATENATE (text1, [text2], …)
```

其中，text1,text2,…为 2～255 个需要合并的文本字符串，这些文本项可以为文本字符串、数字或对单个单元格的引用。

CONCATENATE 函数的应用效果如图 4-37 所示。

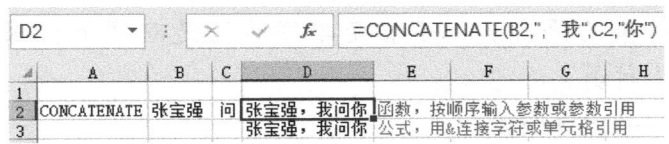

图4-37　CONCATENATE 函数的应用效果

（2）替换文本——SUBSTITUTE 函数。

SUBSTITUTE 函数用于在某一文本字符串中替换指定的文本，其语法格式如下：

```
SUBSTITUTE (text, old_text, new_text, [instance_num] )
```

其中各参数的含义如下。

text——需要替换其中字符的文本或对含有文本的单元格的引用。

old_text——需要被替换的旧文本。

new_text——用于替换旧文本的新文本，如果不指定，则用空文本替换，实际上就是删除。

instance_num——一个数值，用来指定以新文本替换第几次出现的旧文本。如果此参数被指定，则只有满足条件的旧文本被替换；否则将替换所有的旧文本。

SUBSTITUTE 函数的应用效果如图 4-38 所示。

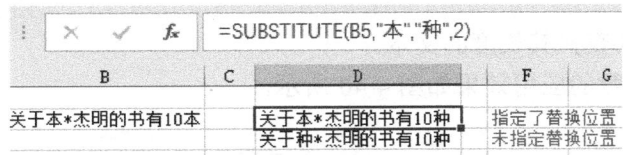

图4-38　SUBSTITUTE 函数的应用效果

（3）替换字符串——REPLACE 和 REPLACEB 函数。

使用 REPLACE 函数，可在某一文本字符串中替换指定位置的任意文本，该函数可使用其他文本字符串并根据指定的字符数替换某文本字符串中的部分文本。而 REPLACEB 函数可使用其他文本字符串并根据指定的字节数替换某文本字符串中的部分文本。它们的语法格式如下：

```
REPLACE (old_text, start_num, num_chars, new_text)
REPLACEB(old_text, start_num, num_bytes)
```

其中各参数的含义如下。

old_text——要在其中替换字符的文本。

start_num——要用 new_text 替换的 old_text 中字符的位置。

num_chars——希望 REPLACE 函数使用 new_text 替换 old_text 中的字符数。

new_text——要用于替换 old_text 中字符的文本。

num_bytes——希望 REPLACEB 函数使用 new_text 替换 old_text 中的字符数。

REPLACE 和 REPLACEB 函数的应用效果如图 4-39 所示。

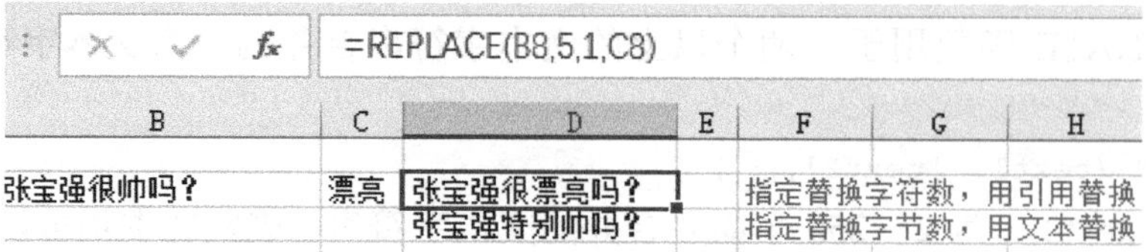

图4-39　REPLACE 和 REPLACEB 函数的应用效果

注意： 函数 REPLACE 面向使用单字节字符集的语言，函数 REPLACEB 面向使用双字节字符集的语言。但不管是单字节还是双字节，函数 REPLACE 始终将每个字符按 1 计算。

（4）清除空格——TRIM 函数。

TRIM 函数可以清除文本中多余的空格，解决了手动删除多余空格的烦琐操作，但该函数只能对除英文单词之间的单个空格进行删除，其语法格式如下：

```
TRIM(text)
```

其中，text 指需要清除其中空格的文本。

特别说明： 在使用 TRIM 函数处理中文时，还会保留一个空格，如果中文文本中没有空格，那么也不会增加空格；而对于英文文本，不管单词与单词之间有多少空格，都会保留 1 个空格。因此，该函数常常用于处理英文文本，而不是中文文本。

（5）求字符串长度——LEN 和 LENB 函数。

LEN 函数用于返回文本字符串中的字符数，LENB 函数用于返回文本字符串中用于代表文本的字节数。LEN 函数面向使用单字节字符集的语言，而 LENB 函数面向使用双字节字符集的语言。它们的语法格式如下：

```
LEN(text)
LENB(text)
```

其中，text 指需要查找其长度的文本。

LEN 和 LENB 函数的应用效果如图 4-40 所示。

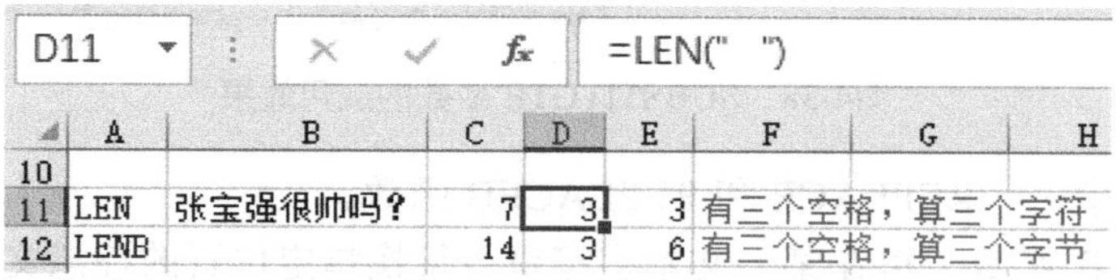

图4-40　LEN 和 LENB 函数的应用效果

（6）判断字符串的异同——EXACT 函数。

EXACT 函数用于检测两个字符串是否完全相同，返回逻辑值 TRUE 和 FALSE。该函数区分大小写，但会忽略格式上的差异。利用 EXACT 函数可以测试在文档内输入的文本，其语法格式如下：

```
EXACT (text1, text2 )
```

其中，text1 和 text2 指待比较的两个字符串。

EXACT 函数的应用效果如图 4-41 所示。

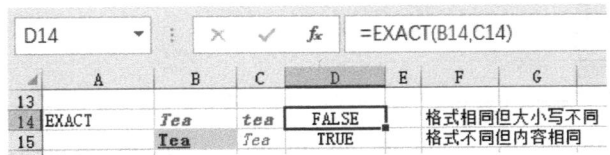

13						
14	EXACT	*Tea*	tea	FALSE	格式相同但大小写不同	
15		**Tea**	*Tea*	TRUE	格式不同但内容相同	

图4-41　EXACT 函数的应用效果

特别说明：在 Excel 中，也可以使用双等号 "＝＝" 比较运算符代替 EXACT 函数进行精确比较，如 "=A1＝＝B1" 与 "=EXACT(A1，B1)" 返回的值相同。

（7）指定位数取整——FIXED 函数。

FIXED 函数将数字按指定的小数位数取整，利用句号和逗号，以小数格式对该数进行格式设置，并以文本形式返回结果，其语法格式如下：

```
FIXED (number, decimals, no_commas )
```

其中各参数的含义如下。

number——进行四舍五入并转换为文本字符串的数字。

decimals——唯一数值，用于指定小数点右边的小数位数，如果该值为负数，则表示四舍五入到小数点左边。

no_commas——逻辑值，如果为 TRUE，则禁止 FIXED 函数在返回的文本中包括逗号。

FIXED 函数的应用效果如图 4-42 所示。

D17　　　　×　✓　fx　=FIXED(B17,2)

	A	B	C	D	E	F	G	H
16								
17	FIXED	32859.458		32,859.46		保留两位小数，允许逗号		
18				32900		对小数点左侧两位求整，不要逗号		

图4-42　FIXED 函数的应用效果

例 4-2 利用文本函数取整。

某公司年度销售总额如图 4-43 所示。

	A	B
1	**年度总销售额**	
2	**产品名称**	**销售额**
3	手机	￥　　570,000.00
4	MP4	￥　　271,072.00
5	电脑	￥　1,777,398.00
6	电视机	￥　2,356,200.00
7	微波炉	￥　　158,182.00
8	数码相机	￥　　770,400.00
9	冰箱	￥　　793,638.00
10	洗衣机	￥　　805,752.00
11	空调	￥　　728,220.00

图4-43　某公司年度销售总额

现需要将其中保留两位小数的用 "元" 表示的金额改为用 "万元" 表示，并保留 1 位小数。

① 选中 C3 单元格，选择文本函数类别中的 FIXED 函数，对于该函数的 3 个参数，第一个参数自然是原数据所在的 B3 单元格；将第二个参数设为-3，函数将在小数点左侧第三位（百位）向小数点左侧第四位（千位）进行四舍五入的进位，如果不设置这个参数，则将默认保留小数点后两位小数；第三个参数选择 true，即不出现逗号，如图 4-44 所示。

② 继续选择 C3 单元格，在原有公式后面输入/10 000 & "万元"，结果如图 4-45 所示。

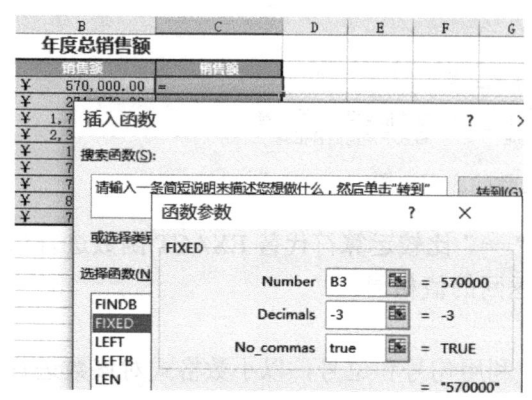

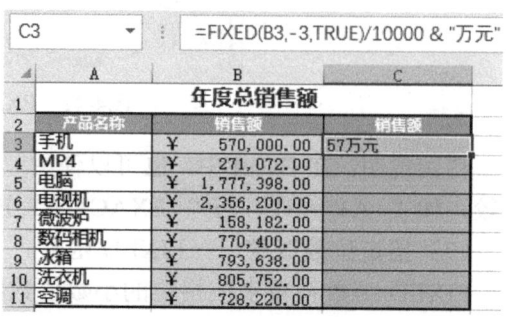

图4-44　设置函数参数　　　　　　　图4-45　函数计算结果

最后将公式填充到 C4:C11 单元格区域即可。

4．返回相应的值

某些文本函数的功能是返回相应的值。

（1）返回左右两侧字符——LEFT 和 RIGHT 函数。

根据指定的字符数，LEFT 函数返回文本字符串中第一个字符或前几个字符，RIGHT 函数返回文本字符串的最后一个或几个字符，其语法格式如下：

```
LEFT(text, num_chars)
RIGHT(text, num_chars)
```

其中各参数的含义如下。

text——包含要提取字符的文本字符串。

num_chars——指定要提取字符的数量，不能为 0，如果此数值大于 text 的长度，则返回全部文本。

LEFT 和 RIGHT 函数的应用效果如图 4-46 所示。

图4-46　LEFT 和 RIGHT 函数的应用效果

特别说明：用于返回字符串左右指定字符的函数还有 LEFTB 和 RIGHTB，它们的语法格式如下：

```
LEFTB(text, num_bytes)
RIGHTB(text, num_bytes)
```

也就是说，不是由字符数而是由字节数指定要由 LEFTB 和 RIGHTB 函数提取的字符数量。

（2）返回中间字符——MID 和 MIDB 函数。

MID 函数返回文本字符串中从指定位置开始的指定数量的字符；MIDB 函数根据指定的字节数，返回文本字符串中从指定位置开始的指定数量的字符。这两个函数的使用方法完全相同：

```
MID(text, start_mum, num_chars)
```

```
MIDB(text, start_mum, num_bytes)
```

其中各参数的含义如下。

text——要提取字符的文本字符串。

start_mum——文本中要提取的第一个字符的位置（文本中第一个字符为1，依次类推）。

num_chars——指定希望 MID 函数从文本中返回字符的个数。

num_bytes——指定希望 MIDB 函数从文本中按字节返回字符的个数。

MID 和 MIDB 函数的应用效果如图 4-47 所示。

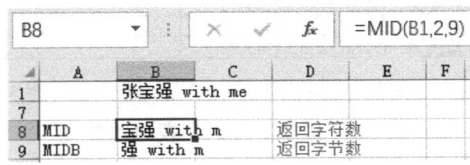

图4-47　MID 和 MIDB 函数的应用效果

（3）重复显示文本——REPT 函数。

REPT 函数按指定次数重复显示文本，可以通过它来不断重复显示某一文本字符串，以此来填充单元格，其语法格式如下：

```
REPT(text, number_times )
```

其中各参数的含义如下。

text——需要重复显示的文本。

number_times——指定文本重复次数的正数。

REPT 函数的应用效果如图 4-48 所示。

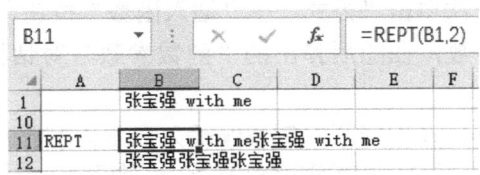

图4-48　REPT 函数的应用效果

特别说明：如果 REPT 函数的 number_times 参数为 0，则返回空文本；如果 number_times 参数不是整数，则将按小数点前的整数进行计算，即不会四舍五入，且 REPT 函数的结果不能超过 32 767 个字符。

（4）显示文本——T 函数。

T 函数用于返回单元格的文本值，其语法格式如下：

```
T(value)
```

其中，value 是要进行检测的值，如果值是文本或引用了文本，则返回值；如果值未引用文本，则返回空文本。T 函数的应用效果如图 4-49 所示。

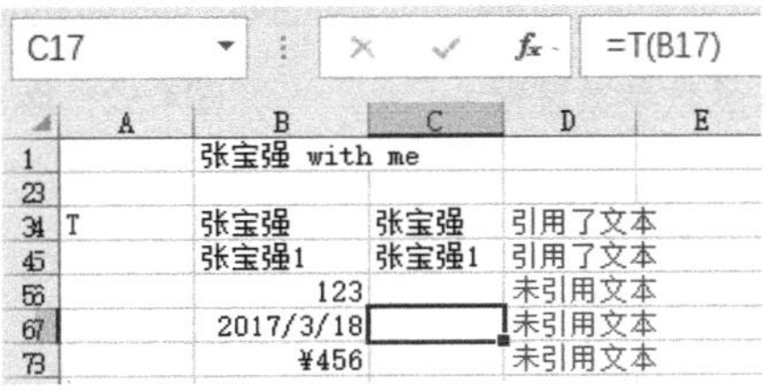

图4-49　T 函数的应用效果

例 4-3 利用文本函数返回字符。

请通过数据表中客户的身份证号码显示客户的生日。客户生日记录表原始数据如图 4-50 所示。

	A	B	C
1		客户生日记录表	
2	姓名	身份证号码	出生日期
3	马羽	721148198302220027	
4	柳愿	61247819900824003X	
5	张爱国	322614199212130015	
6	刘卫中	426668197804050028	
7	雷民	511124201101140099	
8			
9		此单元格中的数字为文本格式，或者其前面有撇号。	

图4-50　客户生日记录表原始数据

特别说明：在录入身份证号码前，应先将 B3:B7 单元格设置为文本格式，否则 Excel 会将 11 位的数字当作数值，这会超出单元格的显示能力，此时 Excel 会自动将其升级为科学记数法（如将身份证号 510702196501280513 记为 $5.10702 * 10^{17}$，在单元格中显示为 5.10702E+17，在编辑栏中显示为 510702196501280000，即把后 4 位全变成 0，这个改变是不可逆的，即现在无论是复制单元格中的数字还是编辑栏中的数字，都不会把后 4 位的正确数字还原）。

另外，在 B3:B7 单元格区域中，除了 B4 单元格，其他单元格都带有提示符号，提示这是以文本形式存储的数字，但 B4 单元格没有这个提示，因为其中有一个非数字字符，Excel 本身就已把它当作文本来存储了，所以即使不把单元格设置为文本格式也能输入。

① 选择 C3 单元格，依次单击"公式"→"插入函数"按钮，在"插入函数"对话框中，选择文本函数中的 MID 函数，在随后弹出的"函数参数"对话框的"Text"文件框中输入"B3,7,4"，如图 4-51 所示。

② 继续选择 C3 单元格，在编辑栏右侧继续输入以下内容：

```
& "年" & MID(B3,11,2) & "月" & MID(B3,13,2) & "日"
```

③ 将公式填充到 C4:C7 单元格区域，最后结果如图 4-52 所示。

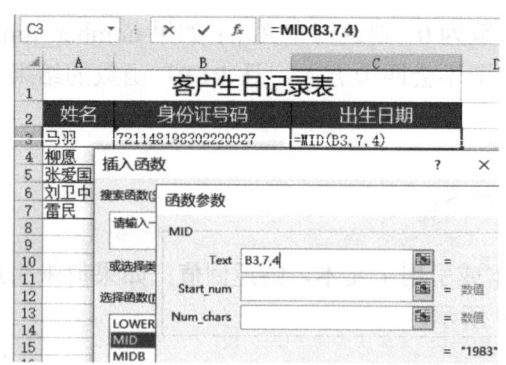

图4-51　客户生日记录表 MID 函数参数设置

	A	B	C
1		客户生日记录表	
2	姓名	身份证号码	出生日期
3	马羽	721148198302220027	1983年02月22日
4	柳愿	61247819900824003X	1990年08月24日
5	张爱国	322614199212130015	1992年12月13日
6	刘卫中	426668197804050028	1978年04月05日
7	雷民	511124201101140099	2011年01月14日

图4-52　客户生日记录表计算结果

4.2.2　逻辑函数

逻辑函数用于设计判断式，以帮助用户判断某个条件是否成立，它也可以控制符合某种条件时要执行哪些运算或操作。

（1）IF 函数及其嵌套——条件判断。

IF 函数的语法格式如下：

```
IF (logical_test, value_if_true, value_if_false )
```

其中各参数的含义如下。

logical_test——条件表达式。

value_if_true——条件为真时的操作。

value_if_false——条件为假时的操作。

IF 函数的使用效果如图 4-53 所示。

I3　=IF(G3<60,"不合格",IF(G3<80,"合格","优"))

员工编号	姓名	所在部门	Excel应用	商务英语	市场营销	平均	总评	等级
1001	杨源喜	人事部	77	98	90	88.3	通过	优
1002	刘卫中	财务部	81	89	72	80.7	通过	优
1003	张爱国	采购部	52	48	75	58.3	重修	不合格
1004	柳愿	销售部	78	74	88	80.0	通过	优
1005	罗远浩	人事部	54	47	67	56.0	重修	不合格
1006	任正义	销售部	67	70	94	77.0	通过	合格
1007	马羽	采购部	74	72	73	73.0	通过	合格
1008	侗明玉	销售部	48	51	63	54.0	重修	不合格
1009	孔旋晴	销售部	65	68	79	70.7	通过	合格

图4-53　IF 函数的使用效果

（2）AND 函数——条件全部成立。

AND 函数的语法格式如下：

```
AND (logical1, logical2, …)
```

其中，logical1,logical2,…为逻辑判断表达式。

AND 函数的使用效果如图 4-54 所示。

G7　=IF(AND(D7>=70,E7>=70),"达标","不达标")

员工编号	姓名	所在部门	Excel应用	商务英语	市场营销	报考资格
1001	杨源喜	人事部	77	98	90	达标
1002	刘卫中	财务部	81	89	72	达标
1003	张爱国	采购部	52	48	75	不达标
1004	柳愿	销售部	78	74	88	达标
1005	罗远浩	人事部	54	47	67	不达标
1006	任正义	销售部	67	70	94	不达标
1007	马羽	采购部	74	72	73	达标
1008	侗明玉	销售部	48	51	63	不达标
1009	孔旋晴	销售部	65	68	79	不达标

图4-54　AND 函数的使用效果

（3）OR 函数——条件之一成立。

OR 函数的语法格式如下：

```
OR (logical1, logical2, …)
```

其中，logical1,logical2,…为逻辑判断表达式。

OR 函数的使用效果如图 4-55 所示。

G6 =IF(OR(D6<60,E6<60,F6<60),"需重修","结业")

	A	B	C	D	E	F	G	H	I
1	员工编号	姓名	所在部门	Excel应用	商务英语	市场营销	结论		
2	1001	杨源喜	人事部	77	98	90	结业		
3	1002	刘卫中	财务部	81	89	72	结业		
4	1003	张爱国	采购部	52	48	75	需重修		
5	1004	柳愿	销售部	78	74	88	结业		
6	1005	罗远浩	人事部	54	78	67	需重修		
7	1006	任正义	销售部	67	70	94	结业		
8	1007	马羽	采购部	74	72	73	结业		
9	1008	侗明玉	销售部	48	51	63	需重修		
10	1009	孔婉晴	销售部	65	68	79	结业		

图4-55　OR 函数的使用效果

（4）NOT 函数——转换逻辑值。

NOT 函数用于对参数值的逻辑值求反。当要确保一个值不等于某一特定值时，可以使用 NOT 函数。这是一个单目运算函数，其语法格式如下：

```
NOT (logical )
```

其中，logical 为逻辑判断表达式，是必需的。

例 4-4　统计员工招聘成绩。

统计员工招聘成绩主要涉及 AND 和 NOT 函数的使用。员工招聘成绩原始数据如图 4-56 所示。

① 在 E3 单元格中插入 AND 函数并将其嵌套在 IF 函数内：

```
=IF(AND(B3>60,C3>70,D3>75),"是","否")
```

然后将公式填充到 E4:E9 单元格区域。

	A	B	C	D	E	F
1	员工招聘成绩（笔试）					
2	姓名	专业技术	交流	性格	是否合格	是否加试
3	刘卫中	82	29	95		
4	张爱国	75	88	85		
5	柳愿	58	67	76		
6	罗远浩	90	88	90		
7	任正义	92	90	92		
8	李光东	50	75	66		
9	侗明玉	86	82	98		

图4-56　员工招聘成绩原始数据

② 在 F3 单元格中插入 NOT 函数并将其嵌套在 IF 函数内：

```
=IF(NOT(E3="否"),"不必","可以安排")
```

该公式可理解如下：如果“E3”不为“否”这个条件为“真”，则执行“不必”；否则执行“可以安排”。

然后将公式填充到 F4:F9 单元格区域，结果如图 4-57 所示。

	A	B	C	D	E	F
1	员工招聘成绩（笔试）					
2	姓名	专业技术	交流	性格	是否合格	是否加试
3	刘卫中	82	29	95	否	可以安排
4	张爱国	75	88	85	是	不必
5	柳愿	58	67	76	否	可以安排
6	罗远浩	90	88	90	是	不必
7	任正义	92	90	92	是	不必
8	李光东	50	75	66	否	可以安排
9	侗明玉	86	82	98	是	不必

图4-57　员工招聘成绩计算结果

当然，仅从本例来看，F3 单元格的公式完全可以写成如下形式：

```
=IF(E3="否","可以安排","不必")
```

其效果是完全一样的，但用 NOT 函数重在表达不为“否”时的操作，特别是当这个“否”是由某种表达式得出的结果时，这个用处就更明显了。

（5）直接返回逻辑值——TRUE 和 FALSE 函数。

TRUE 和 FALSE 函数都没有参数，可以直接在单元格或公式中输入文本 TRUE 或 FALSE，Excel 会将其解释成逻辑值 TRUE 或 FALSE。这两个函数主要用于检查与其他电子表格程序的兼容性，如图 4-58 所示。

=TRUE()	TRUE
=6=6	TRUE
=6>8	FALSE

图4-58　直接返回逻辑值示例

例 4-5　判断员工考勤表。

下面使用 TRUE 和 FALSE 函数及 AND 和 IF 函数判断员工考勤表。员工考勤表原始数据如图 4-59 所示。

在 E3 单元格中输入以下函数公式：

```
=IF(AND(B3=0,C3=0,D3=0),TRUE(),FALSE())
```

员工考勤表最终结果如图 4-60 所示。

员工考勤表

姓名	迟到	早退	事假	是否全勤
杨源喜	0	0	0	
刘卫中	1	0	0	
张爱国	0	0	0	
柳原	0	2	0	
罗远浩	2	0	0	
任正义	1	0	2	

图4-59　员工考勤表原始数据

MID　=IF(AND(B3=0,C3=0,D3=0),TRUE(),FALSE())

员工考勤表

姓名	迟到	早退	事假	是否全勤
杨源喜	0	0	0	TRUE
刘卫中	1	0	0	FALSE
张爱国	0	0	0	TRUE
柳原	0	2	0	FALSE
罗远浩	2	0	0	FALSE
任正义	1	0	2	FALSE

图4-60　员工考勤表最终结果

（6）处理公式中的错误——IFERROR 函数。

IFERROR 函数用来捕获和处理公式中的错误，它将对某一表达式进行计算，如果该表达式错误，则返回错误指定值；否则将返回该表达式自身计算的值。IFERROR 函数的语法格式如下：

```
IFERROR (value, value_if_error )
```

其中各参数的含义如下。

value——需要检测是否存在错误的参数。

value_if_error——公式计算出错时返回的值。

计算得到的错误类型有#N/A、#VALUE!、#REF!、#DIV/0!、#NUM!、#NAME?、#NULL!等。

如果 value 或 value_if_error 是空单元格，则 IFERROR 函数会将视其为空字符串值；如果 value 是数组公式，则 IFERROR 函数会为 value 指定区域的每个单元格返回一个结果数组。IFERROR 函数基于 IF 函数且使用相同的错误消息，但具有较少的参数。

例 4-6 分析销售明细表中的错误。

例如，有如图 4-61 所示的销售明细表原始数据，使用 IFERROR 函数分析其中的错误。

本例中，计算实际单价应该用 E 列除以 C 列，如果这样计算，那么 F4 单元格将出现 #DIV/0!错误，但在使用 IFERROR 函数时，可以自定义这个错误的提示内容，如图 4-62 所示。

	A	B	C	D	E	F
1	销售明细表					
2	产品型号	计划单价	销售量	折扣率	营业收入	实际单价
3	A产品	78.25	2535	0.98	198363.75	
4	B产品	83	0	0.9	0	
5	C产品	74	3000	0.93	222000	

图4-61　销售明细表原始数据

F3　=IFERROR(E3/C3,"老大，结果不太对劲呢")

	A	B	C	D	E	F
1	销售明细表					
2	产品型号	计划单价	销售量	折扣率	营业收入	实际单价
3	A产品	78.25	2535	0.98	198363.75	78.25
4	B产品	83	0	0.9	0	老大，结果不太对劲呢
5	C产品	74	3000	0.93	222000	74

图4-62　销售明细表自定义的错误提示

4.2.3　统计函数

（1）COUNTA 函数——计数非空单元格。

COUNTA 函数的语法格式如下：

```
COUNTA(value1, value2, …)
```

其中，value1, value2, …为 1～255 个参数，代表要进行计算的值和单元格，并且值可以是任意类型的信息。

COUNTA 函数的使用效果如图 4-63 所示。

B14　=COUNTA(B3:B13)

	A	B	C	D	E
1		学习机功能对比表			
2	功能项目	哈雷族	快译通	爱你通	巨无敌
3	英汉字典	★	★	★	★
4	汉英字典	★	★		
5	俄汉字典		★	★	
6	真人发音	★	★	★	★
7	电脑连接		★	★	
8	闹钟提醒	★	★	★	★
9	万年历				★
10	汇率换算			★	
11	智力测验		★	★	
12	电子游戏	★	★		★
13	星座命理		★		
14	总得分	5	9	7	5

图4-63　COUNTA 函数的使用效果

（2）COUNTIF 函数——计数满足条件的单元格。

COUNTIF 函数的语法格式如下：

```
COUNTIF (range, criteria )
```

其中各参数的含义如下。

range——计算、筛选条件的单元格区域。

criteria——筛选的条件或规则。

COUNTIF 函数的使用效果如图 4-64 所示。

| MID | ▼ | =COUNTIF(C2:C11,">=60") |

	A	B	C	D	E
1	学号	姓名	笔试成绩	口试成绩	
2	100501	杨源喜	70	94	
3	100502	刘卫中	56	73	
4	100503	张爱国	65	58	
5	100504	柳原	68	79	
6	100505	罗远浩	71	75	
7	100506	任正义	48	59	
8	100507	马羽	56	58	
9	100508	佴明玉	51	64	
10	100509	孔姗晴	73	93	
11	100510	雷民	89	90	
12					
13	笔试及格人数：		6		
14	笔试不及格人数：		4		
15	口试及格人数：				
16	口试不及格人数：				

图4-64　COUNTIF 函数的使用效果

（3）FREQUENCY 函数——计算符合区间的函数。

FREQUENCY 函数可用来计算一个单元区间中各区间数值出现的次数，如找出学生平均成绩在 60 分以下、60～90 分、90 分以上的人数。在使用该函数时，必须分别指定数据区域及区间分组范围，再以 Ctrl+Shift+Enter 组合键完成数组公式的输入。FREQUENCY 函数的语法格式如下：

```
FREQUENCY (data_array, bins_array)
```

其中各参数的含义如下。

data_array——要计算出现次数的数据来源范围。

bins_array——数据区间分组范围。

例 4-7　成绩分组。

例如，要从员工培训成绩单中分别找出会计测试成绩在 70 分以下、70～79 分、80～89 分和 90 分以上的人数分别是多少。

① 在单元格区域 E3:E6 中建立要查找的数据的分组（注意：此处第 1 组并不是默认从 0 开始的，而是从允许的最小值开始的，只不过本例中允许的最小值是 0 而已）。

② 选择 F3:F6 单元格区域，插入 FREQUENCY 函数并输入参数，如图 4-65 所示。

图4-65　FREQUENCY 函数参数设置

单击"确定"按钮后会发现，选中区域只有最上面的一个单元格，即 F3 单元格中出现了计算结果，如图 4-66 所示。

此时直接按 Ctrl+Shift+Enter 组合键并不会完成其他单元格的计算，只有将光标移动到编辑栏后按 Ctrl+Shift+Enter 组合键，才会完成计算。

当然，如果一开始选中 F3:F6 单元格区域后就直接在编辑栏中手动输入函数，则可以直接按 Ctrl+Shift+Enter 组合键来完成计算，如图 4-67 所示。

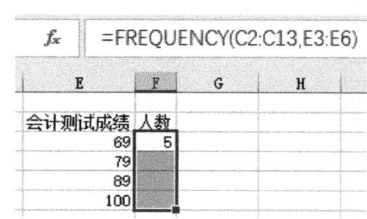

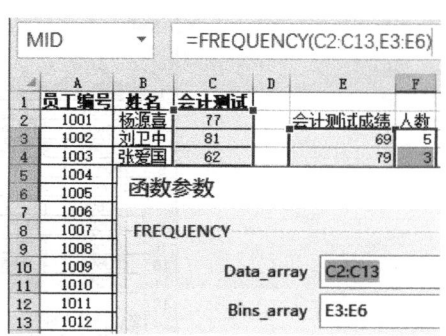

图4-66　FREQUENCY 函数计算结果　　　图4-67　FREQUENCY 函数最终计算结果

4.2.4　查找与引用函数

1．查找函数

查找函数主要用于在数据清单中查找特定的数值或某个单元格引用。在 Excel 中，查找又分为水平查找、垂直查找、交叉查找等。

（1）LOOKUP 函数——查找数据。

LOOKUP 函数又分为向量形式的查找和数组形式的查找。

① LOOKUP 函数的向量形式。

LOOKUP 函数的向量形式用于在单行区域（或单列区域）中查找数据，因此称为向量查找，它会返回第二个单行区域（或单列区域）中相同位置的数值。当要查找的值列表较大或值可能随时发生改变时，可以使用这种形式，其语法格式如下：

```
LOOKUP (lookup_value, lookup_vector, result_vector )
```

其中各参数的含义如下。

lookup_value——在第一个向量（1 行或 1 列）中要查找的值。

lookup_vector——第一个向量区域。

result_vector——第二个向量区域，其大小必须与第一个向量区域的大小相同。

特别说明：第一个向量区域中的值必须以升序放置，否则可能无法提供正确结果。另外，如果 LOOKUP 函数在第一个向量区域中找不到指定的值，那么将退而求其次，找出小于指定值的最大值，即仅小于指定值的值。

LOOKUP 函数的向量形式的使用效果如图 4-68 所示。

② LOOKUP 函数的数组形式。

LOOKUP 函数的数组形式用于在数组的第一行或第一列中查找指定的值，并返回数组最后一行或最后一列同一位置的值，其语法格式如下：

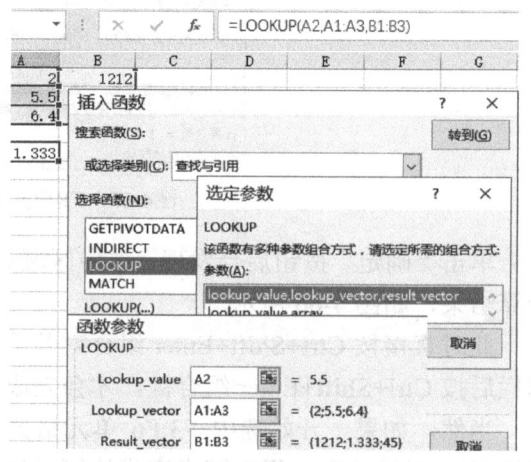

图4-68　LOOKUP 函数的向量形式的使用效果

```
LOOKUP (lookup_value, array )
```

其中各参数的含义如下。

lookup_value——在数组中要搜索的值。

array——与 lookup_value 进行比较的数组。

在 LOOKUP 函数的数组形式中，如果找不到对应的值，那么会返回数组中小于或等于 lookup_value 的最大值；如果 lookup_value 小于第一行或第一列中的最小值，则返回"#N/A"。

当要匹配的值位于数组的第一行或第一列时，会使用 LOOKUP 函数的数组形式。如果要匹配的值的行或列需要指定，则要使用 LOOKUP 函数的向量形式。如此说来，LOOKUP 函数的数组形式只是 LOOKUP 函数的向量形式的一个特例，它只是将 LOOKUP 函数的向量形式中的参数 lookup_vector（第一个向量区域）默认为第一行（或第一列），而将 LOOKUP 函数的向量形式中的参数 result_vector（第二个向量区域）合并到第一个向量区域中并改为 array 参数。

LOOKUP 函数的数组形式的使用效果如图 4-69 所示。

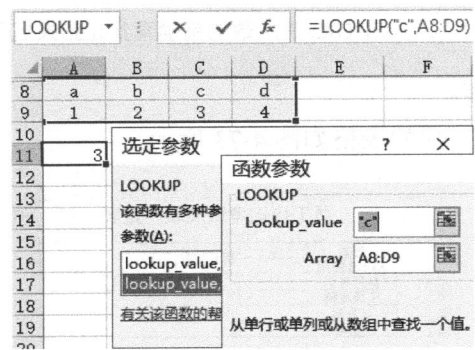

图4-69　LOOKUP 函数的数组形式的使用效果

注意： 在选择 array 参数时，要把包含查找字符的区域一起选中。

（2）VLOOKUP 函数——垂直查找。

员工培训成绩计算好后，开始将数据汇总到员工的个人成绩单中，逐一输入每位员工的数据，这样费时费力又容易出错。此时，可使用 VLOOKUP 函数：在输入员工姓名后，函数自动填充该员工的各科成绩。

VLOOKUP 函数可以查找指定列表范围中第一列的特定值，找到后返回该值在列中指定单元格的值，其语法格式如下：

```
VLOOKUP (lookup_value, table_array, col_index_num, range_lookup)
```

其中各参数的含义如下。

lookup_value——需要在数据表首列搜索的值，可以是数值、引用或字符串。

table_array——需要在其中搜索数据的表，可以是对区域或区域名称的引用。

col_index_num——满足条件的单元格在数据区域 table_array 中的列序号，首列序号为 1。

range_lookup——指定是大致匹配（TRUE 或忽略，或者任意非 0 值，包括小数和负数），还是精确匹配（0 或 FALSE）。

例如，在如图 4-70 所示区域的列表的第一列中输入"2"，如果查到就返回"2"所在那一行中第三列的值，要求精确查找。

如果要查询的那一列中没有"2"，那么模糊查询会返回仅比查找值"2"小的那个值对应的值，如图 4-71 所示。但如果使用了精确查找，就会返回出错信息，如图 4-72 所示。

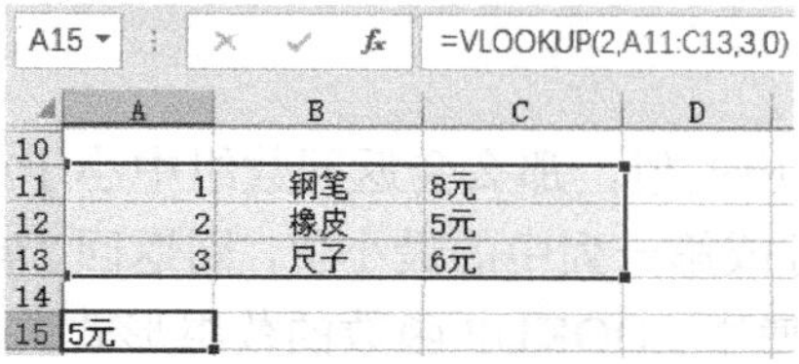

图4-70　VLOOKUP 函数的精确查找 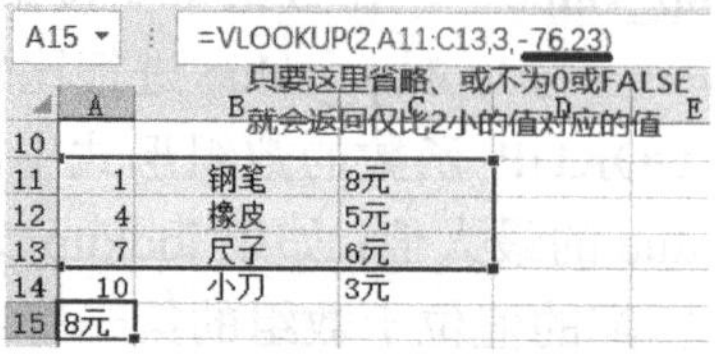　　　　图4-71　VLOOKUP 函数的模糊查找

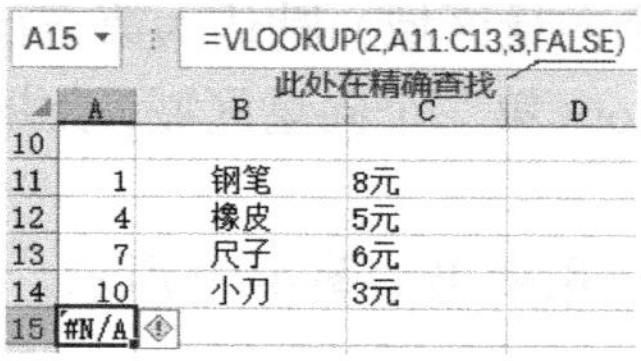

图4-72　VLOOKUP 函数的精确查找无结果提示

例 4-8　制作个人成绩单。

又如，制作个人成绩单，原始表格如图 4-73 所示。

图4-73　个人成绩单原始表格

① 选择 C4 单元格，弹出 VLOOKUP 函数对话框。

② 在"函数参数"对话框中进行如图 4-74 所示的设置。

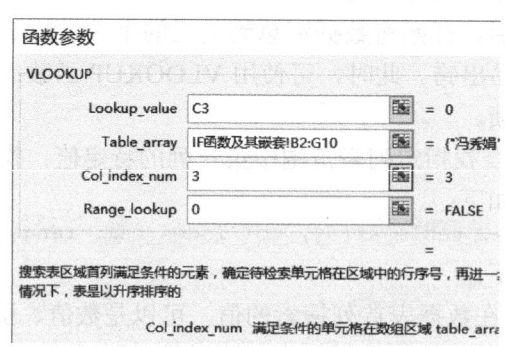

图4-74　VLOOKUP 函数参数设置

特别说明：在"Lookup_value"文本框中输入 C3，表示将在该单元格中输入要查看的员工姓名；在"Table_array"文本框中输入引用单元格区域的位置，表明将来就从这个区域中查找数据；在"Col_index_num"数值框中输入 3，表示要查找的"Excel 应用"这门课程的成绩在查找区域的第三列（原表中本来是第四列，但"Table_array"参数是从原表的第二列开始的）；在"Range_lookup"数值框中输入 0，表示要精确匹配。

③ 单击“确定”按钮后，在单元格 C4 中得到 VLOOKUP 函数的值，由于尚未在单元格 C3 中输入要查看的员工姓名，所以单元格 C4 中目前显示为“#N/A”，如图 4-75 所示。

在 C3 单元格中输入需要查看的员工姓名，即可查看该员工的“Excel 应用”这门课程的成绩。用同样的方法为其他几个单元格（C5、C6 和 C8）也建立 VLOOKUP 函数，其中，只有参数“Col_index_num”不同，其他参数都相同，“Col_index_num”根据它在“Table_array”中的位置，分别为第 4～6 列，最终结果如图 4-76 所示。

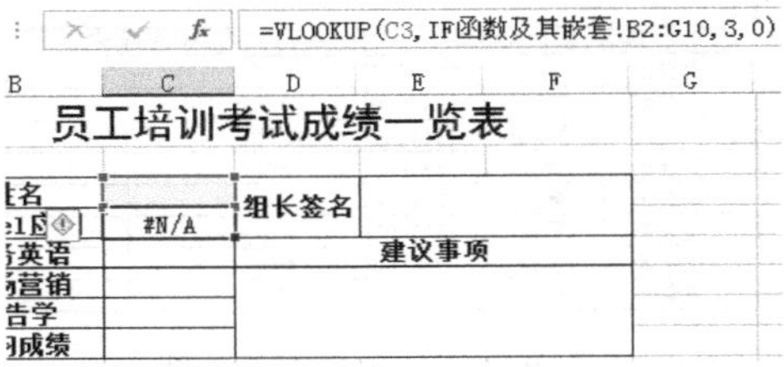

图4-75　VLOOKUP 函数表达式输入

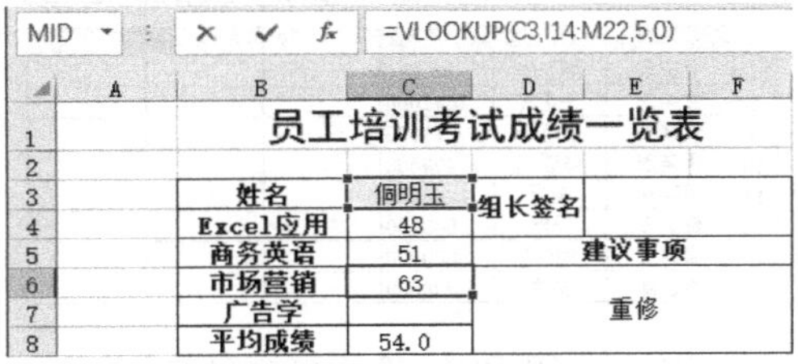

图4-76　最终结果

（3）HLOOKUP 函数——水平查找。

HLOOKUP 函数在列表的第一行查找特定值，找到后返回那一行中某个单元格的值，其语法格式如下：

```
HLOOKUP (lookup_value, table_array, row_index_num, range_lookup)
```

其中各参数的含义如下。

lookup_value——需要在数据表首行搜索的值，可以是数值、引用或字符串。

table_array——数据列表的范围。

row_index_num——找到值后返回该值所在列中第几行的数据。

range_lookup——逻辑值，当此值为 0 时，需要精确匹配。

例 4-9　查询不同业绩对应的底薪与奖金。

下面还是用一个实例来说明。设某公司业务人员的薪资根据业绩的高低而有所不同，并且已经建立起一份业务人员薪资奖金对照表，可以用来查询不同业绩对应的底薪与奖金，如图 4-77 所示。

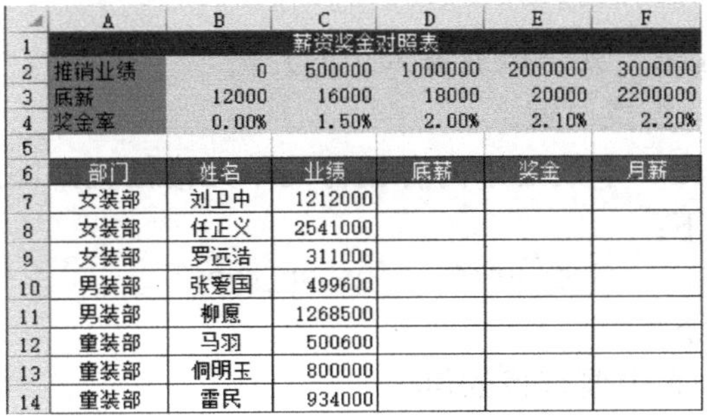

	A	B	C	D	E	F
1	薪资奖金对照表					
2	推销业绩	0	500000	1000000	2000000	3000000
3	底薪	12000	16000	18000	20000	2200000
4	奖金率	0.00%	1.50%	2.00%	2.10%	2.20%
5						
6	部门	姓名	业绩	底薪	奖金	月薪
7	女装部	刘卫中	1212000			
8	女装部	任正义	2541000			
9	女装部	罗远浩	311000			
10	男装部	张爱国	499600			
11	男装部	柳愿	1268500			
12	童装部	马羽	500600			
13	童装部	佴明玉	800000			
14	童装部	雷民	934000			

图4-77　薪资奖金对照表

① 选择 D7 单元格，插入如下函数：

```
=HLOOKUP(C7,$B$2:$F$4,2)
```

表明要在 B2:F4 列表区的第 1 行，即“推销业绩”行中按 C7 单元格提供的条件进行模糊查找，即在两个单元格显示的数据区间中按最低的执行。C7 单元格中的数据显然在 D2 和 E2 单元格中的数据之间，应按 D2 执行，因此将首行（在工作表中，这是第二行）D 列的第二行（工作表的第三行）的数据（D3 中的值）返回给 D7 单元格，如图 4-78 所示。

② 拖动句柄，可完成对所有业务人员底薪的计算，如图 4-79 所示。

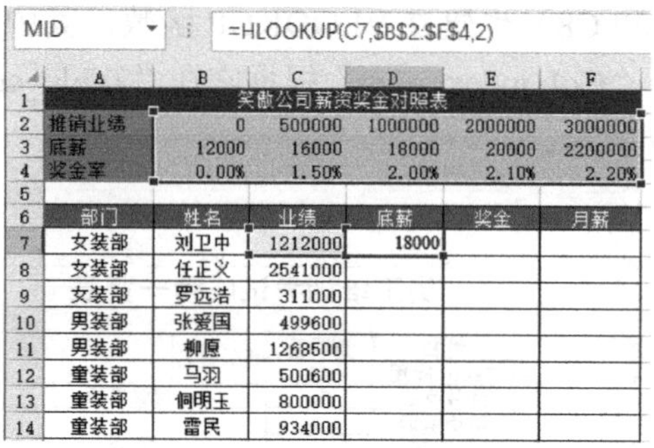

MID =HLOOKUP(C7,$B$2:$F$4,2)

	A	B	C	D	E	F
1	笑傲公司薪资奖金对照表					
2	推销业绩	0	500000	1000000	2000000	3000000
3	底薪	12000	16000	18000	20000	2200000
4	奖金率	0.00%	1.50%	2.00%	2.10%	2.20%
5						
6	部门	姓名	业绩	底薪	奖金	月薪
7	女装部	刘卫中	1212000	18000		
8	女装部	任正义	2541000			
9	女装部	罗远浩	311000			
10	男装部	张爱国	499600			
11	男装部	柳愿	1268500			
12	童装部	马羽	500600			
13	童装部	侗明玉	800000			
14	童装部	雷民	934000			

图4-78　HLOOKUP 函数查询收入之底薪表达式输入

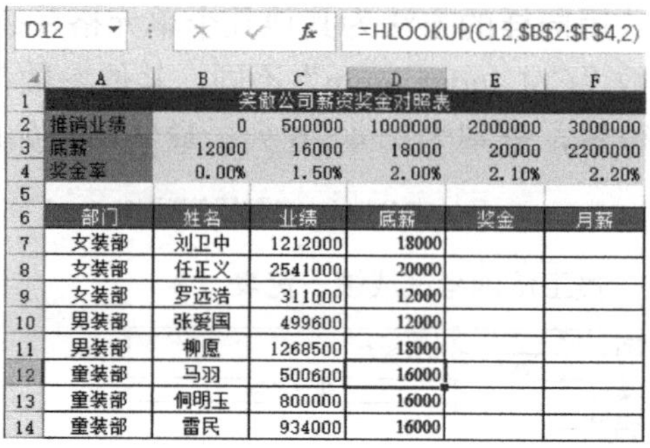

D12 =HLOOKUP(C12,$B$2:$F$4,2)

	A	B	C	D	E	F
1	笑傲公司薪资奖金对照表					
2	推销业绩	0	500000	1000000	2000000	3000000
3	底薪	12000	16000	18000	20000	2200000
4	奖金率	0.00%	1.50%	2.00%	2.10%	2.20%
5						
6	部门	姓名	业绩	底薪	奖金	月薪
7	女装部	刘卫中	1212000	18000		
8	女装部	任正义	2541000	20000		
9	女装部	罗远浩	311000	12000		
10	男装部	张爱国	499600	12000		
11	男装部	柳愿	1268500	18000		
12	童装部	马羽	500600	16000		
13	童装部	侗明玉	800000	16000		
14	童装部	雷民	934000	16000		

图4-79　HLOOKUP 函数查询收入之底薪表达式填充

③ 计算奖金也是采用同样的办法，但返回值是相应列的第三行。例如，仍以 C7 单元格查询，在 E7 单元格中输入以下命令：

```
=HLOOKUP(C7,$B$2:$F$4,3) * C7
```

得到奖金数为 24 240，然后将公式填充到 E8:E14 单元格区域，如图 4-80 所示。

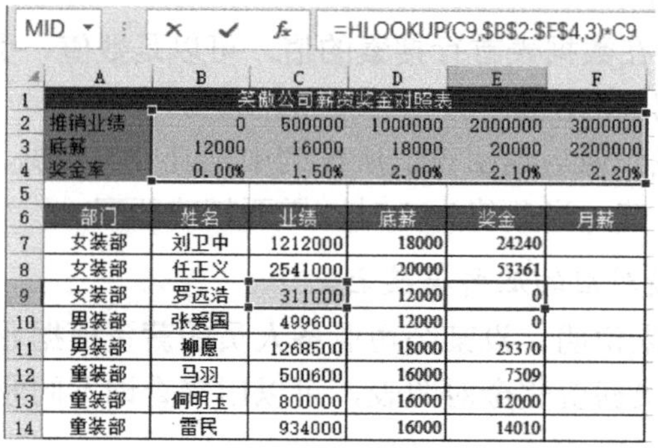

MID =HLOOKUP(C9,$B$2:$F$4,3)*C9

	A	B	C	D	E	F
1	笑傲公司薪资奖金对照表					
2	推销业绩	0	500000	1000000	2000000	3000000
3	底薪	12000	16000	18000	20000	2200000
4	奖金率	0.00%	1.50%	2.00%	2.10%	2.20%
5						
6	部门	姓名	业绩	底薪	奖金	月薪
7	女装部	刘卫中	1212000	18000	24240	
8	女装部	任正义	2541000	20000	53361	
9	女装部	罗远浩	311000	12000	0	
10	男装部	张爱国	499600	12000	0	
11	男装部	柳愿	1268500	18000	25370	
12	童装部	马羽	500600	16000	7509	
13	童装部	侗明玉	800000	16000	12000	
14	童装部	雷民	934000	16000	14010	

图4-80　HLOOKUP 函数查询收入之奖金表达式输入

④ 将底薪和奖金加起来，就是该业务人员的月薪。

（4）MATCH 函数——查找位置。

MATCH 函数用来对比一个数组中内容相符的单元格位置，即返回数值中符合条件的单元格内容，其语法格式如下：

```
=MATCH (lookup_value, lookup_array, [match_type] )
```

其中各参数的含义如下。

lookup_value——在列表中要查找的值。

lookup_array——列表区域。

match_type——指定对比的方式，有-1、0、1 三种值，当为 0 时，表示数组不用排序就能找到完全相同的值；当为 1（默认）时，表示数组会先以升序排列，再找到等于或仅小于 lookup_value 的最大值；当为-1 时，表示数组会先以降序排列，再找到等于或仅大于 lookup_value 的最小值。

例 4-10　查询邮资。

例如，用户去送信件，为了快速查询从寄送地到目的地的邮资，就可以利用 MATCH 和 INDEX 函数设计简便的查询公式。邮资查询原始数据如图 4-81 所示，其中，行表示距离，列表示类型。另外，这应该不是快递包裹，否则会有质量指标。

信函/计费标准	<20	21-50	51-100	101-250	251-500	501-1000	1001-2000
普通	5	10	15	25	45	80	120
限时	12	17	22	32	52	87	137
挂号	25	30	35	45	65	100	150
限挂	32	37	42	52	72	107	157
挂号附回执	34	39	44	54	74	107	159
限挂附回执	41	46	51	61	81	116	166

图4-81　邮资查询原始数据

① 在单元格 B10 中输入 MATCH 函数，如图 4-82 所示。

该函数公式表示将要在 A1:A7 单元格区域中查找到精确匹配 A10 单元格内容的单元格，这其实就是以 A10 单元格中的内容作为在 A1:A7 单元格区域（列字段）中进行查找的条件。

② 在 B11 单元格中输入 MATCH 函数，其表达式如图 4-83 所示。

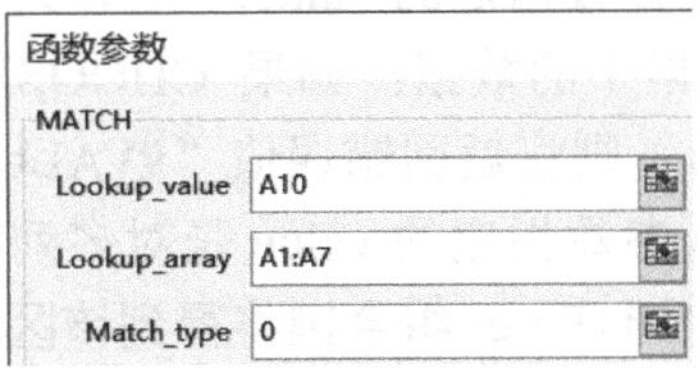

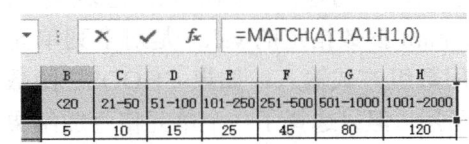

图4-82　MATCH 函数参数设置　　　　　　图4-83　MATCH 函数表达式输入

这一步是要在 A1:H1 单元格区域中查找到精确匹配 A11 单元格内容的单元格，这其实就是以 A11 单元格中的内容作为在 A1:H1 单元格区域（行字段）中进行查找的条件。

这样，通过以上两步，就设置了在行、列两个方向上的查找要求。

③ 在 B12 单元格中建立前述的 INDEX 函数，如图 4-84 所示。

也就是说，在 A1:H7 这个单元格区域（整个数据区域）中，查找以 B10 单元格的内容为名称的行字段、以 B11 单元格的内容为名称的列字段共同决定的那个单元格的值。

例如，想查询 250-500km 内挂号信的邮资，先在 A10 单元格中输入"挂号"两字，B10 单元格立即显示出"4"，表示"挂号"的资费都在第 4 行；然后在 A11 单元格中输入"251-500"，B11 单元格立即显示出"6"，表示 251-500km 内的各类资费都在第 6 列。与此同时，由于行、列值都出现了，所以 B12 单元格中的 INDEX 函数也会立即给出结果，说明第 4 行与第 6 列交叉处的数值是 65，意思就是"在 251-500km 内寄挂号信的邮资是 65 元"，如图 4-85 所示。

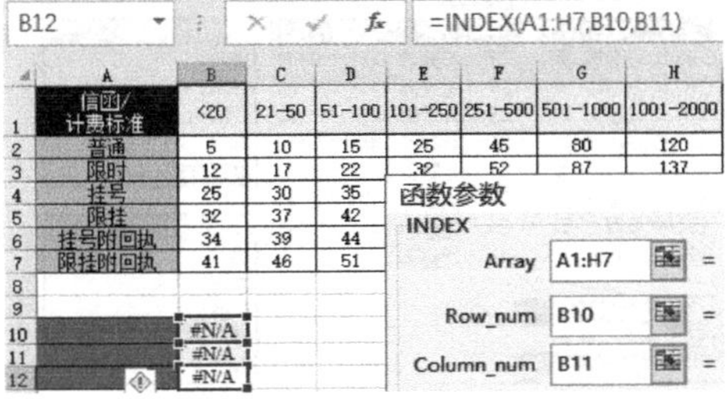

图4-84　INDEX 函数表达式输入　　　　　　图4-85　MATCH 函数结果

当然，A12 单元格中的"所需邮资"是手工填写的，可不要。

（5）CHOOSE 函数——在列表中选择值。

CHOOSE 函数根据给定的索引值从参数列表中选出相应的值或操作，其语法格式如下：

```
CHOOSE (index_num, value1, value2, …)
```

其中各参数的含义如下。

index_num——指定的参数值，必须是 1～254 中的数字，或者值为 1～254 的公式或单元格引用。

value1,value2,…——待选数据，其数量是可选的，为 1～254 个数值参数，可以为数字、单元格引用、定义名称、公式、函数或文本。

CHOOSE 函数可以返回多达 254 个基于 index_num 待选数值中的任意一个值，如果 index_num 为 1，则 CHOOSE 函数将返回 value1；如果 index_num 为 2，则 CHOOSE 函数将返回 value2，依次类推。如果 index_num 参数为数组，则将计算出每个值。

如果 index_num 指定返回的正好是单元格区域，那么得到的结果与公式的输入方式及选择存放结果的单元格数量有关，其中输入方式的含义如下。

用常规方式输入：如果 CHOOSE 函数的 index_num 参数指定的 value 是对单列单元格区域的引用，则将返回该列单元格区域最上面的一个单元格中的数据；如果 CHOOSE 函数的 index_num 参数指定的 value 是对多列单元格区域的引用，则将返回错误值“#VALUE!”。

用数组方式输入：如果 CHOOSE 函数的 index_num 参数指定的 value 是对多列单元格区域的引用，但只选择了一个单元格存放结果，则按 Ctrl+Shift+Enter 组合键将得到该区域的第一个数据；如果选择了多个单元格存放结果，则以数组公式输入将得到对应单元格的数组。

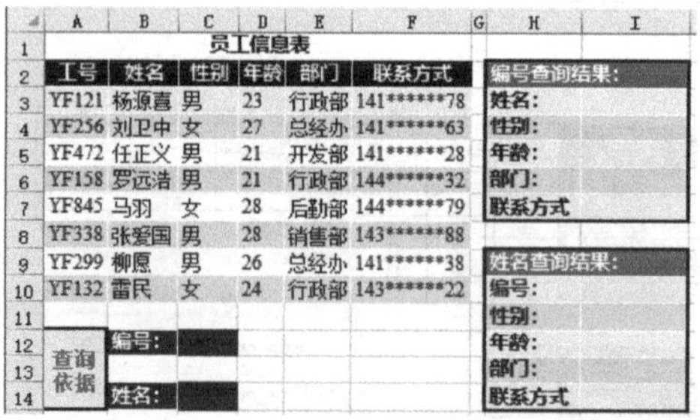

CHOOSE 函数的使用效果如图 4-86 所示。

B7　=CHOOSE(4,B1,B2,B3,B4)

	A	B	C
1	1st	Jack	
2	2nd	Apple	
3	3rd	Tom	
4	完成	呵呵	
5			
6	=CHOOSE(2, A1, A2, A3, A4)	2nd	第二个参数的值
7	=CHOOSE(4, B1, B2, B3, B4)	呵呵	第四个参数的值
8	=CHOOSE(3, A1, A2, B1, B2)	Jack	第三个参数的值

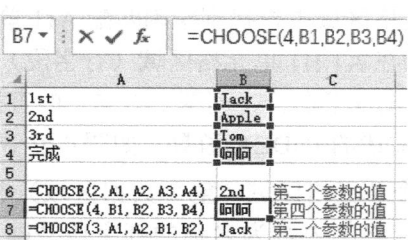

图4-86　CHOOSE 函数的使用效果

例 4-11　查询员工信息。

查询员工信息原始数据如图 4-87 所示。

首先，对工作表进行如图 4-88 所示的操作。

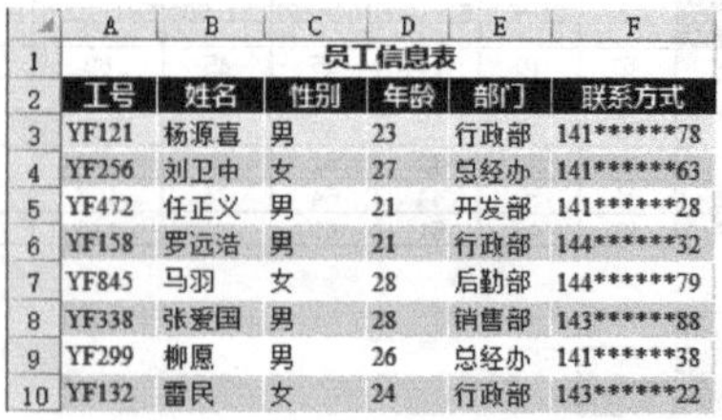

	A	B	C	D	E	F
1	员工信息表					
2	工号	姓名	性别	年龄	部门	联系方式
3	YF121	杨源喜	男	23	行政部	141******78
4	YF256	刘卫中	女	27	总经办	141******63
5	YF472	任正义	男	21	开发部	141******28
6	YF158	罗远浩	男	21	行政部	144******32
7	YF845	马羽	女	28	后勤部	144******79
8	YF338	张爱国	男	28	销售部	143******88
9	YF299	柳愿	男	26	总经办	141******38
10	YF132	雷民	女	24	行政部	143******22

图4-87　查询员工信息原始数据

	A	B	C	D	E	F	G	H	I
1	员工信息表								
2	工号	姓名	性别	年龄	部门	联系方式		编号查询结果:	
3	YF121	杨源喜	男	23	行政部	141******78		姓名:	
4	YF256	刘卫中	女	27	总经办	141******63		性别:	
5	YF472	任正义	男	21	开发部	141******28		年龄:	
6	YF158	罗远浩	男	21	行政部	144******32		部门:	
7	YF845	马羽	女	28	后勤部	144******79		联系方式	
8	YF338	张爱国	男	28	销售部	143******88			
9	YF299	柳愿	男	26	总经办	141******38		姓名查询结果:	
10	YF132	雷民	女	24	行政部	143******22		编号:	
11								性别:	
12	查询依据	编号:						年龄:	
13								部门:	
14		姓名:						联系方式	

图4-88　查询员工信息工作表编号

其次，在“编号查询结果”部分插入 VLOOKUP 函数，如图 4-89 所示。

最后，对"姓名查询结果"部分也进行类似的设置，如图 4-90 所示。但这里有两个问题：一个是在姓名查询中，"编号"部分怎么设置都显示最后一个，这是因为 VLOOKUP 和 HLOOKUP 函数都要求查找的值必须在首行或首列；另一个是在编号查询中，使用模糊查找后得不到正确的值，这是因为编号没有按升序排列。

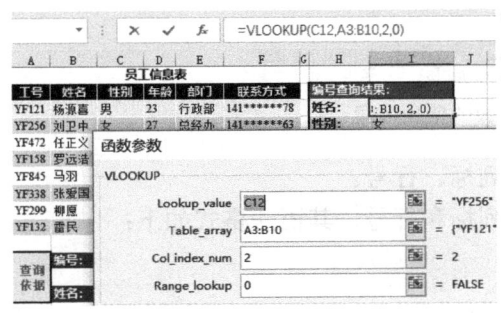

图4-89　对编号查询员工信息工作表使用
VLOOKUP 函数

图4-90　对姓名查询员工信息工作表使用
VLOOKUP 函数

2．引用函数

在计算比较复杂的数据时，若直接引用数据，则可能需要不断地进行相应的转换，而使用引用函数则只需更改参数值，从而可以提高效率。引用函数是在数据库或工作表中查找某个单元格引用的函数。

（1）ADDRESS 函数——显示引用地。

ADDRESS 函数用来创建一个以文本方式对工作簿中某个单元格的引用，其语法格式如下：

```
ADDRESS (row_num, column_num, abs_num, a1, sheet_text )
```

其中各参数的含义如下。

row_num——单元格引用中使用的行号。

column_num——单元格引用中使用的列标。

abs_num——指定返回的引用类型。

a1——指定引用的逻辑类型，当其值为 TRUE 时，默认为 A1 样式；当其值为 FALSE 时，为 R1C1 样式；

sheet_text——引用的工作表名称，该函数在默认状态下无此参数，此时不使用任何工作表名称。

对于上述 5 个参数，后面 3 个参数都可以省略。

参数 abs_num 的取值含义如表 4-1 所示。

表 4-1　参数 abs_num 的取值含义

参数 abs_num	返回的引用类型	示　　例
1 或默认	绝对引用	$A$1,R1C1
2	混合引用（固定行号）	A$1,R1C[1]
3	混合引用（固定列标）	$A1,R[1]C1
4	相对引用	A1,R[1]C[1]

例如，函数为"=ADDRESS(3,2)"，返回的结果会是第 3 行第 2 列单元格的绝对引用地址，而如果函数为"=ADDRESS(3,2,3,FALSE)"，则返回的结果会是该单元格的 R1C1 格式的

混合引用地址，其中行号是相对的。ADDRESS 函数的使用效果如图4-91所示。

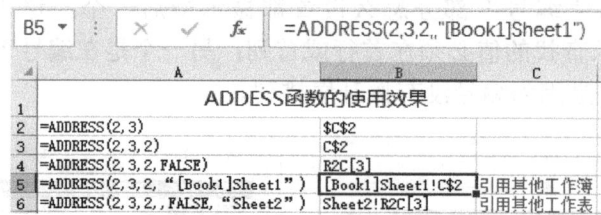

图4-91 ADDRESS 函数的使用效果

（2）COLUMN 和 ROW 函数——返回引用的列标、行号。

COLUMN 和 ROW 函数分别用于返回引用的列标和行号，其语法格式如下：

```
COLUMN (reference )
ROW (reference )
```

其中，reference 为需要得到其列标（或行号）的单元格。

在使用 COLUMN 和 ROW 函数时，其 reference 参数可以引用单元格区域，但不能引用多个，当引用的是单元格区域时，将返回引用区域第一个单元格的列标（或行号）。

COLUMN 和 ROW 函数的使用效果如图4-92所示。

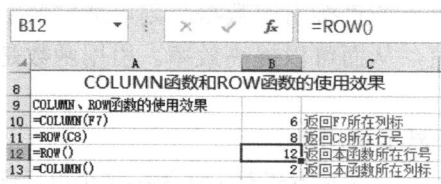

图4-92 COLUMN 和 ROW 函数的使用效果

（3）COLUMNS 和 ROWS 函数——返回引用的列数、行数。

COLUMNS 和 ROWS 函数分别用于返回引用的列数和行数，其语法格式如下：

```
COLUMNS (array )
ROWS (array )
```

其中，array 为需要得到其列数（或行数）的数组、数组公式或对单元格区域的引用。COLUMNS、ROWS 函数的使用方法与 COLUMN、ROW 函数的使用方法相同，其使用效果如图4-93所示。

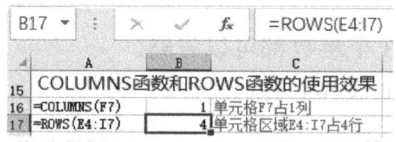

图4-93 COLUMNS 和 ROWS 函数的使用效果

（4）AREAS 函数——返回区域数量。

AREAS 函数可以返回引用中涉及的区域个数，其语法格式如下：

```
AREAS (reference )
```

其中，reference 表示对某个单元格区域的引用，也可以是对多个区域的引用。如果 reference 参数需要将几个引用指定为一个参数，则必须用括号括起来；否则 Excel 将提示输入太多的参数。

AREAS 函数的使用效果如图4-94所示。

	A	B	C
19	AREAS函数的使用效果		
20	=AREAS((D2:E3,E5,D7:F7))	3	引用中有 3 个区域
21	=AREAS(D2:E3 D3)	1	引用中有 1 个区域

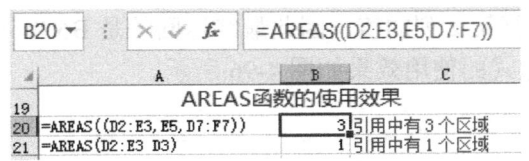

图4-94　AREAS 函数的使用效果

（5）INDEX 函数——返回指定行列交叉值（交叉查找）。

INDEX 函数分为数组和引用两种形式。

① INDEX 函数的数组形式。

INDEX 函数的数组形式会在数组中找到指定的行列交叉处的单元格内容并将其返回，其表达式为：

```
=INDEX (array, row_num, [column_num] )
```

其中各参数的含义如下。

array——单元格区域或数组常量。

row_num——选择数组中的某行，函数从该行返回数值。

column_num——选择数组中的某列，函数从该列返回数值。

INDEX 函数的数组形式的使用效果如图 4-95 所示。

	A	B	C
1	苹果	菠萝	
2	香蕉	桃子	
3	=INDEX(A1:B1,2)	菠萝	因为只有一行，返回第2列的值
4	=INDEX(A1:A2,2)	香蕉	因为只有一列，返回第2行的值
5	=INDEX(A1:B2,2,1)	香蕉	两行两列，返回第二行第1列的值
6	=INDEX(A1:B2,2,2)	桃子	两行两列，返回第二行第2列的值
7	=INDEX(A1:B2,1,2)	菠萝	两行两列，返回第一列第2行的值
8	=INDEX(A1:B2,3,1)	#REF!	因为引用区域只有两行，故返回错误值
9	=INDEX({1,2,3,4;5,6,7,8},2,3)	7	返回第二行第3列的值，注意行用分号隔开

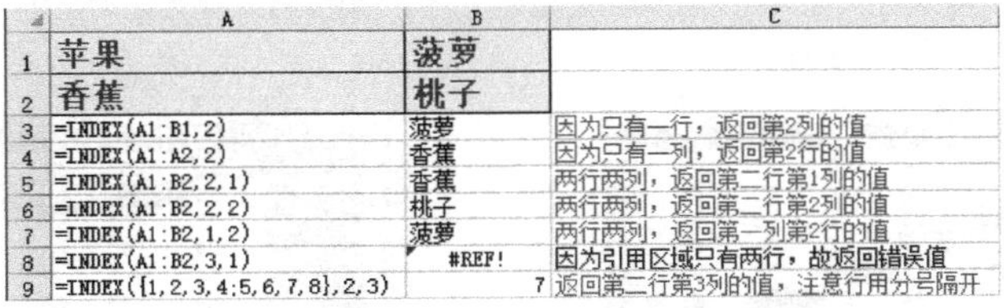

图4-95　INDEX 函数的数组形式的使用效果

提示：当以数组形式输入 INDEX 函数的各参数时，如果数组有多行，将 column_num 参数设置为 0，则可返回数组中的整行；如果数组有多列，将 row_num 参数设置为 0，则可返回数组中的整列；如果数组有多行和多列，将上述两个参数均设置为 0，则可返回整个数组。

② INDEX 函数的引用形式。

INDEX 函数的引用形式也用于返回列表和数组中的指定值，但通常返回的是引用，其表达式为：

```
INDEX (reference, row_num, column_num, [area_num] )
```

其中各参数的含义如下。

reference——对一个或多个单元格区域的引用。

row_num——引用中的行序号。

column_num——引用中的列序号。

area_num——当 reference 有多个引用区域时，该参数用于指定从其中某个引用区域返回指定值。该参数如果为默认值，则返回第 1 个引用区域。

在该函数中，如果 reference 参数需要将几个引用指定为一个参数，则必须用括号括起来，第 1 个区域序号为 1，第 2 个区域序号为 2，依次类推。例如，在函数“=INDEX((A1:C5,A6:C11),1,2,2)”中，最后一个参数 2 表示计算两个区域中的第 2 个区域，中间的两个参数表示要求第 2 个区域中第 1 行第 2 列的值，因此最终返回的是 B6 单元格的值。

INDEX 函数的引用形式的使用效果如图 4-96 所示。

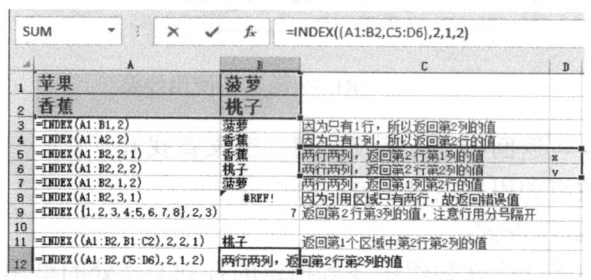

图4-96　INDEX 函数的引用形式的使用效果

下面是 INDEX 函数的一个实例。

例 4-12　铁路票价查询。

例如，根据起止站查出票价：要在票价表中查出起始站到终止站的票价，就可以利用 INDEX 函数，如图 4-97 所示。

需要注意的是，这里的行数和列数都是从用户选择的区域中开始计数的。例如，同样是选择"沧州到新沂"，如果选择区域不同，则行、列也必须不同，如图 4-98 所示。

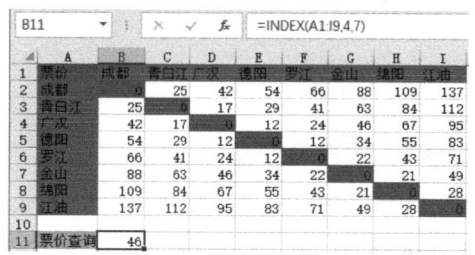

图4-97　INDEX 函数的一个实例

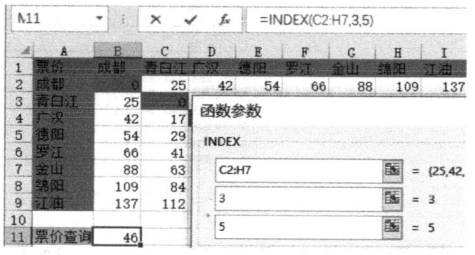

图4-98　INDEX 函数的一个实例（修改）

（6）INDIRECT 函数——返回引用地。

INDIRECT 函数用于返回由文本字符串指定的引用，并立即对引用进行计算，显示其内容。INDIRECT 函数的语法格式如下：

```
INDIRECT (ref_text, a1 )
```

其中各参数的含义如下。

ref_text——对单元格的引用，如果 ref_text 是对另一个工作簿数据的引用，则该工作簿必须是打开状态，否则将返回"#REF!"。

a1——输入为逻辑值，指定返回的引用样式，当其值为 TRUE 或默认值时，使用 A1 样式；当其值为 FALSE 时，使用 R1C1 样式。

INDIRECT 函数的应用效果如图 4-99 所示。

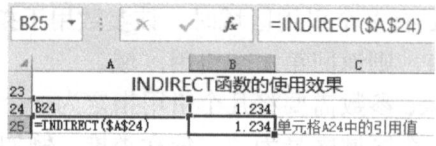

图4-99　INDIRECT 函数的应用效果

（7）OFFSET 函数——偏移引用位置。

OFFSET 函数能够以指定的引用为参照系，通过给定的偏移量得到新的引用，其语法格式如下：

```
OFFSET (reference, rows, cols, height, width )
```

其中各参数的含义如下。

reference——作为偏移量参照系的引用区域。

rows——相对偏移量参照系左上角的单元格上下偏移的行数，其中向下为正，向上为负。

cols——相对偏移量参照系左上角的单元格左右偏移的列数，其中向右为正，向左为负。

height——返回引用区域的行数。

width——返回引用区域的列数。

OFFSET 函数的应用效果如图 4-100 所示。

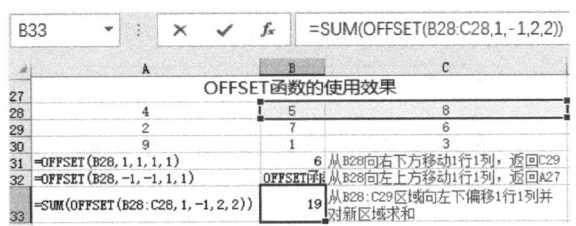

图4-100　OFFSET 函数的应用效果

（8）HYPERLINK 函数——快速跳转。

HYPERLINK 函数可以为存储在网络服务器、Internet 或主机中的文件创建一个超链接，其语法格式如下：

```
HYPERLINK (link_location, friendly_name )
```

其中各参数的含义如下。

link_location——文档路径和文件名，可以是存储在本地、远程的文件，也可以是指向文档中的某个锚点（此时应使用#）。

friendly_name——单元格中显示的跳转文本值或数字值，格式为蓝色带下画线，如果为默认值，则将以 link_location 显示为跳转文本。

HYPERLINK 函数的应用效果如图 4-101 所示。

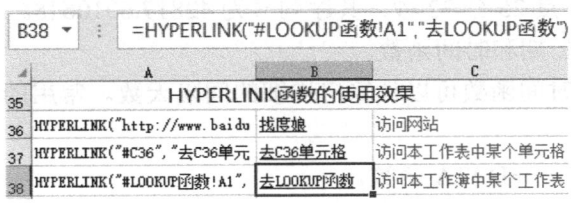

图4-101　HYPERLINK 函数的应用效果

4.2.5　日期及时间函数

公司的人事部门可能需要计算员工的年资，Excel 也提供了许多可以计算日期与时间的函数。

1. 返回类日期及时间函数

（1）Excel 内置的日期系统。

通过返回类主要可以计算出详细的间隔天数。其实，Excel 中保存的日期与时间并不像我们看到的那样是以"2017/03/23"的形式保存的，而是以"42817"的形式存在的。这是什么意思呢？因为在 Excel 中，日期是一个序列值，是从某一个具体日期开始算起的。具体来说，Excel 中有两种日期序列，默认的日期序列从 1900 年 1 月 1 日算起，如 1900 年 1 月 1 日就是"1"，1900 年 1 月 2 日就是"2"，2017 年 3 月 23 日就是"42817"等。这个日期序列号会一直延伸到 9999 年 12 月 31 日，即"2958465"。

另一种日期序列是从 1904 年 1 月 1 日算起的，同样延续到 9999 年 12 月 31 日，是"2957003"。如果想要切换为这种日期系统，则需要依次单击"文件"→"选项"按钮，在"Excel 选项"对话框中选中"使用 1904 日期系统"复选框，如图 4-102 所示。当然，建议用户不要做这项设置。

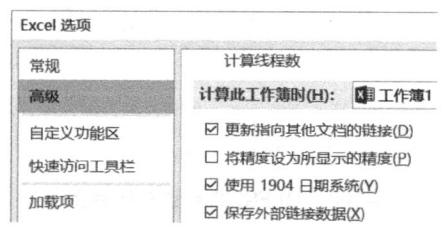

图4-102　设置日期系统

与日期系统相似，时间也是以序列号形式存在的，当需要计算时间的间隔时，Excel 同样是将其转换为序列号再进行计算的。时间以每天的 0 时为 0.0 开始计数，正午 12 点就是 0.5，依次类推。

在 Excel 中，与 1min 等价的序列号是 0.00069444，即 $\dfrac{1}{24\times60}$，相应地，与 1s 等价的序列号是 0.00001157，即 $\dfrac{1}{24\times60\times60}$。在 Excel 中，最小的时间单位是千分之一秒，如序列号 0.99999999 代表子夜 23 时 59 分 59.999 秒，再过千分之一秒即进入新的一天。

那么，日期和时间结合起来又如何用序列号表示呢？日期是整数部分，时间是小数部分，如 2017 年 3 月 23 日 14 点 25 分 32 秒，其序列号为 42817.6010648。

（2）常见的返回类日期和时间函数。

通过返回类日期和时间函数可以计算出详细的间隔天数。常用的返回类日期和时间函数主要包括以下几种。

- 返回日期序列号——DATA 函数。
- 返回时间序列号——TIME 函数。
- 返回文本日期序列号——DATAVALUE 函数。
- 返回文本时间序列号——TIMEVALUE 函数。
- 返回年、月、日——YEAR、MONTH 和 DAY 函数。
- 返回时、分、秒——HOUR、MINUTE 和 SECOND 函数。

各种返回类日期和时间函数的参数及使用效果如图 4-103 所示。

	A	B	C	D	E	F	G	H
1		2017	3	23	14	25	32	
2	2017/3/23 14:25			2017/3/23				
3	DATE(year,month,day)			TIME(hour,minute,second)				
4		2017/3/23			2:25 PM			
5		42817			2:25 PM	要想显示日期或时间序列号.		
6		2017/3/23			0.601065	先将单元格格式设置为常规		
7								
8	DATEVALUE(date_text)			TIMEVALUE(time_text)				
9		42817			0.601065			
10		2017/3/23			0.600694	秒数按0		
11		42817			0.600694			
12		42817	忽略时间		0.601065	忽略日期		
13		42817	引用子文本形式的单元格, 得到正确的结果					
14		#VALUE!	引用了自定义形式（日期的常规写法）的单元格, 报错					
15		注意：DATEVALUE和TIMEVALUE函数的参数不能是非文本格式的引用单元格						
16								
17	YEAR(serial_number)	2017	2019		2017			
18	MONTH(serial_number)							
19	DAY(serial_number)							
20	HOUR(serial_number)	14						
21	MINUTE(serial_number)							
22	SECOND(serial_number)							

图4-103 各种返回类日期和时间函数的参数及使用效果

例 4-13 计算设备使用年限。

下面将使用返回类日期和时间函数计算车辆使用年限，原始数据如图 4-104 所示。

	A	B	C	D	E	F
1	**车辆使用年限表**					
2	车牌号	型号	使用部门	投入使用时间	至今使用年限	使用月数
3	381SD	小轿车	总经理	2013/8/10		
4	8S626	小轿车	财务部	2011/1/14		
5	7D283	商务车	销售部	2010/10/9		
6	AB327	小轿车	销售部	2008/8/15		
7	S635L	小轿车	销售部	2008/8/15		
8	J2158	小轿车	销售部	2010/9/15		
9	9S6B0	小货车	后勤部	2008/3/21		
10	BW344	商务车	后勤部	2010/10/9		

图4-104 车辆使用年限原始数据

① 在 E3 单元格中插入 YEAR 函数 "=YEAR(TODAY()-D3)"，如图 4-105 所示。

② 完善 E3 中的公式，因为此时的结果为 1903 年（这是系统分别将今天的日期和购入日期转换为序列号计算后得到的），所以必须减去 1900 才能得到正确的年限。然后将完善后的公式填充到本列的其他单元格中。需要注意的是，填充后要在"填充"下拉菜单中选择"不带格式填充"选项，结果如图 4-106 所示。

图4-105 插入 YEAR 函数

图4-106 计算出的至今使用年限

③ 在 F3 单元格中插入 MONTH 函数，如图 4-107 所示。

④ 完善 F3 中的公式。因为此时的结果为 1900/1/8（这是系统分别将今天的日期和购入日期转换为序列号计算后得到的），所以必须进行更正才能得到正确的年限。因此在其后增加一部分，使原公式变为"=MONTH(TODAY()–D3)+E3*12–1"，结果如图 4-108 所示。

图4-107　插入 MONTH 函数

图4-108　计算出的使用月数

⑤ 设置单元格格式。由于该函数得到的值是以日期格式显示的，所以需要将 F3 单元格改为"常规"格式，并填充到 F 列的其他单元格中，最终计算出的使用月数如图 4-109 所示。

	A	B	C	D	E	F
1			**车辆使用年限表**			
2	车牌号	型号	使用部门	投入使用时间	至今使用年限	使用月数
3	381SD	小轿车	总经理	2013/8/10	3	43
4	8S626	小轿车	财务部	2011/1/14	6	74
5	7D283	商务车	销售部	2010/10/9	6	77
6	AB327	小轿车	销售部	2008/8/15	8	103
7	S635L	小轿车	销售部	2008/8/15	8	103
8	J2158	小轿车	销售部	2010/9/15	6	78
9	9S6B0	小货车	后勤部	2008/3/21	9	108
10	BW344	商务车	后勤部	2010/10/9	6	77
11				注：此表为20170324计算		

F3 公式：=MONTH(TODAY()–D3)+E3*12–1

图4-109　最终计算出的使用月数

提示：此例中，如果还要进一步计算已使用天数，除可以同样用"=DAY(TODAY()–D3)+F3*30–1"的方式外，还可直接用"=TODAY()–D3"，不需要再在前面套用 DAY 函数了。因为用 TODAY()算出来的本来就是天数，只有在换成年或月时才需要加 YEAR 或 MONTH 函数。

需要注意的是，任何一次对日期单元格的计算都会使结果重新回到日期格式，因此需要重新设置为常规格式。

2. 获取当前日期与时间

（1）NOW 函数——显示当前时间。

NOW 函数无参数，直接显示当前日期与时间。如果包含公式的单元格格式设置不同，则返回的日期和时间的格式也不同，如图 4-110 所示。

	A	B	C	D	E
1					
2	NOW	2021/6/1 16:04	采用函数自定义的格式显示的结果		
3		44348.66974	采用"常规"格式显示的结果		

图4-110　NOW 函数的使用效果

在使用 NOW 函数时，函数不会自动更新，只有在重新计算工作表或执行含有此函数的宏时才会改变。

（2）TODAY 函数——返回当前系统的日期。

　　TODAY 函数可返回当前系统的日期，常应用于输入报告完成时间或计算年资、年龄。该函数与上述 NOW 函数一样，也没有参数，并且也会随着单元格格式的不同设置而返回不同类型的值。

　　例 4-14　计算迄今应还贷金额。

　　下面将使用 TODAY 函数计算当前日期需要还贷的金额。设有如图 4-111 所示的原始数据：该表格只显示了贷款日期、贷款总金额和日利息（固定利息），没显示现在已经还了多少，因此应理解为至今还未进行过任何还贷操作，现在想知道今天应该连本带息还多少。

　　首先，在 D3 单元格中输入"=TODAY()-DATEVALUE("2014/6/12")"，将得到"1902/10/11"，将 D3 单元格设为"常规"格式后，该值改为"1015"。

　　其次，选择 E3 单元格，输入公式"=A3*B3*D3+A3"，结果如图 4-112 所示。

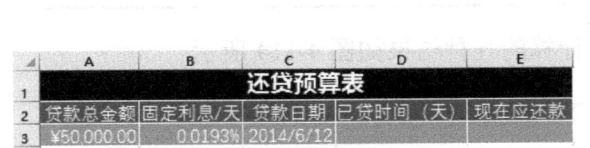

图4-111　还贷预算表原始数据

图4-112　还贷预算表计算结果

　　在默认情况下，打开或修改工作簿后，Excel 都会自动更新 TODAY 函数返回的日期，如果要使其停留在最后一次保存时返回的日期上，则可以在"Excel 选项"对话框的"公式"选项卡的"计算选项"选项组中选中"手工重算"复选框。

　　（3）日期与时间函数案例——计算年资。

　　例 4-15　计算年资。

　　例如，公司想要给在公司服务满 10 年的员工发放特别奖励，即可用当前日期减去到职日期来计算，如图 4-113 所示。

MID	▼ :		=(TODAY()-D3)/365.2422	
	A	B	C	D	E
		某公司员工年资一览表			
2	员工编号	姓名	性别	到职日	工龄
3	1001	刘卫中	女	1982/7/28	38.0
4	1002	任正义	男	1997/2/10	23.5
5	1003	罗远浩	男	2008/4/14	12.3
6	1004	张爱国	男	1996/6/7	24.2
7	1005	柳愿	男	2005/7/19	15.1
8	1006	马羽	女	1996/5/24	24.2
9	1007	侗明玉	男	1998/4/26	22.3
10	1008	雷民	男	2006/10/18	13.8
11	1009	陈亦民	男	2010/3/8	10.4
12	1010	马耀华	男	2011/5/3	9.3
13	1011	杨源喜	男	1986/4/10	34.3
14					
15				计算日期	2020.08.06

图4-113　员工年资计算结果

3．求特定日期与时间

（1）DATEDIF 函数——计算日期间隔（旧版函数）。

DATEDIF 函数用于计算两个日期之间的年数、月数或天数。这是 Excel 之前版本中的一个函数，当在 Excel 2016 中插入或查找这个函数时，是找不到的，只能手工输入；但在编辑栏中输入后，系统还会提示该函数的参数。DATEDIF 函数的语法格式如下：

```
DATEDIF （ 开始日期，结束日期，差距单位 ）
```

DATEDIF 函数的格式参数如表 4-2 所示。

表 4-2　DATEDIF 函数的格式参数

参　　数	含　　义
“Y”	两个日期相差的整年数，“满几年”
“M”	两个日期相差的整月数，“满几个月”
“D”	两个日期相差的整日数，“满几天”
“YM”	两个日期之间的月数差距，忽略日期中的年和日
“YD”	两个日期之间的天数差距，忽略日期中的年
“MD”	两个日期之间的天数差距，忽略日期中的年和月

仍以上面某公司计算年资为例，员工年资计算的几种结果如图 4-114 所示。

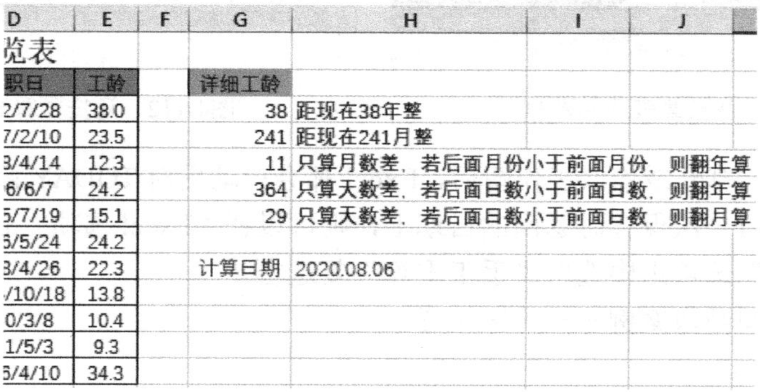

D	E	F	G	H
览表				
职日	工龄		详细工龄	
2/7/28	38.0		38	距现在38年整
7/2/10	23.5		241	距现在241月整
3/4/14	12.3		11	只算月数差，若后面月份小于前面月份，则翻年算
6/6/7	24.2		364	只算天数差，若后面日数小于前面日数，则翻年算
5/7/19	15.1		29	只算天数差，若后面日数小于前面日数，则翻月算
5/5/24	24.2			
3/4/26	22.3		计算日期	2020.08.06
/10/18	13.8			
0/3/8	10.4			
1/5/3	9.3			
5/4/10	34.3			

图4-114　员工年资计算的几种结果

（2）求星期几——WEEKDAY 函数。

WEEKDAY 函数主要用于计算一周中的第几天，默认情况下，其值为 1（星期日）到 7（星期六）的整数，其语法格式如下：

```
WEEKDAY (serial_number, return_type )
```

其中各参数的含义如下。

serial_number——要查找的那一天的日期。

return_type——确定返回值类型的数字，其含义如表 4-3 所示。

表 4-3　WEEKDAY 函数中 return_type 参数的含义

参　　数	含　　义
1 或默认	返回数字 1 是星期日，数字 7 是星期六
2	返回数字 1 是星期一，数字 7 是星期日
3	返回数字 0 是星期一，数字 6 是星期日

WEEKDAY 函数的应用效果如图 4-115 所示。

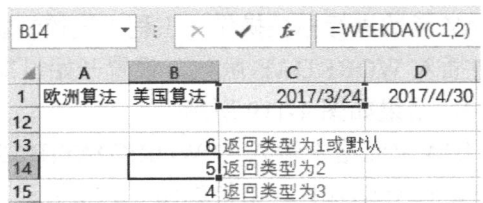

图4-115　WEEKDAY 函数的应用效果

（3）求工作日——NETWORKDAYS 函数。

NETWORKDAYS 函数能够计算出在连续时间之内，排除周末和指定假日后剩余的工作日天数，其语法格式如下：

```
NETWORKDAYS (start_date, end_date, holidays )
```

其中各参数的含义如下。

start_date——需要计算的时间段的开始日期。

end_date——需要计算的时间段的结束日期。

holidays——只用于设置该段时间内的假期，可以为一个或多个日期构成的可选区域。如果省略该参数，则表示该段时间内无假期。NETWORKDAYS 函数的应用效果如图 4-116 所示。

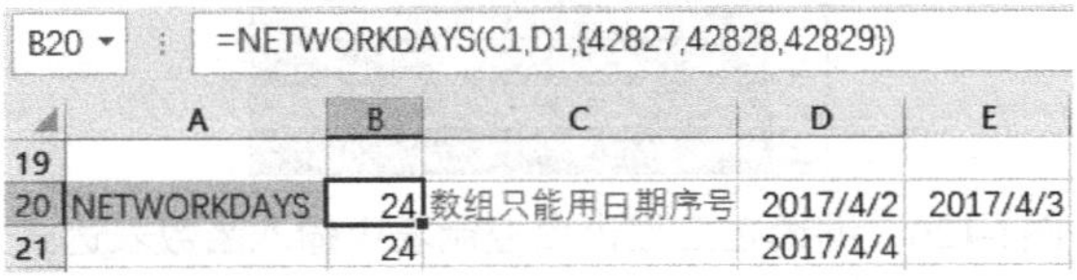

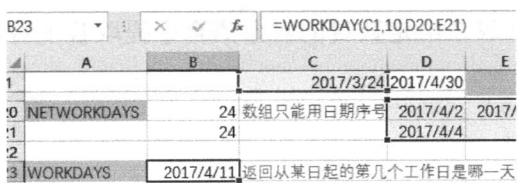

图4-116　NETWORKDAYS 函数的应用效果

（4）求特定工作日日期——WORKDAY 函数。

WORKDAY 函数用于在计算特定的工作日期时，只返回指定日期前或后相隔指定天数的某一日期，其语法格式如下：

```
WORKDAY (start_date, days, holidays )
```

其中各参数的含义如下。

start_date——需要计算的时间段的开始日期。

days——用于指定相隔的工作日天数。

holidays——用于设定不计算为工作日的假期。

WORKDAY 函数实际上返回的是从某日起的第几个工作日是哪一天，如图 4-117 所示。

图4-117　WORKDAY 函数的应用效果

例 4-16　进度控制。

本案例要求对某公司的一项工程进行进度控制，要求在 300 天内完成整个项目，而且在整个项目的第 100 天、第 200 天和第 280 天对项目进度进行汇报，以便于对整个工作进度进行控制。要求使用 WORKDAY 函数进行相关操作。工程进度控制表原始数据如图 4-118 所示。

首先，在 B13 单元格中插入 WORKDAY 函数，设置开始日期为 B2，日期为 100，假日参数使用单元格区域 A5:D10，结果如图 4-119 所示。

其次，用同样的方法在 B14 单元格中输入"=WORKDAY(B2,200,A5:D10)"，在 B15 单元格中输入"=WORKDAY(B2,280,A5:D10)"，结果如图 4-120 所示。

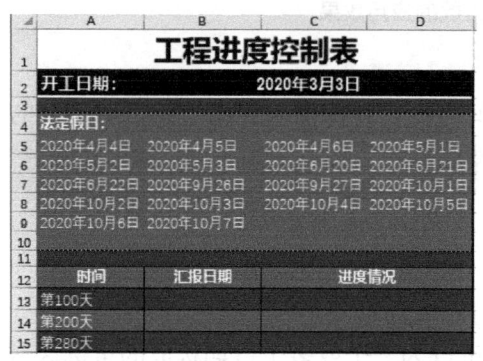

图4-118　工程进度控制表原始数据

图4-119　工程进度控制表函数表达式的输入

	时间	汇报日期
13	第100天	2020年7月24日
14	第200天	2020年12月18日
15	第280天	2021年4月9日

图4-120　继续在工程进度控制表中输入函数表达式

注意： 在本例中，由于 WORKDAY 函数返回的是数值，所以在制作表格时，要把对应日期的单元格（本例是 B13:B15 单元格区域）设置为日期格式。

4.2.6　数学与三角函数

除最常用的求和函数 SUM、求平均函数 AVERAGE、求绝对值函数 ABS、求平方根函数 SQRT 之外（其中，SQRT 函数的参数必须是正值或能够得出正值的表达式），还有以下需要掌握的函数。

1. 基本数学函数

（1）求组合数——COMBIN 函数。

COMBIN 函数用来计算在给定数目的对象集合中提取若干对象的组合数，其语法格式如下：

```
COMBIN (number, number _chosen )
```

其中各参数的含义如下。

number——项目的数量。

number _chosen——每个组合中的数量。

对于各参数，在使用时有以下几点需要注意。

① COMBIN 函数的参数只能是正数，且数字参数截尾取整。

② 若参数为非数值型，则将返回错误值"#VALUE!"。

③ 若出现 number 小于 number _chosen 的情况，则返回 "#NUM!"。

COMBIN 函数的应用效果如图 4-121 所示。

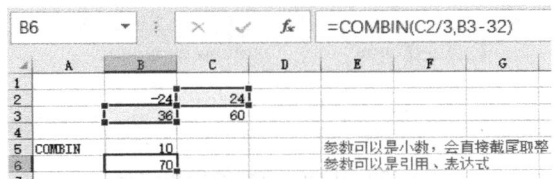

图4-121　COMBIN 函数的应用效果

（2）计算指数的乘幂——EXP 函数。

EXP 函数用来返回 e 的 n 次幂，其中常数 e=2.718 281 828 459 04，是自然对数的底数。EXP 函数的语法结构如下：

```
EXP (number )
```

其中，number 为应用于底数 e 的指数。

EXP 函数的应用效果如图 4-122 所示。

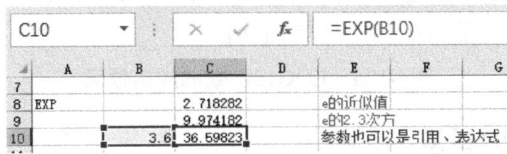

图4-122　EXP 函数的应用效果

（3）计算对数——LN、LOG 和 LOG10 函数。

① LN 函数。

LN 函数的功能是计算某个数的自然对数，其语法格式如下：

```
LN (number )
```

其中，number 为计算其自然对数的正实数。自然对数以常数 e 为底，因此，LN 函数与求幂函数 EXP 互为反函数。

LN 函数的应用效果如图 4-123 所示。

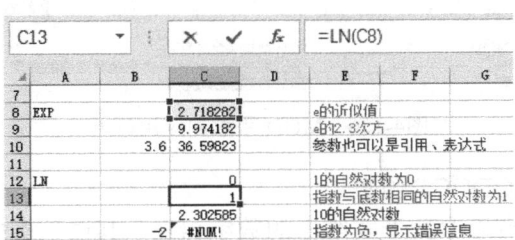

图4-123　LN 函数的应用效果

② LOG 函数。

LOG 函数的功能是根据指定的底数返回某个数的对数，其语法格式如下：

```
LOG (number , base )
```

其中各参数的含义如下。

number——用于计算其对数的正实数。

base——对数的底数，若省略，则默认其值为 10。

LOG 函数的应用效果如图 4-124 所示。

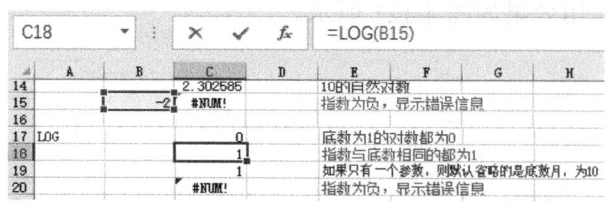

图4-124　LOG 函数的应用效果

③ LOG10 函数。

LOG10 函数的功能是计算以 10 为底的常用对数，其语法格式如下：

```
LOG10 (number )
```

其中，number 为计算其常用对数的正实数。

LOG10 函数的应用效果如图 4-125 所示。

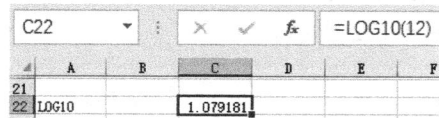

图4-125　LOG10函数的应用效果

（4）计算余数——MOD 函数。

MOD 函数用来返回两个数相除后的余数，结果的正负号与除数的正负号相同，其语法格式如下：

```
MOD (number, divisor )
```

其中各参数的含义如下。

number——被除数。

divisor——除数，如果该值为 0，则返回 "#DIV/0!"。

MOD 函数的应用效果如图 4-126 所示。

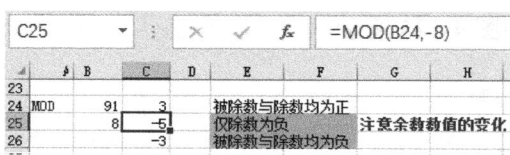

图4-126　MOD 函数的应用效果

（5）计算乘积——PRODUCT 函数。

PRODUCT 函数将所有以参数形式给出的数字相乘，其语法格式如下：

```
PRODUCT (number1, number2, …)
```

其中，number1,number2,…为需要参与相乘的 1～255 个数字（也可以是单元格区域）。

PRODUCT 函数的应用效果如图 4-127 所示。

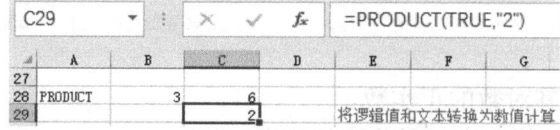

图4-127　PRODUCT 函数的应用效果

（6）获取数字的正负号——SIGN 函数。

SIGN 函数用来返回数字的符号，其语法格式如下：

```
SIGN (number )
```

其中，number 为任意实数，当它为正数时，返回 1；当它为 0 时，返回 0；当它为负数时，返回-1。

SIGN 函数的应用效果如图 4-128 所示。

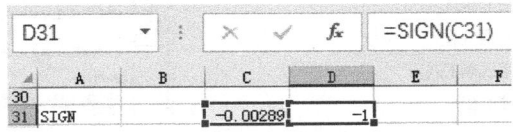

图4-128　SIGN 函数的应用效果

（7）计算随机数——RAND 函数。

RAND 函数返回 0～1 内均匀分布的随机实数，每次计算工作表时都将返回一个新的随机实数，其语法格式如下：

```
RAND ( )
```

该函数没有参数，由于返回的数值具有随机性，因此同一公式返回的值并不相同，而且只要对工作表内容进行过任意修改，该函数就会返回一个新的数值以取代原来的数值。

RAND 函数的应用效果如图 4-129 所示。

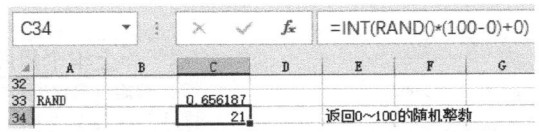

图4-129　RAND 函数的应用效果

如果工作表中使用了随机函数，则当对工作表内容进行改动时，所有使用了该函数的单元格的值会再随机产生一次，并替换当前值。如果想要将生成的随机值变成固定值保存下来，则可在编辑栏中输入“=RAND()”后保持编辑状态，然后按 F9 键，将公式永久性地改为随机数。该操作相当于使用“选择性粘贴”功能将公式转换为数值。

例 4-17　分析股票。

利用数学函数分析上半个月的股票情况，其原始数据如图 4-130 所示。

① 在 D3 单元格中插入 IF 函数并输入如下嵌套函数公式：=IF(C3>B3,"涨",IF(C3=B3,"平","跌"))，如图 4-131 所示。

② 将公式填充到 D4:D12 单元格区域，然后单击“自动填充选项”下拉按钮，选择“不带格式填充”单选按钮，如图 4-132 所示。

上半个月股票信息分析表

日期	开盘价	收盘价	跌涨情况	跌涨金额
1日	8.12	7.99	跌	
2日	8.11	8.22		
3日	8.31	8.58		
4日	8.62	8.88		
5日	8.68	9		
8日	9.05	9.05		
9日	9.32	9.6		
10日	9.68	10.01		
11日	9.95	10.12		
12日	10.02	9.84		

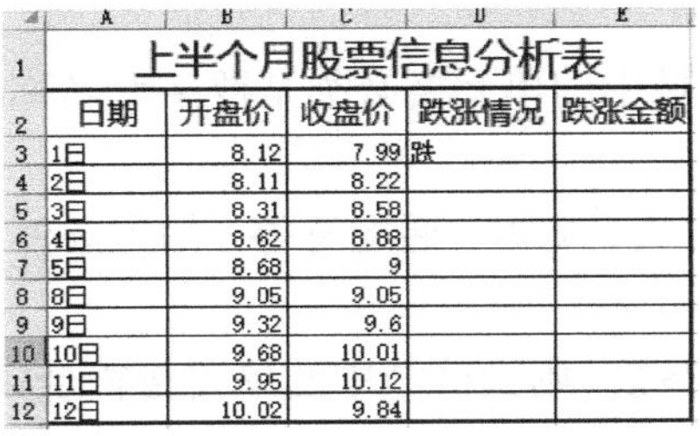

图4-130　利用数学函数分析股票的原始数据

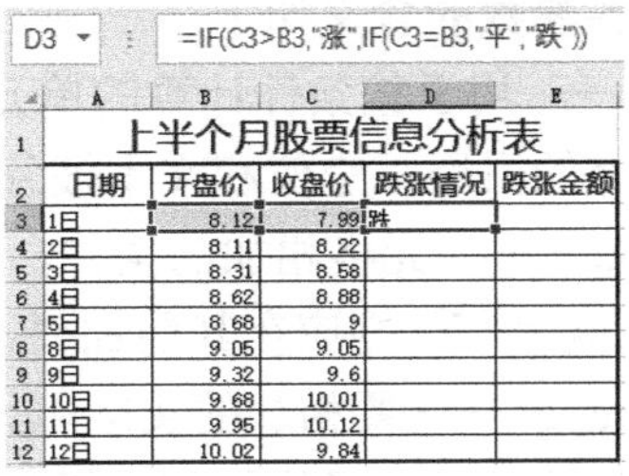

图4-131　插入 IF 嵌套函数

③ 在 E3 单元格中插入 ABS 函数，在该函数的“Number”文本框中输入“C3-B3”，如图 4-133 所示。

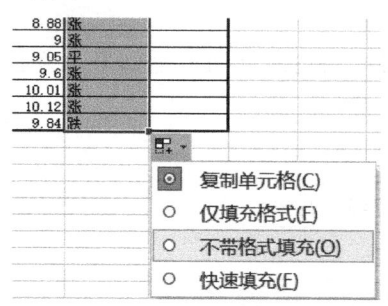

图4-132 选择“不带格式填充”单选按钮

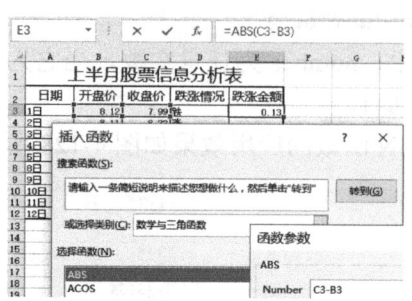

图4-133 插入 ABS 函数

④ 将公式填充到 E4:E12 单元格区域，然后同样单击“自动填充选项”下拉按钮，选择“不带格式填充”单元按钮。

⑤ 选择 D3:D12 单元格区域，然后在“开始”→“样式”选项组中选择“条件格式”→“突出显示单元格规则”→“文本包含”命令，在弹出的“文本中包含”对话框中输入“涨”，如图 4-134 所示。

⑥ 为“涨”设置红色风格的默认样式，然后用同样的方式分别为“跌”和“平”设置条件格式。完成的上半个月股票信息分析表如图 4-135 所示。

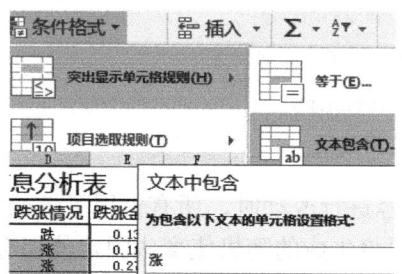

图4-134 使用条件格式

日期	开盘价	收盘价	跌涨情况	跌涨金额
1日	8.12	7.99	跌	0.13
2日	8.11	8.22	涨	0.11
3日	8.31	8.58	涨	0.27
4日	8.62	8.88	涨	0.26
5日	8.68	9	涨	0.32
8日	9.05	9.05	平	0
9日	9.32	9.6	涨	0.28
10日	9.68	10.01	涨	0.33
11日	9.95	10.12	涨	0.17
12日	10.02	9.84	跌	0.18

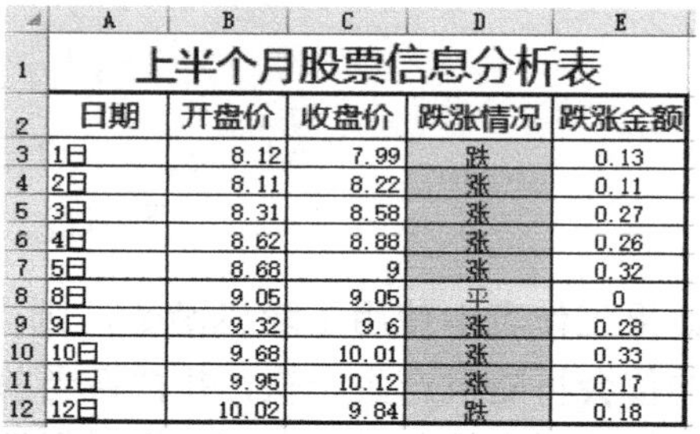

图4-135 完成的上半个月股票信息分析表

2. 汇总函数

汇总函数是最常用的函数，常用于汇总连续或不连续的单元格中的数据，还可以根据条件定义需要汇总的数据。

（1）按条件汇总——SUMIF 函数。

SUMIF 函数可根据指定条件对若干单元格进行求和，其语法格式如下：

```
SUMIF (range, criteria, sum_range )
```

其中各参数的含义如下。

range——用于按条件计算的单元格区域，每个区域中的单元格必须是数字或名称、数组或包含数字的引用，空值和文本被忽略。

criteria——单元格相加的条件，可以是数字、表达式、文本、通配符等。如果条件本身要查找“?”或“*”，则应在其前加“~”。

sum_range——要相加的实际单元格，如果省略此参数，则当区域中的单元格符合条件时，它们既按条件计算，又执行相加操作。

SUMIF 函数的应用效果如图 4-136 所示。

D8 =SUMIF(B2:B7,"A产品",E2:E7)

	A	B	C	D	E
1			1月	2月	3月
2	SUMIF	A产品	56	87	45
3		B产品	78	49	65
4		A产品	72	86	44
5		B产品	69	73	88
6		A产品	49	57	64
7		B产品	81	72	68
8			3月A产品	153	

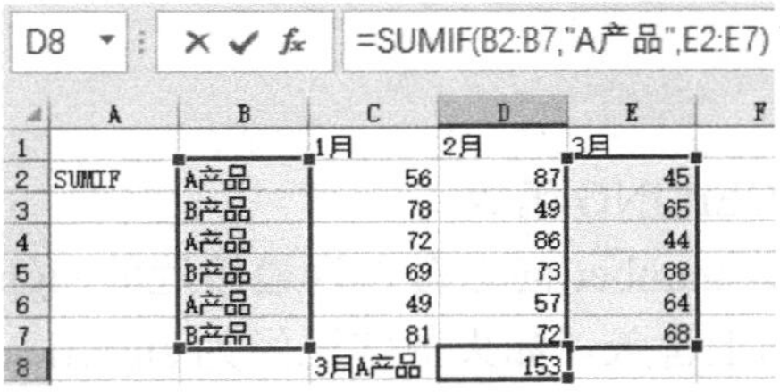

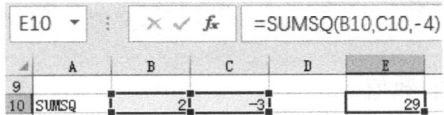

图4-136 SUMIF 函数的应用效果

（2）求平方和——SUMSQ 函数。

SUMSQ 函数返回参数的平方和，其语法格式如下：

```
SUMSQ (number1, number2, …)
```

其中，number1,number2,…为 1～255 个需要求平方和的数字，也可以使用数组或对某个数组的引用来代替分隔的参数。

SUMSQ 函数的应用效果如图 4-137 所示。

E10 =SUMSQ(B10,C10,-4)

	A	B	C	D	E
9					
10	SUMSQ	2	-3		29

图4-137 SUMSQ 函数的应用效果

（3）计算平方差之和——SUMX2MY2 函数。

SUMX2MY2 函数返回两个数组中对应数值的平方差之和，其语法格式如下：

```
SUMX2MY2 (array_x, array_y )
```

其中，array_x 和 array_y 为两个数组或数值区域。

（4）计算平方和之和——SUMX2PY2 函数。

SUMX2PY2 函数返回两个数组中对应数值的平方和之和，多用于统计，其语法格式如下：

```
SUMX2PY2 (array_x, array_y )
```

其中，array_x 和 array_y 为两个数组或数值区域。

（5）汇总函数——SUBTOTAL 函数。

SUBTOTAL 函数的应用效果如图 4-138 所示。

	A	B	C	D	E	F	G
1	7月工资统计表					单位：元	
2	姓名	基本工资	绩效奖	全勤奖	业绩突出奖	生活津贴	汇总
3	杨源喜	1000	2565	300	500	200	4565
4	刘卫中	1100	3057	300	0	200	4657
5	柳原	1200	3925	300	0	200	5625
6	张爱国	1300	4086	300	500	200	6386
7	雷民	1500	4520	300	500	200	7020
8							
9	平均工资:	5650.6	公式	SUBTOTAL(1,G3:G7)		可换为	AVERAGE
10	最高工资:	7020		SUBTOTAL(4,G3:G7)			MAX
11	最低工资:	4565		SUBTOTAL(5,G3:G7)			MIN
12	总发工资:	28253		SUBTOTAL(9,G3:G7)			SUM
13							
14	SUBTOTAL第一个参数的含义						
15	1	求平均	7	标准差			
16	2	计数	8	总体标准差			
17	3	非空计数	9	求和			
18	4	最大值	10	方差			
19	5	最小值	11	总体方差			
20	6	乘积					

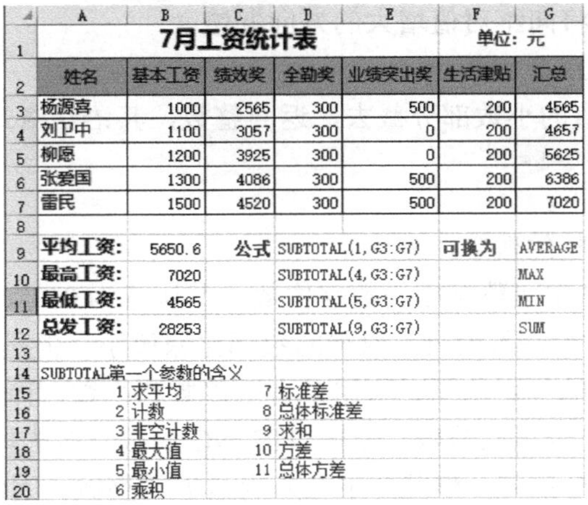

图4-138 SUBTOTAL 函数的应用效果

3．舍入函数

（1）向上舍入。

① 按条件向上舍入——CEILING 函数。

CEILING 函数用来将参数 number 向上舍入为最接近的 significance 的倍数。无论数字符号如何，都按远离 0 的方向向上舍入。如果数字已经为 significance 的倍数，则不进行舍入。该函数的语法格式如下：

```
CEILING(number, significance )
```

其中各参数的含义如下。

number——要舍入的数值。

significance——用于舍入计算的倍数。

② 向上舍入为奇数或偶数——ODD 和 EVEN 函数。

ODD 和 EVEN 函数都使数值沿绝对值增大的方向取整，但 ODD 函数用于取整到最接近的奇数；EVEN 函数用于取整到最接近的偶数。它们的语法格式如下：

```
ODD(number )
EVEN(number )
```

其中，number 为要取整的数值。

（2）向下舍入。

① 按条件向下舍入——FLOOR 函数。

FLOOR 函数用来对某个数值按指定的条件向下舍入，按远离 0 的方向向下舍入，但在对负数进行舍入时，向绝对值小的方向舍入。该函数的语法格式如下：

```
FLOOR(number, significance )
```

其中各参数的含义如下。

number——要舍入的数值。

significance——用于舍入计算的倍数。

② 向下取整——INT 函数。

INT 函数用来将数字向下舍入为最接近且小于原数值的整数，其语法格式如下：

```
INT(number )
```

其中，number 为要取整的数值。INT 函数相当于对带有小数的数值截尾取整，但是如果要取整的数值是负数，则将向绝对值增大的方向取整。

③ 截尾取整——TRUNC 函数。

TRUNC 函数可将数值的小数部分截去，返回整数，其语法格式如下：

```
TRUNC(number, num_digits )
```

其中各参数的含义如下。

number——要截尾取整的数字。

num_digits——用来指定取整精度的数字位数，默认值为 0。

以上 3 个函数都是向下舍入函数，取得的数都比原值小，但是 FLOOR 函数的应用范围大于 INT 和 TRUNC 函数的应用范围，可用来舍入整数和小数，而 INT 函数只能舍入整数。TRUNC 和 INT 函数类似，也返回整数，其中，TRUNC 函数直接去掉数字的小数部分；而 INT 函数则依照给定的小数部分的值，将其向下舍入为最近的整数。因此，TRUNC 和 INT 函数在处理负数时有所不同，如 TRUNC(-4.3)返回-4，而 INT(-4.3)则返回-5。

（3）四舍五入——ROUND、ROUNDDOWN 和 ROUNDUP 函数。

ROUND、ROUNDDOWN 和 ROUNDUP 函数都将某个数字按指定位数进行舍入。其中，ROUNDUP 和 ROUND 函数的功能相近，不同之处在于 ROUNDUP 函数总是向上舍入，而 ROUND 函数总是向下舍入。另外，ROUNDDOWN 函数是靠近 0 值向下舍入。它们的语法格式如下：

```
ROUND (number, num_digits )
ROUNDDOWN (number, num_digits )
ROUNDUP (number, num_digits )
```

其中各参数的含义如下。

number——要舍入的任意数值。

num_digits——四舍五入后的位数。

各种舍入函数的应用效果如图 4-139 所示。

D3				f_x	=CEILING(B3,C3)/24			
	A	B	C	D	E	F	G	H
1	CEILING							
2		12.8	7	14	12.8天算两周			
3	57	24	3	57小时算3天				
4								
5			ODD	EVEN				
6		123.4	125	124	正数向更大方向取奇、偶			
7		-123.4	-125	-124	负数向更小方向取奇、偶			
9	FLOOR							
10		12.8	7	7	12.8天算一周			
11		-12.8	7	-14	(-12.8天)算两周		-7	对比CEILING
13	INT							
14		12.8	12					
15		-12.8	-13					
16		-12.1	-13					
18	TRUNC	12.8	12					
19		-12.8	-12					
21		ROUND			ROUNDDOWN		ROUNDUP		
22	12.4	12	10	12		10	13	20
23	12.6	13	10	12		10	13	20
24	-12.6	-13	-10	-12		-10	-13	-20
25	-12.4	-12	-10	-12		-10	-13	-20

图4-139　各种舍入函数的应用效果

 小技巧

在单元格中输入分数

在某单元格（如 A1）中直接输入"1/8"，就会变成"1 月 8 日"，此时输入"0 1/8"，就成了分数"1/8"，怎么证明呢？此时编辑栏中显示的是"0.125"，这就是证明。

在 B1 单元格中输入"2 7/8"，就成了带分数"2 7/8"，此时编辑栏中显示的是"2.875"，如图 4-140 所示。

B1		f_x	2.875	
	A	B	C	D
1	1/8	2 7/8	3	

图4-140　在单元格中输入分数

如果此时在 C1 单元格中对前两个单元格求和，即输入公式"=sum(A1:B1)"，那么结果就是 3。

上机题 4

1. 利用 LEFT 和 RIGHT 函数判断客户性别

本练习的目标是在客户登记表中，通过客户身份证号（身份证号第 17 位是奇数为男，是偶数为女），利用函数判断客户的性别，主要涉及 LEFT、RIGHT、MOD 和 IF 函数的相关知识。客户登记表原始数据如图 4-141 所示。

姓名	身份证号码	住 址	性别
柳原	510775XXXXXXXXXX21	江苏省扬州市	
杨源喜	531772XXXXXXXXXX52	江苏省无锡市	
马羽	510681XXXXXXXXXX23	西藏自治区拉萨市	
刘卫中	510736XXXXXXXXXX30	湖北省武汉市	
侗明玉	510682XXXXXXXXXX25	四川省成都市	
秦桂荣	510682XXXXXXXXXX23	江西省南昌市	
孔婉晴	510731XXXXXXXXXX21	浙江省温州市	
刘艳丽	510728XXXXXXXXXX66	四川省宜宾市	
罗云洁	510131XXXXXXXXXX21	四川省德阳市	
麦苗	510723XXXXXXXXXX42	广东省潮州市	
张爱国	510743XXXXXXXXXX32	吉林省长春市	
任正义	510786XXXXXXXXXX18	四川省绵阳市	
罗远浩	510765XXXXXXXXXX32	四川省西昌市	
陈亦民	510733XXXXXXXXXX42	广东省惠州市	
马耀华	510725XXXXXXXXXX15	四川省乐山市	
李光东	510621XXXXXXXXXX11	福建省厦门市	

图4-141 客户登记表原始数据

2. 利用 VLOOKUP 函数制作个人简历

本练习将使用查找与引用函数，利用员工档案制作个人简历，会用到 IF、VLOOKUP 和 IFERROR 函数。原始文件有两个，其中存放数据的文件如图 4-142 所示。

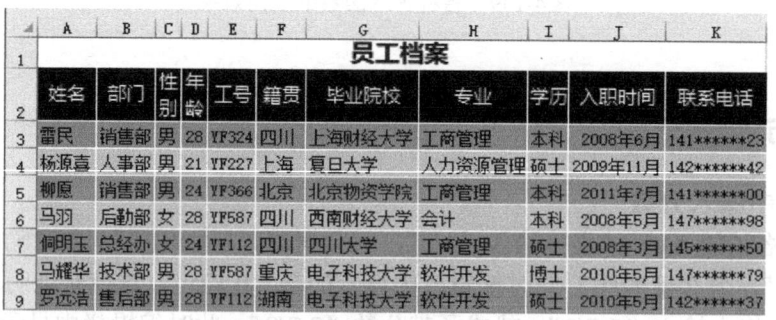

图4-142 员工档案原始数据

3. 用日期与时间函数计算停车费用

本练习将使用日期与时间函数计算停车费用，其原始数据如图 4-143 所示。

图4-143　计算停车费用原始数据

4．利用数学与三角函数管理原材料明细账

本练习的目标是在已经提供了原材料明细账表格的基础上，通过数学与三角函数对数据进行相应的处理，即可实现对原材料的管理。在 Excel 中使用 PRODUCT 函数计算期初余额，使用 SUM 函数汇总结存的数量、金额，使用 PRODUCT 函数计算出单价、金额，使用 TRUNC 函数对单价进行截尾取整。原材料明细账原始数据如图 4-144 所示。

图4-144　原材料明细账原始数据

课后习题 ④

1．操作：利用多种文本函数，将如图 4-145 所示的电话号码从 11 位升至 12 位，要求凡是 13X 开头的手机号码，X 如果是奇数，则升位为"131X"；X 如果是偶数，则升位为"132X"。

2．操作：利用 LOOKUP 函数的向量形式查询员工个人信息，原始数据如图 4-146 所示。

	姓名	住 址	电话	升位后的电话号码
		公司通讯录		
3	陈亦民	涪城区	1355689XXX	
4	杨源喜	游仙区	1384879XXX	
5	刘卫中	安州区	1368283XXX	
6	任正义	江油市	1378087XXX	
7	罗远浩	北川县	1396869XXX	
8	柳愿	平武县	1329945XXX	
9	马羽	三台县	1317322XXX	
10	张爱国	梓潼县	1357985XXX	
11	雷民	盐亭县	1364576XXX	
12	李光东	科创园区	1326932XXX	
13	佃明玉	高新区	1358725XXX	
14	马耀华	经开区	1338573XXX	

图4-145　电话升位原始数据

	入职日期	姓名	性别	出生日期	籍贯	学历	基本工资	所属职位	联系
				公司员工个人信息表					
3	2006/2/9	陈亦民	男	1981/9/7	四川绵阳	中专	¥1,200	销售代表	149742
4	2004/9/8	杨源喜	男	1978/9/4	四川广元	本科	¥1,200	行政助理	148954
5	2002/8/9	刘卫中	男	1978/5/7	重庆	本科	¥1,200	技术员	142151
6	2000/4/8	任正义	男	1980/4/8	北京	大专	¥1,500	运输员	143478
7	2006/9/1	罗远浩	男	1984/5/8	湖南湘潭	本科	¥1,200	技术员	141075
8	2005/3/7	柳愿	男	1982/1/8	湖北利川	本科	¥1,200	技术员	147250
9	2004/6/7	马羽	女	1981/5/6	上海	大专	¥2,400	销售经理	149456
10	2000/7/4	张爱国	男	1976/3/6	贵州镇远	大专	¥2,400	财务主管	146429
11	2005/1/8	雷民	男	1982/9/9	浙江绍兴	本科	¥1,200	业务员	146702
12	2005/8/5	李光东	男	1974/1/2	天津	高中	¥800	后勤人员	147881
13	2003/8/8	佃明玉	女	1979/2/8	四川巴中	大专	¥1,200	业务员	145413
14	2003/7/2	马耀华	男	1979/5/3	四川德阳	大专	¥1,500	运输员	149676
15	2005/1/3	孔翔晴	女	1980/2/7	福建德化	本科	¥1,200	财务人员	143078
16	1999/2/5	麦苗	女	1975/8/2	四川南充	本科	¥2,400	行政主任	145458

图4-146　查询员工个人信息原始数据

要求查询员工个人信息结果如图 4-147 所示。

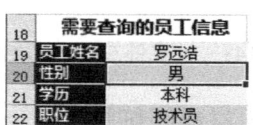

18	需要查询的员工信息	
19	员工姓名	罗远浩
20	性别	男
21	学历	本科
22	职位	技术员

图4-147　要求查询员工个人信息结果

3．操作：运用 TIME 等日期与时间函数计算考核时间。技能考核表原始数据如图 4-148 所示。

	工号	姓名	所属部门	完成时间	小时	分钟	累计分钟	累计用时
1			2020年春季技能考核					
2						开始时间：		9:30:00
4	YF256	陈亦民	销售部	10:21:30				
5	YF446	杨源喜	人力资源部	10:55:12				
6	YF355	刘卫中	市场部	10:13:00				
7	YF323	任正义	市场部	10:02:36				
8	YF251	罗远浩	销售部	10:18:59				
9	YF491	柳愿	人力资源部	10:07:46				
10	YF261	马羽	销售部	10:12:40				
11	YF312	张爱国	市场部	10:02:12				
12	YF412	雷民	人力资源部	10:10:25				
13	YF466	李光东	人力资源部	10:12:15				

图4-148　技能考核表原始数据

4．操作：利用 DATE 和 TODAY 函数制作一个高考倒计时天数表，如图 4-149 所示（假设制作时间是 2020 年 9 月 4 日）。

图4-149　高考倒计时

第 5 章

Excel 数据分析提高——应用加载宏

学习目标

1. 了解统计分析、预测分析、规划分析的含义、作用。
2. 初步掌握使用 Excel 进行回归分析的方法。
3. 熟练掌握描述性统计分析常用的集中和离中分析指标，以及分析工具、时间序列预测分析工具。
4. 理解并重点掌握规划分析的建模方法。

本章提要

+ 本章以 Excel 2016 提供的数据分析工具加载宏的使用为纲，分别介绍描述性统计分析、预测分析和规划分析。统计分析就是以概率论为理论基础，根据实验或观察得到的数据研究随机现象，对研究对象的客观规律做出种种合理的估计和判断。统计分析的内容十分丰富，这里主要介绍如何利用加载宏进行描述性统计分析。

+ 本章还会讨论两种时间序列预测法：移动平均法和指数平滑法。然后介绍回归分析法，包括线性回归法和可以转化为线性处理的非线性回归法。

+ 另外，本章还通过生产管理和经营决策中的最优配置问题，介绍 Excel 的规划求解工具的应用。着重说明规划求解工具的适应范围、求解步骤、结果分析及限制条件的修改。

5.1 描述性统计分析

5.1.1 集中趋势

算术平均值也称样本均值，是一组数据相加后除以数据的个数得到的结果。算术平均值是集中趋势最常用的测度值，主要适用于数据型数据，不适用于分类数据和顺序数据。但是算术平均值易受极端值的影响，因此，有时电视里的评分节目要"去掉一个最高分，去掉一个最低分"，这就是要消除极端值的影响。根据掌握数据的不同，算术平均值有不同的计算形式和计算公式，可分为未分组数据的算术平均值和分组数据的算术平均值两大类。

1. 算术平均值

（1）未分组数据的算术平均值。

根据未分组数据计算的平均值称为简单算术平均值。设一组样本数据为 $x_1, x_2, \cdots, x_n$，样本量为 n，则简单算术平均值的计算公式为

$$\bar{x} = \frac{x_1 + x_2 + \cdots + x_n}{n} = \frac{\sum_{i=1}^{n} x_i}{n} \quad \text{或} \quad \bar{x} = \frac{1}{n} \sum_{i=1}^{n} x_i$$

在 Excel 中，用 AVERAGE 函数计算简单算术平均值，即将总体的各个单位标志值简单相加，然后除以单位项数。AVERAGE 函数的表达式如下：

```
AVERAGE(number1, number2, …)
```

其中，number1,number2,…是需要求其算术平均值的参数，参数个数限制在 30 个以内。number 参数可以是数字、名称、数组或包含数字的引用。值得注意的是，AVERAGE 函数忽略空白、逻辑值和文本单元格。

（2）分组数据的算术平均值。

根据分组数据计算的平均值称为加权算术平均值。设原始数据被分为 k 组，各组的组中值分别用 $M_1, M_2, \cdots, M_k$ 表示，各组变量值出现的频率分别用 $f_1, f_2, \cdots, f_k$ 表示，n 为样本量，则样本加权算术平均值的计算公式为

$$\bar{x} = \frac{M_1 f_1 + M_2 f_2 + \cdots + M_k f_k}{f_1 + f_2 + \cdots + f_k} = \frac{\sum_{i=1}^{k} M_i f_i}{n}$$

从这个公式可以看出，分组和加权的计算方法是一样的。在进行加权计算时，权重给予了一个一个的值；在进行分组计算时，权重给予了一个一个的组，即落在这个组中的值的个数，实际上这是一种客观的加权。当然，最后在进行计算时，权重要直接乘一个具体的值而无法乘一个区间，因此，后面会看到在实际计算时，组中只有一个数（而不是一整个区间）参与计算，这个数就是组中值。

在 Excel 中，通过样本数据计算加权算术平均值要通过数学公式及 SUM 函数来实现。

例 5-1 计算加权算术平均值。

以某厂 123 个生产车间的产量统计数据为例创建一个数据文件，以该数据为基础计算出

该厂每个生产车间产量的加权算术平均值。原始数据如图 5-1 所示。

使用 SUM 函数计算加权算术平均值的步骤如下。

① 计算出每组数据的组中值 M_i 与频率 f_i 的乘积 $M_i f_i$，选中单元格 D2 并输入公式"=B2*C2"，按 Enter 键，再使用自动填充柄将公式复制到 D3:D12 单元格区域，计算所有的 $M_i f_i$ 值。

② 选中单元格 C13，输入函数"=SUM(C2:C12)"，按 Enter 键后，即可在单元格 C13 中计算出样本容量，再使用自动填充柄将公式复制到单元格 D13 中。

③ 选中单元格 E2，输入公式"=D13/C13"，按 Enter 键后，即可求得该厂每个生产车间产量的加权算术平均值，如图 5-2 所示。

	A	B	C
1	产量（台）	组中值 M_i	频数 f_i
2	90～100	95	4
3	100～110	105	9
4	110～120	115	16
5	120～130	125	27
6	130～140	135	20
7	140～150	145	17
8	150～160	155	10
9	160～170	165	8
10	170～180	175	4
11	180～190	185	5
12	190～200	195	3

图5-1　原始数据

E2			▼	f_x	=D13/C13
	A	B	C	D	E
1	产量（台）	组中值 M_i	频数 f_i	$M_i f_i$	加权平均值
2	90～100	95	4	380	136.463415
3	100～110	105	9	945	
4	110～120	115	16	1840	
5	120～130	125	27	3375	
6	130～140	135	20	2700	
7	140～150	145	17	2465	
8	150～160	155	10	1550	
9	160～170	165	8	1320	
10	170～180	175	4	700	
11	180～190	185	5	925	
12	190～200	195	3	585	
13			123	16785	

图5-2　计算结果

2．几何平均值

几何平均值是另一种计算平均变量值的平均值。它不是对单位变量值的算术平均，而是根据各单位变量值连乘积再开几次方来计算的，是 n 个变量值乘积的 n 次方根。几何平均值适用于对比率数据的平均，主要用于计算平均增长率。当掌握的变量本身是比率的形式时，采用几何平均值计算平均比率更为合理。几何平均值一般用 G 表示，其计算公式为

$$G = \sqrt[n]{x_1 \times x_2 \times \cdots \times x_n} = \sqrt[n]{\prod_{i=1}^{n} x_i}$$

在 Excel 中，用 GEOMEAN 函数计算几何平均值，其表达式如下：

```
GEOMEAN(number1, number2, …)
```

其中，number1,number2,…是多达 30 个要求其几何平均值的参数，也可使用单个数组或区域等。

例 5-2　几何平均。

以某公司 2010—2019 年投资收益率为例创建一个数据文件，以该数据为基础计算该公司 2010—2019 年每年的平均收益率。具体操作步骤如下。

选中单元格 B12，输入函数"=GEOMEAN(B2:B11)"，按 Enter 键，即可求得该公司 2010—2019 年每年的平均收益率，如图 5-3 所示。

显然，几何平均适合计算平均比率，但又分两种情况，一种情况是这个比率建立在前一个结果的基础上。例如，计算复利，实际上是把上一年的利息计入本年的本金中；国民生产总值增长率的计算，每年乘以当年增长率的增长结果都是下一年计算增长率的基础，像这种按年份（或期数）计算且增长率暗含着累计关系的，在计算其平均比率时，需要在实际的比率前加 1 后使用几何平均计算。

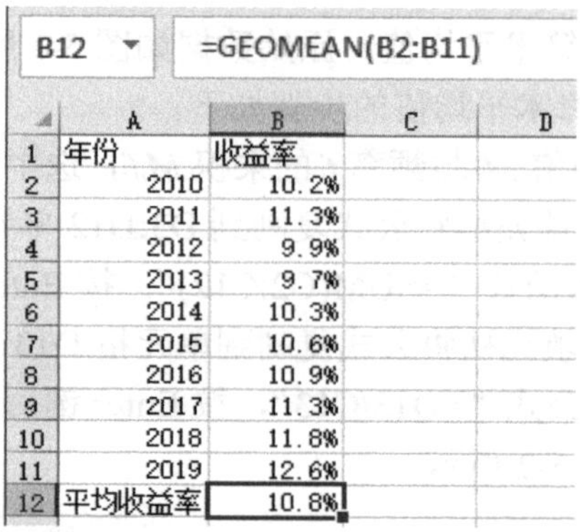

B12　=GEOMEAN(B2:B11)

	A	B	C	D
1	年份	收益率		
2	2010	10.2%		
3	2011	11.3%		
4	2012	9.9%		
5	2013	9.7%		
6	2014	10.3%		
7	2015	10.6%		
8	2016	10.9%		
9	2017	11.3%		
10	2018	11.8%		
11	2019	12.6%		
12	平均收益率	10.8%		

图5-3　求得的平均收益率

而另外一种情况则是要计算的比率之间不存在一个是另一个的基础的场景。例如，一个班级中每位学生的成绩都较上一学期增长了一个比率（降低也是一种比率），要计算这个班级的本年的平均增长率，就直接使用几何平均法。

几何平均还可以对尺度完全不同的数字取平均数。

3．调和平均值

调和平均值又称倒数平均值，是计算同质总体中各单位平均变量值的一种方式，是各变量值的倒数的算术平均值的倒数。调和平均值一般用 H 表示，根据所给资料是否统计分组，它又可分为简单调和平均值和加权调和平均值两种。当掌握的资料未进行统计分组且各个标志值对应的标志总量都相同时，用简单调和平均值计算，其计算公式为

$$H=\frac{1}{\dfrac{\dfrac{1}{x_1}+\dfrac{1}{x_2}+\dots+\dfrac{1}{x_n}}{n}}=\frac{n}{\dfrac{1}{x_1}+\dfrac{1}{x_2}+\dots+\dfrac{1}{x_n}}=\frac{n}{\sum\limits_{j=1}^{n}\dfrac{1}{x_j}}$$

例如，某种水果在甲、乙、丙 3 个农贸市场的价格分别为 1 元/千克、0.9 元/千克、0.8 元/千克，如果在这 3 个农贸市场各购买价值 1 元的水果，那么水果的平均价格应为多少？

解：

$$水果均价=\frac{1+1+1}{\dfrac{1}{1}+\dfrac{1}{0.9}+\dfrac{1}{0.8}}=0.893$$

在 Excel 中，用 HARMEAN 函数计算调和平均值，其表达式如下：

```
HARMEAN (number1, number2, …)
```

其中，number1,number2,…是多达 30 个要求其调和平均值的参数，也可使用单个数组或区域等。

例 5-3　调和平均。

以某班级的语文、数学、英语 3 门考试成绩数据为例创建一个数据文件，以该数据为基础计算出该班级的语文、数学、英语 3 门考试成绩的调和平均值。

使用 HARMEAN 函数计算调和平均值的相关操作如下。

选中单元格 B22，输入函数“=HARMEAN(B2:B21)”后按 Enter 键，即可求得该班级的语文成绩的调和平均值，使用自动填充柄将函数复制到 C22 和 D22 单元格，从而计算出其他课程成绩的调和平均值，最终结果如图 5-4 所示。

D22　=HARMEAN(D2:D21)

	A	B	C	D
1	学号	语文	数学	英语
2	1	81	78	89
3	2	90	89	86
4	3	78	76	69
5	4	76	88	76
6	5	80	97	75
7	6	68	84	98
8	7	78	100	84
9	8	88	93	71
10	9	93	82	84
11	10	84	72	85
12	11	85	75	87
13	12	88	63	73
14	13	82	87	92
15	14	75	96	94
16	15	91	80	89
17	16	87	92	78
18	17	80	84	87
19	18	70	76	90
20	19	75	89	88
21	20	88	77	84
22	平均成绩	81.26599	82.84963	83.21488

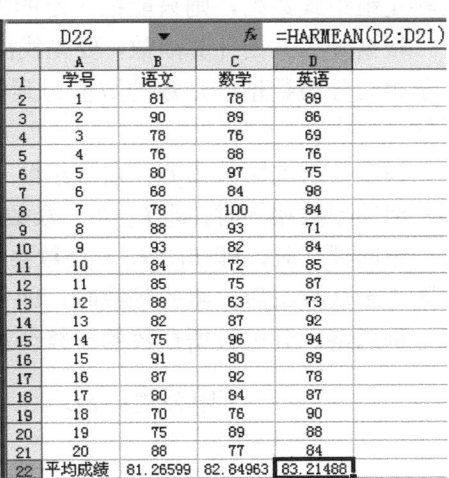

图5-4　调和平均值结果

4. 众数

众数是一组数据中出现次数最多的变量值，从分布角度看，众数是具有明显集中趋势的数值，一组数据分布的最高峰点对应的数值即众数。一组数据可以有多个众数，也可以没有众数。它在数据量较多时使用，主要用于分类数据，也可用于顺序数据和数值型数据。

（1）非分组数据众数的计算。

众数的确定方法因掌握的数据条件的不同而有所不同。根据非分组数据计算众数比较容易，只要找出出现频数最多或出现频率最高的变量值即可。

在 Excel 中，可用 MODE 函数计算非分组数据的众数，其表达式如下：

```
MODE (number1, number2, …)
```

其中，number1,number2,…是多达 30 个要求其众数的参数，也可使用单个数组或区域等。

例 5-4　非分组众数的计算。

下面以某店店员随机抽到的序号选举店长的选票数据为例创建一个数据文件，以该数据为基础计算该店选举店长选票的众数。

使用 MODE 函数计算非分组数据的众数的相关操作如下：单击单元格 B2，输入函数“=MODE(A1:A20)”后按 Enter 键，即可求得该店店长选票数据的众数，结果如图 5-5 所示。

B2　=MODE(A1:A20)

	A	B	C	D	E
1	12	众数			
2	17	12			
3	6				
4	12				
5	17				
6	3				
7	12				
8	6				
9	17				
10	12				
11	3				
12	17				
13	3				
14	12				
15	17				
16	12				
17	3				
18	12				
19	17				
20	12				

图5-5　众数运算结果

可见，店员中的大多数人赞同 12 号店员当店长。

（2）分组数据众数的计算。

非分组数据确定众数比较容易，哪个变量值出现的次数最多，它就是众数。但若掌握的资料是组距式数列，则只能按一定的方法推算众数的近似值。

根据分组数据计算众数，要先找出频数最多的一组作为众数组，然后运用公式确定众数。对于组距分组数据，众数的数值与其相邻两组的频数分布有一定的关系，这种关系可做如下理解。

设众数组的频数为f_m，众数组前一组的频数为f_{-1}，众数组后一组的频数为f_{+1}。当众数相邻两组的频数相等时，即$f_{-1}=f_{+1}$，众数组的组中值即众数；当众数组前一组的频数大于众数组后一组的频数时，即$f_{-1}>f_{+1}$，众数会向其前一组靠，众数小于其组中值；当众数组前一组的频数小于众数组后一组的频数时，即$f_{-1}<f_{+1}$，众数会向其后一组靠，众数大于其组中值。基于这种思路，分组数据众数的计算公式如下，即

$$\text{下限公式：}\quad M_0=L+\frac{f_m-f_{-1}}{(f_m-f_{-1})+(f_m-f_{+1})}\times d=L+\frac{\Delta_1}{\Delta_1+\Delta_2}\times d$$

$$\text{上限公式：}\quad M_0=U-\frac{f_m-f_{+1}}{(f_m-f_{-1})+(f_m-f_{+1})}\times d=U-\frac{\Delta_2}{\Delta_1+\Delta_2}\times d$$

式中，L表示众数所在组的下限；U表示众数所在组的上限；d表示众数所在组的组距。

在利用上述公式计算众数时，假定数据分布具有明显的集中趋势，且众数组的频数在该组内是均匀分布的，若这些假定不成立，则众数的代表性会很差。从分组数据众数的计算公式可以看出，众数是根据众数组及相邻组的频数分布信息来确定数据中心点的位置的，因此，众数是一个位置代表值，不受数据中极端值的影响。

例 5-5　分组众数的计算。

仍以前述某厂 123 个生产车间的产量统计数据创建一个数据文件，以该数据为基础计算出该厂生产车间产量的众数。原始数据如图 5-1 所示。

根据分组数据计算众数的相关操作如下。

① 确定众数组，由原始数据易知，众数组为频数最大的组，即“120～130”组，其频数为 27，可以通过求 C 列的极大值找到它。其实，C 列即频数，反映了在这 123 个生产车间中，产量为“90～100”的有几个，产量为“100～110”的有几个，等等，所有这些数的和仍是 123。

② 选择上限公式或下限公式计算众数。选中单元格 B13，选择下限公式，在单元格中输入“=120+(C5−C4)/((C5−C4)+(C5−C6))*10”后按 Enter 键；再选中单元格 B14，选择上限公式，在单元格中输入“=130−(C5−C6)/((C5−C4)+(C5−C6))*10”后按 Enter 键。其中，120 为众数组的下限，130 为众数组的上限，10 为众数组的组距，C5 为众数组的频数f_m（此例即 27），C4 为众数组前一组的频数f_{-1}（此例即 16），C6 为众数组后一组的频数f_{+1}（此例即 20）。可见，两个公式得到的众数是相等的，均为 126.111 11，如图 5-6 所示。

B13　fx　=120+(C5-C4)/((C5-C4)+(C5-C6))*10

	A	B	C	D	E	F	G
1	产量（台）	组中值 M_i	频数 f_i				
2	90～100	95	4				
3	100～110	105	9				
4	110～120	115	16				
5	120～130	125	27				
6	130～140	135	20				
7	140～150	145	17				
8	150～160	155	10				
9	160～170	165	8				
10	170～180	175	4				
11	180～190	185	5				
12	190～200	195	3				
13	众数(下限公式)	126.11111					
14	众数(上限公式)	126.11111					

图5-6　分组众数的计算结果

5．中位数

中位数是将数据按大小顺序排列起来形成一个数列，居于数列中间位置的那个数据。中位数将全部数据分成两部分，每部分包含 50%的数据，一部分比中位数大，另一部分比中位数小。中位数的作用与算术平均值的作用相近，也是所研究数据的代表值。在一个等差数列或一个正态分布数列中，中位数就等于算术平均值。

在数列中出现了极端变量值的情况下，即当一组数据中包含几个特别大或特别小的数值时，用中位数作为代表值比用算术平均值作为代表值更客观，因为中位数不受极端变量值的影响。如果研究目的就是反映中间水平，那么当然应该用中位数。在进行统计数据的处理分析时，可结合使用中位数。中位数主要用于顺序数据，也可用于数值型数据，但不能用于分类数据。

（1）未分组数据中位数的计算。

根据未分组数据计算中位数分以下两步进行。

① 将标志值按大小排序，设排序结果为

$$x_1 \leqslant x_2 \leqslant x_3 \leqslant \cdots \leqslant x_n$$

② 确定中位数，一般中位数用 M_e 表示，计算方法为

$$M_e = \begin{cases} x_{\frac{n+1}{2}} & n\text{为奇数} \\ \dfrac{x_{\frac{n}{2}} + x_{\frac{n}{2}+1}}{2} & n\text{为偶数} \end{cases}$$

在 Excel 中，用 MEDIAN 函数计算未分组数据的中位数（在 Excel 中又称中值），该函数会将参数排序并找出中值，其语法格式如下：

```
MEDIAN (number1, number2, …)
```

其中，number1,number2,…是多达 30 个要求其中位数的参数（输入参数时不需要按大小顺序输入），也可使用单个数组或区域等。如果有奇数个参数，则中间那个数就是中位数；如果有偶数个参数，则会计算中间两个数字的平均值，例如：

```
MEDIAN (9, 0, 3 )=3
MEDIAN (1, 4, 3, 2 )=2.5
```

例 5-6　未分组数据中位数的计算。

以某产品在 20 家不同零售店中的价格为例创建一个数据文件，以该数据为基础计算出该产品价格的中位数。

根据未分组数据计算中位数的操作如下：选中单元格 B2，输入函数"=MEDIAN (A2: A21)"后按 Enter 键，即可求得该产品价格的中位数，结果如图 5-7 所示。

本例属于在偶数个数据中求中位数，可以很明显地看到，虽然考虑了数据的个数，但不是每个数据的值都被考虑进去了，特别是极大值和极小值，根本就没有参与计算，因此，中位数不受极端变量值的影响。

例 5-7　未分组数据中位数的实用案例。

又如，某客服想了解一下自己在 10 分钟内能处理多少条用户请求，她做了 10 次测试，并把每次的处理条数记录下来，然后用 MEDIAN 函数得出了比较客观的数字，如图 5-8 所示。

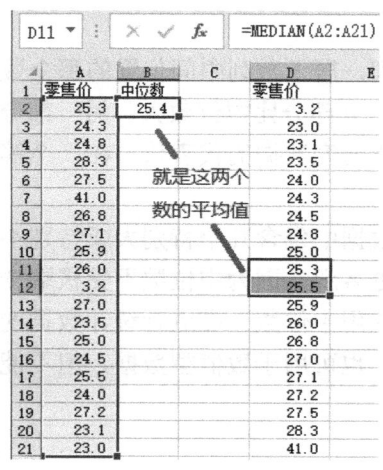

图5-7 中位数运算结果　　　　　　　　图5-8 中位数的应用

此例中，算术平均值与中位数差异很大，很明显，极端变量值影响了算术平均值，但没有影响中位数，因为极大值和极小值根本就没有参与计算，这再次说明了中位数不受极端变量值的影响。

（2）分组数据中位数的计算。

根据分组数据计算中位数也需要分以下两步进行。

① 从变量数列的累计频数栏中找出第 $n/2$ 个单位所在的组，即中位数组，该组的上下限就规定了中位数的可能取值范围。

② 假定在中位数组内的各单位是均匀分布的，则中位数的计算公式为

$$M_e = L_i + \frac{\frac{n}{2} - F_{i-1}}{F_i - F_{i-1}} \times d$$

式中，L_i 表示中位数所在组的下限；d 表示中位数所在组的组距；F_i 表示中位数所在组的累计频数；F_{i-1} 表示中位数所在组的前一组的累计频数；n 表示数据个数。

例 5-8 分组数据中位数的计算。

仍以前述某厂 123 个生产车间的产量统计数据为例创建一个数据文件，以该数据为基础计算出该厂生产车间产量的中位数。原始数据如图 5-1 所示。

根据分组数据计算中位数的步骤如下。

① 选中单元格 C13，输入求和公式"=SUM(C2:C12)"后按 Enter 键，求出样本数为 123；再选中单元格 D14，输入求和公式"=(C13+1)/2"后按 Enter 键，求出中位数所在频数为 62。

② 将单元格 C2 的数据复制到单元格 D2 中，选中单元格 D3，输入公式"=D2+C3"后按 Enter 键，并用自动填充柄将公式复制到 D4:D12 单元格区域，求出累计频数，如图 5-9 所示。

③ 根据步骤①中计算出的中位数所在频数及步骤②中求出的累计频数，找到中位数所在组为"130～140"组。

④ 根据公式计算中位数，选中单元格 D15，输入公式"=130+(C13/2-D5)/(D6-D5)*10"后按 Enter 键，即可得到要求的中位数，如图 5-10 所示。

D3　=D2+C3

	A	B	C	D
1	产量（台）	组中值 M_i	频数 f_i	累计频数
2	90～100	95	4	4
3	100～110	105	9	13
4	110～120	115	16	29
5	120～130	125	27	56
6	130～140	135	20	76
7	140～150	145	17	93
8	150～160	155	10	103
9	160～170	165	8	111
10	170～180	175	4	115
11	180～190	185	5	120
12	190～200	195	3	123
13	累计频数	=sum(C2:C12)	123	
14	中位数的位置	=(C13+1)/2		62

图5-9　求出累计频数

D16　=140-((C13/2-SUM(C7:C12))/C6)*10

	A	B	C	D
1	产量（台）	组中值 M_i	频数 f_i	累计频数
2	90～100	95	4	4
3	100～110	105	9	13
4	110～120	115	16	29
5	120～130	125	27	56
6	130～140	135	20	76
7	140～150	145	17	93
8	150～160	155	10	103
9	160～170	165	8	111
10	170～180	175	4	115
11	180～190	185	5	120
12	190～200	195	3	123
13	累计频数	=sum(C2:C12)	123	
14	中位数的位置	=(C13+1)/2		62
15	中位数下限	=130+((C13/2-D5)/(D6-D5))*10		132.75
16	中位数上限	=140-((C13/2-SUM(C7:C12))/C6)*10		132.75

图5-10　分组数据中位数运算结果

其中，130 为中位数所在组的下限；C13 为样本个数 n；D5 为中位数所在组前一组的累计频数；D6 为中位数所在组的累计频数；10 为组距。在这个实例中，很显然是无法计算算术平均值的，因此只好用中位数代替算术平均值了。

5.1.2　离中趋势

1．方差与标准差

方差与标准差是数据离中趋势的最常用测度值，反映了各变量与均值的平均差异。

方差是各变量值与其平均值离差平方的平均值，能较好地反映出数据的离中趋势。虽然可以用绝对值度量平均差，但不便于运算。因此，通常用方差来度量一组数据的离散性。

方差的平方根称为标准差。标准差越小，代表一组数值越集中在平均值附近。

（1）未分组数据方差与标准差的计算。

方差通常用字母 S^2 来表示，当用于未分组数据时，其计算公式为

$$S^2 = \frac{1}{n}\sum_{i=1}^{n}(x_i - \overline{x})^2$$

该公式的含义：分子就是每个值与算术平均值的差的平方和；分母是样本总数。这是最直观的计算方式，但这种计算方式是有偏估计，而正式使用的方差公式为

$$S^2 = \frac{1}{n-1}\sum_{i=1}^{n}(x_i - \overline{x})^2$$

或

$$S^2 = \frac{\sum_{i=1}^{n}(x_i - \overline{x})^2}{n-1}$$

该公式的含义：分子就是每个值与算术平均值的差的平方和；分母是样本总数减 1，这种估计是无偏估计。在这里，$(n-1)$即自由度。也就是说，在一个容量为 n 的样本里，当确定了$(n-1)$个变量以后，第 n 个变量就确定了，因为样本均值是无偏的。

标准差通常用字母 S 来表示，当用于未分组数据时，其计算公式为

$$S=\sqrt{S^2}=\sqrt{\frac{1}{n}\sum_{i=1}^{n}(x_i-\bar{x})^2} \quad （有偏估计）$$

或

$$S=\sqrt{S^2}=\sqrt{\frac{1}{n-1}\sum_{i=1}^{n}(x_i-\bar{x})^2} \quad （无偏估计）$$

本书统一使用无偏估计。

在 Excel 中，可以用 VAR 函数计算未分组数据的方差，用 STDEV 函数计算未分组数据的标准差，其表达式如下：

```
VAR(number1, number2, …)
STDEV(number1, number2, …)
```

其中，number1,number2,…是多达 30 个要求其方差和标准差的参数，也可使用单个数组或区域等。

例 5-9 未分组数据方差与标准差的计算。

仍以某产品在 20 家不同零售店中的价格为例创建一个数据文件，以该数据为基础，计算出该产品价格的方差与标准差。方差与标准差原始数据如图 5-11 所示。

根据未分组数据计算方差与标准差的操作如下。

选中单元格 B2，输入函数“=VAR (A2:A21)”后按 Enter 键，即可求得该产品价格的方差；选中单元格 C2，输入函数“=STDEV (A2:A21)”后按 Enter 键，即可求得该产品价格的标准差，结果如图 5-12 所示。

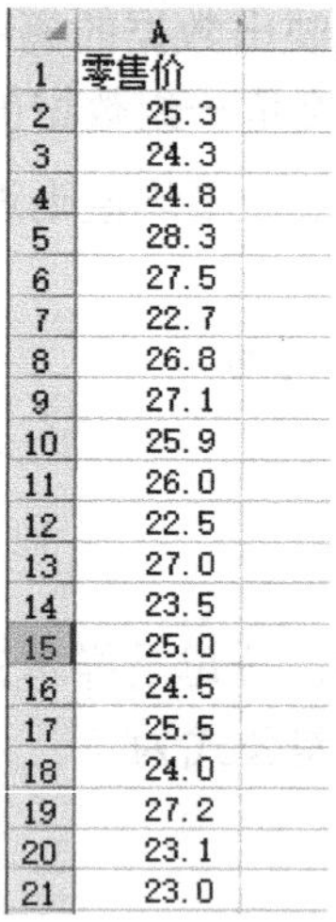

	A
1	零售价
2	25.3
3	24.3
4	24.8
5	28.3
6	27.5
7	22.7
8	26.8
9	27.1
10	25.9
11	26.0
12	22.5
13	27.0
14	23.5
15	25.0
16	24.5
17	25.5
18	24.0
19	27.2
20	23.1
21	23.0

图5-11 方差与标准差原始数据

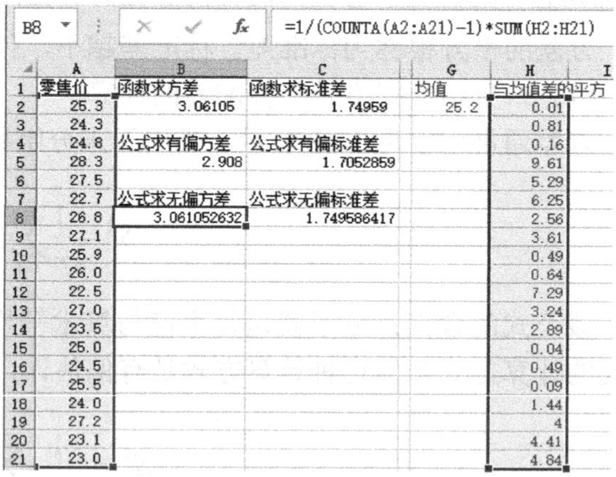

B8 =1/(COUNTA(A2:A21)-1)*SUM(H2:H21)

	A	B	C	G	H	I
1	零售价	函数求方差	函数求标准差	均值	与均值差的平方	
2	25.3	3.06105	1.74959	25.2	0.01	
3	24.3				0.81	
4	24.8	公式求有偏方差	公式求有偏标准差		0.16	
5	28.3	2.908	1.7052859		9.61	
6	27.5				5.29	
7	22.7	公式求无偏方差	公式求无偏标准差		6.25	
8	26.8	3.061052632	1.749586417		2.56	
9	27.1				3.61	
10	25.9				0.49	
11	26.0				0.64	
12	22.5				7.29	
13	27.0				3.24	
14	23.5				2.89	
15	25.0				0.04	
16	24.5				0.49	
17	25.5				0.09	
18	24.0				1.44	
19	27.2				4	
20	23.1				4.41	
21	23.0				4.84	

图5-12 方差与标准差运算结果

（2）分组数据方差与标准差的计算。

在应用于分组数据时，方差的计算公式为

$$S^2=\frac{(M_1-\bar{x})^2 f_1+(M_2-\bar{x})^2 f_2+\cdots+(M_k-\bar{x})^2 f_k}{n}=\frac{\sum_{i=1}^{k}(M_i-\bar{x})^2 f_i}{n}$$

该公式的含义：对组中值减去平均值（注意：这个平均值指的是分组数据的算术平均值）的差求平方后，乘以该组频数（权重），将各组的这个乘积累加后除以总权数。这是有偏估计，

当将其换成无偏估计时，分母为$(n-1)$，此时的方差为

$$S^2=\frac{\sum_{i=1}^{k}(M_i-\overline{x})^2 f_i}{n-1}$$

相应地，无偏估计下的标准差的计算公式为

$$S=\sqrt{\frac{\sum_{i=1}^{k}(M_i-\overline{x})^2 f_i}{n-1}}$$

例 5-10　分组数据方差与标准差的计算。

仍以某厂 123 个生产车间的产量统计数据为例创建一个数据文件，以该数据为基础计算出该厂生产车间产量的方差与标准差。原始数据如图 5-1 所示。

根据分组数据计算方差与标准差的相关操作如下。

① 计算加权平均值，具体步骤如下。

- 计算出每组数据中组中值 M_i 与频数 f_i 的乘积 M_if_i，选中单元格 D2 并输入公式“=B2*C2”，按 Enter 键，再使用自动填充柄将公式复制到 D3:D12 单元格区域，计算所有的 M_if_i 值。
- 选中单元格 C13，输入函数“=SUM(C2:C12)”，按 Enter 键，即可在单元格 C13 中计算出样本容量，再使用自动填充柄将公式复制到单元格 D13 中。
- 选中单元格 B14，输入公式“=D13/C13”，按 Enter 键，即可求得该厂每个生产车间的加权平均产量，结果如图 5-13 所示。

② 选中单元格 E2，输入公式“=(B2-$B$14)^2*C2”后按 Enter 键，再用自动填充柄填充到 E3:E12 单元格区域。

③ 选中单元格 B15，输入公式“=SUM(E2:E12)/(C13-1)”后按 Enter 键，求得分组数据方差。

④ 选中单元格 B16，输入公式“=SQRT(B15)”后按 Enter 键，即求得分组数据标准差，如图 5-14 所示。

B14　=D13/C13

	A	B	C	D
1	产量（台）	组中值 M_i	频数 f_i	M_if_i
2	90～100	95	4	380
3	100～110	105	9	945
4	110～120	115	16	1840
5	120～130	125	27	3375
6	130～140	135	20	2700
7	140～150	145	17	2465
8	150～160	155	10	1550
9	160～170	165	8	1320
10	170～180	175	4	700
11	180～190	185	5	925
12	190～200	195	3	585
13	合计		123	16785
14	加权平均值	136.463415		

图5-13　分组数据方差与标准差计算中的单位加权平均

E2　=(B2-$B$14)^2*C2

	A	B	C	D	E
1	产量（台）	组中值 M_i	频数 f_i	M_if_i	每组组中值与加权平均产量差的平方乘以频数
2	90～100	95	4	380	6876.859012
3	100～110	105	9	945	8909.518144
4	110～120	115	16	1840	7370.850684
5	120～130	125	27	3375	3548.066627
6	130～140	135	20	2700	42.83164783
7	140～150	145	17	2465	1238.845925
8	150～160	155	10	1550	3436.04997
9	160～170	165	8	1320	6514.693635
10	170～180	175	4	700	5940.273647
11	180～190	185	5	925	11779.00059
12	190～200	195	3	585	10279.59548
13	合计		123	16785	
14	加权平均产量	136.4634146			
15	分组方差	540.4638145			
16	分组标准差	23.24787763			

图5-14　分组数据方差与标准差计算结果

2．偏度与峰度

集中趋势和离中趋势是数据分布的两大重要特征，但要想全面了解数据分布的特点，还需要知道数据分布的形状对称、偏斜的程度，以及分布的扁平程度等。对数据分布形状的测度主要有偏度和峰度两个统计指标。

（1）偏度。

偏态是对数据分布对称性的测度，测度偏态的统计量是偏度。如果一组数据的分布是对称的，则偏度为0；如果偏度显示不为0，则表明分布是非对称的；如果偏度大于1或小于-1，则分布为高度偏态；若偏度为0.5～1或-1～-0.5，则认为是中等度偏态分布；偏度越接近0，说明分布的偏斜程度越小。偏度示意图如图5-15所示。

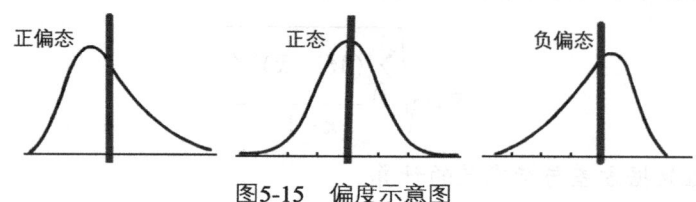

图5-15　偏度示意图

一般用SK表示偏度，其计算公式为

$$SK = \frac{n\sum(x_i - \bar{x})^3}{(n-1)(n-2)s^3}$$

若SK为正值，则可以判断分布为右偏分布，即向正数方向多些，在正数方向有较多的极端值，故又称正偏态；反之，若SK为负值，则可以判断分布为左偏分布，即向负数方向多些，在负数方向有较多的极端值，故又称负偏态。SK的绝对值越大，表明偏斜的程度越大。

在Excel中，可以用SKEW函数计算数据的偏度，其表达式如下：

```
SKEW (number1, number2, …)
```

其中，number1,number2,…是多达30个要求其偏度的参数，也可使用单个数组或区域等。

例5-11　*偏度的计算。*

仍以某产品在20家不同零售店中的价格为例创建一个数据文件，以该数据为基础计算出该产品价格分布的偏度，其原始数据如图5-11所示。

计算偏度的操作如下。

选中单元格B2，输入函数"=SKEW(A2:A21)"后按Enter键，即可求得该产品价格分布的偏度，结果如图5-16所示。

	B2		f_x	=SKEW(A2:A21)	
	A	B	C	D	E
1	零售价	偏度			
2	25.3	0.1			
3	24.3				
4	24.8				
5	28.3				
6	27.5				
7	22.7				
8	26.8				
9	27.1				
10	25.9				
11	26.0				
12	22.5				
13	27.0				
14	23.5				
15	25.0				
16	24.5				
17	25.5				
18	24.0				
19	27.2				
20	23.1				
21	23.0				

图5-16　偏度运算结果

由图 5-16 可知，该产品价格分布的偏度为 0.1，说明这组数据的偏斜程度较小，总体上符合对称分布。

（2）峰度。

峰态是对数据分布平峰或尖峰程度的测度，测度峰态的统计量是峰度。峰态通常是与标准正态分布相比较而言的。若一组数据服从标准正态分布，则峰度的值为 0；若峰度明显不为 0，则表明分布比正态分布更平或更尖。峰度示意图如图 5-17 所示。

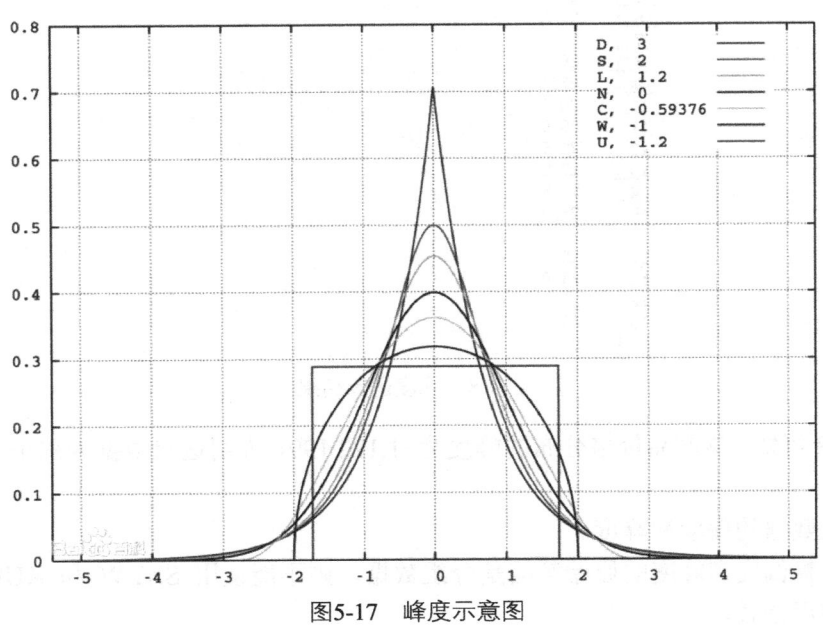

图5-17　峰度示意图

一般用 K 表示峰度，其计算公式为

$$K = \frac{n(n+1)}{(n-1)(n-2)(n-3)} \sum \left(\frac{x_i - \bar{x}}{s} \right)^4 - \frac{3(n-1)^2}{(n-2)(n-3)}$$

这里要特别说明的是，标准的峰度计算公式会把 3 当作标准的峰度值，但是诸如 Excel、SPSS 等软件厂商，为了作图方便，均人为地在其峰度公式中减去 3，以便将峰度的标准值定为 0，因此，在该公式中，后面的 $-\dfrac{3(n-1)^2}{(n-2)(n-3)}$ 只适用于 Excel、SPSS 等软件统计结果。

用峰度说明分布的扁平或尖峰程度是通过与标准正态分布进行比较而言的。正态分布的峰度为 0，当 $K>0$ 时，分布为尖峰分布，说明数据的分布更加集中；当 $K<0$ 时，分布为扁平分布，说明数据的分布更加分散。

在 Excel 中，可以用 KURT 函数计算数据的峰度，其表达式如下：

```
KURT (number1, number2, …)
```

其中，number1,number2,…是多达 30 个要求其峰度的参数，也可使用单个数组或区域等。

例 5-12　峰度的计算。

仍以某产品在 20 家不同零售店中的价格为例创建一个数据文件，以该数据为基础计算出该产品价格分布的峰度，其原始数据如图 5-11 所示。

计算峰度的操作如下。

选中单元格 B2，输入函数"=KURT(A2:A21)"后按 Enter 键，即可求得该产品价格分布的峰度，结果如图 5-18 所示。

B2		f_x	=KURT(A2:A21)	
	A	B	C	D	E
1	零售价	峰度			
2	25.3	-1.122199			
3	24.3				
4	24.8				
5	28.3				
6	27.5				
7	22.7				
8	26.8				
9	27.1				
10	25.9				
11	26.0				
12	22.5				
13	27.0				
14	23.5				
15	25.0				
16	24.5				
17	25.5				
18	24.0				
19	27.2				
20	23.1				
21	23.0				

图5-18　峰度运算结果

由图 5-18 可知，该产品价格分布的峰度为-1.122 199，说明这组数据为扁平分布，数据较为分散。

（3）分组数据的偏度和峰度。

如果要计算偏度和峰度的原始数据是分组数据，则不能使用 SKEW 和 KURT 函数来计算，而必须使用公式。

例 5-13　分组数据偏度与峰度的计算。

下面以一个实例来演示如何计算分组数据的偏度和峰度。假定有原始分组数据如图 5-19 所示。

第 1 步，添加组中值并在 E2 单元格中计算分组算术平均值（因为数据未收敛，故组中值的设定有较大的假设性），计算公式为：

```
=SUMPRODUCT(B2:B12,C2:C12) /SUM(C2:C12)
```

执行上述操作，结果如图 5-20 所示。

	A	B
1	组	频率
2	5-	0.0228
3	5~10	0.1245
4	10~15	0.2035
5	15~20	0.1952
6	20~25	0.1493
7	25~30	0.1035
8	30~35	0.0656
9	35~40	0.0413
10	40~45	0.0268
11	45~50	0.0181
12	50+	0.0494
13	合计	1

图5-19　原始分组数据

E2		=SUMPRODUCT(B2:B12,C2:C12)/SUM(C2:C12)			
	A	B	C	D	E	F
1	组	组中值	频率		分组算术平均值	
2	5-	2.5	0.0228		21.429	
3	5~10	7.5	0.1245			
4	10~15	12.5	0.2035			
5	15~20	17.5	0.1952			
6	20~25	22.5	0.1493			
7	25~30	27.5	0.1035			
8	30~35	32.5	0.0656			
9	35~40	37.5	0.0413			
10	40~45	42.5	0.0268			
11	45~50	47.5	0.0181			
12	50+	52.5	0.0494			

图5-20　添加组中值并计算分组算术平均值

第 2 步，计算各组方差，并在此基础上计算总的方差，再由总方差求出总标准差，计算公式分别为：

```
=(B2-$E$2)^2*C2
```

```
=SUM(G2:G12)/SUM(C2:C12)
=SQRT(H2)
```

执行上述操作，结果如图 5-21 所示。

第 3 步，分别计算出偏度计算因子和峰度计算因子，计算公式分别为：

```
=(B2-$E$2)^3*C2
=(B2-$E$2)^4*C2
```

执行上述操作，结果如图 5-22 所示。

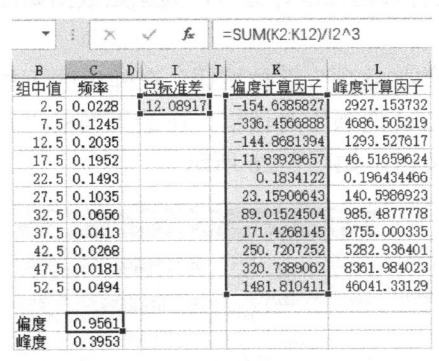

图5-21　计算各组方差、总方差、总标准差

图5-22　计算出偏度计算因子和峰度计算因子

第 4 步，计算偏度和峰度，计算公式分别为：

```
=SUM(K2:K12)/I2^3
=SUM(L2:L12)/I2^4-3
```

执行上述操作，结果如图 5-23 所示。

第 5 步，根据频数（或频率）生成直方图，以直观了解分组数据偏度和峰度，如图 5-24 所示。

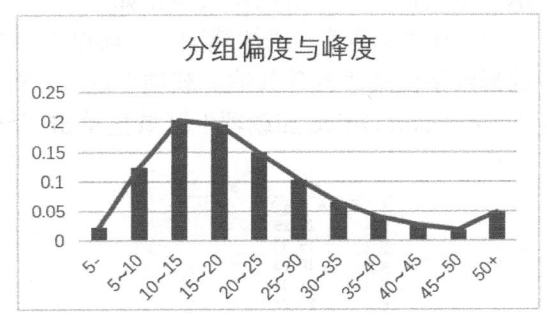

图5-23　计算分组数据偏度和峰度

图5-24　直观了解分组数据偏度和峰度的直方图

5.1.3　使用数据分析工具进行描述性统计分析

1．加载数据分析工具

在 Excel 中，数据分析工具并不是作为命令按钮显示在选项卡中的，如果使用数据分析工具，则必须另行加载。加载数据分析工具的操作如下。

（1）依次单击"文件"→"选项"按钮，弹出"Excel 选项"对话框。

（2）在"Excel 选项"对话框中，选择"加载项"选项卡，在右侧的"加载项"列表框中选择"分析工具库"选项，再单击"转到"按钮，弹出"加载宏"对话框。

（3）在"加载宏"对话框中，选中"分析工具库"复选框，然后单击"确定"按钮。

（4）若用户是第一次使用此功能，则系统会提出该功能需要安装，此时单击"是"按钮即可。

（5）安装完成后，重启计算机，打开 Excel，选择"数据"选项卡，此时，"数据"选项卡右侧已含有"数据分析"选项。

2．Excel 分析工具常用统计量介绍

对于一组数据（样本观察值），要想获得它们的一些常用统计量，可以使用 Excel 2016 提供的统计函数来实现，如 AVERAGE（平均值）、STDEV（样本标准差）、VAR（样本方差）、KURT（峰度系数）、SKEW（偏度系数）、MEDIAN（中位数）、MODE（众数）等函数。但最方便快捷的方法是利用 Excel 分析工具库中的描述统计工具来生成描述用户数据的标准统计量，它可以给出一组数据的许多常用统计量，包括平均值、标准误差、中位数、众数、标准偏差、方差、峰度、偏度、最小值、最大值、总和、观测数和置信度等，如表 5-1 所示。

表 5-1　Excel 分析工具库给出的一组常用统计量

平均值	标准差	区域	计数
标准误差	样本方差	最大值	第 K 个最大值
中位数（中值）	峰度（样本峰值）	最小值	第 K 个最小值
众数（模式）	偏度（样本偏度）	总和	置信度

下面通过案例来介绍用数据分析工具进行描述性统计分析的操作。

3．描述性统计分析案例

例 5-14　描述性统计应用案例——家庭收入问题。

以某地区 20 户家庭年收入数据为例，对该数据进行描述性统计分析，其原始数据如图 5-25 所示。描述性统计分析的相关操作如下。

（1）在"插入"→"加载项"选项组中单击"我的加载项"下拉按钮，在弹出的下拉菜单中选择最下面的"管理其他加载项"选项，弹出"Excel 选项"对话框，在最下面的"查看和管理 Microsoft Office 加载项"区域里单击"转到"按钮，如图 5-26 所示。

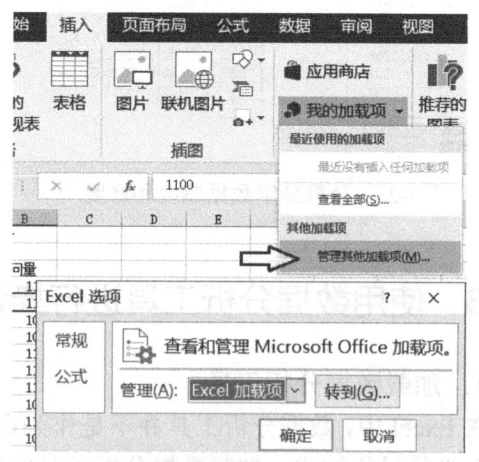

图5-25　例5-14原始数据　　　　图5-26　单击"转到"按钮

此时将弹出"加载宏"对话框，选中其中的"分析工具库"复选框后单击"确定"按钮，如图 5-27 所示。

"数据分析"对话框，如图 5-28 所示。

（3）在"数据分析"对话框中选择"描述统计"选项后单击"确定"按钮，弹出"描述统计"对话框。

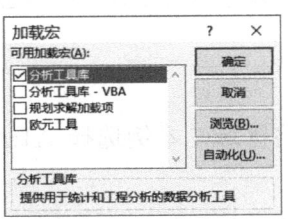

图5-27　"加载宏"对话框

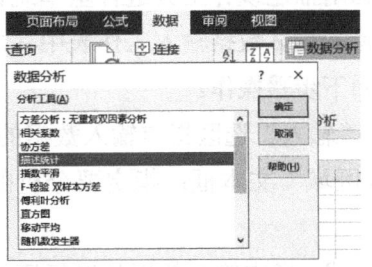

图5-28　"数据分析"对话框

（4）在"描述统计"对话框中，在"输入区域"文本框中输入或选择单元格区域 A2:A21，选中"标志位于第一行"复选框，输出区域选择 C2。再选中下面的"汇总统计""平均数置信度""第 K 大值""第 K 小值"4 个复选框。需要注意的是，在"平均数置信度""第 K 大值""第 K 小值"3 个复选框右侧的数值框中输入用户想要的值，如图 5-29 所示。

（5）单击"确定"按钮，即可得到描述性统计分析的结果，如图 5-30 所示。

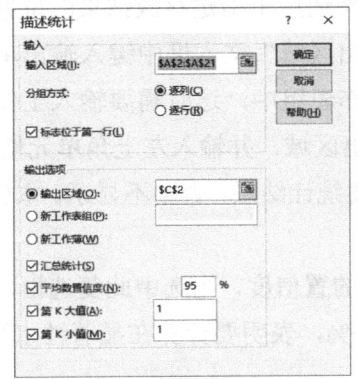

	A	B	C	D
1	年收入（万）			
2	20.25		年收入（万）	
3	15.32			
4	10.28		平均	13.93632
5	17.93		标准误差	0.919768
6	25.98		中位数	13.27
7	10.28		众数	10.28
8	13.27		标准差	4.009176
9	18.74		方差	16.07349
10	16.23		峰度	3.379405
11	14.38		偏度	1.587122
12	11.72		区域	16.35
13	9.69		最小值	9.63
14	14.32		最大值	25.98
15	16.54		求和	264.79
16	12.39		观测数	19
17	11.68		最大(1)	25.98
18	10.42		最小(1)	9.63
19	13.57		置信度(95.0%)	1.932361
20	9.63			
21	12.42			

图5-29　正确设置"描述统计"对话框中的各项参数　　　图5-30　例5-14运算结果

例 5-15　描述性统计应用案例——柚子的最大宽度问题。

某水果基地培育了新的柚子，想要知道产出的柚子大小在总体上有多大，但不可能把每个柚子都测一次，因此进行了采样并列出了 84 个柚子的最大宽度（单位：mm），如图 5-31 所示。

141	148	132	138	154	142	150	146	155	158
150	140	147	148	144	150	149	145	149	158
143	141	144	144	126	140	144	142	141	140
145	135	147	146	141	136	140	146	142	137
148	154	137	139	143	140	131	143	141	149
148	135	148	152	143	144	141	143	147	146
150	132	142	142	143	153	149	146	149	138
142	149	142	137	134	144	146	147	140	142
140	137	152	145						

图5-31　例5-15原始数据

　　试给出这些数据的均值、方差、标准差等统计量，判断是否来自正态总体（取 $\alpha=0.05$），并制作直方图。

　　（1）利用描述统计工具进行基本统计分析。

　　将所有的测试数据输入工作表中（本例存放在 A1:A85 单元格区域），在"描述统计"对话框中按如下步骤操作。

　　① 在"输入"选区指定输入数据的有关参数。

　　"输入区域"文本框：指定要分析的数据所在的单元格区域，本例选择 A1:A85 单元格区域。

　　分组方式：指定输入数据是以行还是以列的方式排列的，这里选定"逐列"单选按钮，因为给定的柚子的最大宽度是按列排列的。

　　"标志位于第一行"复选框：若输入区域包括列标志行，则必须选中此复选框；否则，不能选中该复选框，此时 Excel 自动以列 1、列 2、列 3……作为数据的列标志。本例选中此复选框。

　　② 在"输出选项"选区内指定有关输出选项。

　　"输出区域""新工作表组""新工作簿"3 个单选按钮用于指定存放结果的位置：如果要输出到当前工作表的某个单元格区域，则需要在"输出区域"文本框中键入输出单元格区域的左上角单元格的绝对地址；也可以指定输出到新工作表组中，这时需要输入工作表名称；还可以指定输出到新工作簿中。本例将结果输出到输出区域，并输入左上角单元格地址 C1。

　　"汇总统计"复选框：若选中该复选框，则显示描述统计结果；否则不显示。本例选中"汇总统计"复选框。

　　"平均数置信度"复选框：如果需要输出包含均值的置信度，则选中此复选框，并输入所要使用的置信度。本例键入 95，即平均数置信度为 95%，表明要计算在显著性水平为 5%时的平均数置信度。

　　"第 K 大值"复选框：根据需要指定要输出数据中的第几个最大值。本例选中"第 K 大值"复选框，并输入 3，表示要求输出第 3 大的数值。

　　"第 K 小值"复选框：根据需要指定要输出数据中的第几个最小值。本例选中"第 K 小值"复选框，并输入 3，表示要求输出第 3 小的数值。

　　设置完成的"描述统计"对话框如图 5-32 所示。

　　设置完成后单击"确定"按钮，这时 Excel 2016 将描述性统计分析结果存放在当前工作表的 C1:D18 单元格区域，如图 5-33 所示。

　　由此可知，这些柚子的最大宽度的样本平均值为 143.773 8、样本方差为 35.647 02、中位数为 143.5、众数为 142、最小值为 126、最大值为 158，且偏度（=−0.138 62）与峰度（=0.468 524）都非常接近 0，因此，可以认为这些数据来自正态总体。

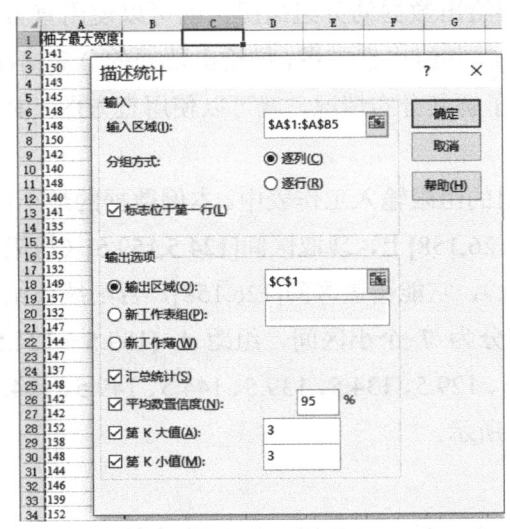

图5-32　设置完成的"描述统计"对话框　　　　图5-33　例5-15的描述性统计分析结果

（2）制作直方图。

要制作直方图，就要先了解什么是直方图。在 Excel 中，描述单变量数据有 3 种方式，分别是描述统计（加载宏）、直方图、排位与百分比排位。

- 描述统计：主要针对一组数据，算出其平均值、标准误差、中位数、众数、方差、标准差等指标，通过这些指标来发现该组数据的分布状态、数字特征等内在规律。
- 直方图：用于帮助用户快速地对一组数据的每个分段数据的量进行统计，根据统计结果绘制相应的柱形图，让用户能够简单、直观地分析数据组中数据的频数分布情况。
- 排位与百分比排位：可以产生一个数据表，其中包含数据集中各个数值的顺序排位与百分比排位，用来分析数据集中各数值间的相对位置关系。

制作直方图的具体步骤如下。

① 首先，根据数据的最大值、最小值取一个区间[a,b]，其下限值比最小的数据稍小，上限值比最大的数据稍大。

② 然后，将这一区间分为 k 个小区间，小区间的长度记为 Δ，称为组距（各组距可以不相等），小区间的端点称为组限。通常，当 n（样本容量）较大时，k 取 10～20，当 $n<50$ 时，k 取 5～6，如果过大，则会出现某些小区间内频数为零的情况（一般应设法避免）。计算出落在每个小区间内的数据的频数 f_i（出现次数）和频率 f_i/n，$i=1,2,\cdots k$。

③ 最后，自左至右依次在各个小区间上作以 $\dfrac{f_i}{n}/\Delta$ 为高的小矩形（若诸小区间长度不等，记第 i 个区间的长度为 Δ_i，则对第 i 个区间作高为 $\dfrac{f_i}{n}/\Delta$ 的矩形）。这样的图形就叫作直方图。

显然，直方图中小矩形的面积就等于数据落在该小区间的频率 f_i/n。由于当 n 很大时，频率接近于概率，因而，一般来说，每个小区间上的小矩形面积接近于概率密度曲线之下该小区间之上的曲边梯形的面积。因此，通常直方图的外轮廓曲线接近于总体的概率密度曲线。这样，直方图就直观地给出了数据的统计特性和分布情况。

在 Excel 2016 中，对于给定的一组数据，只要给出数据的分组情况，就可以使用直方图分析工具统计出落在每个小区间内的数据的频数 f_i，并给出直方图，描绘出数据的分布情况。

具体到本例中（柚子的最大宽度），要想粗略了解其分布情况，就可以使用直方图，具体操作步骤如下。

① 准备数据，即对数据进行分组，然后将每组的组限输入工作表中。本例数据的最小值、最大值分别为 126、158，即所有的数据落在区间[126,158]上，现取区间[124.5,159.5]（组限通常取得比数据的精度高一位，以免数据落在端点上），它能覆盖区间[126,158]，否则统计结果将不包含最小值和最大值。将区间[124.5,159.5]等分为 7 个小区间，组距 $\Delta=(159.5-124.5)/7=5$，因此各个小区间的端点从左到右依次为 124.5、129.5、134.5、139.5、144.5、149.5、154.5、159.5，将它们输入 C2:C9 单元格区域，如图 5-34 所示。

② 制作。

首先，选择"工具"菜单中的"数据分析"命令，弹出"数据分析"对话框。

然后，在"分析工具"列表框中选择"直方图"选项，单击"确定"按钮，这时将弹出"直方图"对话框，在此进行如下设置。

在"输入"选区内指定输入参数。本例在"输入区域"文本框内键入数据所在的单元格区域 A1:A85，选中"标志"复选框，在"接收区域"文本框内输入组限数据所在的单元格区域 C1:C9。

在"输出选项"选区内指定输出选项。本例将统计结果存放在当前工作表中，即选中"输出区域"单选按钮，并指定输出区域的左上角单元格为 E1。

设置完成的"直方图"对话框如图 5-35 所示。

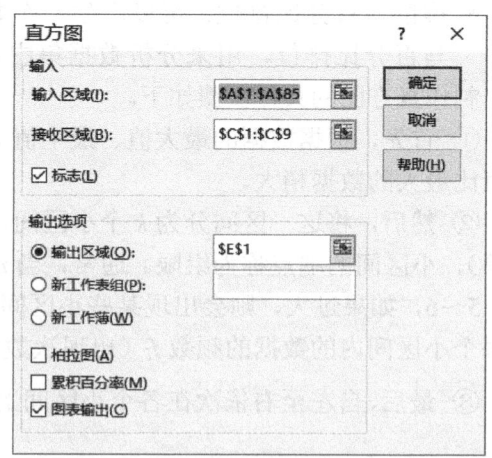

图5-34　准备数据　　　　图5-35　设置完成的"直方图"对话框

其中需要注意的是，根据需要确定是否选定"柏拉图""累积百分率""图表输出"复选框。若选定"柏拉图"复选框，则统计结果按频率从大到小的顺序排序；若选定"累积百分率"复选框，则统计结果中增加一列频率累积频率的百分比；若选定"图表输出"复选框，则根据统计结果画出直方图。本例只选定"图表输出"复选框。

最后，单击"确定"按钮，Excel 给出统计结果，如图 5-36 所示。

注意：在 Excel 给出的直方图分析结果中，被称为"频率"的数据实际上是"频数"，即数据在某个小区间内出现的次数。此外，直方图中的"其他"项是指数据中大于区间上限的数据个数，本例就是大于 159.5 的数据个数。

如果在作图时选中"累积百分率"复选框，则统计结果中增加一列累积百分率，如图 5-37 所示。

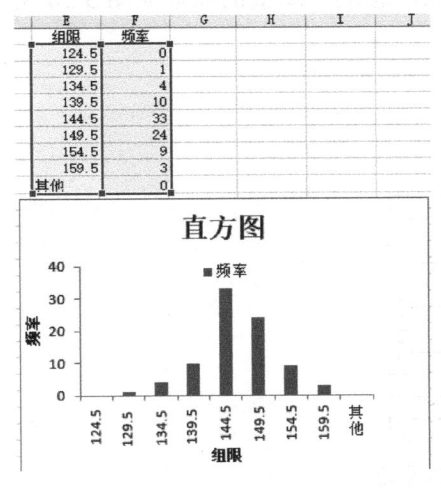

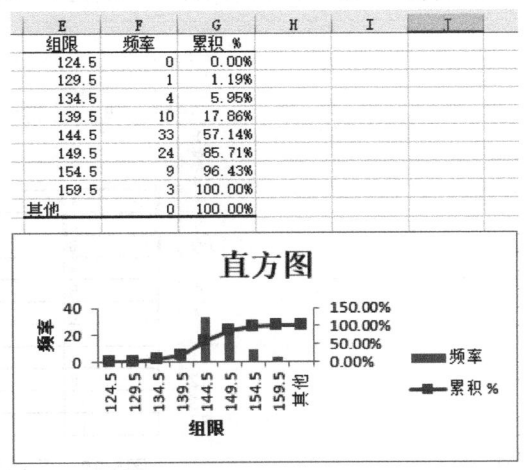

图5-36 例5-15统计结果及直方图　　　　图5-37 增加了累积百分率的直方图

从直方图可以看出，它有一个峰，中间高、两头低，比较对称。看起来很像来自正态总体。这一点与前面利用 Excel 2016 的描述统计工具，根据偏度、峰度检验法认为数据是来自正态总体的结论是一致的。

5.2 预测分析

时间序列是按时间顺序排列的一组数字序列，时间序列预测法利用这组数字数列，应用数理统计方法加以处理，以预测未来事物的发展。

1. 移动平均法

移动平均法是一种简单平滑预测技术，是以对时间序列逐期递移求得的平均数作为预测值的一种预测方法，其基本思想如下：根据时间序列资料逐项推移，依次计算包含一定项数的序时平均值，以反映长期趋势。因此，当时间序列的数值受周期变动和随机波动的影响起伏较大而不易显示出事件的发展趋势时，使用移动平均法可以消除这些因素的影响，显示出事件的发展方向与趋势（趋势线），然后就可以依趋势线分析预测序列的长期趋势了。

移动平均法分为简单移动平均法和趋势移动平均法。

（1）简单移动平均法。

简单移动平均法是指将最近的 N 期数据加以平均以作为下一期的预测值。设有一时间序列 $y_1, y_2, \cdots, y_t$，则按数据点的顺序逐点推移求出 N 个数的平均数，即可得到一次移动平均数：

$$M_t^{(1)} = \frac{y_t + y_{t-1} + \cdots + y_{t-N+1}}{N} = M_{t-1}^{(1)} + \frac{y_t - y_{t-N}}{N}, \quad t \geq N$$

式中，$M_t^{(1)}$ 为第 t 期的一次移动平均数；y_t 为第 t 期的观测值；N 为移动平均的项数，即求每次移动平均数使用的观察值的个数。

此公式表明，当期的移动平均值等于上一期的移动平均值加上一个常数。当 t 向前移动一个时期时，就增加一个新近数据，去掉一个远期数据，得到一个新的平均数。由于它不断地“吐故纳新”，逐期向前移动，所以称为移动平均法。移动平均值的原理如图 5-38 所示。

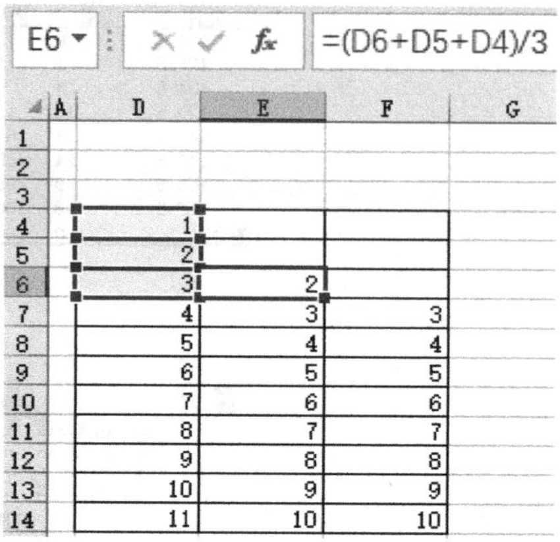

图5-38　移动平均值的原理

由于移动平均法可以平滑数据、消除周期变动和不规则变动的影响，使得长期趋势显示出来，因而可以用于预测，其预测公式为

$$\hat{y}_{t+1} = M_t^{(1)}$$

即以第 t 期的一次移动平均数作为第 $t+1$ 期的预测值。移动平均用于预测的原理如图 5-39 所示。

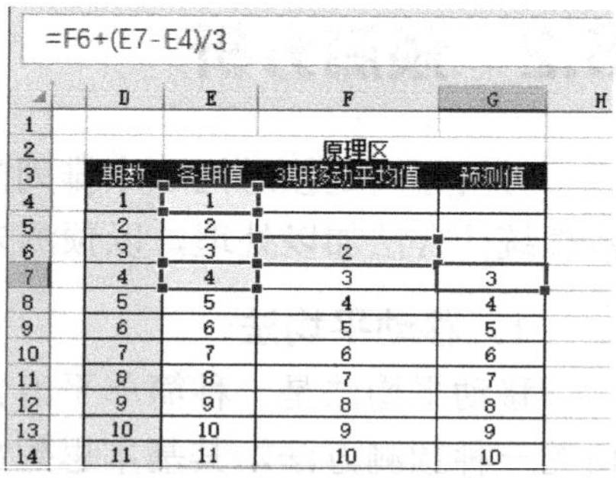

图5-39　移动平均用于预测的原理

对于给定的时间序列，Excel 2016 的加载项“数据分析”提供了移动平均的功能。下面通过一个实例来进行介绍。

例 5-16　*用简单移动平均法预测增长率。*

设有某地 1987—2017 年的 GDP 增长率，如图 5-40 所示，要求依据简单移动平均法预测 2018 年的 GDP 增长率，步长为 3，并计算预测误差。

首先，在“加载宏”对话框中选择加载宏“分析工具库”，如图 5-41 所示。

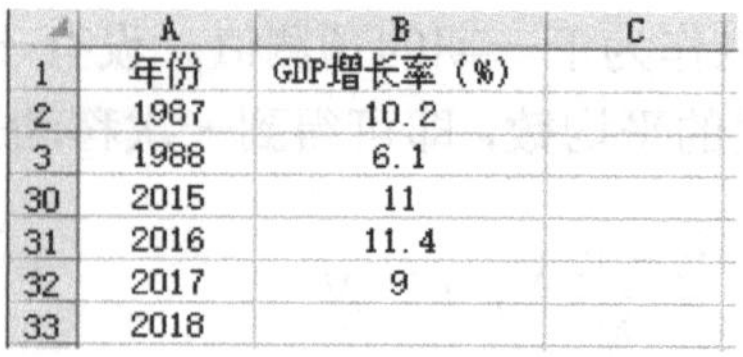

	A	B	C
1	年份	GDP增长率（%）	
2	1987	10.2	
3	1988	6.1	
30	2015	11	
31	2016	11.4	
32	2017	9	
33	2018		

图5-40　例5-16原始数据（局部）

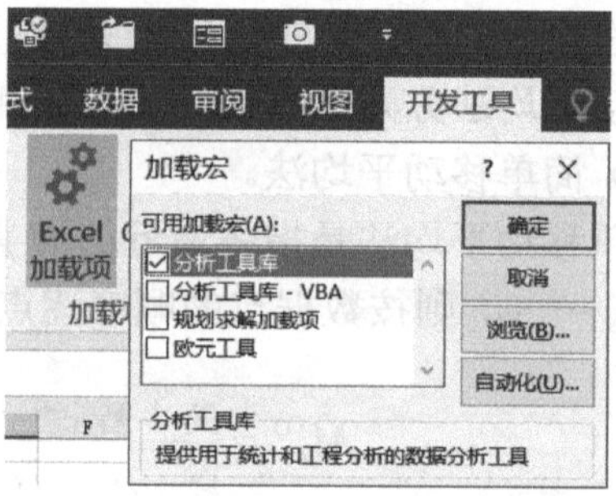

图5-41　选择加载宏“分析工具库”

此时，Excel 的"数据"选项卡中多了一个"分析"选项组，单击其中的"数据分析"按钮，弹出"数据分析"对话框，在其中选择"移动平均"选项，如图 5-42 所示。

在随后弹出的"移动平均"对话框中进行如图 5-43 所示的设置。

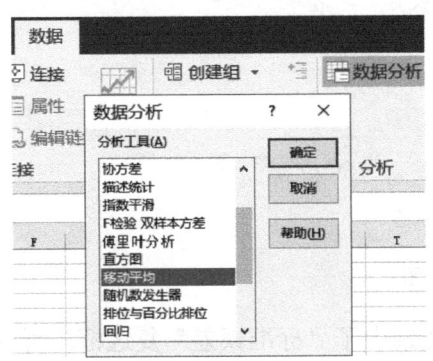

图5-42　在"数据分析"对话框中
选择"移动平均"选项

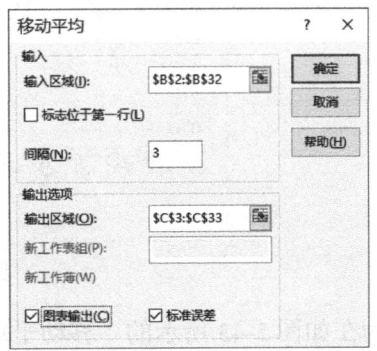

图5-43　设置"移动平均"对话框中的各项参数

Excel 很快计算出了移动平均值，如图 5-44 所示，并同时生成了相应的折线图，如图 5-45 所示。

	A	B GDP增长率（%）	C
1		GDP增长率（%）	
2	1987	10.2	
3	1988	6.1	#N/A
4	1989	6.5	#N/A
5	1990	3.9	7.6
6	1991	7.5	5.5
7	1992	9.3	5.966666667
8	1993	13.7	6.9
9	1994	11.9	10.16666667
10	1995	7.2	11.63333333
11	1996	9.8	10.93333333
12	1997	9.5	9.633333333
13	1998	7.8	8.833333333
14	1999	2.3	7.266666667
15	2000	7.7	4.766666667
16	2001	12.8	4.166666667
17	2002	12.7	7.6
18	2003	11.8	11.06666667
19	2004	9.7	12.43333333
20	2005	8.9	11.4
21	2006	8.2	10.13333333
22	2007	6.8	8.933333333
23	2008	6.7	7.966666667
24	2009	7.6	7.233333333
25	2010	7.5	7.033333333
26	2011	8.4	7.266666667
27	2012	9.3	7.833333333
28	2013	9.4	8.4
29	2014	9.8	9.033333333
30	2015	11	9.5
31	2016	11.4	10.06666667
32	2017	9	10.73333333
33	2018		10.46666667

C5 =AVERAGE(B2:B4)

图5-44　计算结果

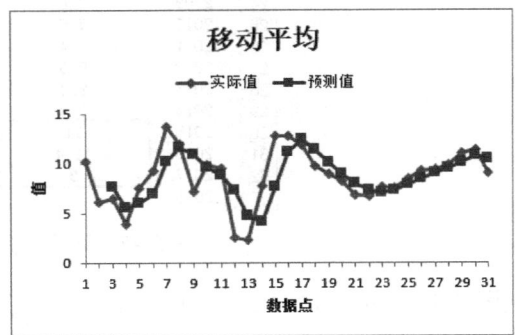

图5-45　计算结果的折线图

对折线图稍做格式调整，结果如图 5-46 所示。

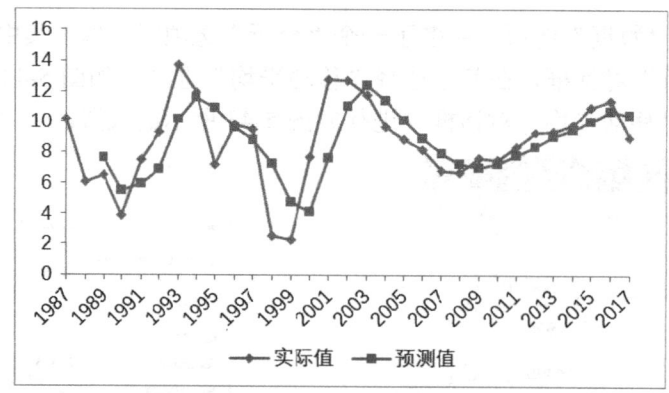

图5-46　修饰折线图

因为在如图 5-43 所示的"移动平均"对话框中还选中了"标准误差"复选框，所以最终结果如图 5-47 所示。

	A	B	C	D	E
	年份	GDP增长率（%）			
1					
2	1987	10.2			
3	1988	6.1	#N/A	#N/A	
4	1989	6.5	#N/A	#N/A	
5	1990	3.9	7.6	#N/A	
6	1991	7.5	5.5	#N/A	
7	1992	9.3	5.966667	1.428415	
8	1993	13.7	6.9	1.886011	
9	1994	11.9	10.16667	2.62015	
10	1995	7.2	11.63333	2.470867	
11	1996	9.8	10.93333	2.971719	
12	1997	9.5	9.633333	2.163074	
13	1998	2.5	8.833333	2.191651	
14	1999	2.3	7.266667	2.780488	
15	2000	7.7	4.766667	3.122499	
16	2001	12.8	4.166667	3.709897	
17	2002	12.7	7.6	3.899098	
18	2003	11.8	11.06667	3.75021	
19	2004	9.7	12.43333	3.168011	
20	2005	8.9	11.4	1.40936	
21	2006	8.2	10.13333	1.26652	
22	2007	6.8	8.933333	1.284379	
23	2008	6.7	7.966667	1.067708	
24	2009	7.6	7.233333	0.853099	
25	2010	7.5	7.033333	0.809664	
26	2011	8.4	7.266667	0.469042	
27	2012	9.3	7.833333	0.481894	
28	2013	9.4	8.4	0.628638	
29	2014	9.8	9.033333	0.649501	
30	2015	11	9.5	0.587209	
31	2016	11.4	10.06667	0.604306	
32	2017	9	10.73333	0.684484	
33	2018		10.46667	1.074968	

D33 ▼ `=SQRT(SUMXMY2(B30:B32,C31:C33)/3)`

图5-47　计算了标准误差的结果

从图 5-47 中可见，2018 年 GDP 的预测值是 10.5%（四舍五入后），标准误差为 1.074 968，从公式可见，这个标准误差就是预测周期内每期实际值和预测值的平均标准差。从实际值和预测值两条曲线（见图 5-46）的吻合度来看，1999 年以后的吻合度较好。

（2）趋势移动平均法。

当时间序列没有明显的趋势变动时（属于水平型），使用一次移动平均就能够准确地反映实际情况，直接用第 t 期的一次移动平均数就可预测第(t+1)期的值。但当时间序列出现线性变动趋势时，用一次移动平均数来预测就会出现滞后偏差。因此，需要进行修正，修正的方法是在一次移动平均的基础上做二次移动平均，利用移动平均滞后偏差的规律找出曲线的发展方向和发展趋势，然后建立直线趋势的预测模型，故称其为趋势移动平均法。

设一次移动平均数为 $M_t^{(1)}$，则二次移动平均数 $M_t^{(2)}$ 的计算公式为

$$M_t^{(2)} = \frac{M_t^{(1)} + M_{t-1}^{(1)} + \cdots + M_{t-N-1}^{(1)}}{N} = M_{t-1}^{(2)} + \frac{M_t^{(1)} - M_{t-N}^{(1)}}{N}$$

再设时间序列 $y_1, y_2, \cdots, y_t$ 从某时期开始具有直线趋势，且认为未来时期也按此直线趋势变化，则可设此直线趋势预测模型为

$$\hat{y}_{t+T} = a_t + b_t T$$

式中，t 为当前时期数；T 为由当前时期数 t 到预测期的时期数，即 t 以后模型外推的时间；$\hat{y}_{t+T}$ 为第（$t+T$）期的预测值；a_t 为截距；b_t 为斜率。a_t、b_t 又被称为平滑系数。

根据移动平均值，可得截距 a_t 和斜率 b_t 的计算公式为

$$a_t = 2M_t^{(1)} - M_t^{(2)}$$

$$b_t = \frac{2}{N-1}(M_t^{(1)} - M_t^{(2)})$$

在实际应用移动平均法时，移动平均项数 N 的选择十分关键，它取决于预测值和实际值的变化规律。

例 5-17 用趋势移动平均法预测零售额。

图 5-48 为我国 1999—2017 年社会消费品零售总额数据（万元），要求据此预测 2018 年的社会消费品零售总额数据。

首先在"数据"→"分析"选项组中选择"数据分析"选项，在弹出的"数据分析"对话框中选择"移动平均"选项，在弹出的"移动平均"对话框中，对各参数进行如图 5-49 所示的设置（特别注意：因为 Excel 并没有专门的二次移动平均对话框，所以要在已经做了一次移动平均的基础上第二次打开"移动平均"对话框进行设置，即图 5-49 中分别给出了两次"输入区域"和"输出区域"文本框中的设置值）。

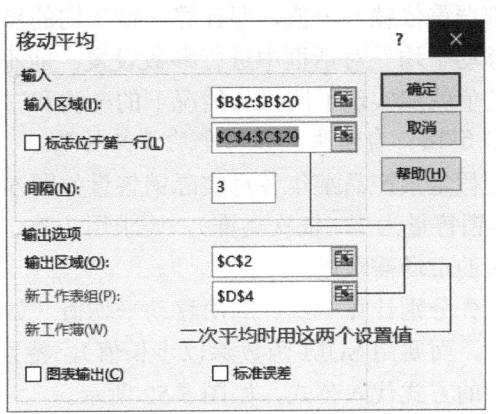

	A	B
1	年份	社会消费品零售总额(万元)
2	1999	8300.1
3	2000	9415.6
19	2016	89210
20	2017	108488

图5-48 原始数据   图5-49 设置"移动平均"对话框中的各项参数

因此，2017 年（第 19 期）的一次移动平均值为 $M_{19}^{(1)}$，就是 C20 单元格里的值，二次移动平均值为 $M_{19}^{(2)}$，就是 D20 单元格里的值，即

$$a_t = a_{19} = 2M_t^{(1)} - M_t^{(2)} = 2\times M_{19}^{(1)} - M_{19}^{(2)}$$

$$b_t = b_{20} = \frac{2}{N-1}(M_t^{(1)} - M_t^{(2)}) = \frac{2}{3-1}(M_{19}^{(1)} - M_{19}^{(2)})$$

分别在 D22 和 D23 单元格中建立公式：

```
=2*C20-D20
=2/(3-1)*(C20-D20)
```

得到 a_t 和 b_t 的值，因为预测的是 2018 年的社会消费品零售总额，所以 T 的值为 1，将这些值都代入，最后得到的 2018 年的预测值为

$$\hat{y}_{2018} = \hat{y}_{19+1} = \text{D22} + \text{D23}\times 1 = 116\,331.96$$

最终的预测结果如图 5-50 所示。

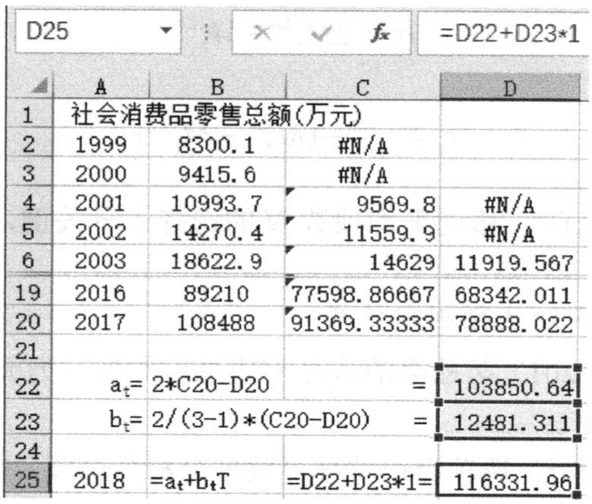
D25 =D22+D23*1

	A	B	C	D
1	社会消费品零售总额(万元)			
2	1999	8300.1	#N/A	
3	2000	9415.6	#N/A	
4	2001	10993.7	9569.8	#N/A
5	2002	14270.4	11559.9	#N/A
6	2003	18622.9	14629	11919.567
19	2016	89210	77598.86667	68342.011
20	2017	108488	91369.33333	78888.022
21				
22	a_t=	2*C20-D20	=	103850.64
23	b_t=	2/(3-1)*(C20-D20)	=	12481.311
24				
25	2018	=a_t+b_tT	=D22+D23*1=	116331.96

图5-50　最终的预测结果

（3）自动生成移动平均计算结果。

前述一次、二次移动平均值的计算虽然简单，但计算结果一旦出现就不能再改变，因为它们都严重依赖一个值，即计算移动平均的步长 N，如果需要计算不同的步长，则需要重新在“移动平均”对话框中进行参数设置。能不能把步长指定在某个单元格中，只要更改该单元格的值就能实现不同步长情况下的一次和二次移动平均值的自动计算呢？

例 5-18　自动生成移动平均计算结果。

现假定某产品某年各月实际销售量如图 5-51 所示（为便于理解，假定 1 月的销售量为 1，2 月的销售量为 2，依次类推），要求用一次、二次移动平均法，采用近 n 期的数据预测下一年 1 月的市场需求量。

首先分别计算一次、二次移动平均值（如果想理解得更清楚，则可以不用 AVERAGE 函数计算，而要用 SUM 函数除以步长值），特别是要把步长值固定在某个指定单元格里，用绝对引用的方式代入公式，如图 5-52 所示。

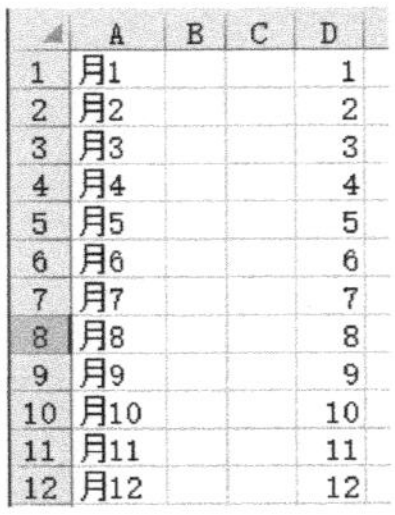

图5-51　某产品某年各月实际销售量

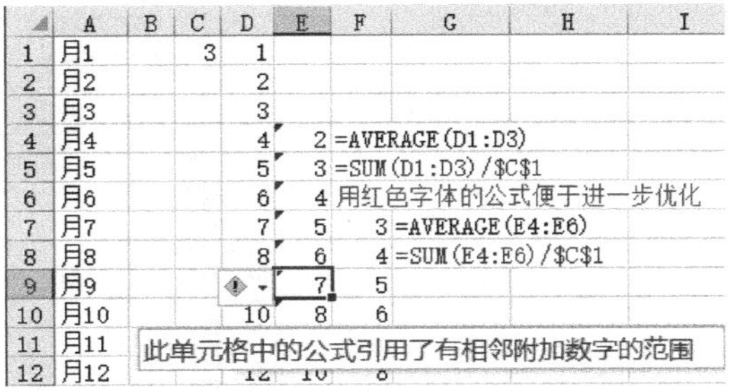

图5-52　换种方法计算一次、二次移动平均值

注意： 图 5-52 中的部分单元格有提示符号，可选中所有有错误标志的单元格（这里选择 E4:E12 单元格区域），然后点开前面的下拉箭头，选择忽略。

但仅仅把步长单列出来还不行，因为现在虽然用于计算平均值的分母可以自由变动，但分子的项数不会变，即无论在 C1 单元格中输入什么数，D 列中始终只选 3 个数来除以 C1 单元格中的数，这显然不正确。因此接下来要进行以下操作。

首先，用 IF 函数确定在哪些单元格中生成移动平均值，哪些单元格不满足条件就不计算移动平均值，如图 5-53 所示，图中编辑栏中的公式用于 E 列，计算一次移动平均值；浮窗里的公式用于 F 列，计算二次移动平均值。

其次，用 OFFSET 函数自动求得最近 n 期的移动平均值，如图 5-54 所示。

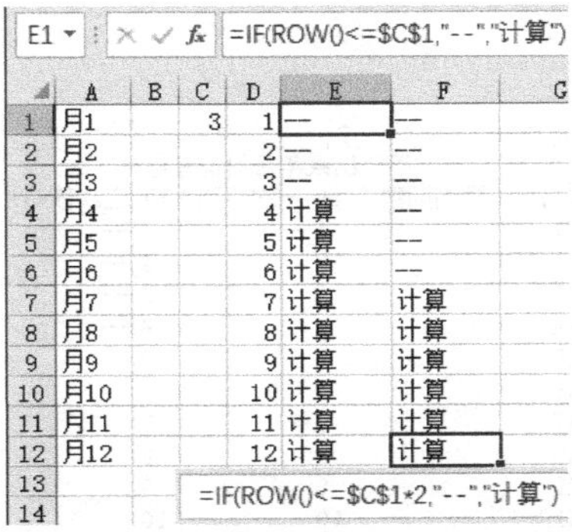

图5-53　用 IF 函数确定在哪些单元格中
出现计算结果

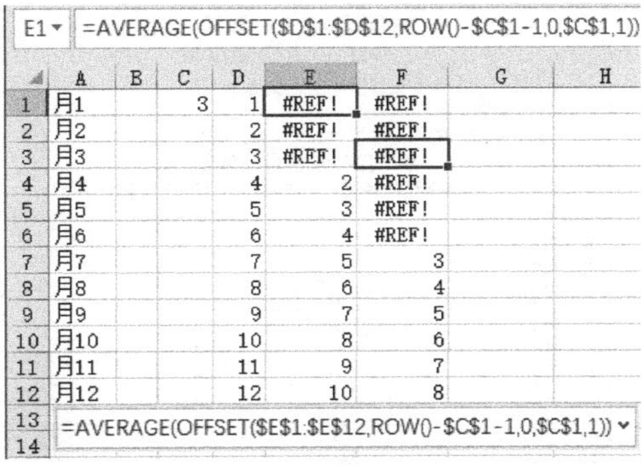

图5-54　用 OFFSET 函数自动求得最近 n 期
的移动平均值

OFFSET 函数有以下 5 个参数：

```
OFFSET (reference,rows,cols,height,width)
```

这 5 个参数分别是参照系的范围（虽然实际上只参照这个范围的左上角单元格），函数的偏移行数、列数，选取的行数、列数。

本例的关键是 OFFSET 函数的第二个参数 rows，它定位返回区域的起始位置，这里就取它所在那一行的行号减去 C1 单元格中规定的步长值，但这样将得到它从起始位置向下移动 1 行的偏移量，因此要多减去一个 1 才能让它定位到起始位置。

最后，再一次移动平均和二次移动平均两列，分别将 IF 和 OFFSET 函数的两个公式合并为一个，如图 5-55 所示。

E4 =IF(ROW()<=$C$1,"--",AVERAGE(OFFSET($D$1:$D$12,ROW()-$C$1-1,0,$C$1,1)))

	A	B	C	D	E	F	G
1	月1		3	1	--	--	
2	月2			2	--	--	
3	月3			3	--	--	
4	月4			4	2	--	
5	月5			5	3	--	
6	月6			6	4	--	
7	月7			7	5	3	
8	月8			8	6	4	
9	月9			9	7	5	
10	月10			10	8	6	
11	月11			11	9	7	
12	月12			12	10	8	

图5-55　合并 IF 和 OFFSET 函数的两个公式

需要特别注意的是，在本例中，我们没有给这张数据表列出表标题和各列字段，如果要加上这些表格内容的话，那么表格最上面就会增加两行，必须把这两行的值在 ROW( )函数中体现出来，因此，对于整个一次、二次移动平均公式，凡原来的 ROW( )都要改成 ROW( )-2，即将两个公式分别改为：

```
=IF(ROW()-2<=$C$3,"--",AVERAGE(OFFSET($D$3:$D$14,ROW()-2-$C$3-1,0,$C$3,1)))
```

和

```
=IF(ROW()-2<=$C$3*2,"--",AVERAGE(OFFSET($E$3:$E$14,ROW()-2-$C$3-1,0,$C$3,1)))
```

只有这样，才会得到正确结果，如图 5-56 所示；否则将得到如图 5-57 所示的错误结果。

E6 =IF(ROW()-2<=$C$3,"--",AVERAGE(OFFSET($D$3:$D$14,ROW()-2-$C$3-1,0,$C$3,1)))

	A	B	C	D	E	F
1	某产品某年各月销售量					
2	月份		预测期数	销量	一次移动平均	二次移动平均
3	月1		3	1	--	--
4	月2			2	--	--
5	月3			3	--	--
6	月4			4	2	--
7	月5			5	3	--
8	月6			6	4	--
9	月7			7	5	3
10	月8			8	6	4
11	月9			9	7	5
12	月10			10	8	6
13	月11			11	9	7
14	月12			12	10	8

图5-56　添加表标题和列字段后修改参数

	A	B	C	D	E	F
1	某产品某年各月销售量					
2	月份		预测期数	销量	一次移动平均	二次移动平均
3	月1		3	1	--	--
4	月2			2	2	--
5	月3			3	3	--
6	月4			4	4	--
7	月5			5	5	5
8	月6			6	6	6
9	月7			7	7	7
10	月8			8	8	8
11	月9			9	9	9
12	月10			10	10	10
13	月11			11	11	10.83333333
14	月12			12	11.5	11.25

图5-57　添加表标题和列字段而未修改参数

2. 指数平滑法

指数平滑法用于对不规则的时间序列数据加以平滑，从而获得其变化规律和趋势，以此对未来的经济数据进行推断和预测。前述的移动平均法的预测值实质上也是以前观测值的加权和，但移动平均法事实上是对不同时期的数据给予相同的加权，这显然不符合实际情况。指数平滑法对移动平均法进行了改进和发展，其应用较广泛。

（1）一次指数平滑法。

一次指数平滑法是根据前期的预测数和当期的实测数，以加权因子为权数进行加权平均来预测未来时间趋势的方法。设时间序列为 $y_1, y_2, \cdots, y_t, \cdots$，则一次指数平滑公式为

$$S_t^{(1)} = \alpha y_t + (1-\alpha) S_{t-1}^{(1)} \tag{5-1}$$

式中，$S_t^{(1)}$ 为第 t 期的一次指数平滑值；α 为加权系数，且 $0 < \alpha < 1$。

为了弄清指数平滑的实质，将上述公式依次展开，可得

$$S_t^{(1)} = \alpha \sum_{j=0}^{t-1} (1-\alpha)^j y_{t-j} + (1-\alpha)^t S_0^{(1)}$$

由于 $0 < \alpha < 1$，当 $t \to \infty$ 时，$(1-\alpha)^t \to 0$，所以上述公式变为

$$S_t^{(1)} = \alpha \sum_{j=0}^{\infty} (1-\alpha)^j y_{t-j}$$

可见，$S_t^{(1)}$ 实际上是 y_t，$y_{t-1}, \cdots, y_{t-j}, \cdots$ 的加权平均。加权系数 $\alpha, \alpha(1-\alpha), \alpha(1-\alpha)^2, \cdots$ 是按几何级数衰减的，越近的数据的权数越大，越远的数据的权数越小，且权数之和等于 1，即

$$\alpha \sum_{j=0}^{\infty} (1-\alpha)^j = 1$$

因为加权系数符合指数规律且又具有平滑数据的功能，所以称为指数平滑。

用上述平滑值进行预测，就是一次指数平滑法，其预测模型为

$$\hat{y}_{t+1} = S_t^{(1)} = \alpha y_t + (1-\alpha)\hat{y}_t \tag{5-2}$$

可以看出，式（5-2）就是式（5-1）的预测形式，即以第 t 期的一次指数平滑值作为第 $(t+1)$ 期的预测值。

在 Excel 中使用指数平滑法时，α 对应的是阻尼系数，不过要特别注意的是，"指数平滑"对话框中的阻尼系数的值为 $(1-\alpha)$，而不是 α 本身。

例 5-19　使用一次指数平滑法预测 CPI。

假定现有 1987—2017 年某市的 CPI 数据，如图 5-58 所示，要求用一次指数平滑法预测 2018 年某市 CPI 的值，阻尼系数为 0.3、0.5 或 0.7。

在"数据"→"分析"选项组中单击"分析工具"按钮，从"分析工具"对话框中选择"指数平滑"选项，在弹出的"指数平滑"对话框中进行相应的设置，如图 5-59 所示。

▲	A	B	C
1		CPI	
2	1987	0.7	
3	1988	1.9	
4	1989	7.5	
31	2016	4.8	
32	2017	5.9	
33	2018		

图5-58　一次指数平滑法原始数据

图5-59　"指数平滑"对话框参数设置

该对话框中的"标志"复选框用以选择输入区域中是否含有用来区分不同时间序列的行（列）标志，如果输入区域的首行或首列含有标志就选中它。

单击"确定"按钮后可得到在阻尼系数为 0.3 时的平滑预测值，重复此步骤，分别将阻尼系数改为 0.5 和 0.7，并在阻尼系数为 0.7 时选中"图表输出"复选框，最终结果如图 5-60 所示。

	A	B	C	D	E	F	G	H
1		CPI	阻尼系数0.3		阻尼系数0.5		阻尼系数0.7	
2	1987	0.7	预测值	标准差	预测值	标准差	预测值	标准差
3	1988	1.9	#N/A	#N/A	#N/A	#N/A	#N/A	#N/A
4	1989	7.5	0.7	#N/A	0.7	#N/A	0.7	#N/A
5	1990	2.5	1.54	#N/A	1.3	#N/A	1.06	#N/A
6	1991	2	5.712	#N/A	4.4	#N/A	2.992	#N/A
7	1992	2	3.4636	3.969826	3.45	3.807449	2.8444	3.792785
8	1993	2.7	2.43908	3.999194	2.725	3.836339	2.59108	3.760704
9	1994	9.3	2.131724	2.053603	2.3625	1.442004	2.413756	0.659407
10	1995	6.5	2.529517	0.94125	2.53125	0.956039	2.499629	0.617609
11	1996	7.3	7.268855	3.930868	5.915625	3.93512	4.53974	3.944463
12	1997	18.8	6.730657	3.947721	6.207813	3.927314	5.127818	4.089401
13	1998	18	7.129197	3.947773	6.753906	3.972839	5.779473	4.274187
14	1999	3.1	15.29876	6.760743	12.77695	6.991489	9.685631	7.704871
15	2000	3.4	17.18963	6.924076	15.38848	7.606608	12.17994	9.007057
16	2001	6.4	7.326888	10.67742	9.244238	10.3826	9.455959	10.34582
17	2002	14.7	4.578066	8.587486	6.322119	8.415105	7.639171	7.921463
18	2003	24.1	5.85342	8.509945	6.36106	7.856374	7.26742	6.341806
19	2004	17.1	12.04603	5.686296	10.53053	5.879317	9.497194	5.581321
20	2005	8.3	20.48381	8.696354	17.31526	9.195552	13.87804	9.487197
21	2006	2.8	18.11514	8.850808	17.20763	9.196282	14.84463	9.641339
22	2007	-0.8	11.24464	9.184869	12.75382	9.372349	12.88124	9.42435
23	2008	-1.4	5.333363	7.726523	7.776908	7.712991	9.856866	7.184347
24	2009	0.4	1.040009	8.271748	3.488454	9.164928	6.659806	9.274198
25	2010	0.7	-0.668	6.188217	1.044227	8.094006	4.241864	9.663689
26	2011	-0.8	0.079601	3.860587	0.722114	5.71184	3.089305	8.026813
27	2012	1.2	0.51388	1.57894	0.711057	2.846782	2.372514	5.336328
28	2013	3.9	-0.40584	1.04112	-0.04447	0.948474	1.42076	3.190274
29	2014	1.8	0.718249	1.250318	0.577764	1.130264	1.354532	2.296545
30	2015	1.5	2.945475	2.193059	2.238882	2.226301	2.118172	2.351807
31	2016	4.8	2.143642	2.161354	2.019441	2.063862	2.022721	1.486537
32	2017	5.9	1.693093	1.987454	1.759721	1.957863	1.865904	1.511498
33	2018		3.867928	1.947585	3.27968	1.798679	2.746133	1.730452

C33 =0.7*B31+0.3*C32

图5-60　最终结果

在图 5-60 中，C33、E33、G33 这 3 个单元格中的数据即 3 种阻尼系数下的预测值，请注意观察 C33 单元格中的公式（在编辑栏中可见），很显然，阻尼系数 0.3 指的是上一期的预测值，而不是本期的实际值，本期的实际值是 1-0.3＝0.7。这就证明了前面说过的：Excel 中的阻尼系数不是 α 本身，而是$(1-\alpha)$。

本例也说明了另一个问题，即第一个预测值是怎么来的。请看 C4、E4、G4 这 3 个单元格，它们的值都等于 B2 单元格中的值，说明第一个预测值就直接使用原始数据的第一个值，不需要计算。

到底选择哪个阻尼系数求出的预测值呢？D33、F33 和 H33 这 3 个单元格中的值分别为 3 种阻尼系数下的标准差，根据方差最小的原则（在此例中转化为标准差最小），显然阻尼系数为 0.7 时的预测值为最佳预测值。这一点从图 5-61 中也能看出。

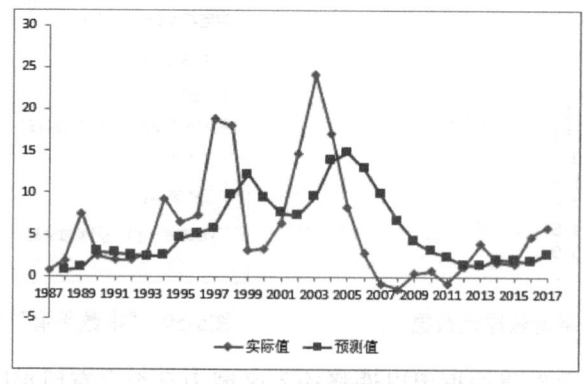

图5-61　计算结果折线图

（2）二次指数平滑法。

当时间序列没有明显的趋势变动（较为水平、没有升降）时，使用第 t 期一次指数平滑就能直接预测第 $t+1$ 期的值。但当时间序列的变动出现直线趋势时，用一次指数平滑法预测仍存在着明显的滞后偏差，因此需要进行修正。修正的方法也是在一次指数平滑的基础上做二次指数平滑，利用滞后偏差的规律找出曲线的发展方向和发展趋势，然后建立直线趋势预测模型，故称其为二次指数平滑法。

设一次指数平滑为 $S_t^{(1)}$，则二次指数平滑 $S_t^{(2)}$ 的计算公式为

$$S_t^{(2)} = \alpha S_t^{(1)} + (1-\alpha)S_{t-1}^{(2)}$$

若时间序列 $y_1, y_2, \cdots, y_t, \cdots$ 从某时期开始具有直线趋势，且认为未来时期也按此直线趋势变化，则与趋势移动平均类似，可用如下直线趋势模型来预测，即

$$\hat{y}_{t+T} = a_t + b_t T \qquad T = 1, 2, \cdots$$

式中，t 为当前时期数；T 为由当前时期数 t 到预测期的时期数；$\hat{y}_{t+T}$ 为第 $t+T$ 期的预测值；a_t 为截距；b_t 为斜率，其计算公式为（推导过程略）

$$a_t = 2S_t^{(1)} - S_t^{(2)}$$

$$b_t = \frac{\alpha}{1-\alpha}(S_t^{(1)} - S_t^{(2)})$$

例 5-20 使用二次指数平滑法预测失业率。

设有 1992—2020 年某地调查失业率的数据，要求用二次指数平滑法预测 2021 年该地的失业率，阻尼系数为 0.7。原始数据如图 5-62 所示。

选择"数据"→"分析"→"数据分析"→"指数平滑"命令，在弹出的"指数平滑"对话框中，先对 B2:B30 单元格区域按 0.7 的阻尼系数进行指数平滑分析，将结果存放在 C3:C31 单元格区域；然后再次进行指数平滑分析，这次对 C4:C31 单元格区域按 0.7 的阻尼系数进行指数平滑分析，将结果存放在 D4:D31 单元格区域，如图 5-63 所示。

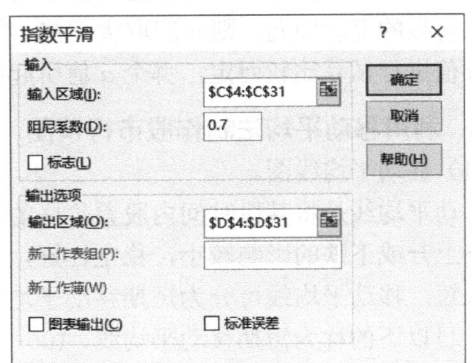

图5-62 原始数据　　　　　图5-63 "指数平滑"对话框中的参数设置

设置好后单击"确定"按钮，结果如图 5-64 所示。

根据得到的一次和二次指数平滑值求得的 a_t 和 b_t 及预测值如图 5-65 所示。

SUM　=0.3*C30+0.7*D30

	A	B	C	D	E	F
1	调查失业率（%）					
2	1992	7.1				
3	1993	7.6	#N/A			
4	1994	9.7	7.1	#N/A		
5	1995	9.6	7.25	7.1	7.464286	
6	1996	7.5	7.985	7.145	9.185	
7	1997	7.2	8.4695	7.397	10.00164	
8	1998	7	8.17865	7.71875	8.83565	
9	1999	6.2	7.885055	7.85672	7.925534	
10	2000	5.5	7.6195385	7.8652205	7.268564	
11	2001	5.3	7.19367695	7.7915159	6.339621	
28	2018	4.6	5.37188179	5.17292337	5.656108	
29	2019	4.6	5.29031725	5.2326109	5.372755	
30	2020	5.8	5.08322208	5.249922805	4.845078	
31	2021		4.93825545	5.199912586	4.56446	

图5-64　例5-20最终结果

a_t	4.676598319
b_t	-0.11213877
预测值	4.564459548

图5-65　例5-20的 a_t 和 b_t 及预测值

（3）加权系数的选择。

在指数平滑法中，预测成功的关键是 α 的选择。α 的大小规定了在新预测值中新数据和原预测值所占的比例。α 值越大，新数据所占的比例就越大，原预测值所占的比例就越小；反之亦然。

若把一次指数平滑法的预测公式

$$\hat{y}_{t+1} = S_t^{(1)} = \alpha y_t + (1-\alpha)\hat{y}_t$$

换种表现方式，即改写为

$$\hat{y}_{t+1} = \hat{y}_t + \alpha(y_t - \hat{y}_t)$$

则从上式可以看出，新预测值是根据预测误差对原预测值进行修正得到的。α 的大小表明了修正的幅度，α 值越大，修正的幅度越大；α 值越小，修正的幅度越小。因此，α 值既代表了预测模型对时间序列数据变化的反应速度，又体现了预测模型修正误差的能力。

在实际应用中，α 值是根据时间序列的变化特性来选取的。若时间序列的波动不大，比较平稳，即当期预测值与当期实际值相差不大，则 α 应取小一些，如 0.1～0.3；若时间序列具有迅速且明显的变动倾向，则 α 应取大一些，如 0.6～0.9。实质上，α 是一个经验数据，通过对多个 α 值进行试算比较而定，哪个 α 值引起的预测误差小，就选取哪个。

3．利用移动平均法制作股市行情图

（1）移动平均线图。

移动平均线是将某段时间内股票价格的平均值画在坐标图上所形成的曲线。它受短期股票价格上升或下跌的影响较小，稳定性好，因而可以较为准确地研判股市的未来走势。根据时间长短，移动平均线可分为短期移动平均线、中期移动平均线和长期移动平均线。一般而言，10 日以下的称为短期移动平均线，10～20 日的称为中期移动平均线，20 日以上的称为长期移动平均线。短期移动平均线通常对股价的波动更为敏感，因此也称快速移动平均线。相应地，长期移动平均线称为慢速移动平均线。

要绘制移动平均线，首先需要计算移动平均数。移动平均数常见的有以下几种。

- 算术移动平均数。它是一般的平均数，计算方法是将一组数相加，再除以数的个数，其计算公式为

$$AMA = \frac{\sum C_i}{n}$$

- 加权移动平均数。算术移动平均数的计算将每个数对未来的影响同等看待，这是不太合理的。一般来说，越近的数对未来的影响应该越大。因此，加权移动平均数为影响力较大的近期数据赋予较高的加权，而为影响力较小的远期数据赋予较低的加权，其计算公式为

$$WMA = \frac{\sum i \times C_i}{\sum i}$$

- 指数平滑移动平均数。由于算术移动平均数和加权移动平均数的计算都需要计算大量的数据，较为繁杂费时，因此，常使用指数平滑移动平均数进行递推计算，其计算公式为

$$EMA_t = \frac{[C_t + EMA_{t-1} \times (n-1)]}{n}$$

式中，EMA_t 为待计算的指数平滑移动平均数，EMA_{t-1} 为前 1 日的指数平滑移动平均数。第 1 个指数平滑移动平均数可以使用算术移动平均数或加权移动平均数。例如，要计算 5 日的指数平滑移动平均数，就是把昨天的指数平滑移动平均数乘以 4（认为从昨天开始倒推 4 天的值都是一样的），再加上今天的值，然后除以 5，即可得到需要的值。

下面先使用算术移动平均数说明制作 5 日和 10 日移动平均线的操作步骤。

① 在第 5 日股价收盘价的下面(F7单元格)输入计算 5 日算术平均数的公式"=AVERAGE(B6:F6)"。

② 将该公式填充到 G7:U7 单元格区域，计算出其他各天的 5 日算术移动平均数。

③ 按照类似的方法，在第 10 日股价收盘价的下面（K8 单元格）输入计算 10 日算术平均数的公式，并填充到 L8:U8 单元格区域，计算出各天的 10 日算术移动平均数。

④ 选定要制作移动平均线的数据所在的单元格。为了观察方便，将 K 列以前的数据列隐藏，然后选定 1、9、10 行，如图 5-66 所示。

⑤ 插入默认折线图。完成并经过一定修饰的移动平均线如图 5-67 所示。

	A	K	L	T	U
1	日期	9	9月15日	9月18日	9月28日	9月29日
2	成交量		247000	228000	55000	41000
3	开盘价		2.80	2.81	2.42	2.47
4	最高价		3.06	3.07	2.51	2.53
5	最低价		2.73	2.87	2.45	2.47
6	收盘价		2.79	2.92	2.48	2.55
7	5日算术平均		2.68	2.73	2.55	2.52
8	10日算术平均		2.43	2.51	2.64	2.61
9	5日加权平均		2.71	2.79	2.51	2.51
10	10日加权平均		2.56	2.65	2.57	2.56
11	5日指数平滑移动平		2.55	2.62	2.56	2.56
12	10日指数平滑移动		2.56	2.60	2.58	2.58

图5-66　制作移动平均线的数据准备

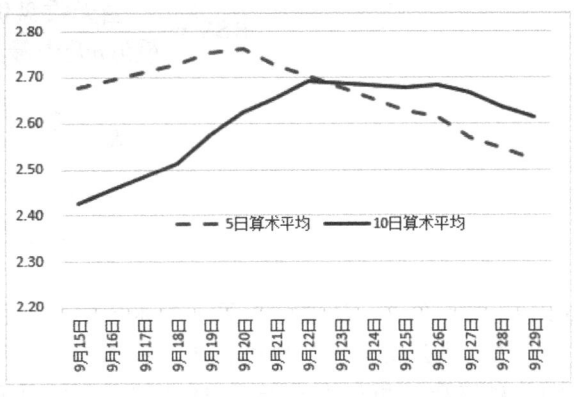

图5-67　完成并经过一定修饰的移动平均线

如果数据起伏较大（事实上，股市数据起伏都很大），则需要给最近数据以较高的加权，此时就要使用加权移动平均法，首先在 F9 单元格中输入公式"=(B6+2*C6+3*D6+4*E6+5*F6)/15"并填充到 U9 单元格中，计算出 5 日加权移动平均数；然后在 K10 单元格中用类似的方法建立起计算 10 日加权移动平均数的公式，并填充到 U10 单元格中；最后用建立移动平均数折线图的方式建立加权移动平均数折线图，如图 5-68 所示。

还可以再进一步制作指数平滑移动平均数折线图：首先在 F11 单元格中输入公式"=F9"，作为指数平滑移动的初值；其次在 G11 单元格中输入公式"=(G6+F11*(5-1))/5"并填充到 U11 单元格中，计算出 5 日指数平滑移动平均数，然后用类似的方法从单元格 K12 到单元格 U12 建立计算 10 日指数平滑移动平均数的公式；最后用建立移动平均数折线图的方式建立指数平滑移动平均数折线图，如图 5-69 所示。

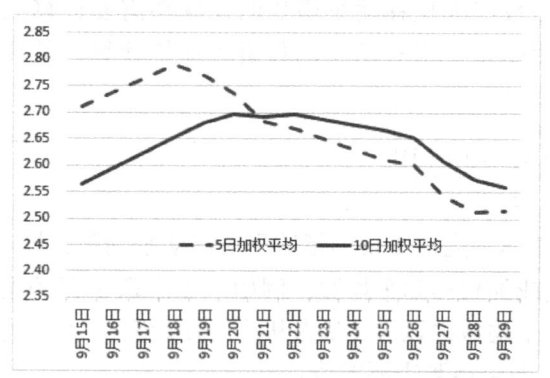

图5-68　加权移动平均数折线图

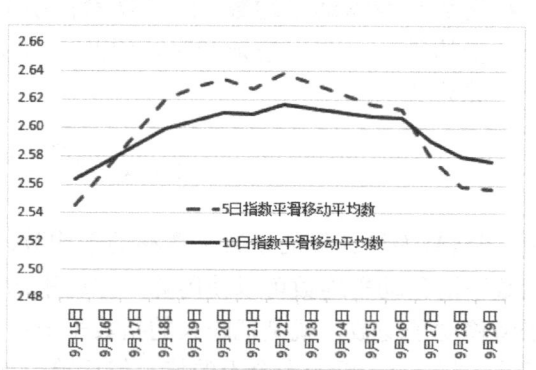

图5-69　指数平滑移动平均数折线图

（2）KD 线图。

KD 线是非常实用的研判股票市场行情的工具，是建立在随机指标基础上的图形分析方法。它融合了移动平均线的观点，同时具有强弱指标（RSI）（其实就是有加权），可以形成非常准确的买卖信号，是短线操作的利器。RSV 随机指标与移动平均线和强弱指标不同，它不仅考虑收盘价，还将最高价、最低价也考虑进去，因而更能体现股市的真正波动情况。

在计算 K、D 值之前，首先需要计算出未成熟随机值（Row Stochastic Value，RSV），然后依次计算 K、D 值。计算 n 日的 RSV、K、D 的公式为

$$RSV = \frac{当天收盘价 - 最近n天内最低价}{最近n天内最高价 - 最近n天内最低价}$$

$$K_t = \frac{2 \times K_{t-1} + RSV_t}{3}$$

$$D_t = \frac{2 \times D_{t-1} + K_t}{3}$$

式中，第 1 个 K、D 值等于第 1 个未成熟随机值。

从上述公式可见，也可将 K、D 值看作一种指数平滑移动平均数，当天的 K 值等于前一天的 K 值乘 2 再加上当天的 RSV 值，并将此和除以 3；当天的 D 值等于前一天的 D 值乘 2 再加上当天的 K 值，并将此和除以 3。这和前述的计算 EMA_t 的公式很相似，只不过 EMA_t 是

递归算法，即都是把自身前一天的值乘(n-1)后加上今天自身的值来除以 n，而 K、D 值则是把其他相关指标的前一天的值加上今天自身的值乘(n-1)后除以 n。

下面仍通过上例来说明制作 9 日 KD 线图的操作步骤。

① 在第 9 日股价收盘价的下面（J7 单元格）输入计算 9 日 RSV 的公式"=(J6-MIN(B5: J5))/(MAX(B4:J4)-MIN(B5:J5))"。

② 将该公式填充到 K7:U7 单元格区域，计算出其他各天的 9 日 RSV。

③ 在 J8 和 J9 单元格中输入计算第 1 个 K 值和 D 值的公式"=J7"。

④ 在 K8 单元格中输入计算第 2 个 K 值的计算公式"=(2*J8+K7)/3"，再将该公式填充到 L8:U8 单元格区域，计算出其他各天的 K 值。

⑤ 类似地，在 K9 单元格中输入计算第 2 个 D 值的计算公式"=(2*J9+K8)/3"，再将该公式填充到 L9:U9 单元格区域，计算出其他各天的 D 值。

⑥ 选定要制作 KD 线图的数据所在的单元格。为了观察方便，将第 9 日以前的数据列隐藏，如图 5-70 所示，然后选定 1、8、9 行的 A 列和 J～U 列。

⑦ 用建立移动平均数折线图的方式建立加权移动平均数折线图。完成并经过一定修饰的 KD 线图如图 5-71 所示。

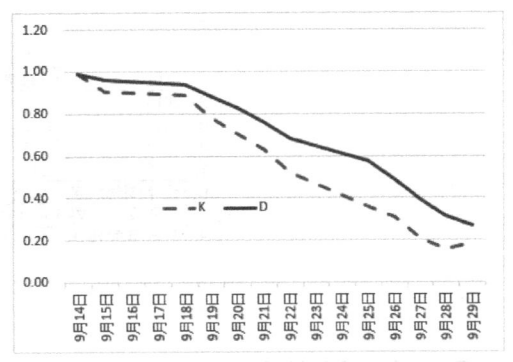

图5-70 制作 KD 线图的数据准备　　　　图5-71 完成并经过一定修饰的 KD 线图

4．同季周期平均法

许多产品的市场需求具有季节性，如服装、空调和冷饮等。对于这类产品的市场需求的预测，企业需要考虑季节波动因素。

同季周期平均法是分析、预测季节波动的一种简单、常用的方法，主要用于受季节波动和不规则波动影响而无明显趋势变动规律的产品市场需求预测，其预测过程如下。

（1）收集以往各季实际数据资料。

（2）计算同年各季、各年同季数据的平均值。

（3）计算总的各季平均值。

（4）计算各季季节指数，以各季同期平均值除以总平均值。

（5）计算下期各季预测值，以实际的最后一年的各季值乘以各季季节指数。

例 5-21 同季周期平均法应用举例。

例如，某产品 2014—2017 年各季度市场需求如图 5-72 所示，试运用同季周期平均法预测 2018 年各季的市场需求。

年份	一季度	二季度	三季度	四季度
2014	1.66	4.07	4.38	3.19
2015	1.46	4.72	5.76	3.45
2016	1.59	4.39	5.6	3.47
2017	2.42	4.14	5.02	2.76

图5-72　某产品2014—2017年各季度市场需求

首先，在 F2 单元格中计算 2014 年各季度平均值，并填充到 F3:F5 单元格区域。

其次，在 B6 单元格中计算各年一季度的平均值，并填充到 C6:E6 单元格区域。

再次，在 F6 单元格中计算总的季度平均值（方法很多，可以直接求 4 年共 16 个季度的平均值，也可以对“同年各季均值”求平均，还可以对“各年同季均值”求平均，结果都是一样的）。

然后，在 B7 单元格中计算各季季节指数，并填充到 C7:E7 单元格区域。

最后，在 B8 单元格中计算下一年一季度的预测值，并填充到 C8:E8 单元格区域，结果如图 5-73 所示。

B7　=B6/$F$6

	A	B	C	D	E	F
1	年份	一季度	二季度	三季度	四季度	同年各季均值
2	2014	1.66	4.07	4.38	3.19	3.325
3	2015	1.46	4.72	5.76	3.45	3.8475
4	2016	1.59	4.39	5.6	3.47	3.7625
5	2017	2.42	4.14	5.02	2.76	3.585
6	各年同季均值	1.783	4.33	5.19	3.218	3.63
7	各季季节指数	0.491	1.193	1.43	0.886	3.63
8	下年各季预测	1.188	4.938	7.177	2.446	3.63

图5-73　运算结果

5.3　规划分析

在生产管理和经营决策过程中，经常会遇到一些规划问题，如生产的组织安排、产品的运输调度、作物的合理布局及原料的恰当搭配等问题，其共同点就是如何合理地利用有限的人力、物力、财力等资源得到最佳的经济效果，即达到产量最高、利润最大、成本最小、资源消耗最少等目标。在这些问题中，通常要涉及众多的关联因素和复杂的数量关系，只凭经验进行简单估算显然是不行的。而线性规划、非线性规划和动态规划等方法正是研究和求解该类问题的有效数学方法。但是这些方法的求解大多十分烦琐复杂，而利用 Excel 的规划求解工具则可以方便、快捷地得到各种规划问题的最佳解。

1．规划模型

规划问题可以涉及众多生产或经营领域的常见问题。

从数学角度来看，规划问题都有下述共同特征。

（1）决策变量。每个规划问题都有一组需要求解的未知数（$x_1, x_2, \cdots, x_n$），称为决策变量。这组决策变量的一组确定值就代表一个具体的规划方案。

（2）约束条件。对于规划问题的决策变量，通常都有一定的限制条件，称为约束条件。约束条件可以用与决策变量有关的不等式或等式表示。

（3）目标。每个问题都有一个明确的目标，如利润最大或成本最小。目标通常可用与决策变量有关的函数表示。

例如，某企业要指定下一年度的生产计划。按照合同规定，该企业第一季度到第四季度需要分别向客户交货 80、60、60 和 90（台）。该企业的季度最大生产能力为 130 台，生产费用为

$$f(x) = 80 + 98x - 0.12x^2$$

这里的 x 为季度生产的台数。该函数反映出，生产规模越大，平均生产费用越低。若生产数量大于交货数量，则多余部分可以用于下季度，但企业需要支付每台 16 元的存储费用。因此，生产规模过大，超过交货数量太多，将增加存储费用。那么如何安排各季度的产量才能既满足供货合同，又使得企业的各种费用最低呢？

该问题是一个典型的非线性规划问题。下面首先将其模型化，即根据实际问题确定决策变量，并设置约束条件和目标函数。

该问题的决策变量显然应为第一季度、第二季度、第三季度和第四季度的产量，设其分别为 x_1、x_2、x_3、x_4，则该问题的约束条件如下。

① 交货数量的约束为

$$\begin{cases} x_1 \geqslant 80 \\ x_1 + x_2 \geqslant 140 \\ x_1 + x_2 + x_3 \geqslant 200 \\ x_1 + x_2 + x_3 + x_4 \geqslant 290 \end{cases}$$

② 生产能力的约束为

$$\begin{cases} x_1 \leqslant 130 \\ x_2 \leqslant 130 \\ x_3 \leqslant 130 \\ x_4 \leqslant 130 \end{cases}$$

该问题的目标应是企业的各种费用最低。其中，费用包括生产费用 P 和可能发生的存储费用 S，用公式表示为

$$P = \sum_{i=1}^{4} (80 + 98x_i - 0.12x_i^2)$$

$$S = \sum_{i=1}^{4} 16y_i$$

则目标函数 Z 为

$$\min Z = P + S$$

2．规划模型求解

建立好规划模型后，即可使用 Excel 的规划求解工具求解了。由于在默认情况下，Excel

不加载规划求解工具，因此，当要应用规划求解工具而 Excel 的"工具"菜单中没有"规划求解"命令时，应先加载规划求解工具。具体操作步骤如下。

- 单击"开发工具"选项卡（若无此选项卡，则需要先选择"文件"→"选项"命令，在弹出的"Excel 选项"对话框中选择"自定义功能区"命令，然后在右侧的"主选项卡"列表框中选中"开发工具"复选框），选择"加载项"选项组中的"Excel 加载项"命令，这时将出现"加载宏"对话框。
- 或者执行"插入"→"加载项"→"我的加载项"→"管理其他加载项"命令，打开"Excel 选项"对话框，单击最下面的"转到"按钮，也会出现"加载宏"对话框。
- 在"当前加载宏"列表框中选定"规划求解加载项"复选框，单击"确定"按钮。

此后的"数据"选项卡中将会出现"分析"选项组，其中就有"规划求解"命令。当需要进行规划求解操作时，直接执行该命令即可。如果不再需要进行规划求解操作了，则可以按照类似的方法，通过"加载宏"命令，取消选中"当前加载宏"列表框中的"规划求解加载项"复选框。这样将会把"规划求解"命令从选项卡中移去。

（1）建立工作表。

规划求解的第一步是将规划模型的有关数据输入工作表中，具体步骤如下。

① 在 B5、B6、B7 和 B8 单元格中分别输入第一季度到第四季度的应交货数量。

② 设在 C5、C6、C7 和 C8 单元格中分别存放第一季度到第四季度的生产数量，先设置其初始值与应交货数量相同。可以直接将 B5:B8 单元格区域的内容复制到 C5:C8 单元格区域中。

③ 在 D5 单元格中建立计算第一季度生产费用的公式"=80+98*C5-0.12*C5^2"，并将其填充到 D6、D7 和 D8 单元格中以计算出其他季度的生产费用。

④ 在 E5 单元格中建立计算第一季度存储数量的公式"= C5 - B5"，即应等于第一季度的生产数量减去第一季度的应交货数量。

⑤ 在 E6 单元格中建立计算第二季度存储数量的公式"= E5 + C6 - B6"，即应等于第一季度的存储数量加上第二季度的生产数量减去第二季度的应交货数量，并将其填充到 E7 和 E8 单元格中，以计算出第三季度和第四季度的存储数量。

⑥ 在 F5 单元格中建立计算第一季度存储费用的公式"=16 * E5"，并将其填充到 F6、F7 和 F8 单元格中，以计算出其他季度的存储费用。

⑦ 在 G5:G8 单元格区域输入生产能力约束条件。

⑧ 在 H5 单元格中建立计算第一季度可交货数量的公式"= C5"，即应等于第一季度的生产数量。

⑨ 在 H6 单元格中建立计算第二季度可交货数量的公式"= E5 + C6"，即应等于第一季度的存储数量加上第二季度的生产数量，并将其填充到 H7 和 H8 单元格中，以计算出第三季度和第四季度的可交货数量。

⑩ 在 B9:F9 单元格区域输入计算上述单元格合计的公式。

⑪ 在 B2 单元格中输入计算目标函数的公式"= D9 + F9"，即等于生产费用和存储费用的总和。

建立好的工作表如图 5-74 所示。

从图 5-74 中可以看出，在按照应交货数量安排生产计划时，目标函数，即总的费用为

26 136 元。

下面考查一下其他的生产计划方案。

先考虑均衡生产方式，即按 80、70、70（台）和 70 的数量安排生产计划，计算结果如图 5-75 所示。

E8 | =E7+C8-B8

	A	B	C	D	E	F	G	H
1				规划求解				
2	目标函数	26136						
3								
4		应交货数量	生产数量	生产费用	存储数量	存储费用	生产能力	可交货数量
5	第一季度	80	80	7152	0	0	130	80
6	第二季度	60	60	5528	0	0	130	60
7	第三季度	60	60	5528	0	0	130	60
8	第四季度	90	90	7928	0	0	130	90
9	合计	290	290	26136	0	0		

图5-74　建立好的工作表

B2 | =D9+F9

	A	B	C	D	E	F	G	H
1				规划求解				
2	目标函数	26688						
3								
4		应交货数量	生产数量	生产费用	存储数量	存储费用	生产能力	可交货数量
5	第一季度	80	80	7152	0	0	130	80
6	第二季度	60	70	6352	10	160	130	70
7	第三季度	60	70	6352	20	320	130	80
8	第四季度	90	70	6352	0	0	130	90
9	合计	290	290	26208	30	480		

图5-75　规划求解原始数据的调整

这时的生产费用和存储费用分别为 26 208 元和 480 元，总费用为 26 688 元，即效益比不上如图 5-74 所示的方案。

通过生产函数可知，生产规模越大，单位生产费用越低，故考查按 120、40、40 和 90（台）的数量安排生产计划，计算结果如图 5-76 所示。

B2 | =D9+F9

	A	B	C	D	E	F	G	H
1				规划求解				
2	目标函数	26616						
3								
4		应交货数量	生产数量	生产费用	存储数量	存储费用	生产能力	可交货数量
5	第一季度	80	120	10112	40	640	130	120
6	第二季度	60	40	3808	20	320	130	80
7	第三季度	60	40	3808	0	0	130	60
8	第四季度	90	90	7928	0	0	130	90
9	合计	290	290	25656	60	960		

图5-76　规划求解原始数据的再次调整

该方案的生产费用和存储费用分别为 25 656 元和 960 元，总费用为 26 616 元，即效益介于如图 5-74 和图 5-75 所示的方案之间。

（2）规划求解。

显然，可选的方案很多。利用 Excel 的规划求解工具可以迅速找到最佳方案。具体操作步骤如下。

① 选择“数据”→“分析”选项组中的“规划求解”命令，这时将出现“规划求解参数”对话框，如图 5-77 所示。

② 设置目标函数。设置目标单元格为目标函数所在的单元格$B$2，并选定“最小值”单选按钮。

③ 设置决策变量。指定可变单元格为决策变量所在的单元格区域$C$5:$C$8。

④ 设置约束条件。单击“添加”按钮，这时将出现“添加约束”对话框，如图 5-78 所示，在“单元格引用”文本框中指定决策变量第一季度生产数量所在单元格的地址$C$5，选择“>=”关系运算符，在“约束”文本框中键入第一季度应交货数量所在的单元格地址$B$5，单击“添加”按钮，即添加了一个约束条件“$C$5 >= $B$5”。也就是说，第一季度的生产数量应大于或等于第一季度的应交货数量。

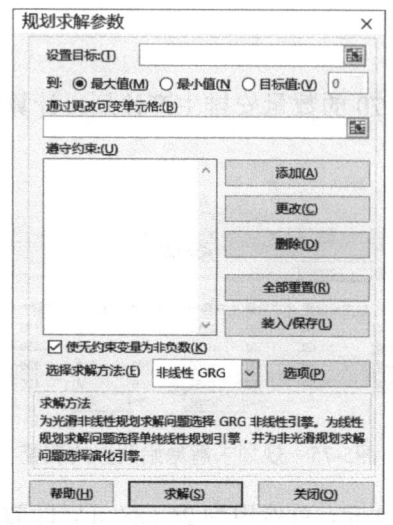

图5-77　"规划求解参数"对话框

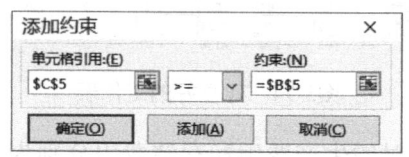

图5-78　"添加约束"对话框

⑤ 按照上述步骤逐个添加如表 5-2 所示的各约束条件。

表5-2　本例的各约束条件

约 束 条 件	说 明
$C$5<=$G$5	第一季度的生产数量应小于或等于第一季度的生产能力
$C$6<=$G$6	第二季度的生产数量应小于或等于第二季度的生产能力
$C$7<=$G$7	第三季度的生产数量应小于或等于第三季度的生产能力
$C$8<=$G$8	第四季度的生产数量应小于或等于第四季度的生产能力
$H$6>=$B$6	第二季度的可交货数量应大于或等于第二季度的应交货数量
$H$7>=$B$7	第三季度的可交货数量应大于或等于第三季度的应交货数量
$H$8=$B$8	第四季度的可交货数量应等于第四季度的应交货数量

特别说明：从$H$6>=$B$6 开始的后 3 个约束条件是对变量约束下限的设定，因为每季度生产数量的上限都是一样的，但每季度生产数量的下限不应该直接由每季度的实际生产数量确定，还应该考虑上一季度的存储数量。因此，第一季度还可以直接由$C$5>=$B$5 确定，因为第一季度还没有上一季度的存货；但第二季度就要由包含上一季度存货的 H6 来代替 C6 了，因为在工作表的公式中，明确写明了 H6=E5+C6，而 E5=C5–B5，即 H6=C5+C6–B5，而 C5+C6 正是前述交货数量约束条件中所说的 x_1+x_2，当时条件说的是 $x_1+x_2 \geqslant 140$，而现在 B6 并没有 140，只有 60，这是因为 C5+C6 已经减了 B5（80）了，如果移项，则 H6≥B6，即

$$C5+C6-B5 \geqslant B6$$

可写成以下形式，即

$$C5+C6 \geqslant B5+B6$$

这正好就是前面的约束条件 $x_1+x_2 \geqslant 140$。

⑥ 添加完毕后，单击"确定"按钮。这时的"规划求解参数"对话框（局部）如图 5-79 所示。

⑦ 单击"求解"按钮，Excel 2016 即开始进行计算，最后出现"规划求解结果"对话框，如图 5-80 所示。

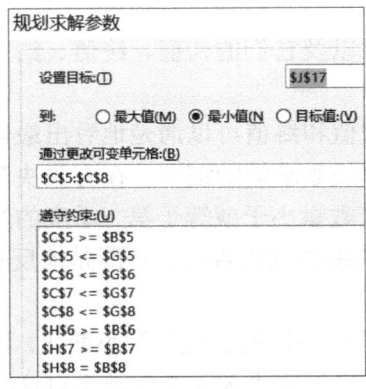

图5-79　添加了约束条件的"规划求解参数"对话框（局部）

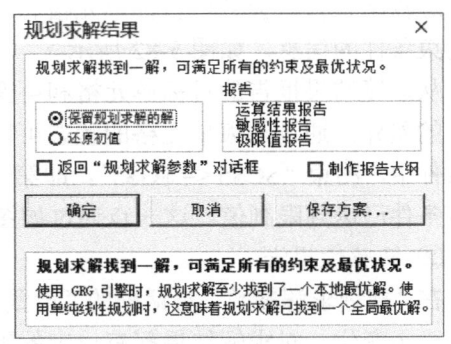

图5-80　"规划求解结果"对话框

注意：必须在第一季度到第四季度的生产数量已经预置为 120、40、40、90（台）时进行规划求解，才会得到 26 096 这个最佳值。如果用原始值 80、60、60、90（台）或平均值 80、70、70、70（台）计算，则都会得到 26 136 这个原值，原因可能是出在求解方法的选择上。求解方法共有 3 种，默认使用 GRG，即非广义简约梯度法，该方法本身就严重依赖初始条件，因此有可能得不到全局最优解，而只能得到局部最优解，即自变量取值在某一区间内时得到的最优解，一旦超出该取值区间，就在下一取值区间得到另一个最优解。解决这个问题的方法是在"规划求解参数"对话框中单击"选项"按钮，在随后出现的"选项"对话框中选择"非线性 GRG"选项卡，勾选其中的"使用多初始点"复选框，单击"确定"按钮后返回"规划求解参数"对话框，在"遵守约束"列表框中添加"$C$5:$C$8>=0"和"$C$5:$C$8<=290"两个条件，即可得到 26 096 这个值。

⑧ 根据需要，选择是保存规划求解结果还是恢复为原值；是否保存方案；是否生成运算结果报告、敏感性报告和极限值报告。这里选择保存规划求解结果，并生成运算结果报告、敏感性报告和极限值报告。规划求解结果如图 5-81 所示。

从规划求解结果可以看出，最佳生产方案是第一季度到第四季度的生产数量分别 130、10、60 和 90（台），其生产费用和

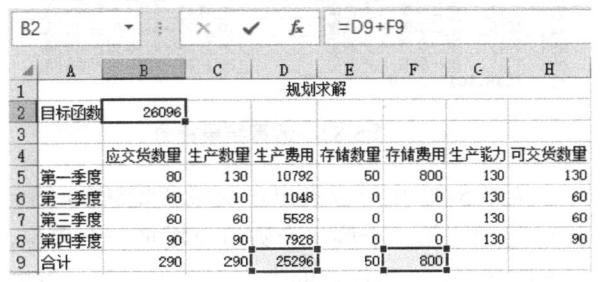

图5-81　规划求解结果

存储费用分别为 25 296 元和 800 元，总费用为 26 096 元，该方案较原方案节省了 520 元。

3. 分析求解结果

通过查看规划求解工具生成的各种报告，可以进一步分析规划求解结果，并根据需要修改或重新设置规划求解参数。当规划求解失败时，还可以适当调整规划求解选项。

（1）显示分析报告。

Excel 的规划求解工具可以根据需要生成 3 种类型的报告，每份报告被存放在工作簿单独的一张工作表内。

① 运算结果报告。

运算结果报告会列出目标单元格和可变单元格，以及它们的初值、终值、约束条件和有关约束条件的信息，如图 5-82 所示。

从运算结果报告的目标单元格和可变单元格的初值和终值可以清楚地看出最佳方案与原方案的差异。通过约束单元格的状态可以进一步了解规划求解的细节。在有关决策变量的约束条件中，约束"$C$5 <= $G$5"，即第一季度的生产数量小于或等于第一季度的生产能力的约束条件已达到限制值。这一点通过如图 5-83 所示的敏感性报告可以更清楚地反映出来。

② 敏感性报告

在"规划求解参数"对话框的"设置目标"文本框中指定的公式的微小变化，以及约束条件的微小变化，对求解结果都有一定的影响。敏感性报告提供关于求解结果对这些微小变化的敏感性信息。含有整数约束条件的模型不能生成敏感性报告。对于非线性模型，此报告提供递减梯度和拉格朗日乘数（约束方程梯度的线性组合里每个向量的系数，或者称条件极值），如图 5-83 所示；对于线性模型，此报告中将包含缩减成本、影子价格（机会成本）、目标系数（允许有小量增减额）及右侧约束区域。

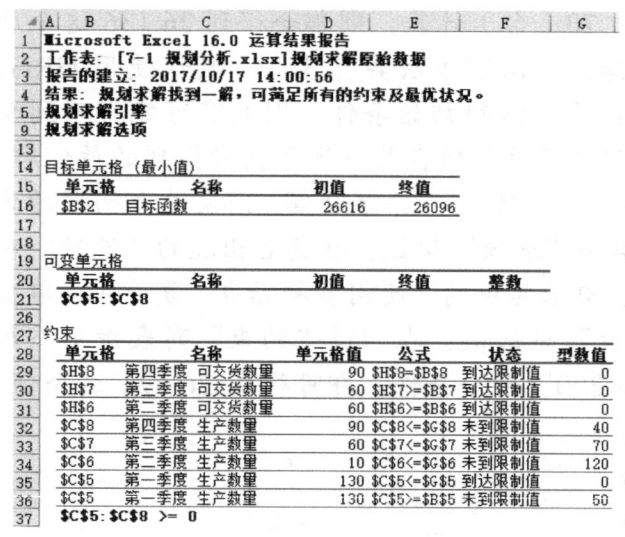

图5-82　运算结果报告　　　　　　　　　　图5-83　敏感性报告

从图 5-83 中可以看出，决策变量$C$5 第一季度生产数量的递减梯度为-12.8（四舍五入后），这说明第一季度生产数量每增加一个单位，将使目标函数减小约 13；后面各季度没有出现递减梯度，说明优化的生产都发生在第一季度，决策变量$C$6、$C$7、$C$8 反映第二、三、四季度生产数量的拉格朗日乘数分别为 28、23、92（取整后），这说明这些季度生产数量增加一个单位将使目标函数累积减小的值。

③ 极限值报告。

极限值报告中列出了目标单元格和可变单元格，以及它们的数值、上下限极限和目标值（含有整数约束条件的模型不能形成本报告）。其中，下限极限是在满足约束条件和保持其他可变单元格数值不变的情况下，某个可变单元格可以取到的最小值；上限极限是可以取到的最大值，如图 5-84 所示。

（2）修改规划求解参数。

当规划模型有所变动时，可以方便地修改有关参数，此时再重新计算即可。

例如，从上面的结果可以看出，如果扩大企业的生产能力，有可能进一步降低生产费用。假设经过采取有关措施，企业的每季度生产能力由原来的 130 台增加到 150 台。这时只需简单地将 G5:G8 单元格区域的内容改为 150，然后选择“工具”菜单中的“规划求解”命令，在弹出的“规划求解参数”对话框中直接单击“求解”按钮即可，结果如图 5-85 所示。

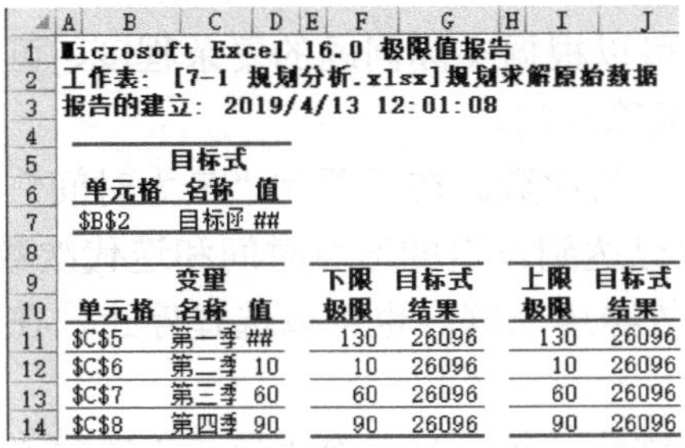

	A	B	C	D	E	F	G	H	I	J
1	Microsoft Excel 16.0 极限值报告									
2	工作表：[7-1 规划分析.xlsx]规划求解原始数据									
3	报告的建立：2019/4/13 12:01:08									
4										
5			目标式							
6		单元格	名称	值						
7		$B$2	目标函	##						
8										
9			变量			下限	目标式		上限	目标式
10		单元格	名称	值		极限	结果		极限	结果
11		$C$5	第一季	##		130	26096		130	26096
12		$C$6	第二季	10		10	26096		10	26096
13		$C$7	第三季	60		60	26096		60	26096
14		$C$8	第四季	90		90	26096		90	26096

图5-84　极限值报告

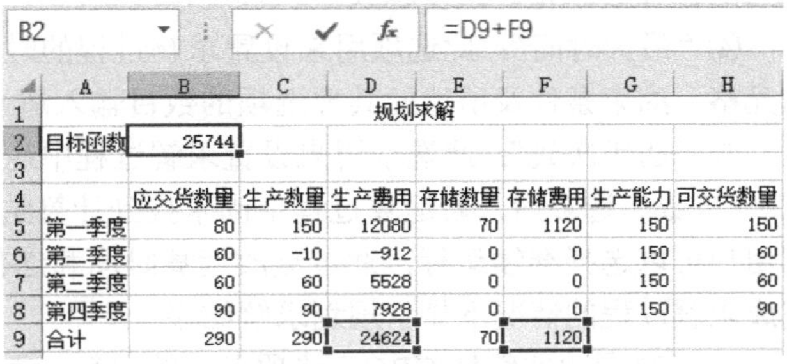

B2　=D9+F9

	A	B	C	D	E	F	G	H
1				规划求解				
2	目标函数	25744						
3								
4		应交货数量	生产数量	生产费用	存储数量	存储费用	生产能力	可交货数量
5	第一季度	80	150	12080	70	1120	150	150
6	第二季度	60	−10	−912	0	0	150	60
7	第三季度	60	60	5528	0	0	150	60
8	第四季度	90	90	7928	0	0	150	90
9	合计	290	290	24624	70	1120		

图5-85　修改规划求解参数后的运算结果

从图 5-85 中可以看到，目标函数的值进一步降低到 25 744 元，但是，此时第二季度的生产数量为−10 台，这显然不合逻辑。因此，有时还需要根据模型的变化修改约束条件。例如，在上面的例子中，严格地说，约束条件还应该加上 $x_1, x_2, x_3, x_4 \geqslant 0$。添加上述约束条件的操作步骤如下。

- 选择“数据”→“分析”选项组中的“规划求解”命令。
- 在弹出的“规划求解参数”对话框中单击“添加”按钮。
- 在弹出的“添加约束”对话框的“单元格引用”文本框中指定 C5:C8 单元格区域，选择“>=”关系运算符，在“约束”文本框中输入 0。单击“确定”按钮即可完成添加约束条件的操作。

再次求解，得到 25 944 这个值。

如果对规划模型的参数修改内容较多，或者需要计算另一个规划模型，则可以在“规划求解参数”对话框中直接单击“全部重置”按钮。然后重新设置规划求解的目标、可变单元格和约束条件。

（3）修改规划求解选项。

如果规划模型设置的约束条件矛盾，或者在限制条件下无可行解，则系统会给出规划求解失败的信息。规划求解失败也有可能是当前设置的最长求解时间太短、最大求解次数太少或精度过高等原因引起的。对此可以修改规划求解选项，具体操作步骤如下。

① 选择“工具”菜单中的“规划求解”命令。

② 在弹出的“规划求解参数”对话框中单击“选项”按钮。这时将弹出“选项”对话框，如图 5-86 所示。

③ 根据需要，重新设置“最大时间”“迭代次数”“约束精确度”等选项。然后单击“确定”按钮，重新求解。要进行这里的操作，还需要知道并掌握相应的数学知识。

下面对"选项"对话框的"所有方法"选项卡中各主要参数的功能进行介绍。

①"约束精确度"：此选项的默认值为 0.000 001，若要达到更高的求解精度，可将此值改小到所需值，使约束条件的数值能够满足目标值或其上下限。其中，精度必须以小数表示，小数位数越多，达到的精度越高，但求解的时间越长。

②"使用自动缩放"：当输入和输出的数值相差很大时，可选择此复选框，以放大求解结果。

③"整数最优性"：此选项只适用于有整数约束条件的整数规划，指满足整数约束条件的目标单元格求解结果与最佳结果之间可以允许的误差，若要改变默认值，则可根据需要输入适当的百分数。允许误差越大，求解过程越快。

④"最大时间"：此选项用来设置求解过程的时间，可以根据实际问题的复杂程度、可变单元格、约束条件及所选的其他选项的数目输入适当的运算时间。

⑤"迭代次数"：此选项用来设置求解过程中迭代变量的次数。在设置完"最大时间"和"迭代次数"选项后，若运算过程中尚未找到计算结果就已达到设定的运算时间和迭代次数，则用户可以选择继续运行，通过更改运算时间和迭代次数继续求解；也可以选择停止，在未完成求解过程的情况下显示规划求解结果。

图 5-87 是"非线性 GRG"选项卡中的参数，要设置这些参数及另一个"演化"选项卡中的参数，需要具备更多的数学基础，这里不再介绍。

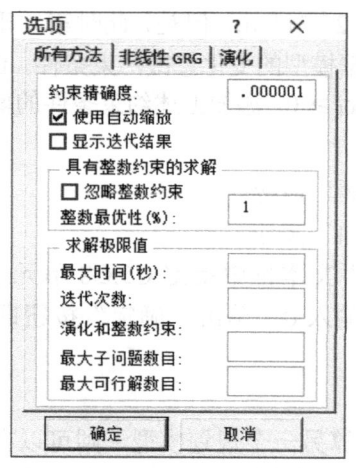

图5-86　"选项"对话框

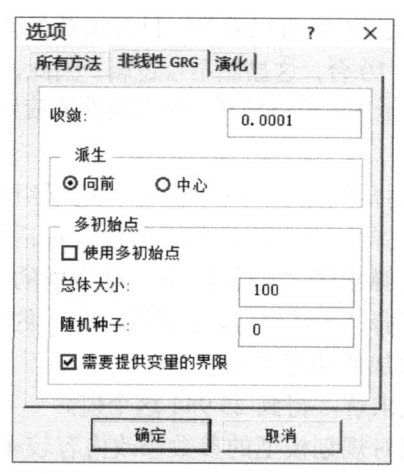

图5-87　"非线性 GRG"选项卡中的参数

4．规划求解案例

例 5-22　利用规划求解加载宏求解多元方程。

求解二元方程

$$x^2+2xy+2y^2+2x-2y+5=0$$

求解二元方程的过程如图 5-88 所示。

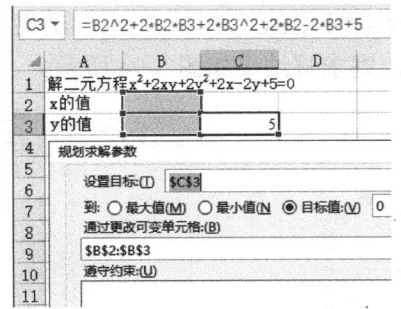

图5-88　求解二元方程的过程

例 5-23　利用规划求解加载宏求解积分兑换问题。

这是个更简单的规划求解问题，可以很直观地理解规划求解。假设手里有些积分想要兑换成商品，怎样合理兑换能把手里的积分清零呢？

先建立数据清单，其中，D6=B6*C6，然后向下填充到 D7:D15 单元格区域；B3=SUM(D6:D15)，目标单元格 C3=A3-B3，目标就是让 C3 为 0、任意一个小的值或最小。积分兑换问题原始数据如图 5-89 所示。

进入"规划求解参数"对话框，做相应的设置（注意：设置目标单元格的值为 0），如图 5-90 所示。

图5-89　积分兑换问题原始数据

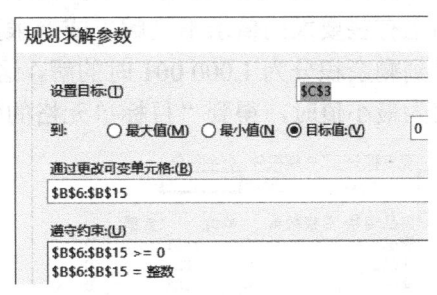

图5-90　设置目标值

其中，等于整数的设置在设置约束条件时，在"运算符"下拉列表中选择"int"选项即可，如图 5-91 所示。

另外，还要在"选项"对话框中取消选中"忽略整数约束"复选框，如图 5-92 所示。

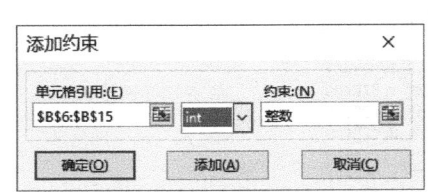

图5-91　选择"int"选项

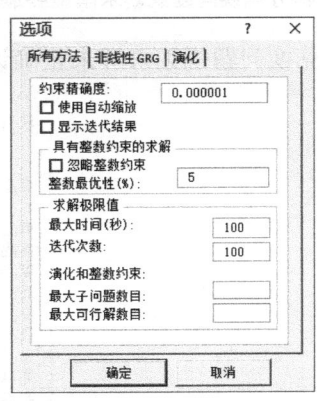

图5-92　取消选中"忽略整数约束"复选框

如果在求解方法中选择了非线性 GRG 方法，则求解结果如图 5-93 所示；如果在求解方法中选择了单纯线性规划方法，则求解结果如图 5-94 所示。

	A	B	C	D
1				
2	现有积分	已兑换积分	剩余积分	
3	6645	6645	0	
4				
5	商品编号	兑换数量	单价	金额
6	商品1	1	1461	1461
7	商品2	0	621	0
8	商品3	0	105	0
9	商品4	0	53	0
10	商品5	0	239	0
11	商品6	0	53	0
12	商品7	5	554	2770
13	商品8	0	209	0
14	商品9	1	1958	1958
15	商品10	4	114	456

图5-93　非线性 GRG 方法的求解结果

	A	B	C	D
1				
2	现有积分	已兑换积分	剩余积分	
3	6645	6645	0	
4				
5	商品编号	兑换数量	单价	金额
6	商品1	0	1461	0
7	商品2	1	621	621
8	商品3	0	105	0
9	商品4	0	53	0
10	商品5	0	239	0
11	商品6	0	53	0
12	商品7	0	554	0
13	商品8	2	209	418
14	商品9	1	1958	1958
15	商品10	32	114	3648

图5-94　单纯线性规划方法的求解结果

也可设置目标单元格的值为其他值，如设置为"6"，此时 Excel 窗体左下角滚动显示计算过程，整个计算耗时约 10s，如图 5-95 所示。

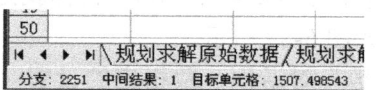

图5-95　计算过程

积分兑换问题规划求解最终运算结果如图 5-96 所示。

但也有些要求的值求不到解，或者求到的解有些牵强。例如，当要求剩余积分为 1 时，它只求到剩余积分为 1.000 001 时的解，这明显是近似值了。还有，当不要求具体值而只要求剩余值为最小值时，得到"目标单元格的值未收敛"的提示信息，如图 5-97 所示。

现有积分	已兑换积分	剩余积分	
6645	6639	6	
商品编号	兑换数量	单价	金额
商品1	0	1461	0
商品2	0	621	0
商品3	0	105	0
商品4	0	53	0
商品5	1	239	239
商品6	34	53	1802
商品7	0	554	0
商品8	22	209	4598
商品9	0	1958	0
商品10	0	114	0

图5-96　积分兑换问题规划求解最终运算结果

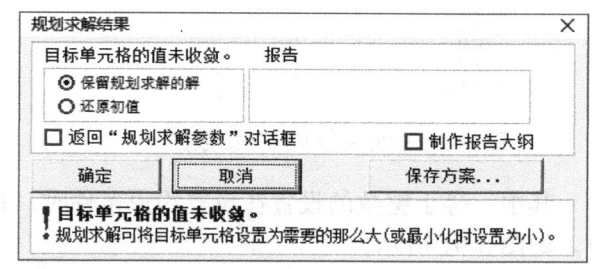

图5-97　积分兑换问题规划求解未正确设置参数的提示

积分兑换问题规划求解未正确设置参数的运算结果如图 5-98 所示。

现有积分	已兑换积分	剩余积分	
6645	1.8621E+11	-1.9E+11	
商品编号	兑换数量	单价	金额
商品1	40059673.3	1461	5.85E+10
商品2	17027417.6	621	1.06E+10
商品3	2879031.96	105	3.02E+08
商品4	1453272.66	53	77023451
商品5	6553225.13	239	1.57E+09
商品6	1453260.66	53	77022815
商品7	15190321	554	8.42E+09
商品8	5730655.57	209	1.2E+09
商品9	53687091.2	1958	1.05E+11
商品10	3125806.34	114	3.56E+08

图5-98　积分兑换问题规划求解未正确设置参数的运算结果

从图 5-98 中可知，这时的运算结果具有太多位的小数了。

例 5-24　利用规划求解加载宏求解家具日产量问题。

此案例主要说明将具体问题转化为数学模型的过程。设某家具厂生产 4 种小型家具，它们的大小、形状、质量和风格均不同，因此它们所需的主要原料（木材和玻璃）、制作时间、最大销量与利润均不同。该家具厂每天可提供的木材、玻璃和工人劳动时间分别为 600 单位、1 000 单位和 400 小时，其原始数据如图 5-99 所示。

家具类型	1	2	3	4	可提供量
劳动时间（小时/件）	2	1	3	2	400 小时
木材（单位/件）	4	2	1	2	600 单位
玻璃（单位/件）	6	2	1	2	1000 单位
单位利润（元/件）	60	20	40	30	
最大销售量（件）	100	200	50	100	

图5-99　家具日产量问题原始数据

问：应如何安排这 4 种家具的日产量，从而使该家具厂的日利润最大？

解：依题意，设置 4 种家具的日产量分别为决策变量 x_1、x_2、x_3、x_4，目标要求是日利润最大化，约束条件为 3 种资源的供应量限制和产品销售量限制。据此，列出下面的线性规划模型。

目标函数为

$$Max(Z) = 60x_1 + 20x_2 + 40x_3 + 30x_4$$

约束条件为

$$4x_1 + 2x_2 + x_3 + 2x_4 \leqslant 600 \quad （木材约束）$$

$$6x_1 + 2x_2 + x_3 + 2x_4 \leqslant 1\,000 \quad （玻璃约束）$$

$$2x_1 + x_2 + 3x_3 + 2x_4 \leqslant 400 \quad （劳动时间约束）$$

$$x_1 \leqslant 100 （家具 1 需求量约束）$$

$$x_2 \leqslant 200 （家具 2 需求量约束）$$

$$x_3 \leqslant 50 \quad （家具 3 需求量约束）$$

$$x_4 \leqslant 100 （家具 4 需求量约束）$$

$$x_1, x_2, x_3, x_4 \geqslant 0 （非负约束）$$

首先，在 Excel 中描述问题，建立模型，如图 5-100 所示。

在 F14 单元格中使用函数"=SUMPRODUCT(B14:E14,B$19:E$19)"，并填充到 F15、F16 单元格中，在 G19 单元格中使用函数"=SUMPRODUCT(B12:E12,B19:E19)"。然后设置规划求解的各项参数，如图 5-101 所示。

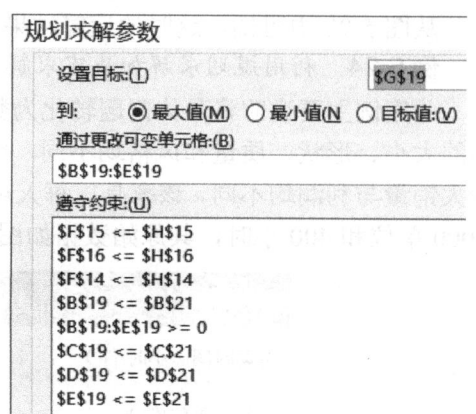

图5-100　家具日产量问题模型　　　　图5-101　家具日产量问题规划求解参数设置

如果想查看迭代的中间结果，则可以在"选项"对话框中选中"显示迭代结果"复选框。规划求解找到最优解，而且在非线性 GRG 计算方式和单纯线性规划计算方式下可以得到同样的解，如图 5-102 所示。

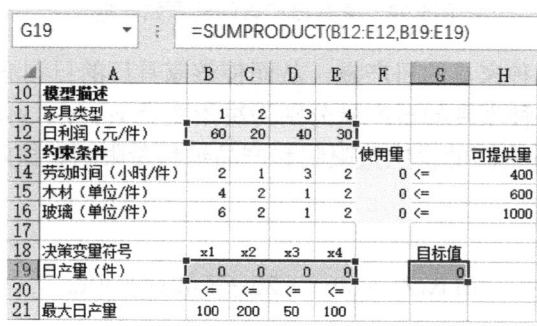

图5-102　家具日产量问题规划求解结果

将敏感数据和没有数据的区域隐藏起来

如果工作表部分单元格中的内容不想让浏览者查阅，则可以将它隐藏起来。

（1）选中需要隐藏内容的单元格（区域），执行"格式"→"单元格"命令，打开"单元格格式"对话框，在"数字"选项卡的"分类"列表框中选中"自定义"选项，然后在右边"类型"文本框中输入";;;"（3 个英文状态下的分号）。

（2）再切换到"保护"选项卡，选中其中的"隐藏"复选框，按"确定"按钮退出。此时，如果选中一个有数据的单元格，则单元格中什么也不显示，但是在编辑栏中还会看到该单元格中的内容，如图 5-103 所示。

（3）选中 D 列，按 Ctrl+Shift+→组合键，Excel 将从 D 列一直选到最后一列，即 XFD 列，然后单击鼠标右键，在弹出的快捷菜单中选择"隐藏"选项，如图 5-104 所示。

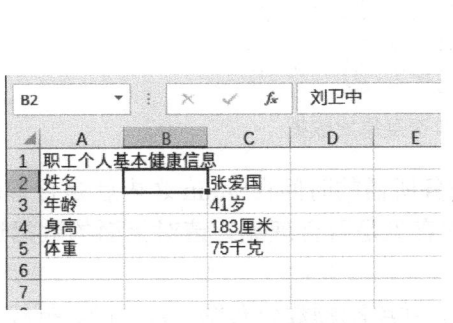

图5-103　在编辑栏中还会看到该单元格中的内容　　　图5-104　选择并隐藏全空的列

然后用同样的方式，选择第 6 行，按 Ctrl+Shift+↓ 组合键，Excel 将从 6 行一直选到最后一行，即 1 048 576 行，然后单击鼠标右键，在弹出的快捷菜单中选择"隐藏"选项，就将所有空行隐藏了，此时的工作表如图 5-105 所示。

（4）执行"工具"→"保护"→"保护工作表"命令，打开"保护工作表"对话框，设置好密码后，单击"确定"按钮返回。

经过这样的设置以后，上述单元格中的内容不再显示出来，就是使用 Excel 的透明功能，也不能让其显示（在编辑栏中也看不到），如图 5-106 所示。

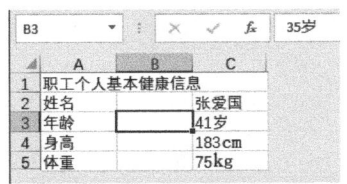

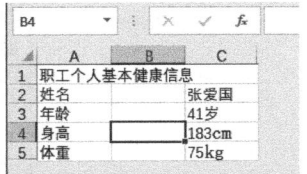

图5-105　隐藏了全空的行和列的工作表　　　图5-106　执行了完全隐藏保护功能的工作表

提示：在"保护"选项卡中，请不要取消选中"锁定"复选框，因为这样可以防止别人删除隐藏起来的数据。

如果要还原数据，则除了要解除保护，还要取消选中"隐藏"复选框，最主要的是，还要在"数字"选项卡中选择"常规"选项。

 上机题 5

1．使用统计函数分析航空公司的售票速度

有顾客反映某家航空公司售票处售票的速度太慢。为此，航空公司收集了 100 位顾客购票花费时间的样本数据（单位：min），如图 5-107 所示。

	A	B	C	D	E	F	G	H	I	J
1	某航空公司售票速度调查（单位：min）									
2										
3	2.3	1.0	3.5	0.7	1.0	1.3	0.8	1.0	2.4	0.9
4	1.1	1.5	0.2	8.2	1.7	5.2	1.6	3.9	5.4	2.3
5	6.1	2.6	2.8	2.4	3.9	3.8	1.6	0.3	1.1	1.1
6	3.1	1.1	4.3	1.4	0.2	0.3	2.7	2.7	4.1	4.0
7	3.1	5.5	0.9	3.3	4.2	21.7	2.2	1.0	3.3	3.4
8	4.6	3.6	4.5	0.5	1.2	0.7	3.5	4.8	2.6	0.9
9	7.4	6.9	1.6	4.1	2.1	5.8	5.0	1.7	3.8	6.3
10	3.2	0.6	2.1	3.7	7.8	1.9	0.8	1.3	1.4	3.5
11	11.0	8.6	7.5	2.0	2.0	2.0	1.2	2.9	6.5	1.0
12	4.6	2.0	1.2	5.8	2.9	2.0	2.9	6.6	0.7	1.5

图5-107　某航空公司售票速度原始数据

该航空公司认为，为一位顾客办理一次售票业务所需的时间在5min之内就是合理的。上面的数据是否支持航空公司的说法呢？顾客提出的意见是否合理呢？请对上面的数据进行适当的分析并回答下列问题。

（1）对数据进行等距分组，整理成频数分布表，并绘制频数分布图（直方图、折线图、饼图）。

（2）根据分组后的数据，计算中位数、众数、算术平均数和标准差。

（3）分析顾客提出的意见是否合理，为什么？

（4）使用哪个平均指标来分析上述问题比较合理呢？

2．利用移动平均趋势剔除季节变动因素

图5-108是某企业近5年分季销售额，如何利用移动平均趋势剔除季节变动因素呢？

	A	B	C
1	某企业近5年分季销售额		
2			
3	年份	季节	销售额
4	2015	1	1750
5		2	2208
6		3	2258
7		4	2047
8	2016	1	1762
9		2	2886
10		3	2846
11		4	1700
12	2017	1	1974
13		2	2220
14		3	2465
15		4	1657
16	2018	1	1941
17		2	2593
18		3	2565
19		4	2024
20	2019	1	1716
21		2	2395
22		3	2858
23		4	1546

图5-108　某企业近5年分季销售额

3．规划求解实例1：钢管切割问题

某物流配送中心从钢管厂进货，需要将钢管按照用户的要求切割后进行配送，从钢管厂进货时得到的原料钢管的长度都是7.4m，而用户分别需要长度为2.9m、2.1m和1.5m的钢管各100根，应如何下料使原材料最节省？

4．规划求解实例2：最佳购买方案问题

现有资金20万元，准备购买冬季御寒衣物一批，在批发市场调查后，得到的最低批发价

如图 5-109 所示。

商品名称	单价	数量	金额
鞋	450	1	450
帽	120	1	120
毛衣	200	1	200
围巾	80	1	80
外套	500	1	500

图5-109　最低批发价

请问：应该怎么购买才能刚好用掉 20 万元呢？（注：确保每种商品都有，且鞋不能低于 20 双。）

 **课后习题 5**

1．数据表中给出了某厂 12 个车间加工同一产品所需时间的全部数据，如图 5-110 所示。

（1）使用函数计算该厂 12 个车间加工这一产品所需时间的算术平均值、几何平均值、调和平均值、众数、中位数、方差、标准差、偏度及峰度。

（2）使用数据分析工具对该数据进行描述性统计分析，并将结果与（1）中计算的结果进行对比，判断两者是否相同。

2．简单移动平均法和趋势移动平均法练习：图 5-111 给出了 1995—2018 年某厂用电数的全部数据。

要求：

（1）利用简单移动平均法预测 2019 年的用电数，并确定误差，已知步长为 3。

（2）利用趋势移动平均法预测 2019 年的用电数，并确定误差。

	A	B
1	时间（时）	
2	12	
3	15	
4	18	
5	19	
6	20	
7	14	
8	15	
9	17	
10	16	
11	13	
12	11	

图5-110　某厂12个车间加工同一产品所需时间的全部数据

	A	B	C
1	年份	用电数（×10⁴k·Wh）	
2	1995	45.8	
3	1996	50.5675	
4	1997	58.1484	
5	1998	65.8551	
6	1999	75.3	
7	2000	80	
8	2001	83.1	
9	2002	85	
10	2003	91	
11	2004	98.2	
12	2005	105.6	
13	2006	113.4	
14	2007	119.9	
15	2008	119.2	
16	2009	120.2	
17	2010	121.3	
18	2011	125	
19	2012	117.7	
20	2013	133	
21	2014	166.5	
22	2015	178.5	
23	2016	191.3	
24	2017	209.8	
25	2018	226.9	
26	2019		

图5-111　1995—2018年某厂用电数的全部数据

3．鸡兔同笼问题。鸡兔同笼是中国古代著名趣题之一，据《孙子算经》记载：今有鸡兔同笼，上有三十五头，下有九十四足，问鸡兔各几何？

4．生产工序问题。某厂生产 A、B、C 三种产品，每种产品都需要 3 道工序，如图 5-112 所示。

另外，该厂在 3 道工序中分别有劳动力 40 000、30 000、25 000，且已知 A、B、C 三种产品的单件利润分别为 2、2.8、4（单位：万元）。请分析该厂应如何组织生产才能达到利润最大化。

		产品 A	产品 B	产品 C
所需劳动力	工序 1	4	3	5
	工序 2	3	2	2
	工序 3	1	2	2

图5-112　某厂的生产工序

第 6 章

Excel 数据可视化——图表的应用

学习目标

1. 了解 Excel 主要图表的应用场合。
2. 理解雷达图表达的企业现状类型的内涵。
3. 熟练掌握主要基本图表的创建和编辑方法。
4. 重点掌握几个高级图表的创建和编辑方法。

本章提要

✦ 本章首先对 Excel 中的图表类型、基本操作进行介绍，包括常用图表、Excel 2016 中新增图表的特点和应用范围；然后通过一个经营分析的实例引入图表应用的操作。经营分析本质上是一种静态的(因为没有变量)、宏观的状态分析，是 Excel 对数据可视化的描述。主要通过企业的经营发展分析介绍雷达图的应用；着重说明 Excel 中图表制作和修饰的基本步骤与操作技巧。另外，本章最后还介绍了一些高级图表的制作方法。

6.1 Excel 图表类型介绍

Excel 提供了 70 种不同类型的专业统计图表。对于一些特殊的应用，用户还可以自定义图表类型。

虽然有这些图表类型，但是如果不明白每种图形的特性，那么画出来的图表是无法提供给相关人员进行决策判断的，以下简要介绍几种常用图表类型的特点和应用场合。

1．Excel 标准图表类型

（1）柱形图。

柱形图是 Excel 的默认图表类型，也是用户经常使用的一种图表类型，通常用来描述不同时期数据的变化情况或不同类别数据（称为分类项）之间的差异，也可以同时描述不同时期、不同类别数据的变化和差异。例如，描述不同时期的生产指标、产品的质量分布，或者不同时期多种销售指标的比较等。一般将分类数据或时间在水平轴上标出，而把数据的大小在垂直轴上标出。如果要描述不同时期、不同类别的数据，则可将不同类别数据用图例表示。图 6-1 为 2017 年度某市主要景点旅游人数的统计结果。

柱形图共有 7 种子图表类型：簇状柱形图、堆积柱形图、百分比堆积柱形图、三维簇状柱形图、三维堆积柱形图、三维百分比堆积柱形图和三维柱形图。其中，簇状柱形图是柱形图的基本类型；堆积柱形图和百分比堆积柱形图将不同类别数据堆积起来，进一步反映相应数据占总数的大小。图 6-2 为使用百分比堆积柱形图描述的 2017 年度某市主要景点旅游人数统计。

图6-1　2017年度某市主要景点旅游人数的统计结果

图6-2　百分比堆积柱形图

三维的簇状柱形图、堆积柱形图和百分比堆积柱形图使得图形具有立体感，进一步加强了修饰效果。三维柱形图主要用来比较不同类别、不同系列数据之间的关系。

（2）条形图。

条形图有些像水平的柱形图，使用水平横条的长度表示数据值的大小。条形图主要用来比较不同类别数据之间的差异情况，而不强调时间。一般把分类项在垂直轴上标出，而把数据的大小在水平轴上标出。这样可以突出数据之间的差异，而淡化时间的变化。例如，某种饮料的畅销程度（销售额或各项商品的人气指数）可使用条形图表示，如图 6-3 所示。

条形图共有 6 个子图表类型：簇状条形图、堆积条形图、百分比堆积条形图、三维簇状条形图、三维堆积条形图和三维百分比堆积条形图。要分析某产品不同型号的销售情况，可在垂直轴上标出型号名称，在水平轴上标出销售额数值，如图 6-4 所示。

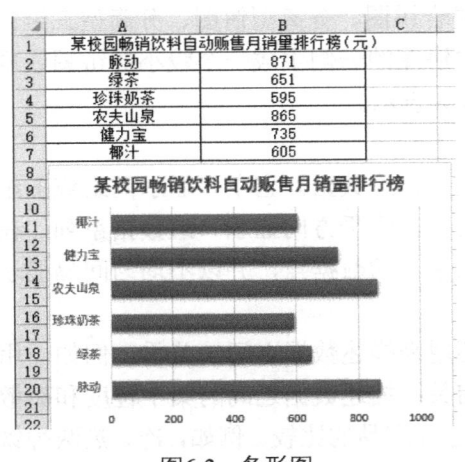

图6-3 条形图

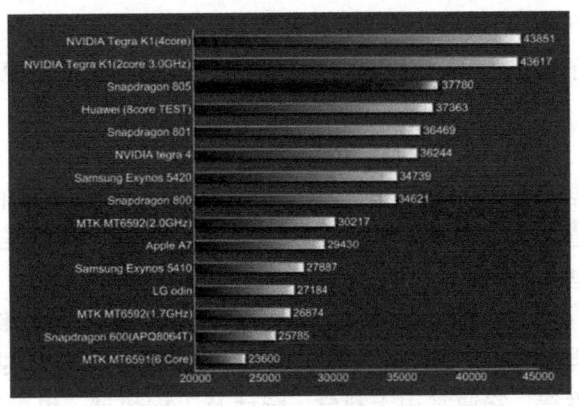

图6-4 条形图的应用

（3）折线图。

折线图是用直线段将各数据点连接起来而组成的图形，它以折线方式显示数据的变化趋势。在折线图中，数据是递增还是递减、增减的速率、增减的规律（周期性、螺旋性等）、峰值等特征都可以清晰地反映出来。因此，折线图常用来分析数据随时间的变化趋势，适合用来显示相等时间间隔（每月、每季、每年等）的数据趋势，也可用来分析多组数据随时间变化的相互作用和影响。例如，折线图可用来分析某类商品或某几类相关的商品随时间变化的销售情况，从而进一步预测未来的销售情况，如图 6-5 所示。

在折线图中，一般水平轴用来表示时间的推移，并且间隔相同；垂直轴代表不同时刻的数据的大小。折线图共有 7 个子图表类型：折线图、堆积折线图、百分比堆积折线图、数据点折线图、堆积数据点折线图、百分比堆积数据点折线图和三维折线图。若需要得到光滑曲线，则可选中任意线条，设置数据系列格式，选中"平滑线"复选框。

（4）饼图。

饼图通常只用一组数据系列作为源数据。它将一个圆划分为若干个扇形，每个扇形代表数据系列中的一项数据值，其大小用来表示相应数据项占该数据系列总和的比例。因此，饼图通常用来描述百分比例、构成等信息，如国民经济中不同产业部门的比例、某企业的销售收入构成、某学校的各类人员构成等。例如，用饼图查看特定月份哪种小吃卖得最好，如图 6-6 所示。

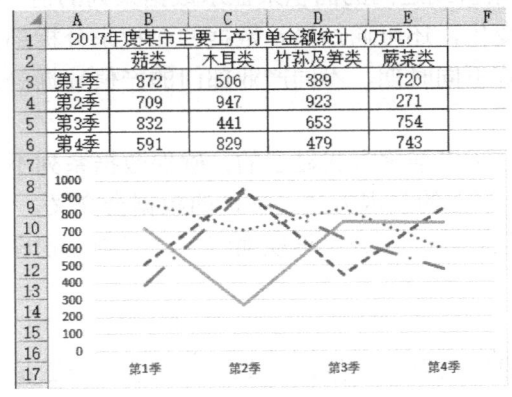

图6-5 折线图的应用

图6-6 饼图的应用

饼图共有 6 个子图表类型：饼图、三维饼图、复合饼图、分离型饼图、分离型三维饼图和复合条饼图。其中，复合饼图和复合条饼图是在主饼图的一侧生成一个较小的饼图或堆积条形图，用来将其中一个较小的扇形中的比例数据放大表示。

（5）散点图。

散点图与折线图类似，可以用线段或一系列的点来描述数据。它主要显示两组或多组数据系列之间的关联，如果散点图包含两组坐标轴，则会在水平方向显示一组数据系列，在垂直方向显示另一组数据系列，图表会把这些值合并成单一的数据点，并以不均匀间隔显示这些值。

散点图除了可以显示数据的变化趋势，更多地还用来描述数据之间的关系。例如，用散点图描述几组数据之间是否相关，是正相关还是负相关；描述数据之间的集中程度和离散程度等。它通常用于科学、统计及工程数据，也可用于进行产品的比较。例如，冷、热两种饮料会随着气温变化而影响销量，气温越高，冷饮销量越好，如图 6-7 所示。

散点图共有 5 个子图表类型：散点图、平滑线散点图、无数据点平滑线散点图、折线散点图和无数据点折线散点图。其中，平滑线散点图可以自动对折线做平滑处理，可以更好地描述变化趋势，如图 6-8 所示。

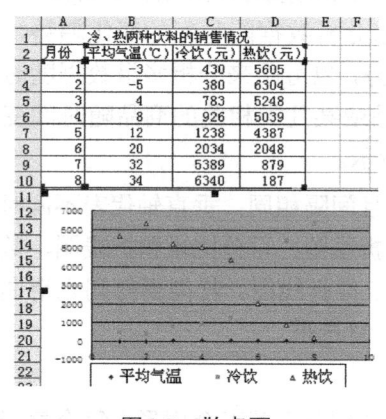

图6-7　散点图

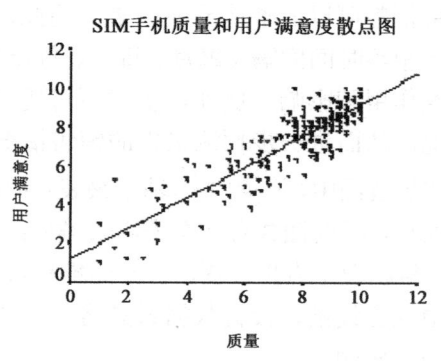

图6-8　散点图的应用

（6）面积图。

面积图实际上是折线图的另一种表现形式，因此，它也主要是基于时间变化看趋势的。它使用折线和分类轴（*X*轴）组成的面积，以及两条折线之间的面积来显示数据系列的值。面积图除了具备折线图的特点、强调数据随时间的变化，还可通过显示数据的面积来分析部分与整体的关系。例如，面积图可用来描述国民经济不同时期、不同产业部门的产值数据等。面积图的应用如图 6-9 所示。

可以看出，面积图虽然是折线图的一种，但它是以堆叠方式显示的，确保数据系列不会交叉。作为对比，如果是折线图，就会是图 6-5 中下面的表现方式，各地的数据会交叉。

面积图共有 6 个子图表类型：面积图、堆积面积图、百分比堆积面积图、三维面积图、三维堆积面积图和三维百分比堆积面积图。

（7）圆环图。

圆环图与饼图类似，也是用来描述比例和构成等信息的。但是饼图只能显示一个数据系列，而圆环图可以显示多个数据系列。圆环图由多个同心圆环组成，每个圆环划分为若干圆环段，每个圆环段代表一个数据值在相应数据系列中所占的比例。因此，圆环图除了具有饼图的特点，还常用来比较多组数据的比例和构成关系。例如，圆环图可用来描述多个国家的国民经济中不同产业部门的比例，多个企业的销售收入构成，不同学校的各类人员的构成等。圆环图的应用如图 6-10 所示。

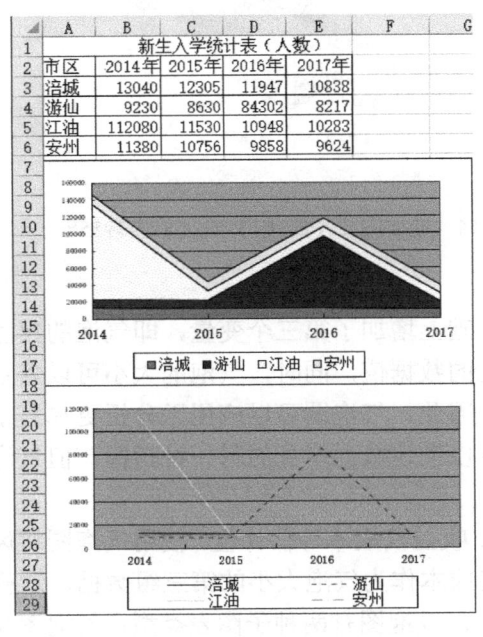

图6-9 面积图的应用

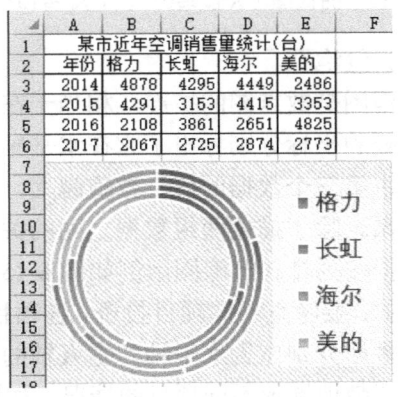

图6-10 圆环图的应用

（8）曲面图。

曲面图是折线图和面积图的另一种形式，它在原始数据的基础上，通过跨两维的趋势线描述数据的变化趋势；通过拖放图形的坐标轴，可以方便地变换观察数据的角度。

旋转方法是：右击图表，在弹出的快捷菜单中选择"三维旋转"选项，如图 6-11 所示。

在"设置图表区格式"窗格中选择旋转方向和角度，如图 6-12 所示。

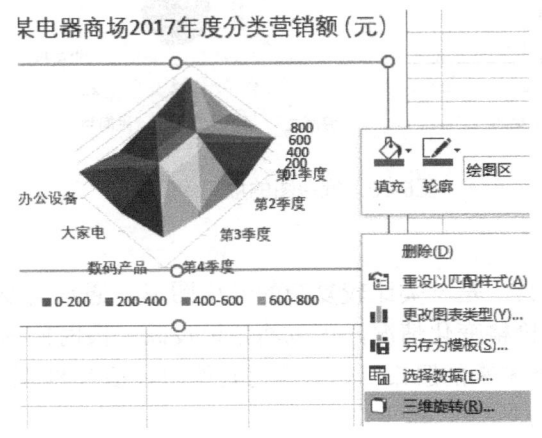

图6-11 选择"三维旋转"选项

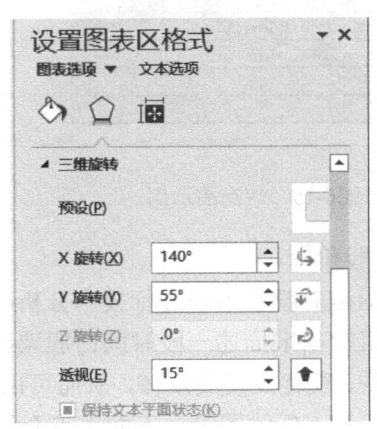

图6-12 "设置图表区格式"窗格

图 6-13 和图 6-14 为旋转到不同角度的同一个曲面图。

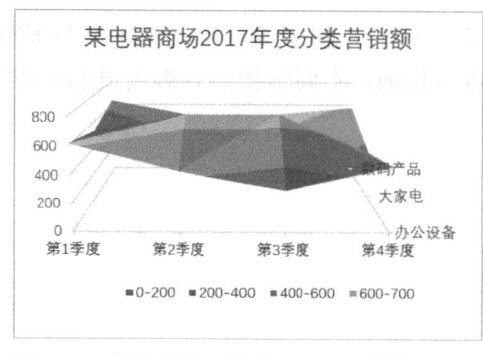

图6-13　曲面图（X旋转0°，Y旋转15°）

图6-14　曲面图（X旋转135°，Y旋转55°）

（9）气泡图。

气泡图是散点图的扩展，相当于在散点图的基础上增加了第三个变量，即气泡的尺寸。气泡所处的坐标分别标出了它在水平轴和垂直轴上的数据值，同时，气泡的大小可以表示数据系列中第三个数据的值，数值越大，气泡越大。因此，气泡图可以应用于分析更加复杂的数据关系。除了描述两组数据之间的关系，它还可以描述数据本身的另一种指标；但气泡图要求数据按列排。气泡图示例如图6-15所示。

例如，要考查不同项目投资，各项目都有风险、收益及成本等估计值。使用气泡图将风险和收益数据分别作为水平轴和垂直轴的数据，而将成本作为气泡大小的第三组数据，这样可以较为清楚地展示不同项目的情况，如图6-16所示。气泡图有两种子图表类型：气泡图和三维气泡图。

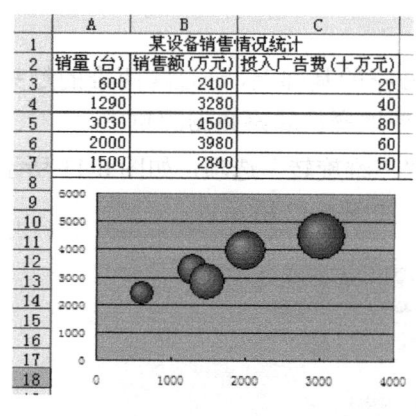

图6-15　气泡图示例

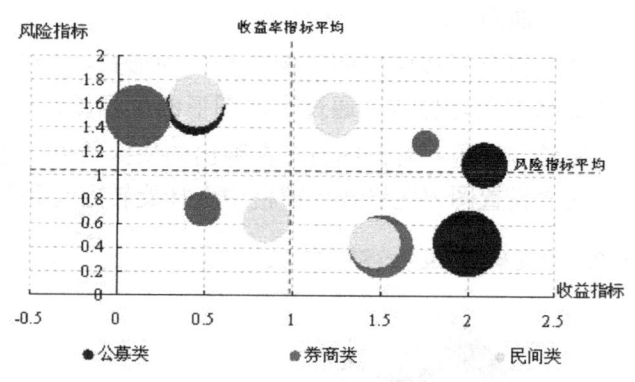

图6-16　气泡图的应用

（10）股价图。

股价图是对股票市场进行技术分析的基本工具，是一类比较复杂的专用图形，通常需要特定的几组数据来描述一段时间内股票或期货的价格变化情况，可以清楚地反映一段时间内股价的升跌、变化及发展规律，从而可以大致判断未来的股市行情。常用股价图包括K线图、移动平均线和KD线图等。下面重点介绍K线图。

K线图是研判股市行情的基本图形，它细腻敏感、信息全面，能较好地反映多空双方（多方——持有大量该股，希望股价能上涨；空方——现在还没有或很少持有该股，希望股价能下跌以便买进该股。在同一时期，某人在某股上是多方，在另一股上可能是空方；同一人对于同一只股票来说，在不同时期有时是多方，有时是空方）的强弱状态和股价的波动情况，是股票投资技术分析的基本工具。

K 线图有多种形式，Excel 中提供了 4 种形式，分别是"盘高-盘低-收盘图""成交量-盘高-盘低-收盘图""开盘-盘高-盘低-收盘图""成交量-开盘-盘高-盘低-收盘图"。下面以第 4 种形式（参数最多）的 K 线图为例来说明创建 K 线图的操作步骤。

① 在工作表中准备好股票的有关行情数据。需要注意的是，数据必须完整且排列顺序应与图形要求的顺序一致，即按成交量、开盘、盘高、盘低和收盘的顺序排列，如图 6-17 所示。

② 选中要分析的数据所在的单元格区域，这里选定 B1:U6 单元格区域。

③ 直接插入图表中的股价图，注意选择对应的子类型。完成的 K 线图如图 6-18 所示。

	A	B	C	D	E	F	G	H	I	J
1	日期	9月4日	9月5日	9月6日	9月7日	9月8日	9月11日	9月12日	9月13日	9月14日
2	成交量	94500	96000	80000	118000	125000	200000	186000	130000	260000
3	开盘价	2.00	2.05	2.05	2.15	2.27	2.42	2.60	2.53	2.60
4	最高价	2.06	2.06	2.15	2.35	2.36	2.79	2.77	2.64	2.78
5	最低价	1.99	2.03	2.04	2.12	2.26	2.16	2.52	2.51	2.58
6	收盘价	2.04	2.06	2.14	2.29	2.33	2.67	2.54	2.61	2.78
7										

图6-17　制作 K 线图的数据准备

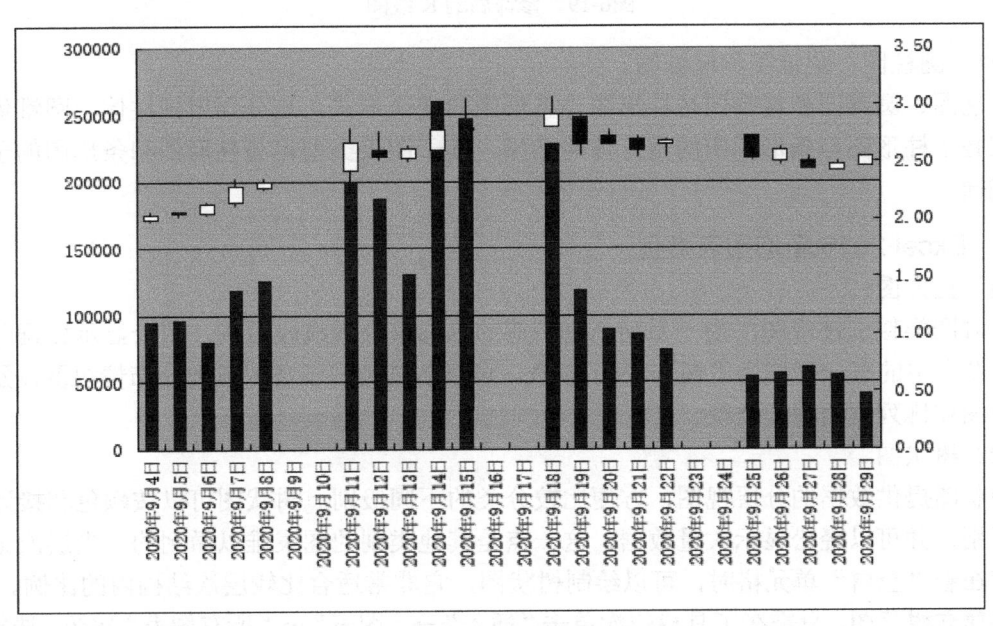

图6-18　完成的 K 线图

从该 K 线图可以看出，由于成交量的数据与股票价格（股价）的数据差距较大，所以有两个纵坐标轴，分别标识成交量和股价。由于股价为 2～3 元，所以为了更清晰地反映股价的变动情况，将右侧的纵坐标轴的刻度做一些调整（最大值从 3.50 改成 3.30，最小值从 0.00 改成 1.50，其他不变），同时将图表的颜色略做调整。修饰后的 K 线图如图 6-19 所示。

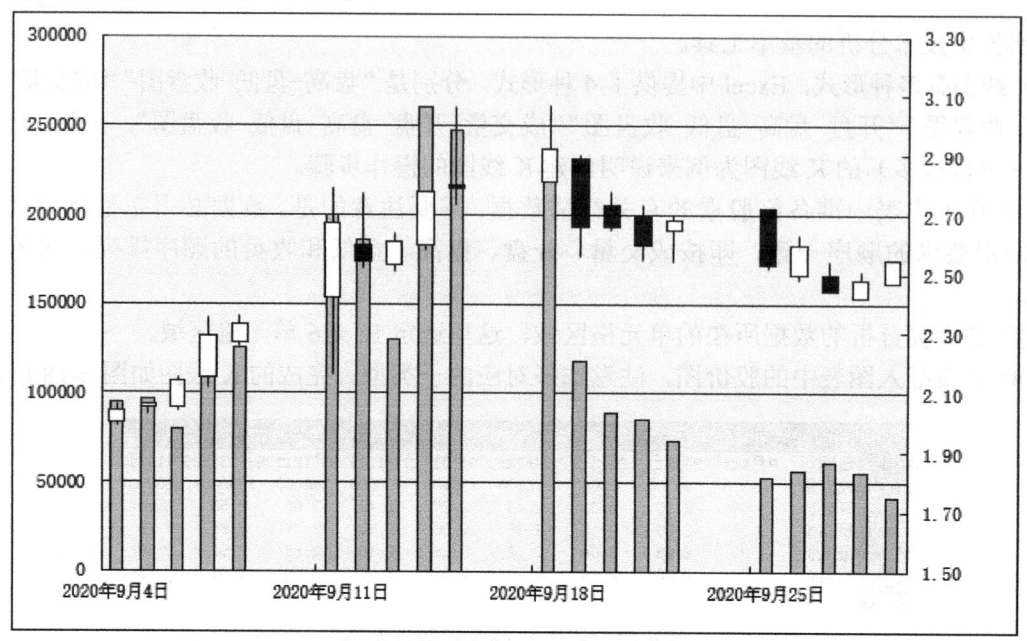

图6-19　修饰后的 K 线图

（11）圆柱图、圆锥图和棱锥图。

圆柱图、圆锥图和棱锥图是柱形图与条形图的变化形式，是分别用圆柱体、圆锥体和棱锥体代替了柱形图与条形图中的直方体的结果，其子图表类型也与柱形图和条形图的子图表类型相同。

2．Excel 2016 新增图表类型

（1）直方图。

直方图类似于柱形图，由一系列高度不等的纵向条纹或线段组成，用于显示数据分布的频率，图表中的每一列称为"箱"，表示频数，可以清楚地显示各组频数分布情况及差别，又分直方图和排列图两种子类型。

（2）树状图。

树状图提供数据的分层视图，方便比较分类的不同级别。树状图可以按颜色和接近程度显示类别，并可以轻松显示大量数据，这一点是其他类别的图表难以做到的。当层次结构的内部存在着"空白"单元格时，可以绘制树状图，它非常适合比较层次结构内的比例。

要建立树状图，只需在工具栏依次单击"插入"→"图表"→"所有图表"按钮，选择"树状图"选项即可，此时可以看到一张销量对比图已经生成。对比图按照每位销售人员名字的不同、销量的大小显示为不同的色块，这种展示效果更加一目了然，如图 6-20 所示。

为了使色块的信息显示更加全面，有必要对该图表进行美化。在图表数据标签上单击鼠标右键，在弹出的快捷菜单中选择"设置数据标签格式"选项。可以看到，主要有 3 种标签形式可供选择，分别为"系列名称""类别名称""值"。可以根据使用需要点选一个或全部点选，此处选中"类别名称""值"这两种标签形式，结果如图 6-21 所示。

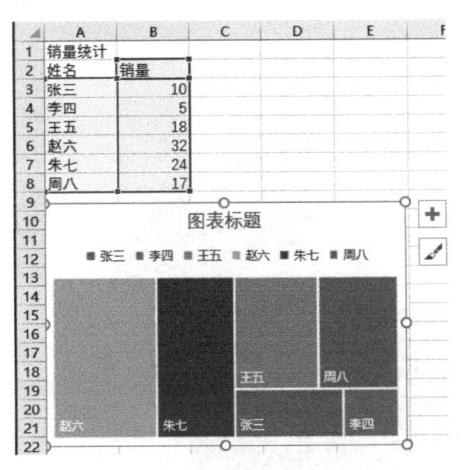

图6-20 树状图的建立

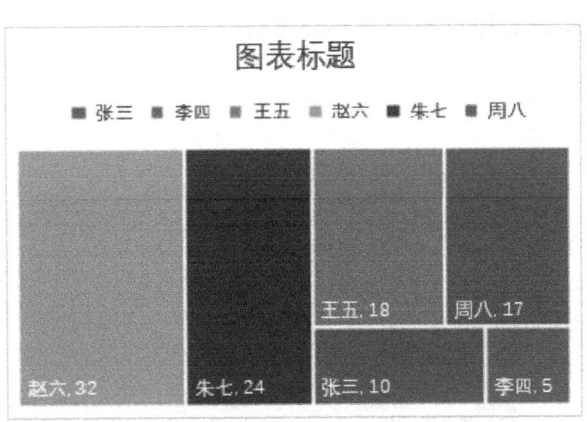

图6-21 树状图的美化

在进行展示的时候，树状图有一个很值得称赞的地方：以上述数据为例，如果点选某销售人员对应的销售色块，则该色块会高亮显示，其他色块区域会暗色显示，这样展示效果更加一目了然，如图 6-22 所示。

如果数据多了一级分类，即前面多选一列，则建立分类，按照上述步骤重新插入树状图即可。例如，对本例增加地区一级，效果展示如图 6-23 所示。

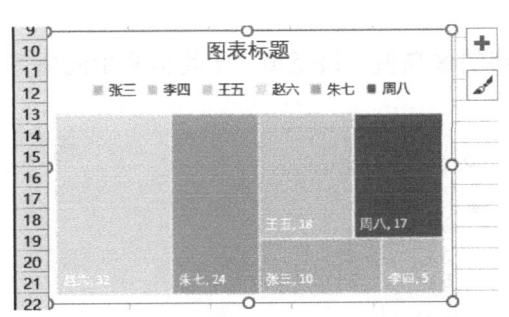

图6-22 树状图的高亮显示

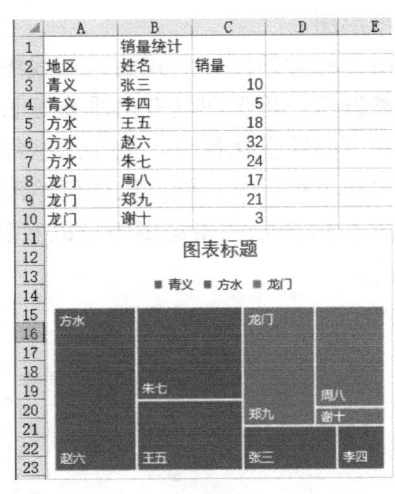

图6-23 树状图的二级显示

现在是二级分类，如果再增加一级，则变成三级分类，此时还是可以制作树状图的。

注意：必须使用 Excel 2016 才可以直接制作树状图。

（3）旭日图。

旭日图非常适合显示分层数据，当层次结构的内部存在"空白"单元格时，可以使用它，层次结构的每个级别均通过一个环或圆形表示，最内层的圆表示层次的顶级。不含任何分层数据（类别的一个级别）的旭日图与圆环图类似，但具有多个级别的类别的旭日图可以显示外环与内环的关系。旭日图在显示一个环如何被划分为作用片段时最有效。

现有一张年度销售额汇总表，其原始数据如图 6-24 所示，现在希望以更直观的方式看到不同时间段的分段销售额及其占比情况。要想实现这一需求，没有比 Excel 2016 新增的旭日图更合适的了。

生成的旭日图如图 6-25 所示。

	A	B	C	D
1	季	月	周	销售
2	第一季	1月		3.8
3		2月	第1周	0.9
4			第2周	1.1
5			第3周	7
6			第4周	1.5
7		3月		3.2
8	第二季	4月		4
9		5月		3.9
10		6月		4.1
11	第三季	7月		3.2
12		8月		3.3
13		9月		5.1
14	第四季			10

图6-24   用于生成旭日图的原始数据

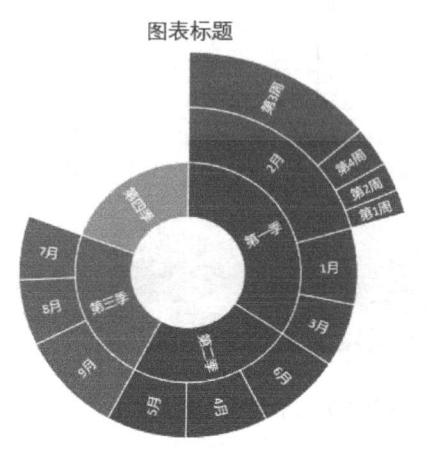

图6-25   生成的旭日图

可以右击标签，选择显示哪些标签，也可在"图表工具"选项卡的"设计"子卡中，单击"图表布局"选项组中的"快速布局"下拉按钮，实时预览各种布局。

注意：必须使用 Excel 2016 才可以直接制作旭日图。

（4）箱形图。

箱形图又称盒须图、盒式图或箱线图，用来显示数据到四分位点的分布情况，突出显示平均值和离群值。箱形图具有可垂直延长的名为"须线"的线条，这些线条指示出超出四分位点上限和下限的变化程度，处于这些线条之外的任何点都被视为离群值。当有多个数据集以某种方式彼此相关时，就可以使用箱形图。

从如图 6-26 所示的箱形图中可以看到各季销售的最高值、最低值、平均值和中间值等结构分布情况。

	A	B	C	D	E
1	销售				
2	月	第1季	第2季	第3季	第4季
3	第1个月	3.8	4	3.2	10
4	第2个月	10.5	3.9	3.3	4.2
5	第3个月	3.2	4.1	5.1	5.1

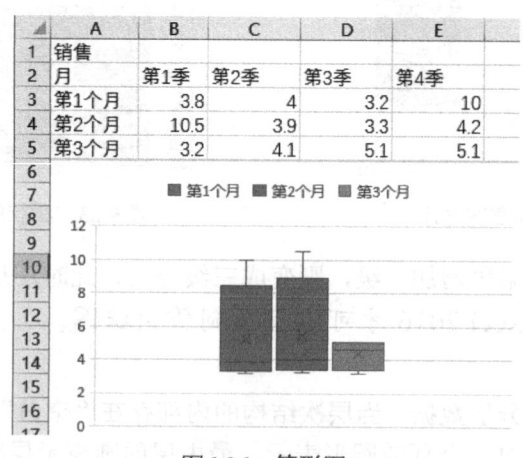

图6-26   箱形图

那么，怎样计算四分位数呢？首先需要确定要排序的数字在 A1:G1 单元格区域，即将它列成一排：

1 3 5 4 8 2 6

其次对这行数字进行排序（从小到大排序），构成新的一排，保留结果：

1 2 3 4 5 6 8

再次要求的是四分位数中的第二四分位数，很简单，就是这排数字里的中位数，即 4。可用两种函数求出：

```
=MEDIAN(A1:G1)              求中位数
=QUARTILE(A1:G1, 2)         求第二四分位数
```

然后继续求第一四分位数，要求第一四分位数，需要把第二四分位数前的数字单独拿出来看：

1 2 3

求它的第一四分位数：

```
=QUARTILE(A1:C1, 1)         求第一四分位数
```

结果为 1.5。

最后求第三四分位数，做法同上，即将第二四分位数后的数值排序，这里结果为 7。

在图 6-26 中，以第 2 个月的数据为例，从下到上分别是最小值、第一四分位值、中位数（第二四分位值）、平均值（中间的小叉）、第三四分位值、最大值。

（5）瀑布图。

瀑布图是柱形图的变形，悬空的柱子代表数据的增减。在处理正值和负值对初始值的影响时，采用瀑布图非常有用，可以直观展现数据的增减情况。

假定某月的收入及开支流水账（瀑布图原始数据）如图 6-27 所示，则生成的瀑布图如图 6-28 所示。

图6-27　瀑布图原始数据

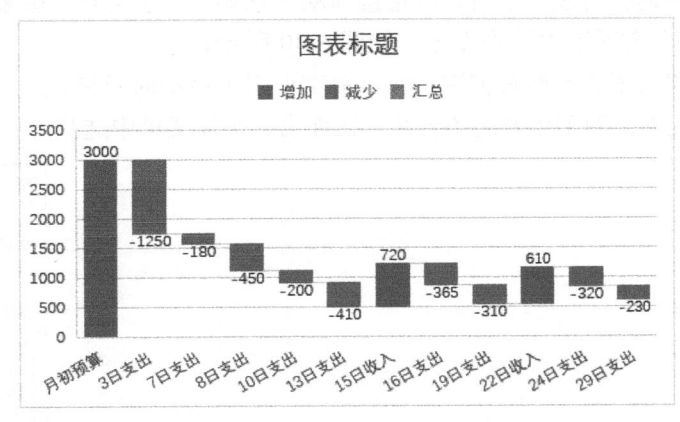

图6-28　瀑布图

3．图表基本操作

创建图表并将其选定之后，Excel 会显示"图表工具/设计"和"图表工具/格式"选项卡，可用来对图表进行各种设置。

（1）选定图表项。

对图表中的图表项（如坐标轴、标题、图例、数据系列等），可单击选定，有些图表项（如图例、数据系列等）是成组的，只单击一次即选定了这个组，如果想选定其中某一具体项，则应再单击一次。

有时会不能选中，可采用另一种方式：单击图表任意位置将其激活后，选择"图表工具/格式"选项卡，单击"图表元素"下拉按钮，在下拉列表中选择要处理的图表项，如图6-29所示。

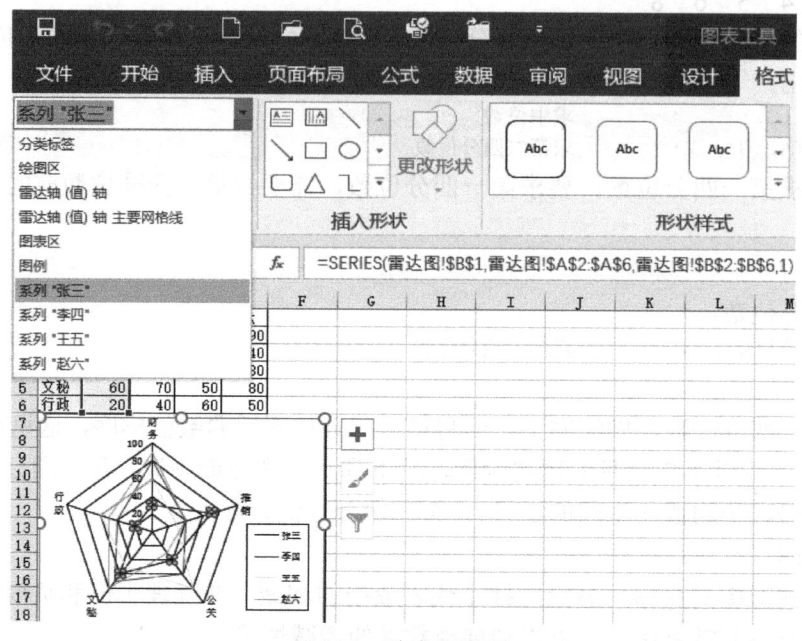

图6-29　选定图表项

（2）调整图表大小和位置。

在调整图表大小时，可直接拖动句柄调整，也可在"图表工具/格式"（"格式"）选项卡的"大小"选项组中精确设定，如图6-30所示。

移动图表有两种情况：在当前工作表中移动时只需拖动即可；如果要在工作表之间移动，则应先右击源工作表的图表区，在弹出的快捷菜单中选择"移动图表"选项，如图6-31所示。

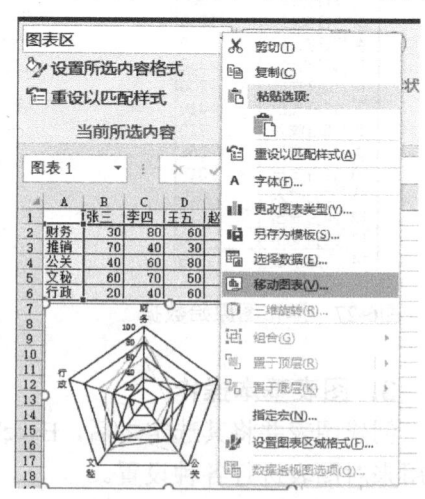

图6-30　精确调整图表大小　　　　图6-31　在工作表之间移动图表方法1

或者先选中图表区以激活它，然后切换到功能区中的"图表工具/设计"（"设计"）选项卡，在"位置"选项组中选择"移动图表"命令，如图6-32所示。

以上两种方法都能弹出"移动图表"对话框,在此选中"对象位于"单选按钮,以激活右侧的下拉列表,并在该下拉列表中选定目标工作表,单击"确定"按钮即可,如图6-33所示。

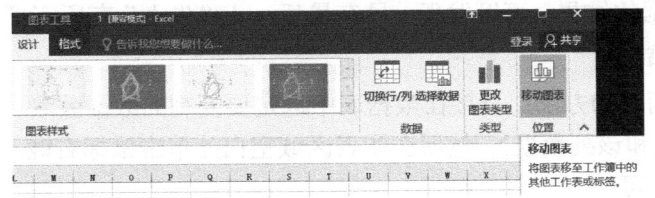

图6-32 在工作表之间移动图表方法2

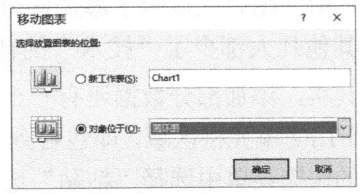

图6-33 在工作表之间移动图表时选定目标工作表

(3)更改图表数据源。

在图表创建完成后,可在日后根据需要向图表中添加新数据,或者从图表中删除现有数据。

① 重新添加有效数据。

右击图表中的图表区,在弹出的快捷菜单中执行"选择数据"命令,如图6-34所示。弹出"选择数据源"对话框,如图6-35所示。

单击"图表数据区域"文本框右侧的按钮,返回到工作表中,选择新的单元格区域,结果如图6-36所示。

此时,图表区已显示了新的图形,它添加了新的图例、水平轴标签和数据标志,单击"确定"按钮即可。

② 添加部分数据。

除了添加有效数据,还可根据需要只添加某一系列数据:在刚才的"选择数据源"对话框中单击"添加"按钮,如图6-37所示。

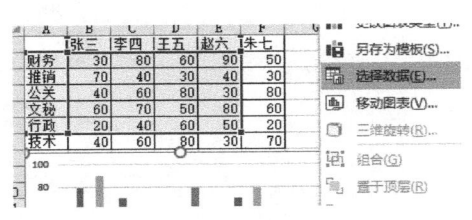

图6-34 执行"选择数据"命令

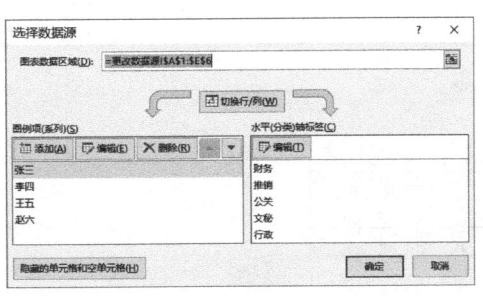

图6-35 "选择数据源"对话框

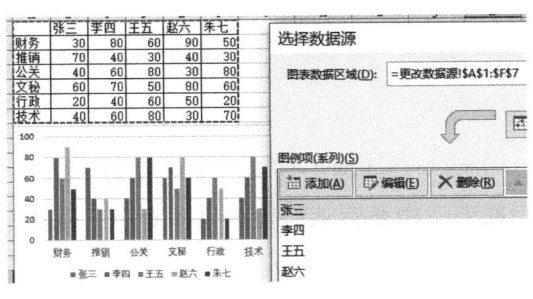

图6-36 新的数据添加完成

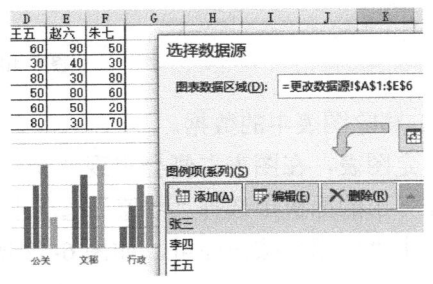

图6-37 单击"添加"按钮

弹出"编辑数据系列"对话框，在其中选择某一系列，系列名称就是列字段，系列值就是该列的值区间，如图6-38所示。

此时，图表就显示了添加部分数据的结果，可以发现，只有最后一人"朱七"有所有评价值，其他几人都少了"技术"的评价值。

其实，添加部分数据还有一个更简单的办法：直接在数据表中选定要复制的数据区域（本例为F1:F7单元格区域，即包含列字段和该列数据），然后在图表区域空白处单击鼠标右键，在弹出的快捷菜单中选择"粘贴"选项即可。

③ 交换图表的行与列。

创建图表后，如果发现需要交换行与列，则只需在"选择数据源"对话框中单击"切换行/列"按钮，再单击"确定"按钮即可，如图6-39所示。

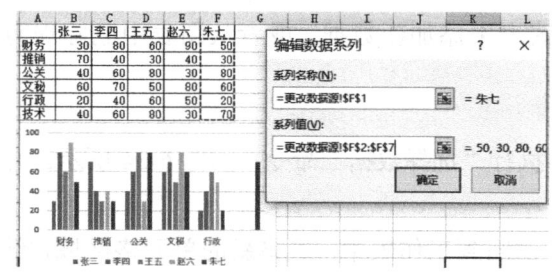

图6-38 "编辑数据系列"对话框   图6-39 单击"切换行/列"按钮

也可在选中图表后，切换到功能区中的"设计"选项卡，在"数据"选项组中单击"切换行/列"按钮，如图6-40所示。

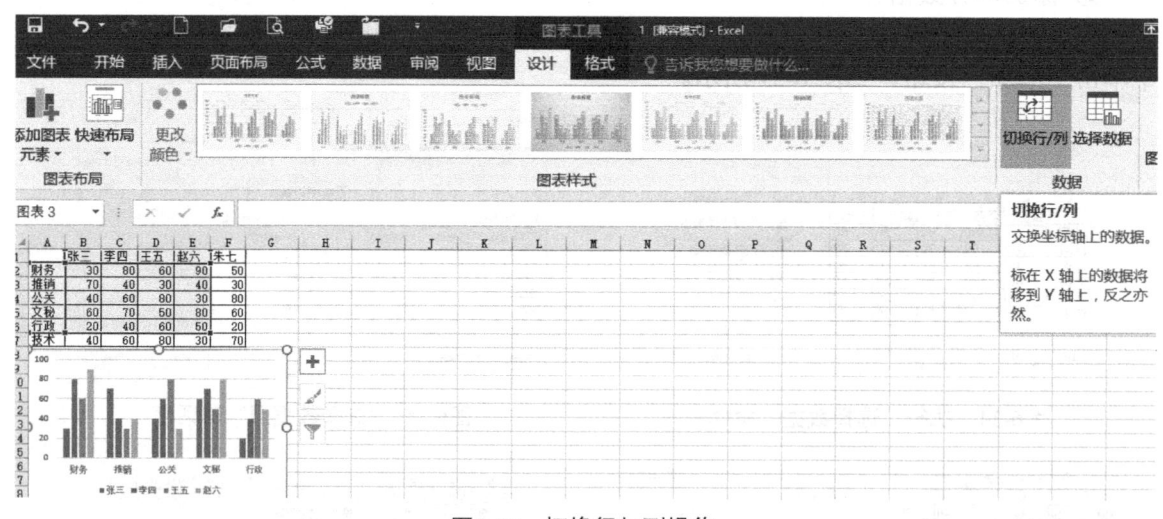

图6-40 切换行与列操作

④ 删除图表中的数据。

选定图表，在图表右侧会出现3个按钮，单击"图表筛选器"按钮，如图6-41所示。

在弹出的面板中选择"数值"选项卡，在其中取消选中要删除的数据系列对应的复选框，然后单击"应用"按钮即可，如图6-42所示。

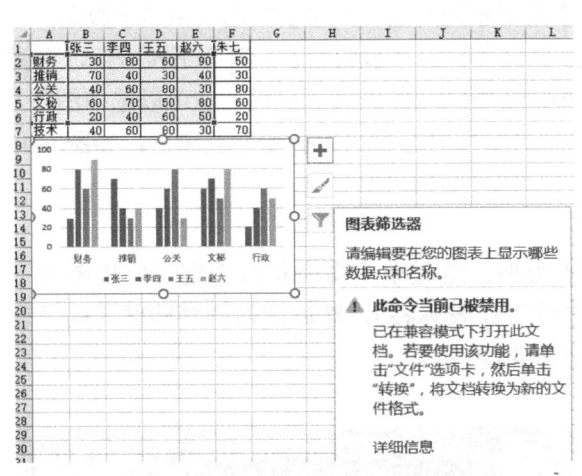

图6-41　"图表筛选器"按钮

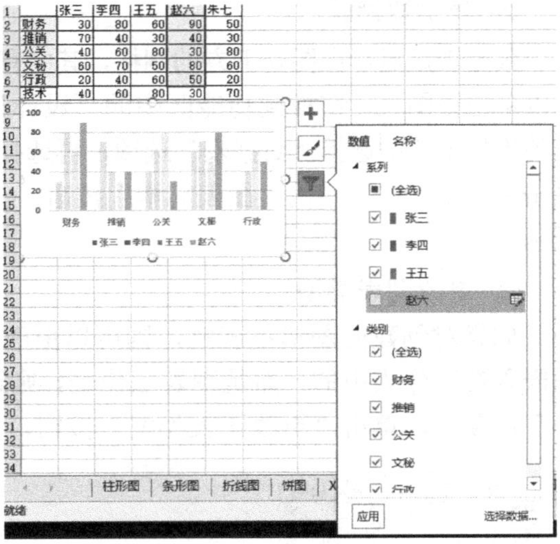

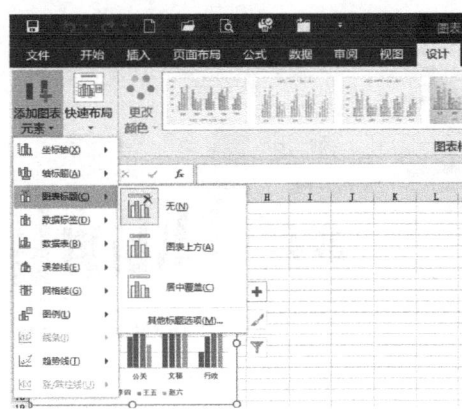

图6-42　删除数据系列

但是在使用这个功能时，所用的 Excel 文档不能是旧版本的。当进行取消选中复选框的操作时，数据表中的行、列也有相应的变化。

（4）修改图表内容。

一个图表中包括多个组成部分，默认创建的图表只包含其中几项。如果希望图表显示更多的信息，就有必要添加一些图表布局元素。另外，为了使图表更美观，还可以为图表设置样式。

① 添加并修饰图表标题、坐标轴、图例、数据标签。

选中图表，单击右侧 3 个按钮中的"图表元素"按钮，如图 6-43 所示，在弹出的面板中选中"图表标题"复选框。

也可以单击图表区后切换到功能区的"设计"选项卡，在其中的"图表布局"选项组中单击"添加图表元素"下拉按钮，在弹出的下拉菜单中选择"图表标题"选项，如图 6-44 所示。

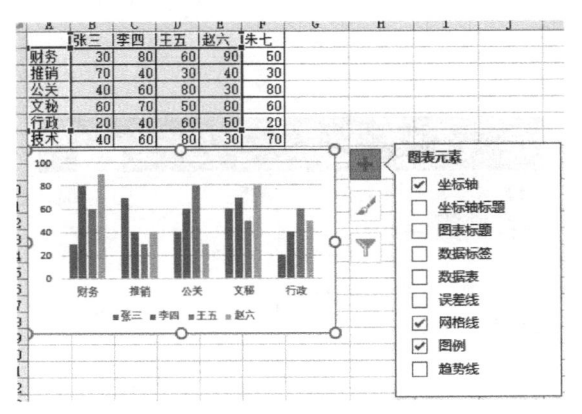

图6-43　"图表元素"按钮

图6-44　添加图表元素操作

用上述方法产生图表标题后，可对其进行编辑：右击标题，在弹出的快捷菜单中选择"设置图表标题格式"选项，即可进行格式设置。

对于其他图表元素，如坐标轴、图例、数据标签等的添加和设置方法与以上所述类似。

② 显示数据表。

数据表是显示在图表下方的网格，其中有每个数据系列的值。如果要在图表中显示数据，则可以单击该图表，切换到功能区中的"设计"选项卡，单击"添加图表元素"下拉按钮，在弹出的下拉菜单中选择"数据表"选项，再选择一种放置数据表的方式。当然，也可以选中图表，单击右侧3个按钮中的"图表元素"按钮，在弹出的面板中选中"数据表"复选框，如图6-45所示。

③ 更改图表类型。

如果对创建的图形不满意，则可以更改图表类型：首先单击图表将其选定（如果图表不是嵌入在工作表中的，而是图表工作表，则选中该工作表标签），然后切换到功能区中的"设计"选项卡，单击"更改图表类型"按钮，如图6-46所示。

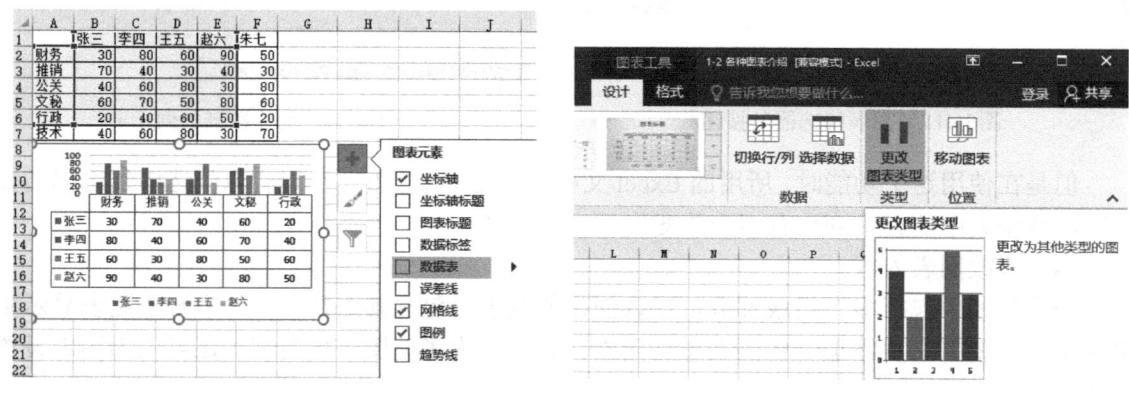

图6-45　选中"数据表"复选框　　　　　图6-46　更改图表类型

此时会弹出如图6-47所示的"更改图表类型"对话框，在其中选择所需的图表类型，再从右侧选择所需的子类型。

④ 设置图表布局和样式。

依次单击"设计"→"图表布局"→"快速布局"按钮，在弹出的下拉菜单中选择图表布局类型，如图6-48所示。

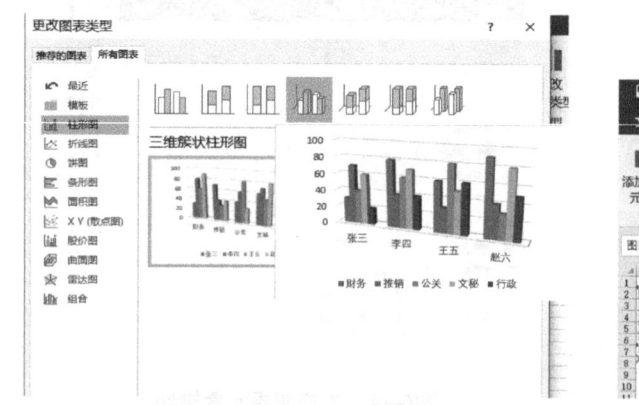
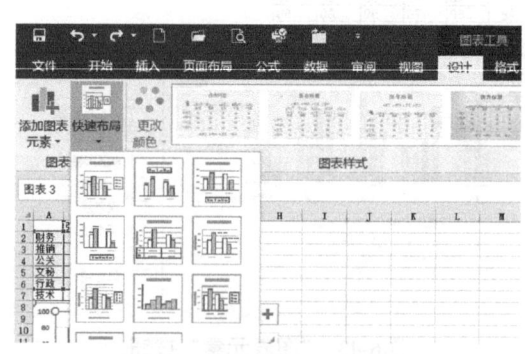

图6-47　"更改图表类型"对话框　　　　　图6-48　选择图表布局类型

单击图表中的图表区，在"设计"选项卡的"图表样式"选项组中选择图表的颜色搭配，即更改图表样式，如图6-49所示。但是此功能不能在兼容模式下应用。

⑤ 设置图表区与绘图区的格式。

图表区是放置图表及其他图表元素（包括标题与图例等）的大背景，当图表最外框出现 8 个句柄时，表示图表区被选中；绘图区是放置图表主体的背景。设置它们的格式的操作如下。

单击图表，选择"格式"选项卡，在"当前所选内容"选项组的"图表元素"下拉列表中选择"图表区"选项，如图 6-50 所示。

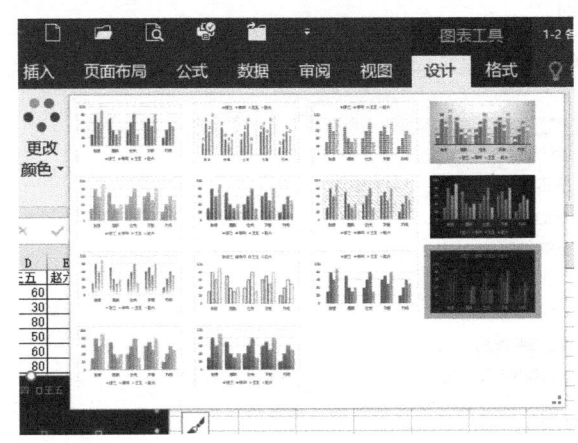

图6-49　更改图表样式

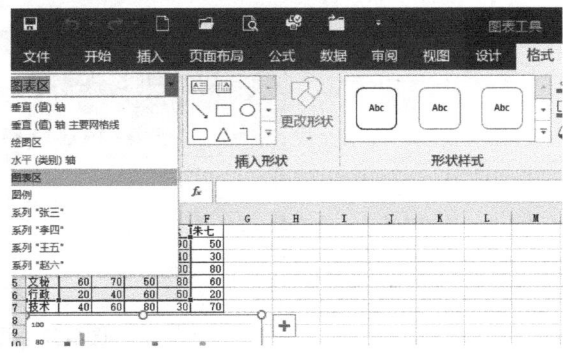

图6-50　选择"图表区"选项

单击"设置所选内容格式"按钮，弹出"设置图表区格式"窗格，如图 6-51 所示。在这里可以进行填充、边框和三维效果应用等操作。

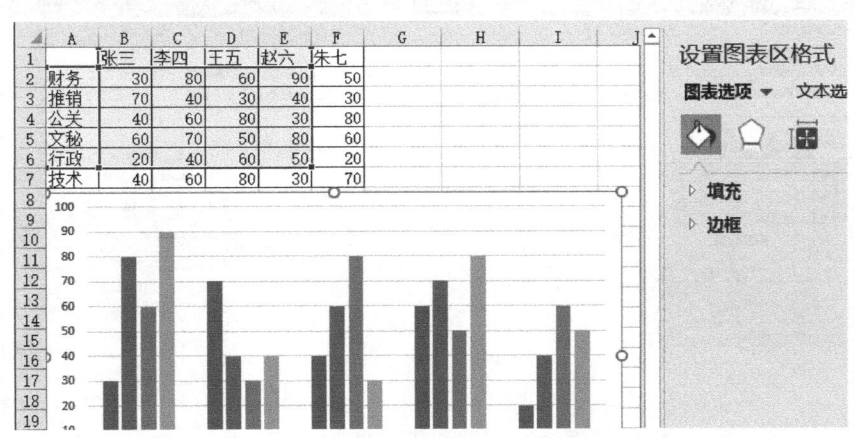

图6-51　"设置图表区格式"窗格

绘图区格式的设置也使用同样的方法进行。

⑥ 添加趋势线。

趋势线应用于预测分析，也称回归分析，可利用添加趋势线的功能在图表中生成趋势线，根据实际数据向前或向后模拟数据的走势；还可以创建移动平均、平滑处理数据的波动，从而更清晰地显示图案和趋势。Excel 可以在柱形图、条形图、折线图、股价图、气泡图、散点图及非堆积型二维面积图中为数据添加趋势线，但不可以在雷达图、饼图、圆环图等非平面坐标图中添加趋势线，也不可以在三维图中添加趋势线。

选中需要添加趋势线的数据系列并单击鼠标右键，在弹出的快捷菜单中选择"添加趋势线"选项（添加趋势线一般使用的时间线为水平轴，本例只是假定情况），如图6-52所示。

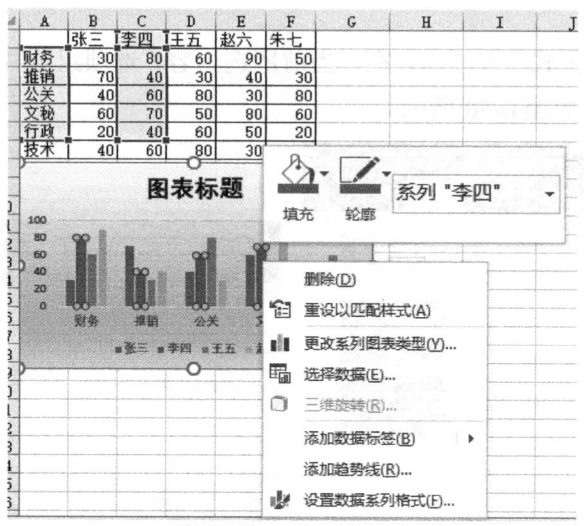

图6-52　添加趋势线

随后在工作表右侧弹出"设置趋势线格式"窗格，在其中选择趋势线类型，并可以在此设置趋势线本身的格式，如图6-53所示。

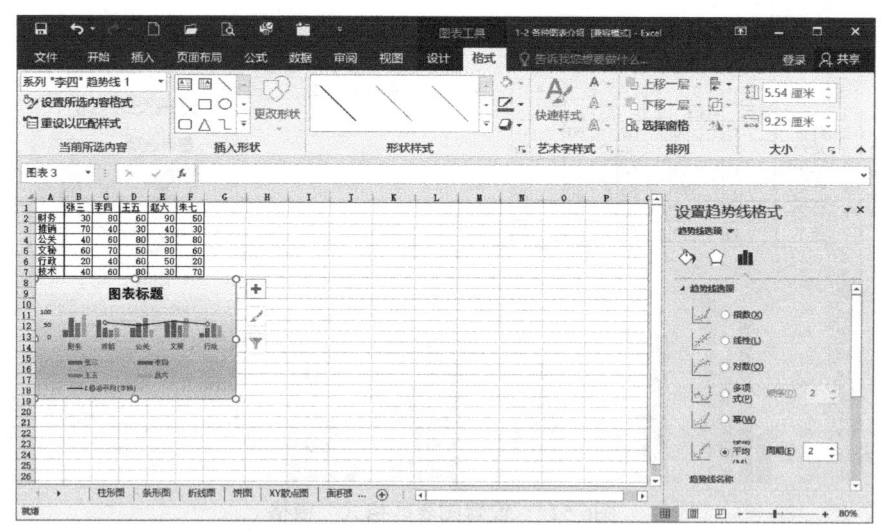

图6-53　"设置趋势线格式"窗格

6.2　企业的经营现状分析——雷达图应用

1．企业经营指标对应雷达图

（1）雷达图的结构。

计算出了企业的各项经营指标比率后，仅仅通过数据或表格反映计算结果不太直观。而通过图表则可以清晰地反映出数据的各种特征，如最大值、最小值、变化趋势、变化速度及多组数据间的相互关系等。雷达图是专门用来进行多指标体系分析的专业图表。

雷达图通常由一组坐标轴和 3 个同心圆构成。其中，每个坐标轴代表一个指标，同心圆中最小的圆表示最差水平或平均水平的1/2，中间的圆表示标准水平或平均水平，最大的圆表示最佳水平或平均水平的 2/3。其中，中间的圆与最大的圆之间的区域称为标准区。图 6-54 为一个描述某企业经营状况的雷达图。

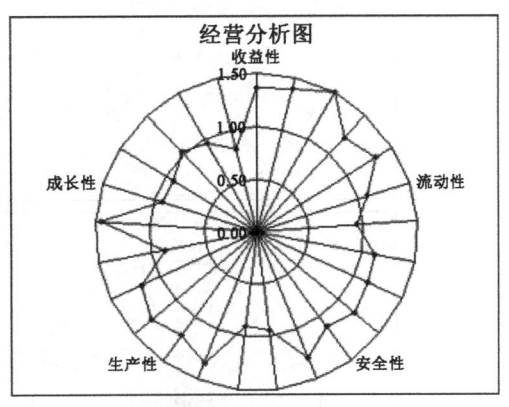

图6-54　一个描述某企业经营状况的雷达图

在雷达图上，将企业的各项经营指标比率分别标在相应的坐标轴上，并用线段将各坐标轴上的点连接起来。如果某项指标位于平均线以内，则说明该指标有待改进；对于接近甚至低于最小的圆的指标，是危险信号，应分析原因，抓紧改进；如果某项指标高于平均线，则说明该企业相应方面具有优势。各种指标越接近最大的圆越好。

（2）根据雷达图分析得出的企业经营现状类型。

根据雷达图的不同形状，通常可以将企业大致分为如图 6-55 所示的几种类型。

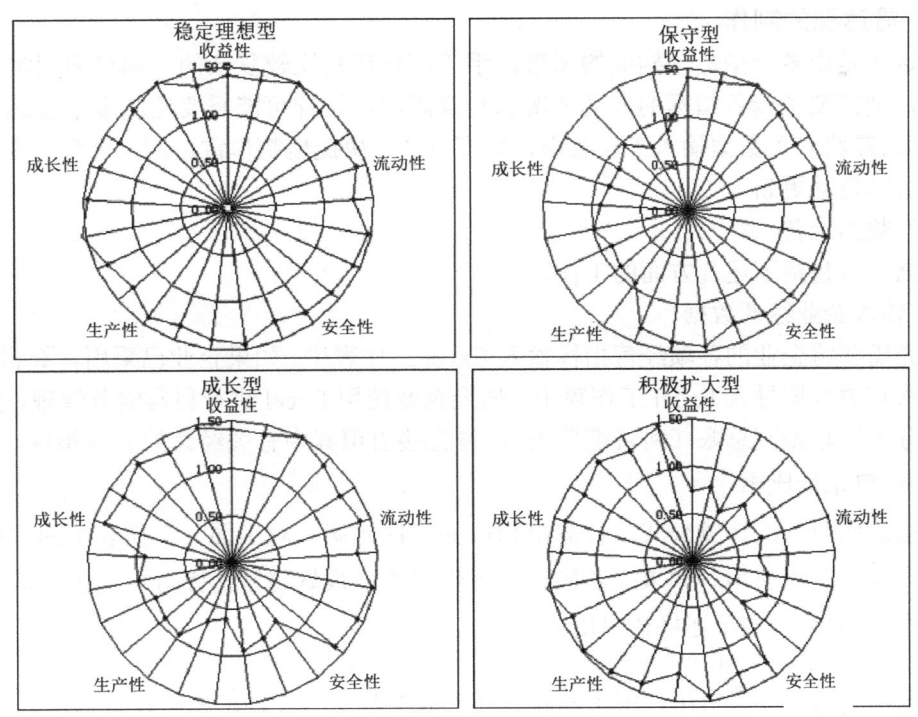

图6-55　企业经营现状的几种类型的雷达图展示

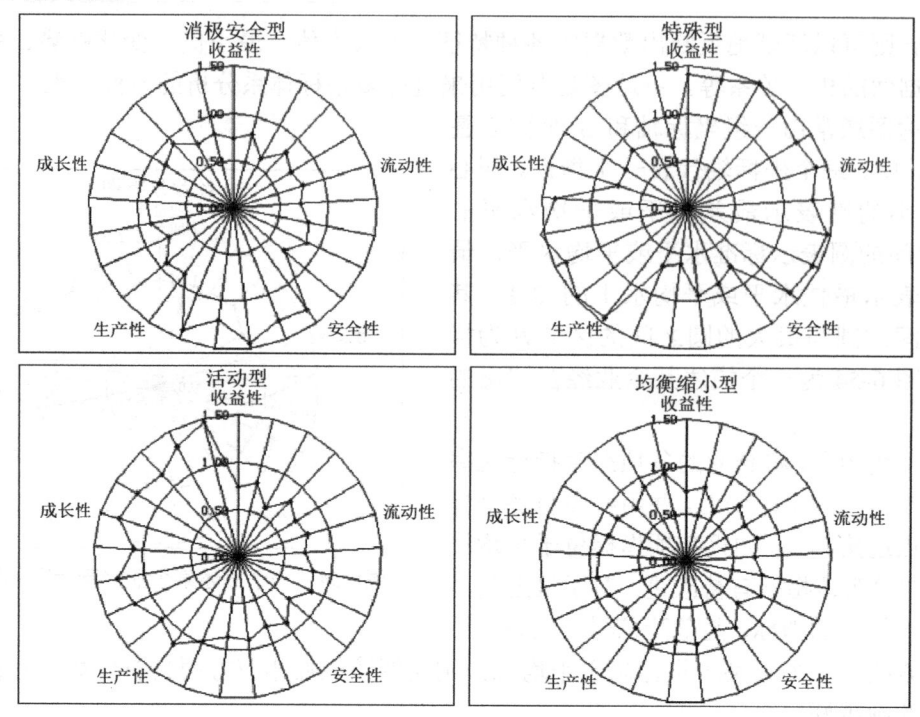

图6-55　企业经营现状的几种类型的雷达图展示（续）

2. 雷达图的制作

雷达图是由多个坐标轴构成的图形，手工制作还是比较复杂的。如果应用雷达图进行经营分析，则需要考查各指标的变动情况和相互影响，这样可能需要绘制多个雷达图。而利用Excel 则只需将有关数据输入工作表中，即可方便、快捷地制作雷达图，当数据变动时，相应的图形可以自动更新。

（1）数据准备。

数据准备包括下述几方面的工作。

① 输入企业经营数据。

首先需要将企业的各项经营指标输入 Excel 工作表中。如果企业已采用计算机管理，则可以直接将有关数据导入 Excel 工作表中；如果企业使用 Excel 进行日常财务管理，则可以根据明细账分类汇总得到总账（科目汇总表），再直接引用其中有关经营的各项指标。

② 计算指标比率。

根据前面所列的计算公式，计算出相应的指标比率。对于同一工作表中的数据，一般可使用相对地址直接引用。如果不在同一个工作表中（最好将雷达图分析的数据放在一个新的工作表中），则可以按下述格式引用：

＜工作表名称＞！＜单元格相对地址＞

如果需要跨工作簿引用，则需要在上述格式前加上工作簿的名称：

＜［工作簿名称］＞＜工作表名称＞！＜单元格混合（或绝对）地址＞

其中，将工作簿名称括起来的方括号是必需的。比较稳妥的方法是将要引用的工作簿都打开，然后在引用时，直接用鼠标点选相应工作簿的有关单元格，Excel 会自动按正确的格式填入。需要注意的是，在跨工作表或工作簿引用时，要在被引用的工作表或工作簿上单击"√"符号，否则将会出错。

③ 输入参照指标。

经营分析通常需要将被分析企业与同类企业的标准水平或平均水平进行比较。因此，需要在工作表中输入有关参照指标。我国对不同行业、不同级别的企业都有相应的标准，因此可以用同行业同级企业标准作为对照。图 6-56 是已准备好有关数据的工作表的一部分。

④ 计算作图数据。

雷达图是使用企业实际指标比率与参照值的比值数据来制作的。因此，在制作雷达图以前，还需要计算出所有的指标比值。为了反映出收益性、流动性、安全性、生产性和成长性的平均指标，还可计算出"五性"的平均值。具体步骤如下。

输入计算公式：选定 F4 单元格，输入计算比值的公式"=D4/E4"。需要注意的是，这里应使用相对地址。

填充计算公式：选定 F4 单元格，将鼠标指针指向当前单元格的右下角填充柄。当鼠标指针变为黑色十字形状时，按住鼠标左键将其拖到 F7 单元格后放开。

计算平均值：选定 F3 单元格，单击"粘贴函数"按钮，选定常用或统计分类中的 AVERAGE 函数；也可以在输入等号后，单击编辑栏左侧的下拉按钮，从中选择 AVERAGE 函数。在"函数参数"对话框的"Number1"文本框中输入 F4:F7 或直接用鼠标选定 F4:F7 单元格区域，以建立计算平均值的公式"= AVERAGE(F4:F7)"。

按照类似的方法，计算流动性、安全性等其他比值和平均值。因为"五性"的计算公式都是类似的，而且项数也一样多，所以可以简单地使用复制的方法，将计算收益性比值和平均值的公式直接复制到 F8:F12、F13:F17 等单元格区域，结果如图 6-57 所示。

	A	B	C	D	E
1	企业经营分析比率表				
2	项目	细目	单位	企业值	标准值
3	收益性	收益性			
4		总资本利润率	%	14	10
5		销售利润率	%	31	20
6		销售总利润率	%	6	5
7		销售收入对费用率	%	24	18
8	流动性	流动性			
9		总资金周转率	次/年	1.6	1.7
10		流动资金周转率	次/年	1.7	1.5
11		固定资产周转率	次/年	4	3.5
12		盘存资产周转率	次/年	12	10
13	安全性	安全性			
14		流动率	%	180	140
15		活期比率	%	85	90
16		固定比率	%	45	50
17		利息负担率	%	40	30
18	生产性	生产性			
19		人均销售收入	万元	3.2	2.5
20		人均利润收入	万元	1.9	1.6
21		人均净产值	万元	1.3	1.5
22		劳动准备率	万元	3.2	2.2
23	成长性	成长性			
24		总利润增长率	%	110	120
25		销售收入增长率	%	124	120
26		固定资产增长率	%	100	105
27		人员增长率	%	120	150

图6-56　雷达图原始数据（局部）

	A	B	C	D	E	F
1	企业经营分析比率表					
2	项目	细目	单位	企业值	标准值	比值
3	收益性	收益性				1.37
4		总资本利润率	%	14	10	1.40
5		销售利润率	%	31	20	1.55
6		销售总利润率	%	6	5	1.20
7		销售收入对费用率	%	24	18	1.33
8	流动性	流动性				1.10
9		总资金周转率	次/年	1.6	1.7	0.94
10		流动资金周转率	次/年	1.7	1.5	1.13
11		固定资产周转率	次/年	4	3.5	1.14
12		盘存资产周转率	次/年	12	10	1.20
13	安全性	安全性				1.12
14		流动率	%	180	140	1.29
15		活期比率	%	85	90	0.94
16		固定比率	%	45	50	0.90
17		利息负担率	%	40	30	1.33
18	生产性	生产性				1.20
19		人均销售收入	万元	3.2	2.5	1.28
20		人均利润收入	万元	1.9	1.6	1.19
21		人均净产值	万元	1.3	1.5	0.87
22		劳动准备率	万元	3.2	2.2	1.45
23	成长性	成长性				0.93
24		总利润增长率	%	110	120	0.92
25		销售收入增长率	%	124	120	1.03
26		固定资产增长率	%	100	105	0.95
27		人员增长率	%	120	150	0.80

图6-57　雷达图数据准备

（2）创建雷达图。

数据准备好以后，就可制作雷达图了。创建雷达图的基本步骤如下。

选定制作雷达图的数据源：选定 A3:A27 单元格区域，然后按住 Ctrl 键，再选定 F3:F27 单元格区域。其中，前者用来标识坐标轴信息，后者是实际作图的数据源。

依次单击"插入"→"图表"→"推荐的图表"按钮，在"插入图表"对话框中选择"所有图表"选项卡，从中选择需要的雷达图样式。刚建好的雷达图如图 6-58 所示。

在使用 Excel 2016 时，生成的雷达图没有轴线，并且无论怎样操作都加不上，即使给坐标轴格式的刻度线加上了"内部""外部""交叉"中的一个，也只能得到如图 6-59 所示的效果。

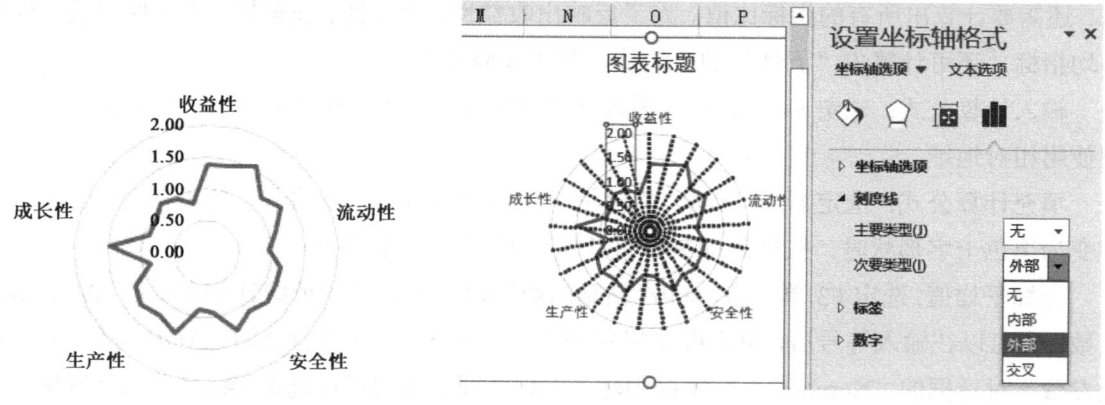

图6-58 刚建好的雷达图　　　　　图6-59 Excel 2016生成的雷达图没有轴线

解决上述问题的方法如下：先制作成其他图，如图 6-60 所示（默认的柱形图）。

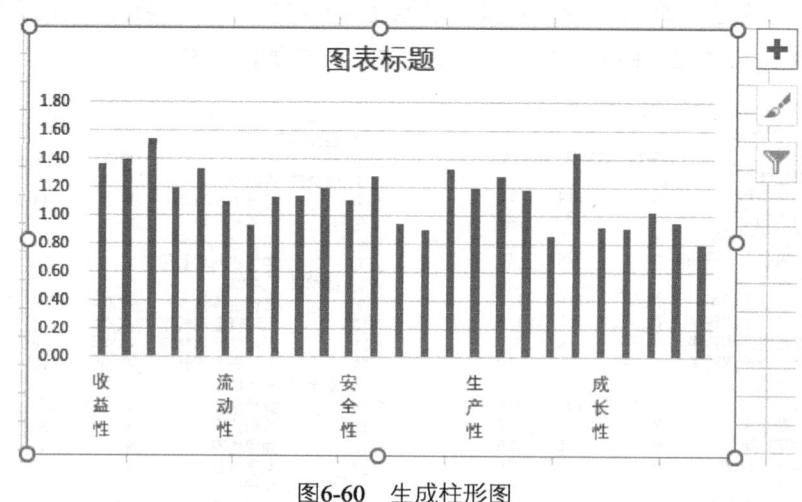

图6-60 生成柱形图

在图 6-60 中，纵坐标轴也只有刻度没有坐标线。选中它，在"设置坐标轴格式"窗格中为其加上线条，如图 6-61 所示。

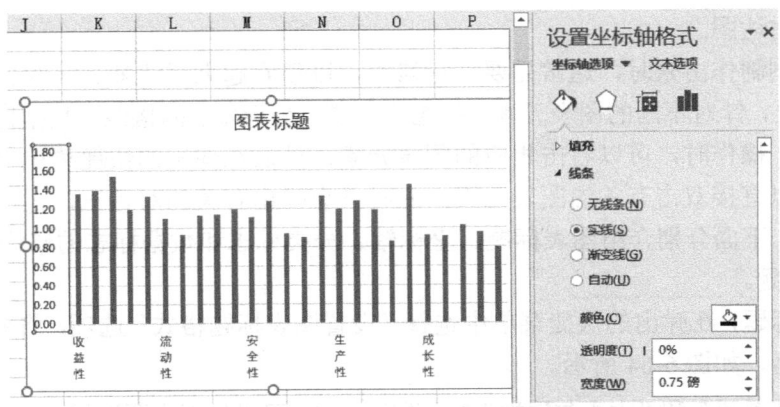

图6-61　在柱形图中生成轴线

在这里可以领会刻度线的"外部""内部""交叉"的含义，如图 6-62 所示。

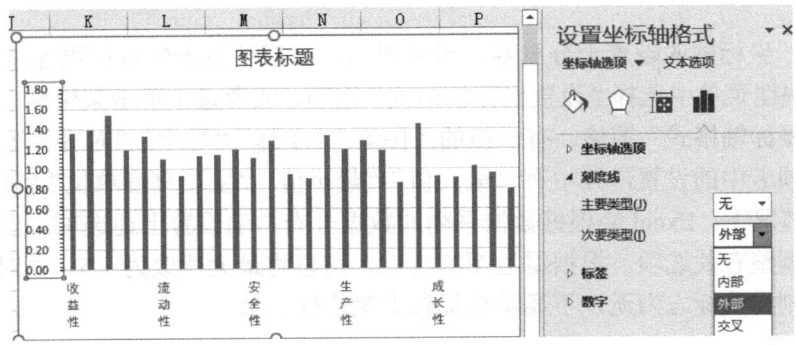

图6-62　在柱形图中设置轴线格式

在"次要类型"下拉列表中选择"无"选项，选中图表，依次单击"插入"→"图表"→"雷达图"按钮（将柱形图转换成雷达图），即可得到有轴线的雷达图，如图 6-63 所示。

图6-63　将柱形图转换成雷达图

（3）修饰雷达图。

雷达图在刚制作出来时，通常需要进行修饰，以便看起来更清晰、美观。在修饰雷达图时，可根据需要，针对不同的图表元素，如图表标题、坐标轴、网格线、数据标志及分类标志分别进行操作。操作时，可以右击相应的图表元素，然后在弹出的快捷菜单中选择有关的格式选项，也可以直接双击有关的图表元素，此时都会弹出有关的对话框，再选择有关的选项卡和选项即可。下面分别介绍图表标题、坐标轴、分类标志和数据标志的修饰。

① 图表标题。

右击图表标题，在弹出的快捷菜单中选择"设置图表标题格式"选项，将弹出"设置图表标题格式"窗格，如图6-64所示。

在"填充""效果"和"大小与属性"3个选项卡中，可以根据需要选择不同的图案效果和对齐方式等，至于字体、字形、字号及文字颜色等，仍然在Excel主界面进行设置。此外，还可以选择不同的设置。这里在"字体"选项卡中选中隶书字体，并将字号放大到36磅。

② 坐标轴。

在图表中，坐标轴的设置十分重要。设置得当，可以使数据的特征更加清晰。右击坐标轴，在弹出的快捷菜单中选择"设置坐标轴格式"选项，或者直接单击某坐标轴，右侧窗格将更改为"设置坐标轴格式"窗格，有一般的"图案""字体""数字""对齐"等选项卡，关键是"刻度"选项卡中的设置，其中有"最大值""最小值""主要刻度单位""次要刻度单位"等选项。通常情况下，Excel会根据数据系列的数据分布自动设置上述选项。当然，用户可以根据需要手工调整有关选项。根据雷达图的特性，这里将最大值改为1.5。同时，在"图案"选项卡中设置刻度线标志为无，不显示坐标轴上刻度线的值。

③ 分类标志。

右击某个分类标志，如收益性，再选择快捷菜单中的"设置分类标志格式"选项，或者直接单击某分类标签，右侧窗格将更改为"设置分类标签格式"窗格。该窗格主要用来设置数字和对齐方式等。至于字体的设置，仍然在Excel主界面中进行。

④ 数据标志。

如果需要在雷达图上方便地查看各指标比率的具体数值，则可以设置显示数据标志。单击"图表元素"按钮，在弹出的面板中选中"数据标签"复选框，如图6-65所示。右击任意数据标签，再选择快捷菜单中的"设置数据标签格式"选项，或者直接单击任意数据标签，右侧窗格将更改为"设置数据标签格式"窗格，在这里可对数据标签进行各种设置。至于字体的设置，仍然在Excel主界面中进行。

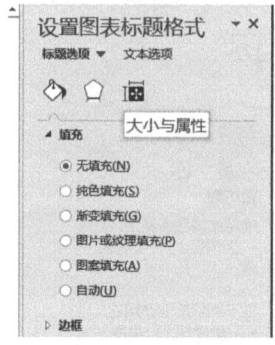

图6-64　"设置图表标题格式"窗格

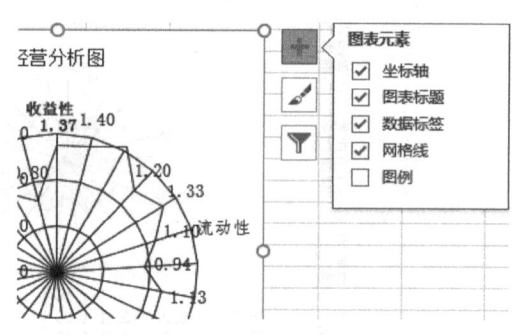

图6-65　选中"数据标签"复选框

修饰过的雷达图如图 6-66 所示。

注意： 除了这种常用的同心圆式雷达图，还有不是圆形的雷达图，但它一定是同心的，可用来进行多个数据系列的比较，如用来了解每位员工最擅长和最不擅长的科目（长处和短处），如图 6-67 所示。

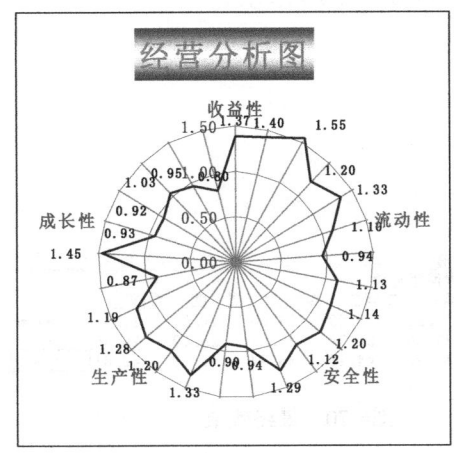

图6-66　修饰过的雷达图

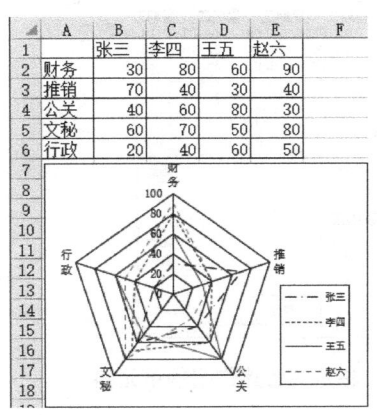

图6-67　另一种常用的雷达图外观

6.3　高级图表操作

1. 迷你图

迷你图是工作表单元格中的一个微型图表，可以提供数据的直观表示功能。使用迷你图，可以显示数值系列中的趋势（如季节性的增减、经济周期等），也可以突出显示极值。在数据旁边添加迷你图，可以达到最佳的对比效果。目前，Excel 2016 提供了 3 种类型的迷你图，即折线迷你图、柱形迷你图和盈亏迷你图。创建迷你图后，也可以根据需要对其进行格式化，如高亮显示极值、调整颜色等。但是此功能不能在兼容模式下使用。

（1）创建迷你图。

选择要创建迷你图的数据范围，然后单击"插入"→"迷你图"选项组中的一种迷你图按钮，如图 6-68 所示。

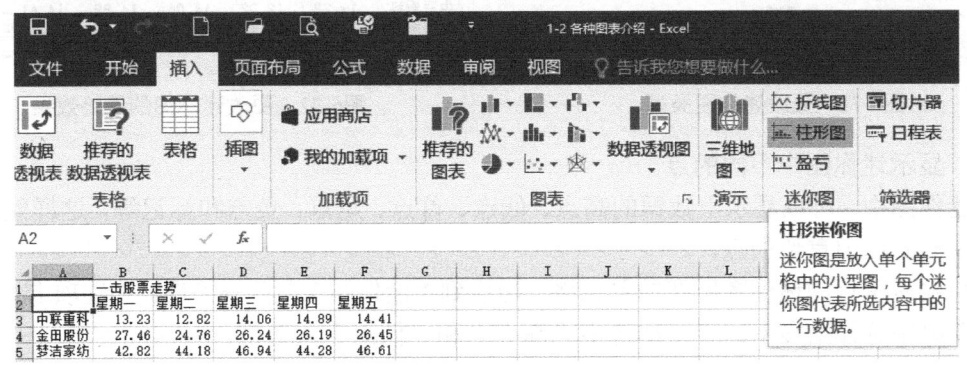

图6-68　选择一种迷你图

弹出"创建迷你图"对话框，在"位置范围"文本框中指定放置迷你图的单元格，如图 6-69 所示。

单击"确定"按钮后，在 G3 单元格中创建出一个图表，用来表示"中联重科"这只股票一周的波动情况。

用同样的方法为其他两只股票创建迷你图，最终效果如图 6-70 所示。

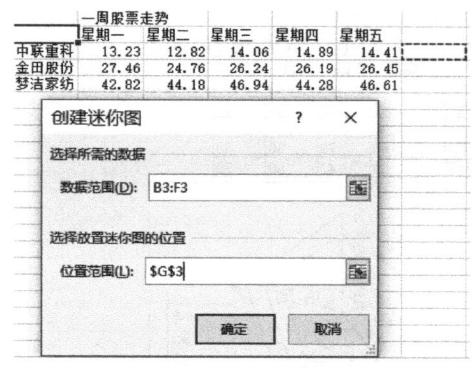

图6-69 指定放置迷你图的单元格　　　　　　　　图6-70 最终效果

这里特别要说明的一点是，由于迷你图是嵌入型的，所有图都显示在一个单元格里，所以拖动句柄可以向下填充。另外，选中任意两个以下的迷你图（不管它们相不相邻），还可以在右键快捷菜单中将它们组合（或取消组合），然后同时对它们进行操作（如更换迷你图类型、设置显示格式等）。

（2）更改迷你图类型。

选择要更改的迷你图所在的单元格，切换到"迷你图工具"→"设计"选项卡，单击"类型"选项组中的另一种迷你图类型。此处选择柱形迷你图，如图 6-71 所示，最终效果如图 6-72 所示。

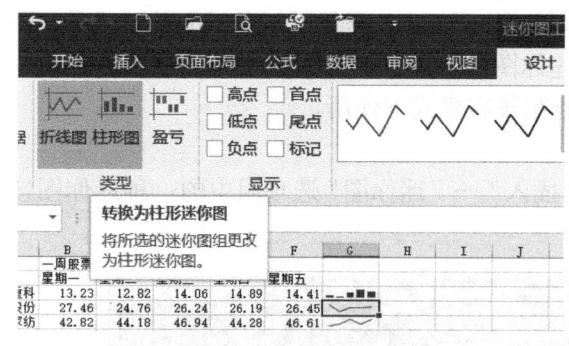

图6-71 更改迷你图类型　　　　　　　　　图6-72 更改迷你图的最终效果

（3）显示迷你图中不同的点。

在迷你图中，可以显示出数据的高点、低点、首点、尾点、负点和标记等，这样能让用户更容易观察到图中重要的点。

选择要显示点的迷你图所在的单元格，切换到"迷你图工具"→"设计"选项卡，在"显示"选项组中选择要显示的点，如选中"高点"和"低点"复选框。

选出的两个点默认都是红色的，可以在"样式"选项组的"标记颜色"下拉菜单中将其修改成所需的颜色，结果如图 6-73 所示。

（4）清除迷你图。

无法直接用 Delete 键清除迷你图，需要选中迷你图所在的单元格，切换到"迷你图工具"→"设计"选项卡，单击"清除"下拉按钮，在弹出的下拉菜单中选择"清除所选的迷你图"选项，如图 6-74 所示；或者选择"开始"→"编辑"→"清除"→"全部清除"选项，只有这样，才能清除它。

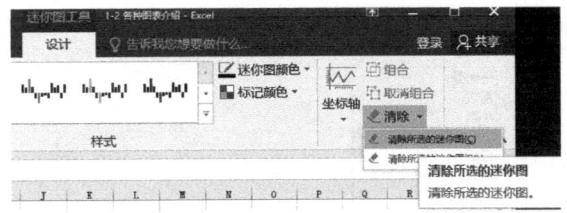

图6-73　显示迷你图中不同的点

图6-74　清除迷你图

2. 简单动态图

在图表制作过程中，为了既能充分表达数据的说服力，又能防止图表过于拖沓和烦琐，用户可以使用动态图来重点展示不同数据。

建立如图 6-75 所示的原始数据表，并求出各月合计。

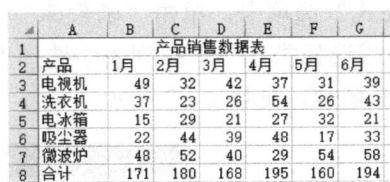

图6-75　动态图原始数据表

单击 A11 单元格，切换到"数据"选项卡，在"数据工具"选项组中单击"数据验证"按钮，如图 6-76 所示。

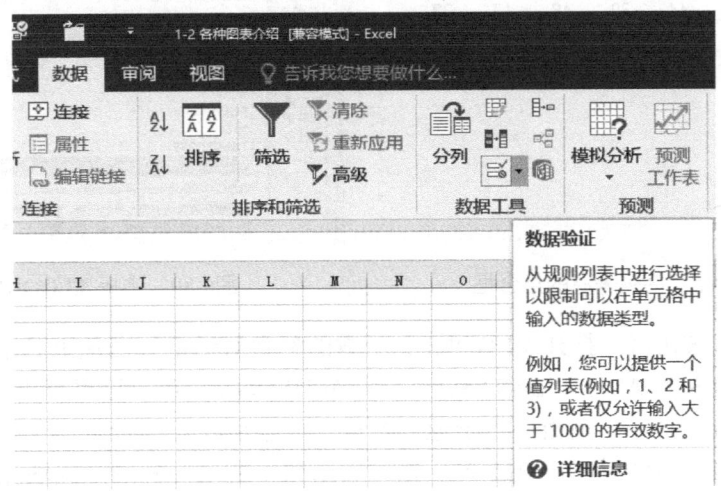

图6-76　单击"数据验证"按钮

在弹出的"数据验证"对话框的"设置"选项卡中，在"允许"下拉列表中选择"序列"选项，如图 6-77 所示。

再在"数据验证"对话框的"设置"选项卡中单击"来源"文本框右侧的折叠按钮，选定A3:A7 单元格区域，如图 6-78 所示。

图6-77　选择"序列"选项

图6-78　指定序列来源

单击"确定"按钮后退出，此时单元格 A11 出现了下拉列表，如图 6-79 所示。

单击单元格 B11，选择"公式"选项卡，单击"函数库"选项组中的"插入函数"按钮，打开"插入函数"对话框，在"或选择类别"下拉列表中选择"查找与引用"选项，在"选择函数"列表框中选择 VLOOKUP 函数，如图 6-80 所示。

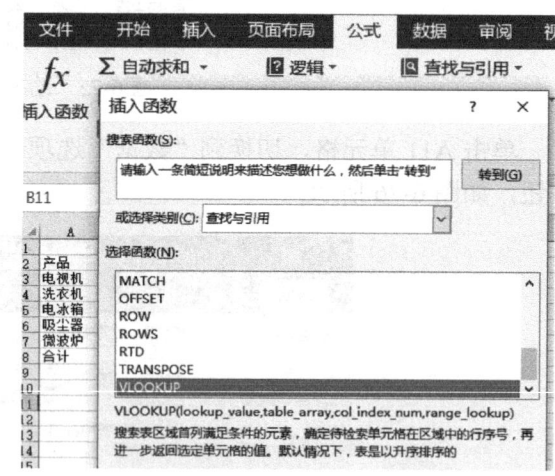

图6-79　指定了序列来源的组合框　　　　　图6-80　选择 VLOOKUP 函数

单击"确定"按钮后，打开 VLOOKUP 函数的参数对话框，在从上到下的 4 个参数文本框中分别选择和输入"$A$11""$A$3:$G$7""COLUMN()""0"，这里重点是"COLUMN()"这个参数，它本身也是一个函数，用于返回当前单元格所在行的行号；"0"这个参数表示非精确查找。关闭该对话框后，将 B11 单元格中的函数用拖动句柄的方式填充到 C11:G11 单元格区域，如图 6-81 所示。

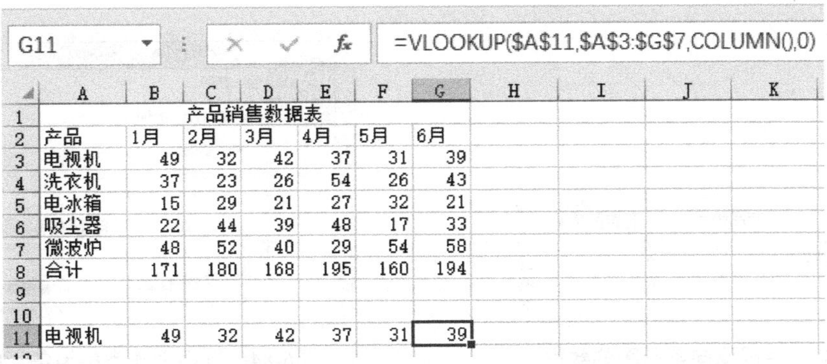

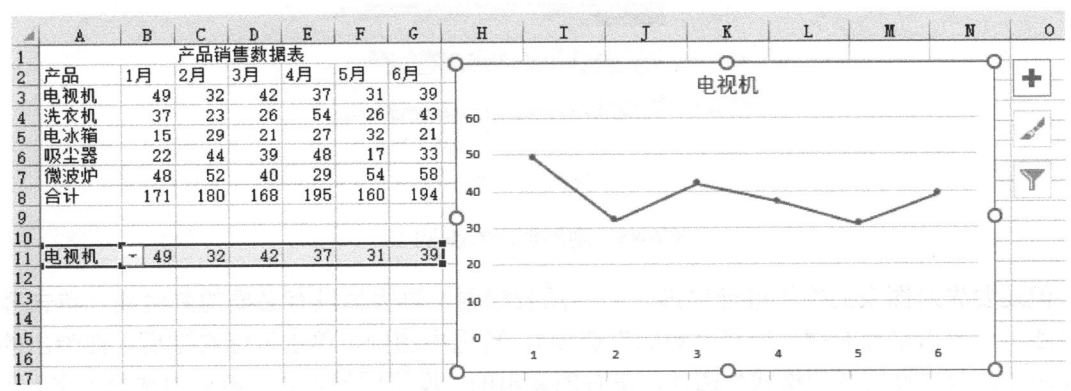

图6-81　向右填充 VLOOKUP 函数

选定 A11:G11 单元格区域后，选择"插入"选项卡，在"图表"选项组中单击"插入折线图"下拉按钮，在弹出的下拉菜单中选择"带数据标记的折线图"选项，此时工作表内将显示一个折线图以显示电视机的销量，如图 6-82 所示。

图6-82　已生成简单动态图

通过在 A11 单元格中选择不同的产品，就可以看到不同产品的销量折线图。

要特别留意本例在 B11 单元格输入的公式的第三个参数"COLUMN ( )"，因为本例要查找的内容位于绝对列号的第 1 列，所以这个参数直接使用了获取当前列号的 COLUMN ( )函数。但如果要查找的内容并不位于第 1 列呢？那就要使用"COLUMN ( )-查找内容所在的列号"。例如，在本例中，如果在第一列前插入一列，则可以看到图发生了变化且 G11 单元格出现了错误，此时要将 B11 单元格（其实现在已经是 C11 单元格了）中的公式的第三个参数改为"COLUMN ( )-1"，再重新向右填充到 H11 单元格即可。

3．组合图

（1）双向条形图。

这里简单介绍一下制作双向条形图的过程。双向条形图会给人更为直观的比较感受，尤其在做对比的数据中，双向条形图的展示效果更佳。当然，首先要准备数据，如图 6-83 所示。

下面就开始介绍制作步骤。

① 生成条形图。

选中数据区域 A1:C5，选择"插入"选项卡的"图表"选项组中"条形图"下的第一个簇状条形图，如图 6-84 所示。

	B	C
	产品因素%	营销因素%
精密机械类	95	20
日常消费电子类	80	85
日用百货	20	95
食品	85	35

图6-83　生成双向条形图的数据

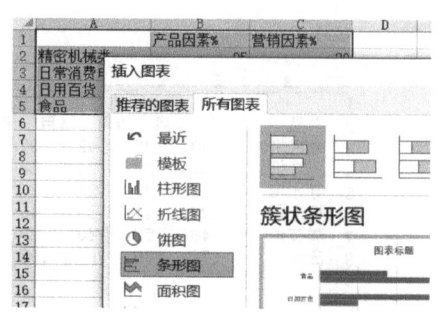

图6-84　选择图表类型为条形图

刚刚创建的条形图如图6-85所示。

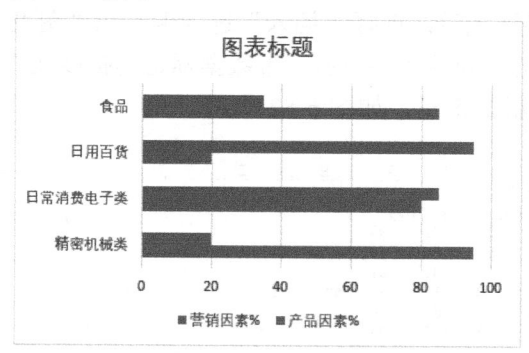

图6-85　刚刚创建的条形图

但还要先对图表的整体进行修饰，去掉图表标题，再去掉没有必要的刻度线（单击竖条网格线，再单击鼠标右键，选择"删除"选项），再选中图例，单击鼠标右键后，在弹出的快捷菜单中选择"设置图例格式"选项，在右侧弹出的"设置图例格式"窗格中选择"靠上"单选按钮。如果还想修改数据块颜色，则在这里做好：单击任意一种颜色的条形块，在右侧弹出的"设置数据系列格式"窗格中，对"填充与线条"选项卡的"填充"和"边框"两个下拉箭头下的各项进行设置，如图6-86所示。

在此对"产品因素"数据系列的填充色和边框色、边框样式进行设置。此外，还可以右击图表区，设置填充为"无"，再设置绘图区填充为"无"，这样可使图表相对工作表透明（这里就不这样做了）。经简单修饰的条形图如图6-87所示。

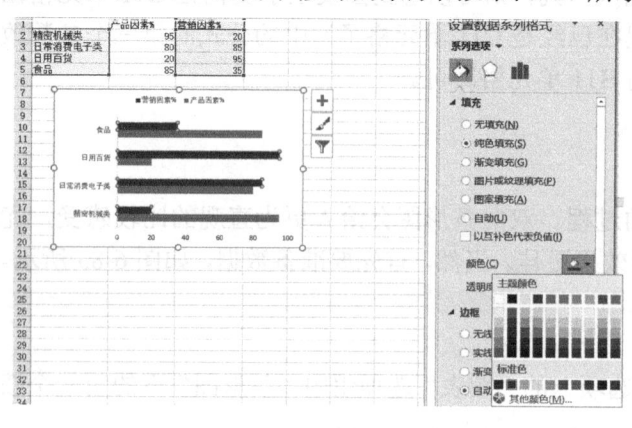

图6-86　设置数据系列格式

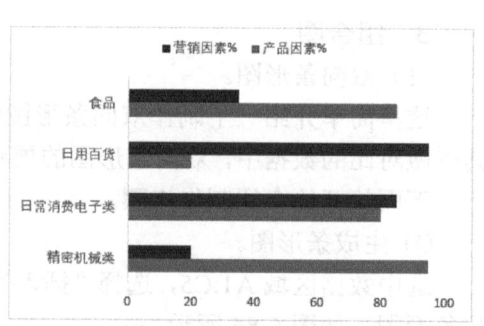

图6-87　经简单修饰的条形图

② 反转条形图。

接下来，选择随意一边的数据，创建次坐标轴。单击任意一绿色区域，锁定产品因素的所有数据，在右侧弹出的"设置数据系列格式"窗格中选中"次坐标轴"单选按钮，图表就会发生改变，如图 6-88 所示。

回到工作表，然后选中刚生成的次坐标轴（就是图表上方的数值轴），右击它，在弹出的快捷菜单中选择"设置坐标轴格式"选项，如图 6-89 所示。

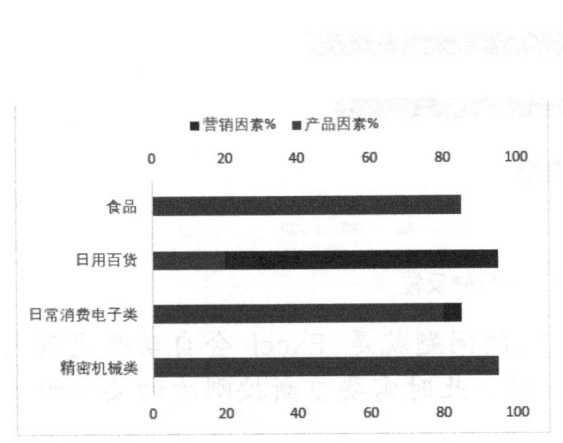

图6-88　选择次坐标轴后的效果

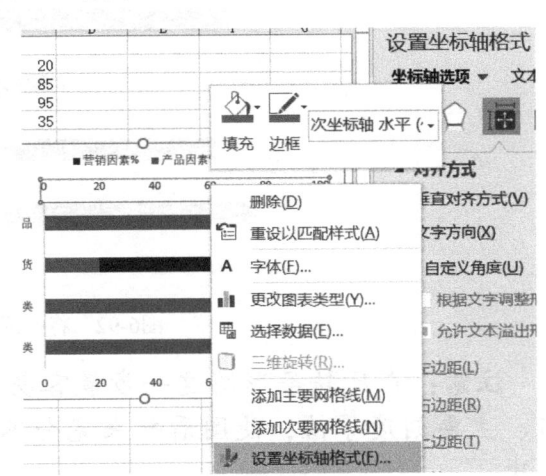

图6-89　选择"设置坐标轴格式"选项

进入"设置坐标轴格式"窗格，将最小值改为-100.0，此时主要刻度单位可能会变成 50.0，并且最大值会变成 150.0，因此，还要继续将最大值改为 100.0，将单位改为 20.0，（为什么要这样设置呢？这是根据要对比的数据所在的数据范围来确定的，因为这里所有值都是 100 以内的，所以将最小值定义为-100，将最大值定义为 100，主要刻度单位为 20，表示以 20 作为间隔值）。然后需要勾选"逆序刻度值"复选框，如图 6-90 所示。

设置了次坐标轴格式的条形图如图 6-91 所示。

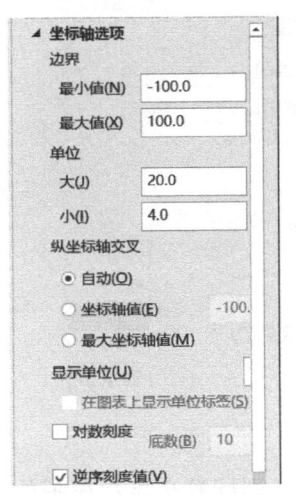

图6-90　设置次坐标轴格式

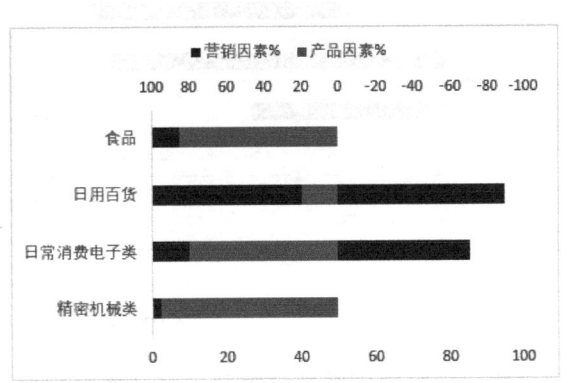

图6-91　设置了次坐标轴格式的条形图

接下来设置一下下方坐标轴，同样需要选中下方的坐标轴，右击它，进入"设置坐标轴格式"窗格，用与刚才一样的值进行设置，唯一不同的是，这次不要勾选"逆序刻度值"复选框，结果如图6-92所示。

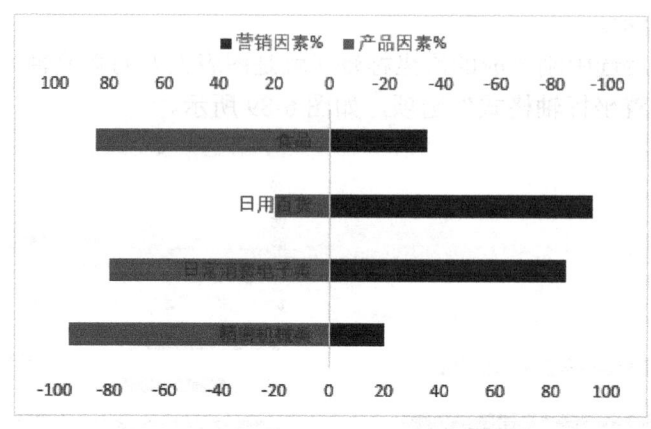

图6-92　将条形图次坐标轴反转

注意：在反转条形图这一步最容易出现的问题就是 Excel 会自动改变最大值、主要刻度等值，使图看起来完全不正确，此时需要重新按刚才的要求设置一次。

③ 完成双向条形图。

这时的双向条形图虽然已经完成，但还有许多问题，不便于观察。接下来，设置一下分类轴的样式，先选定中间的分类轴，右击它，在弹出的快捷菜单中选择"设置坐标轴格式"选项，进入"设置坐标轴格式"窗格，在其中将"主刻度线类型"和"次刻度线类型"都设置为"无"，将标签间隔从"轴旁"改为"低"，如图6-93所示。

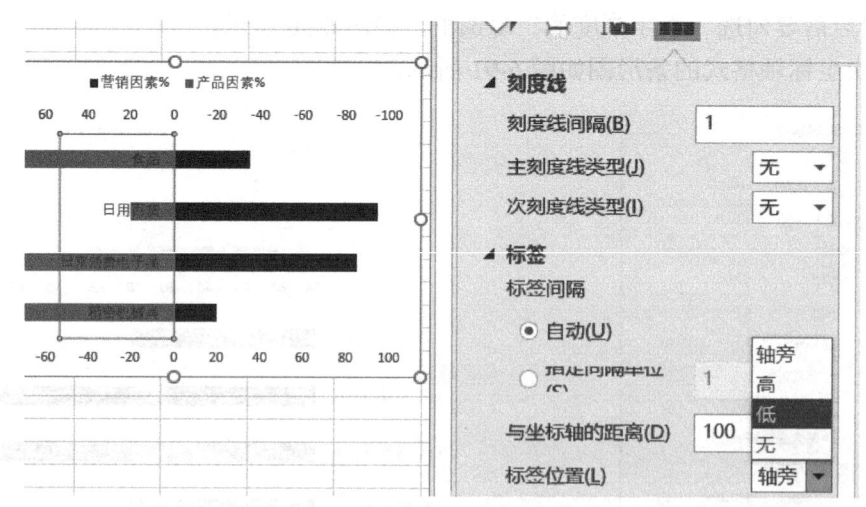

图6-93　设置反转条形图的分类轴

这样，标签就到图外左侧显示了（如果标签间隔为"高"，则标签会显示在图外右侧），分类轴上的刻度线也会消失，如图6-94所示。

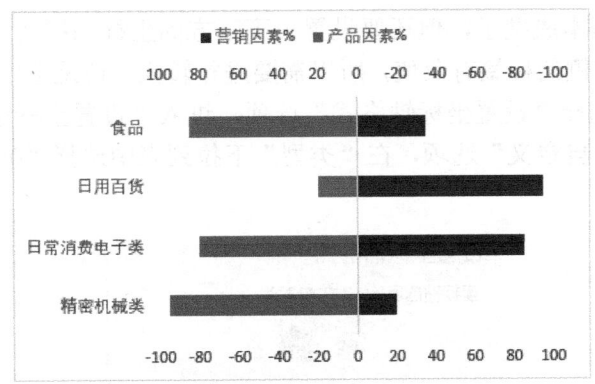

图6-94　设置反转条形图的分类轴效果

再点选左边的数据系列块，单击鼠标右键，在弹出的快捷菜单中选择"添加数据标签"→"添加数据标签"，选项，如图 6-95 所示。

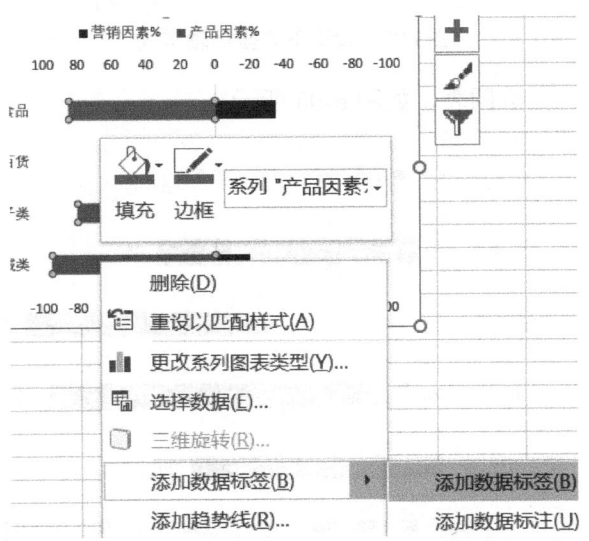

图6-95　为反转条形图添加数据标签

然后对右边的数据系列也进行同样的处理。最后选中上方的坐标轴，右击它，在弹出的快捷菜单中选择"设置坐标轴格式"选项，进入"设置坐标轴格式"窗格，将其中的主刻度线类型、次刻度线类型和标签间隔都设置为"无"，结果如图 6-96 所示。

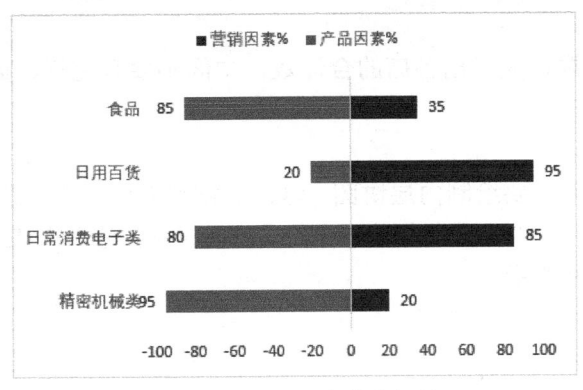

图6-96　设置上方的坐标轴

这样，条形图就基本成型了，但还要设置一下下方的坐标轴样式，因为左右两边的数据都为正值，而坐标轴左侧的标签有负值，所以需要进行转换：还是选中下方坐标轴，右击它，在弹出的快捷菜单中选择"设置坐标轴格式"选项，进入"设置坐标轴格式"窗格，在"类别"下拉列表中选择"自定义"选项，在"类型"下拉列表中选择"0;0;0;"选项，如图 6-97 所示。

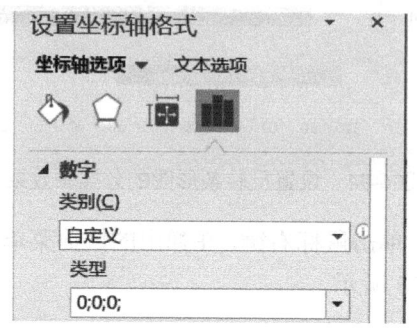

图6-97　设置下方坐标轴样式

单击"关闭"按钮，完成图表，如图 6-98 所示。

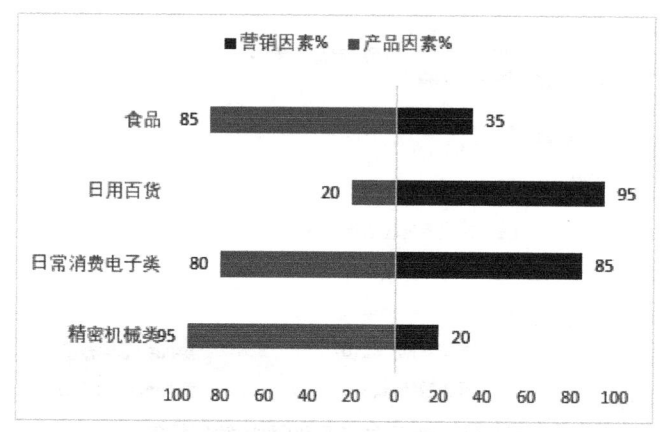

图6-98　设置完成的双向条形图

（2）双层饼图。

双层饼图将两个饼图重叠在一起，用内层表示分项合计，用外层表示分项明细，用于展示每个分项包含的明细情况。

① 准备数据。

根据生成图表的需要，先求出各店的合计数，中间不要有空行，如工作表中的 D3:E5 单元格区域为新建求和区。

② 生成内层饼图。

要绘制双层饼图，首先要绘制内层饼图，这是非常重要的一点。选择 D3:E5 单元格区域，选择"插入"→"图表"→"饼图"选项即可生成普通饼图，修改图表标题为"家电下乡销售量双层饼图"，如图 6-99 所示。

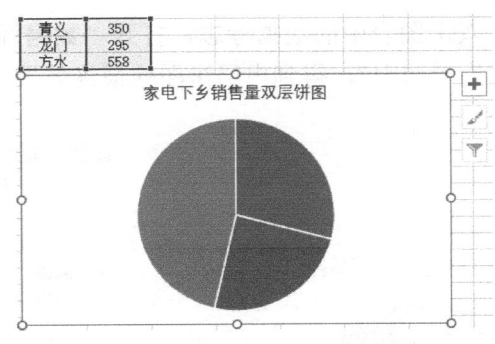

图6-99 生成内层饼图

③ 设置内层饼图。

右击任一色块，在弹出的快捷菜单中选择"添加数据标签"→"添加数据标签"选项，如图 6-100 所示。

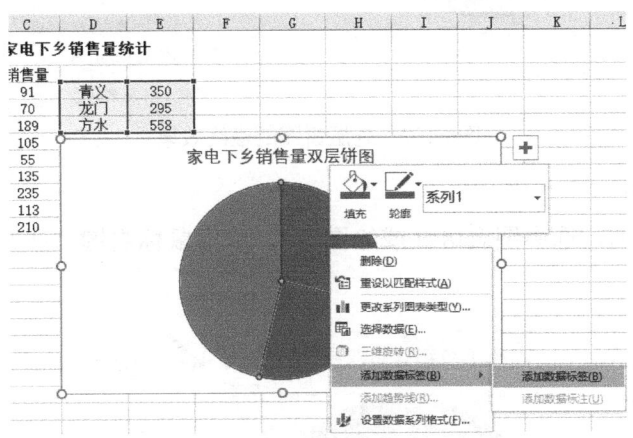

图6-100 为内层饼图添加数据标签

默认的数据标签是"值"，且位置靠近边缘。选中任意一个值，右击它，在工作表右侧弹出"设置数据标签格式"窗格，如图 6-101 所示。

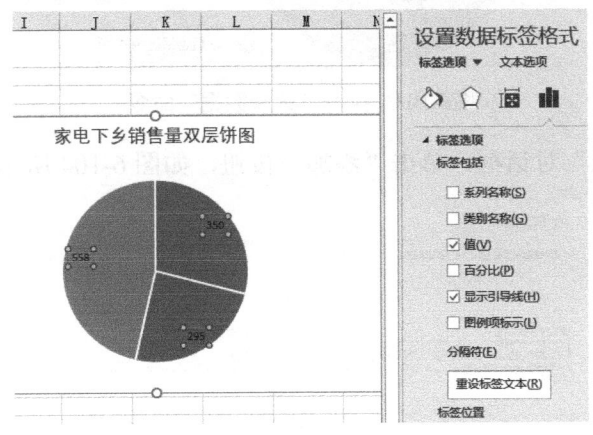

图6-101 "设置数据标签格式"窗格

在"设置数据标签格式"窗格的"标签选项"→"标签包含"中，取消选中"值"复选框，选中"类别名称"和"百分比"复选框；在"标签位置"中改为选中"居中"单选按钮。然后设置数据标志的显示位置，双击图表中的数据标志，打开"数据标志格式"对话框，在"对齐"选项卡中选择标志位置为"居中"，得到内层饼图的最终效果，如图 6-102 所示。

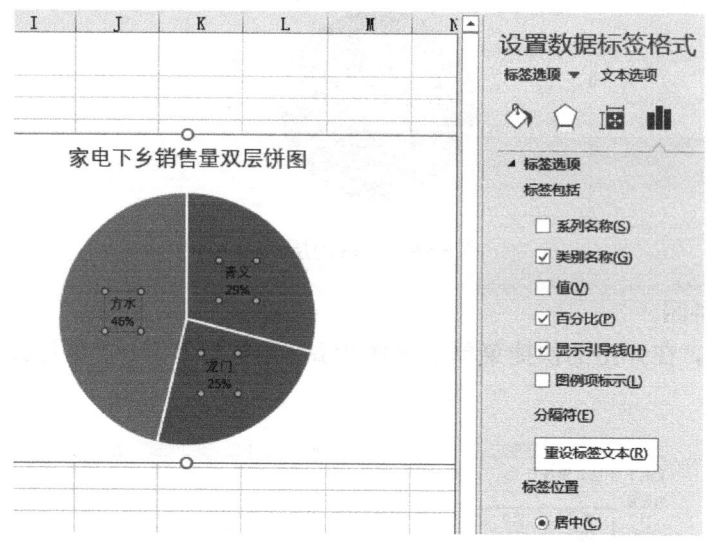

图6-102　内层饼图的最终效果

④ 生成外层饼图。

增加外层饼图系列，选中图表区（或绘图区），单击鼠标右键，执行"选择数据"命令，如图 6-103 所示。

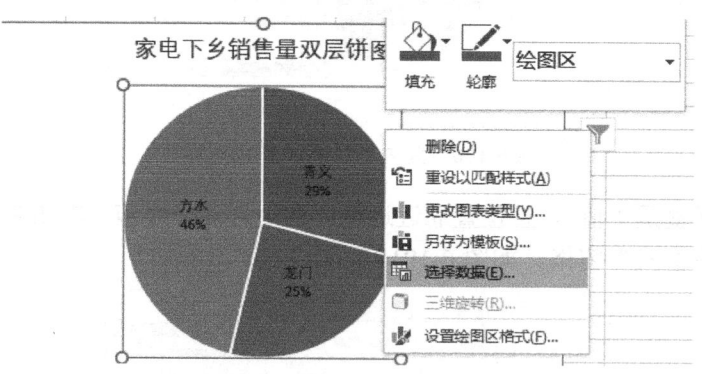

图6-103　执行"选择数据"命令

弹出"选择数据源"对话框，单击"添加"按钮，如图 6-104 所示。

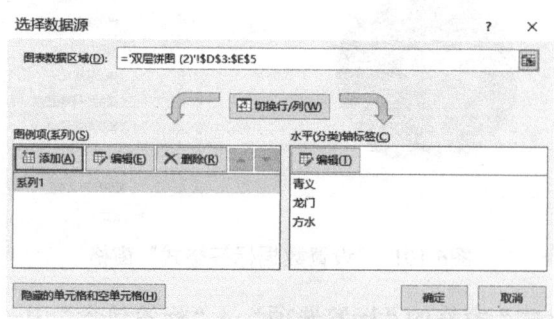

图6-104　添加外层饼图数据源

弹出"编辑数据系列"对话框，在"系列名称"文本框中选择需要添加的数据系列的名称所在的单元格，这里是 C2 单元格；在"系列值"文本框中选择外层饼图要显示的数据，这里选择 C3:C11 单元格区域，如图 6-105 所示。依次单击"确定"→"确定"按钮（两个对话框），关闭"选择数据源"对话框。

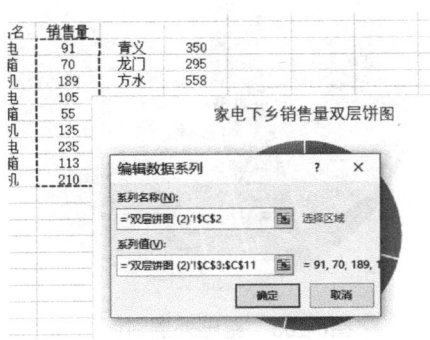

图6-105 选定外层饼图数据源

此时图表似乎没有任何变化，但其实，在内层饼图下面已经生成了外层饼图，只是现在它被内层饼图覆盖着。

⑤ 设置外层饼图。

由于此时外层饼图看不到，所以要先把内层饼图设置为次坐标轴。选中内层饼图，右击它，在弹出的快捷菜单中选择"设置数据系列格式"选项，弹出"设置数据系列格式"窗格，选中"次坐标轴"单选按钮，如图 6-106 所示。

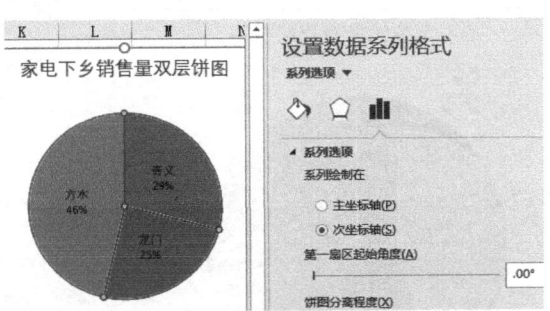

图6-106 设置次坐标轴

此时单击内层饼图中的任意色块并向外拉，如图 6-107 所示。

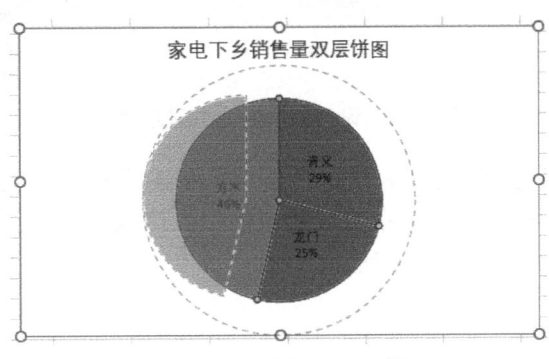

图6-107 向外拉开内层饼图

这样，就露出了隐藏在内层饼图下的外层饼图，如图 6-108 所示。

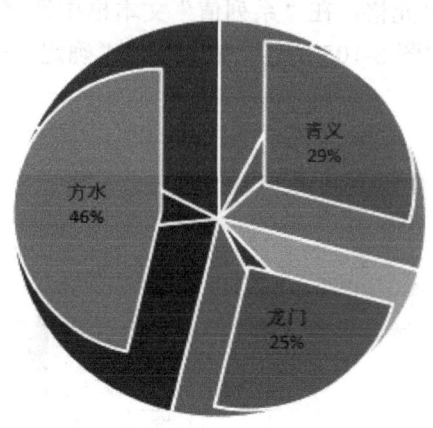

图6-108　露出外层饼图

首先选中任意一个外层饼图的色块，右击它，选择"添加数据标签"→"添加数据标签"选项；然后选中任意一个外层饼图色块的标签，右击它，选择"设置数据标签格式"选项，在弹出的"设置数据标签格式"窗格中，取消选中"值"复选框，选中"类别名称"和"百分比"复选框；最后在"标签位置"中改为选中"数据标签外"单选按钮，如图 6-109 所示。

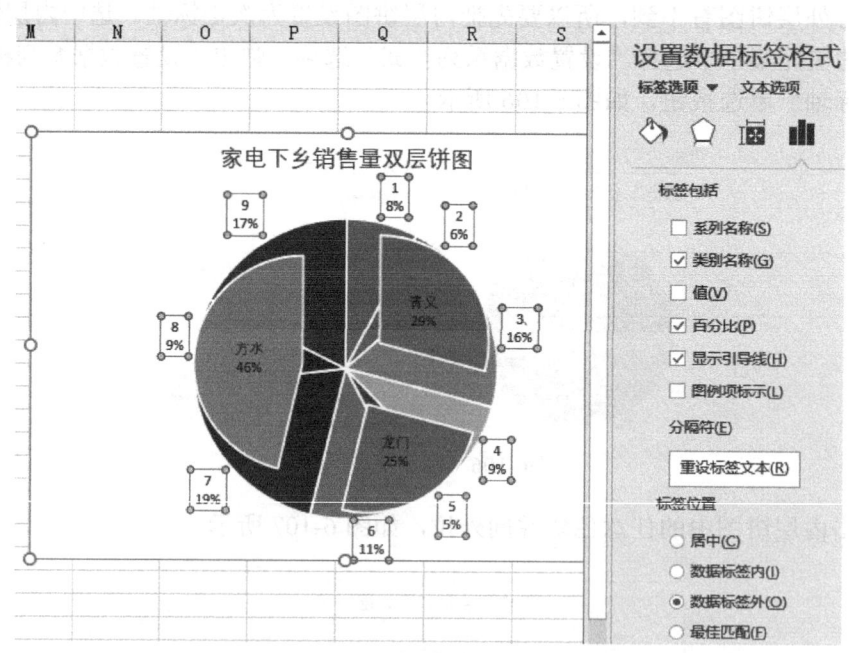

图6-109　设置外层饼图的显示格式

此时外层饼图已很明显，但类别名称是序数，不符合要求。再次右击绘图区（或图表区），选择"选择数据"选项，在"选择数据源"对话框中，可以看到"系列 1"正常显示了汉字，但"系列 2"显示为序数，如图 6-110 所示。

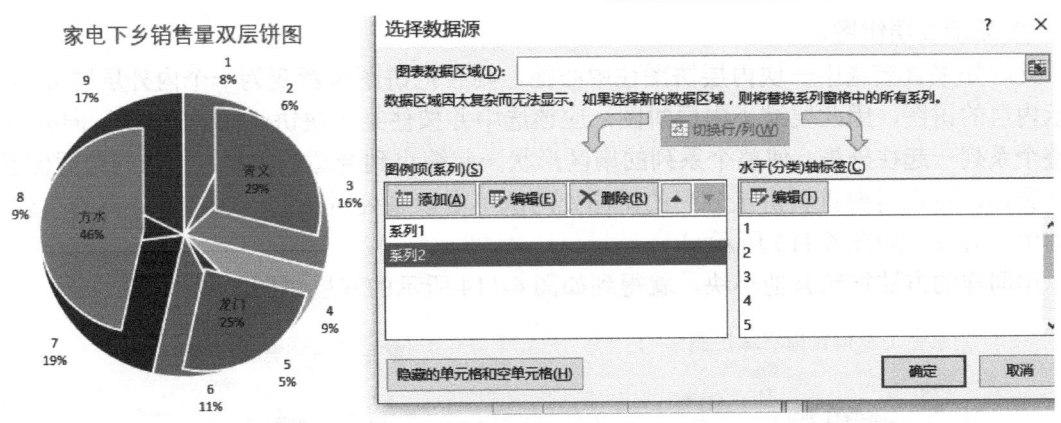

图6-110　外层饼图数据系列的名称需要编辑

在"选择数据源"对话框的"水平(分类)轴标签"区域单击"编辑"按钮，在弹出的"轴标签"对话框中选定 B3:B11 单元格区域，如图 6-111 所示。

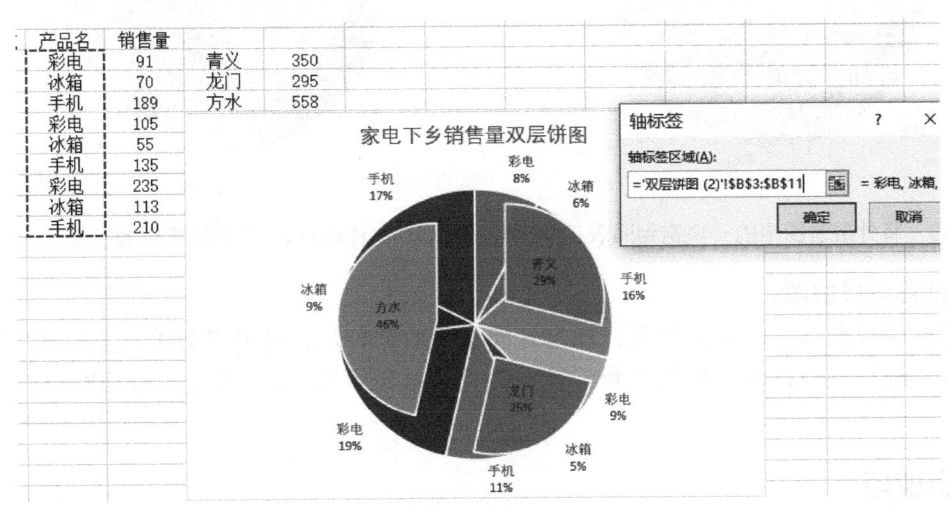

图6-111　为外层饼图数据系列选定名称区域

依次单击"确定"→"确定"按钮（两个对话框），效果如图 6-112 所示。

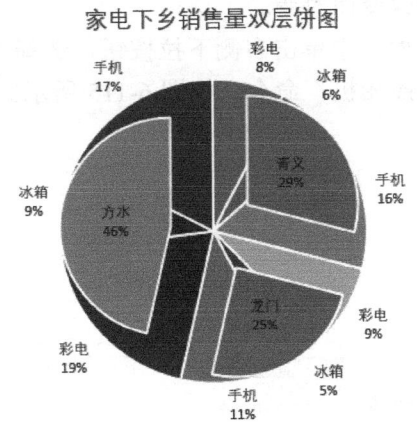

图6-112　外层饼图数据系列获得名称的效果

⑥ 显示双层饼图。

此时如果直接选中一块内层饼图往中心拖，则会把饼图重新变为一个内外层同大的、只显示内层的饼图，因此要缩小内层饼图，应该选中并按住某一块饼（如"青义"）向外拖动，将整个系列一起往外拖，使整个系列的扇区形状一起缩小到合适的大小，当拖到合适位置时，松开鼠标，再在需要重新拼接分离的饼图处两次单击该系列饼图的一块，将分离的小饼拖到饼的中央对齐，如图6-113所示。

用同样的方法拖动其他小块，就得到如图6-114所示的双层饼图。

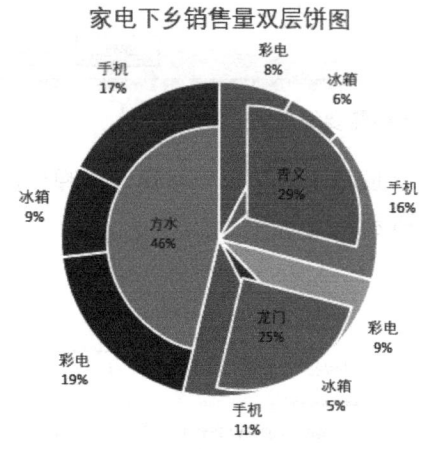

图6-113　将外层饼图中的一块拖到图表正中

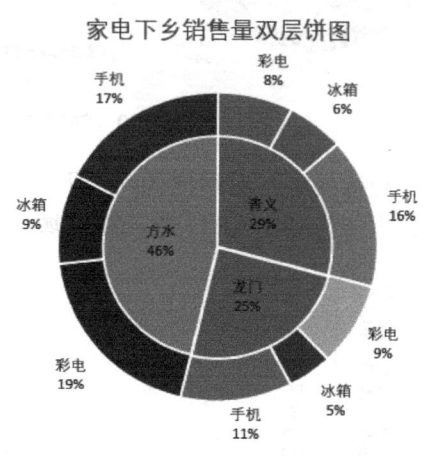

图6-114　外层饼图设置完毕

⑦ 设置双层饼图。

设置外层数据标志的显示位置：双击外圈系列数据标志，打开"数据标志格式"对话框，在"对齐"选项卡中，将"标签位置"设定为"最佳位置"，按"确定"按钮即可。

 **小技巧**

图表快照

使用图表快照功能，可以为图表添加摄影效果，更能体现图表的立体感和视觉效果，并且快照图片可以随原始图表的改变而改变。

首先，在"快速访问工具栏"中单击右侧下拉按钮，选择"其他命令"选项，在弹出的"Excel选项"对话框中添加"照相机"命令，如图6-115所示。

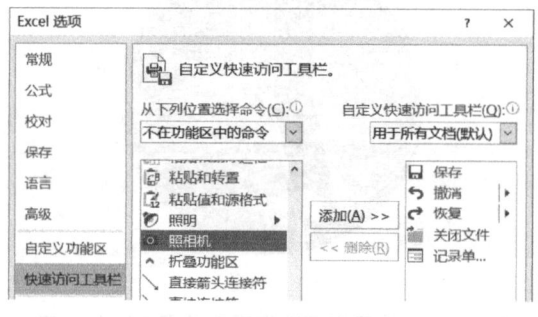

图6-115　添加照相机

然后，在工作表中选定一个区域（可以只包含单元格，也可以包含图表，但不能只选中图表），单击"快速访问工具栏"中新增加的"照相机"按钮，此时被选中区域周围出现了移动的虚线，表明该区域已被复制，并且鼠标指针也变成了十字状，这时，在某个单元格中单击一下，刚才被复制的区域就以图片的形式出现在单击的位置上了。此时，选项卡区也出现了"格式"选项卡，可以任意设置图片。但需要注意的是，此时图片与源之间是链接关系，即如果源中的数据变了，那么图片中相应的地方也会改变。再次复制该图片，再粘贴为图片，可以将其固定。

✎ 上机题6

1. 双轴图

在工作当中，特别是财务、市场调查工作，在做财务报表的时候，可能需要制作很复杂的图形来展示数据的走势情况，而且需要用到两坐标轴甚至四坐标轴图表，应该怎样来制作呢？

在 Excel 2016 中，双坐标实现的方式很简单。例如，在图表中要表达商品卖出的数量和销售额随日期的变化情况，基础数据如图 6-116 所示。

2. 复合饼图设计应用

这里简单介绍一下 Excel 中几种饼图的应用方法。饼图在日常工作中的应用极为广泛，要熟练掌握这些应用，确实不是一件容易的事。为了在教学中能熟练向学生讲解这一知识，下面就一个简单的实例来设计几种不同饼图的用法，以展示它具有的表达特性。尤其对时间、空间等概念的表达和一些抽象思维的表达，它具有文字和言辞无法取代的传达效果。复合饼图基础数据如图 6-117 所示。

复合饼图是将饼图分成两部分，一部分是用来了解家电下乡总的销售情况的比例图；另一部分是单独拿出来的其中一个销售点的销售情况而做成的一个小饼图，以便查看得更清楚。

	A	B	C
1	日期	销量：个	销售额：元
2	7月1日	25	3043
3	7月2日	48	2621
4	7月3日	31	3250
5	7月4日	49	3206
6	7月5日	27	4987
7	7月6日	36	4257
8	7月7日	27	4500
9	7月8日	36	3564
10	7月9日	20	2723

图6-116 双轴图基础数据

	A	B	C	D	E
1	2015年12月三大产品家电下乡销售量统计				
2	指定销售点	产品名	销售量		
3	青义店	彩电	91	青义	350
4		冰箱	70	龙门	295
5		手机	189	方水	558
6	龙门店	彩电	105		
7		冰箱	55		
8		手机	135		
9	方水店	彩电	235		
10		冰箱	113		
11		手机	210		

图6-117 复合饼图基础数据

3. 动态饼图设计应用

在进行报表分析时，需要显示不同公司、产品、年度等图表，通常需要用多个图表才能完成，因此重复劳动很多，若设计使用动态图表，那么这个问题将迎刃而解，从而大大提高工作效率。本练习是以销售点来统计各商品的销售量为数据对象设计的动态饼图应用。动态饼图基础数据如图 6-118 所示。

4. 仿信息图——半圆图的制作

半圆图基础数据如图 6-119 所示。

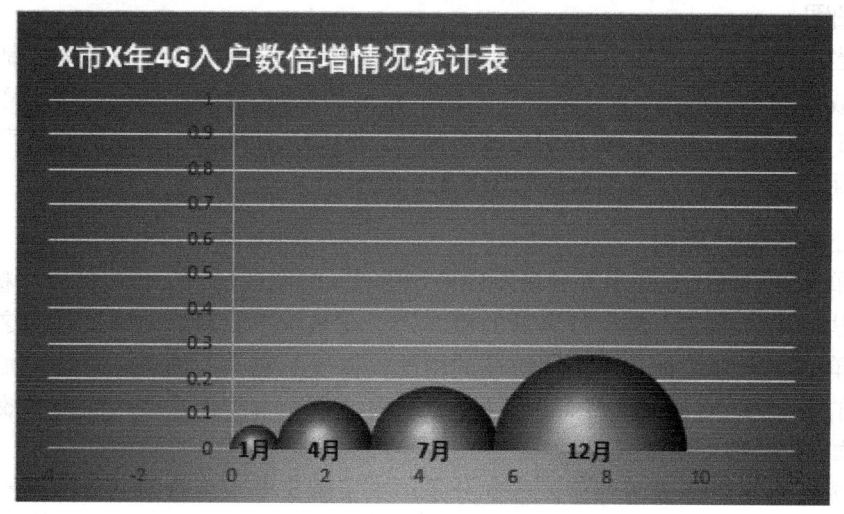

	A	B	C
1	2019年12月三大产品家电下乡销售量统计		
2	指定销售点	产品名	销售量
3	青义店	彩电	91
4		冰箱	70
5		手机	189
6	龙门店	彩电	105
7		冰箱	55
8		手机	135
9	方水店	彩电	235
10		冰箱	113
11		手机	210

图6-118　动态饼图基础数据

	A	B
1	X市X年4G入户数倍增情况	
2	月份	倍数
3	1月	1
4	4月	4
5	7月	7
6	12月	16

图6-119　半圆图基础数据

请根据以上数据制作如图 6-120 所示的半圆图。

图6-120　半圆图效果

课后习题 6

1．Excel 2016 有哪些新增的图表类型？

2．在柱形图、圆环图、折线图、饼图、雷达图中，哪些适合描述随时间变化的变量？哪些又适合描述反映百分比的变量？

3．形如"$A$1"这样的单元格引用称为什么？而形如"A$1"这样的单元格引用又称为什么？

4．为了控制产品质量、加强生产现场管理、提高生产能力，生产部门的管理人员应定期进行生产误差分析。在用 Excel 提供的散点图分析生产误差时，可根据各种因素的数据散点很明显地对比出该因素在生产误差范围内的分布情况。对分布密集的散点造成的生产误差，生产管理人员必须引起重视。

图 6-121 为某企业 10 月份的员工出勤情况，请据此制作生产误差散点图。

5．操作：某地区某年度各月安卓机和苹果机的保有量原始数据如图 6-122 所示。

	A	B	C
1	日期	生产误差	缺席员工的数量
2	2014-10-8	54	22
3	2014-10-9	43	18
4	2014-10-10	48	20
5	2014-10-13	43	21
6	2014-10-15	44	18
7	2014-10-17	51	24
8	2014-10-18	48	25
9	2014-10-19	48	27
10	2014-10-20	40	16
11	2014-10-21	43	20
12	2014-10-22	48	28
13	2014-10-23	48	21
14	2014-10-24	55	29
15	2014-10-25	48	27
16	2014-10-26	42	26
17	2014-10-27	43	22
18	2014-10-28	42	17
19	2014-10-29	55	28
20	2014-10-30	39	21

图6-121 某企业10月份的员工出勤情况

	A	B	C
1	XX年度安卓机和苹果机分月保有量		
2	月份	安卓机	苹果机
3	1月	604	203
4	2月	624	253
5	3月	651	267
6	4月	712	274
7	5月	672	325
8	6月	650	482
9	7月	812	451
10	8月	1025	521
11	9月	1247	714
12	10月	1451	869
13	11月	1604	942
14	12月	1812	1014

图6-122 某地区某年度安卓机和苹果机分月保有
量原始数据

请依据提供的信息，制作如图 6-123 所示的图表。

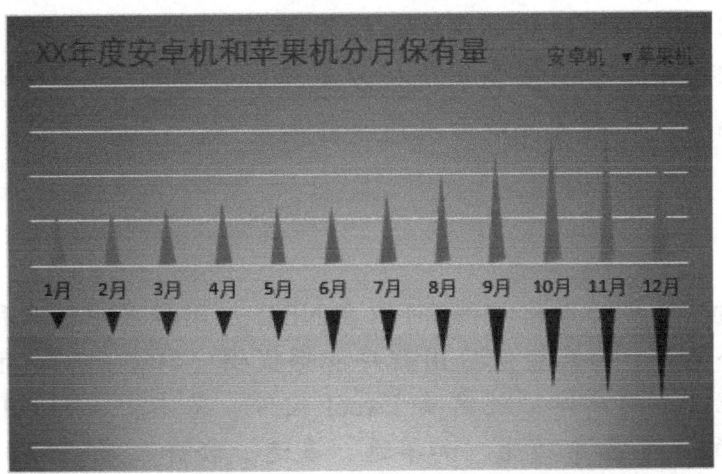

图6-123 某地区某年度安卓机和苹果机分月保有量效果图

第 7 章

Excel 数据分析自动化——
控件和宏的应用

1. 了解 Excel 的主要开发工具及其调用方法。
2. 熟练掌握表单控件的创建和编辑方法。
3. 重点掌握命令宏的录制和执行方法。
4. 理解函数宏的意义并能开发简单的加载项。

✦ Excel 控件（或称表格控件）可以在.NET 应用程序中读取和书写 Excel 文件的小插件，如果想使应用程序能够提供一种熟悉的、直观的和舒适友好的 Excel 用户体，就需要 Excel 控件。基本上，Excel 控件都会支持 Excel 的一些基本功能，如单选、多选、合并、多（跨）工作表，公式索引、分层显示、分组、条件筛选等，并支持通过内置函数和运算符来自定义公式。

✦ Excel 表格的宏是指基于 VB 的一种宏语言 VBA 脚本，主要用于扩展 Microsoft Office 套件（如 Excel 的功），使之能完成更为复杂高效的一些工作。

✦ 本章主要通过 Excel 2016 的控件及宏等工具在日常分析中的应用，介绍 Excel 中主要的表单控件的应用，以及宏的定义和基本操作。

7.1　Excel 控件简介

1．控件工具箱

执行"文件"→"选项"命令，如图 7-1 所示。

图7-1　执行"文件"→"选项"命令

在弹出的"Excel 选项"对话框中，选择"自定义功能区"→"主选项卡"→"开发工具"选项后单击"确定"按钮，如图 7-2 所示。

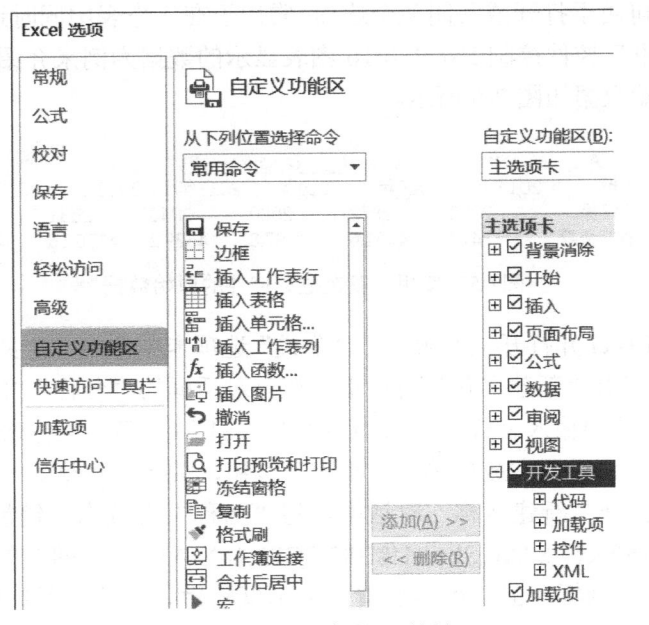

图7-2　"Excel 选项"对话框

此时会回到工作界面，就会看到多出了一个"工发工具"选项卡，如图7-3所示。

单击该"开发工具"选项卡的"控件"选项组中的"插入"下拉按钮，就会出现下拉式的控件工具箱，可以看出，控件分为"表单控件"和"ActiveX控件"两部分，如图7-4所示。

图7-3　"工发工具"选项卡

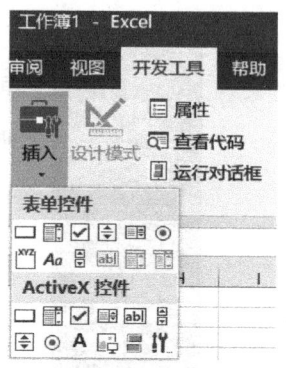

图7-4　Excel 2016中的控件工具箱

二者看起来差不多，功能也大多相同，如都可以指定宏。但它们也有极大的区别，表单控件只能在工作表中使用，优点是能直接操作单元格；但只能通过设置控件格式或指定宏来使用它，因为它基本上只有一个Click事件，所以如果仅以编辑数据为目的，则使用表单控件可减小文件的尺寸、缩小文件的存储空间。ActiveX控件既能在工作表中使用，又能在用户窗体中使用，优点是有众多的属性和事件，提供了更多的使用方式，甚至可以修改后用作Web脚本；缺点是不能直接关联单元格，如果在编辑数据的同时需要对其他数据进行操纵控制，就建议使用ActiveX控件，因为它的功能更多、更灵活。

2. 控件应用实例

（1）复选框。

"复选框"控件可用于打开或关闭某个选项，常用于在工作表中同时进行多个选项的选择。下面以使用"复选框"控件控制Excel 2016图表显示的数据为例来介绍"复选框"控件的具体使用方法，其原始数据如图7-5所示。

▲	A	B	C	D	E	F	G
1	年份	2014年	2015年	2016年	2017年	2018年	2019年
2	销售量	2300	2872	2980	2840	2531	2760
3	销售金额	3473	4451.6	4797.8	4629.2	4176.15	4664.4

图7-5　使用"复选框"控件的原始数据

第一步，启动Excel并打开工作表，在"公式"选项卡中单击"定义的名称"选项组中的"定义名称"按钮，打开"新建名称"对话框。在该对话框的"名称"文本框中输入"年份"，在"引用位置"文本框中输入公式"=Sheet1!$B$1:$G$1"（注意：工作表的名称与实际工作表一致），如图7-6所示。设置完成后单击"确定"按钮，关闭对话框。

第二步，再次打开"新建名称"对话框，将"名称"设置为"销量"，在"引用位置"文本框中输入"=IF(Sheet1!$A$6,Sheet1!$B$2:$G$2,{#N/A})"，如图7-7所示。此处需要注意的是，"新建名称"对话框中的"引用位置"文本框较短，无法查看完整公式，如果直接在该文本框中移动光标，则会造成引用位置的改变，因此，正确的做法是用鼠标将整个"新建名称"对话框拉宽，这样，下面的"引用位置"文本框会变得较长，就可以完整显示里面的公式了。

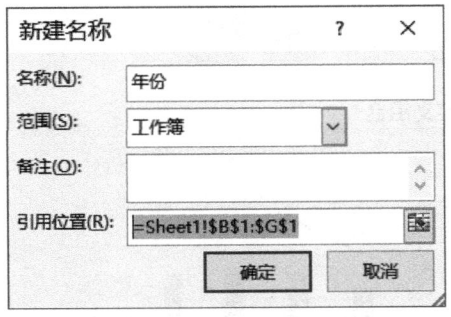

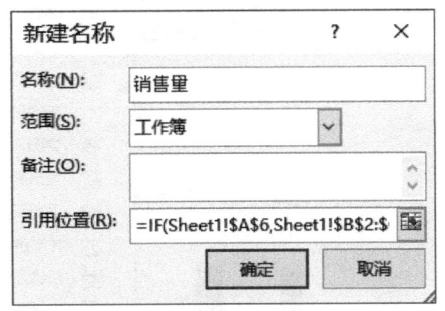

图7-6　"新建名称"对话框1　　　　　　　　图7-7　"新建名称"对话框2

图 7-7 中的公式的含义是：如果 A6 单元格的值为 true，则引用 B2:G2 单元格区域的值来生成图表；否则值不可用，图表中什么都不生成。

以同样的方式打开"新建名称"对话框，将"名称"设置为"销售金额"，在"引用位置"文本框中输入"=IF(Sheet1!$B$6,Sheet1!$B$3:$G$3,{#N/A})"，对销售金额进行同样的操作。

第三步，在工作表中创建柱形图，如图 7-8 所示。

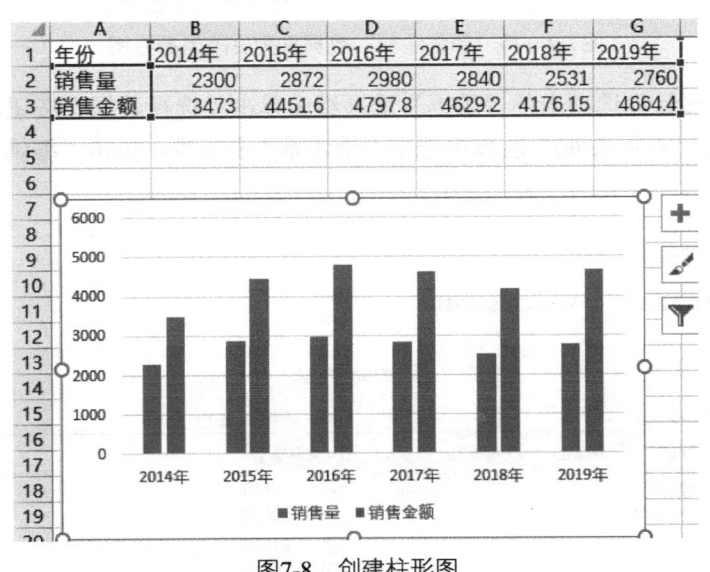

图7-8　创建柱形图

选择"销售金额"数据系列，右击它，在弹出的快捷菜单中选择"更改图表类型"选项，在随后弹出的"更改图表类型"对话框中选择最下面的"组合"选项中的"簇状柱形图-折线图"，以将其更改为折线图，如图 7-9 所示。

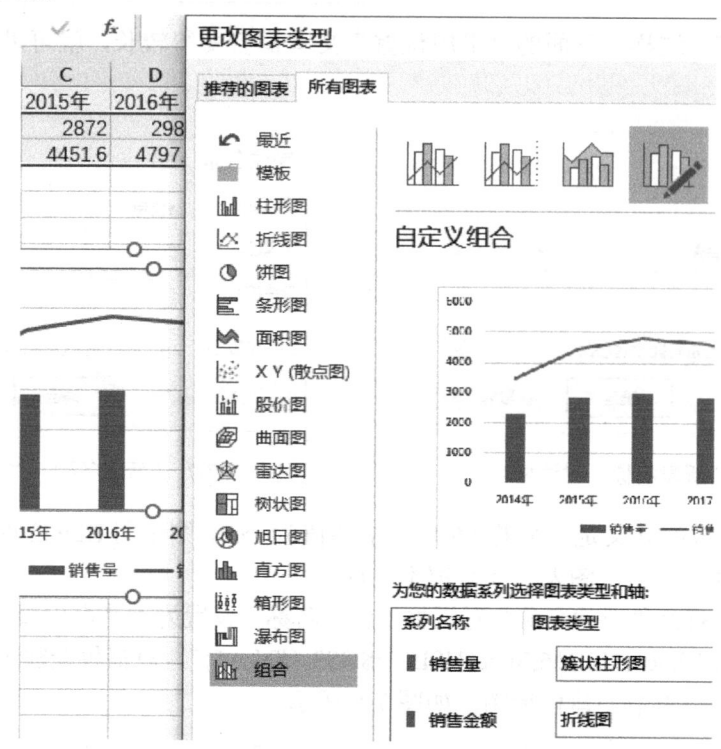

图7-9 将"销售金额"数据系列更改为折线图

第四步，在"设计"选项卡的"数据"选项组中单击"选择数据"按钮，打开"选择数据源"对话框，在"图例项(系列)"区域中选中"销售量"复选框，单击"编辑"按钮，如图7-10所示。

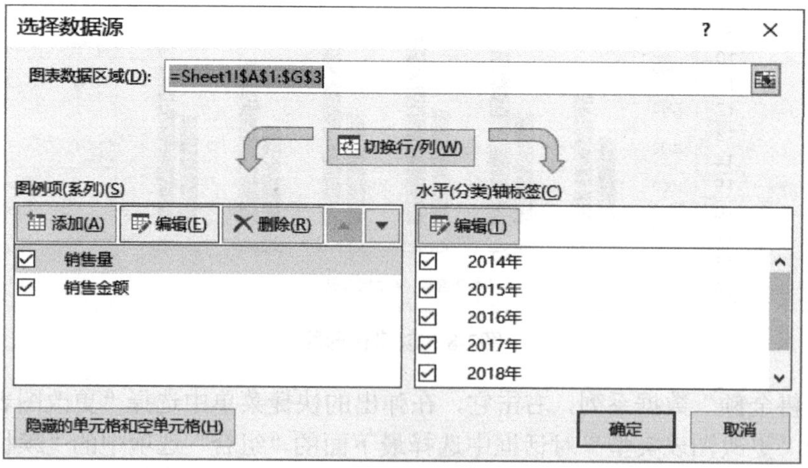

图7-10 "选择数据源"对话框

此时将打开"编辑数据系列"对话框，将其中的系列值更改为"=Sheet1!销量"，此处只能手工更改，无法选择，如图7-11所示。

单击"确定"按钮，关闭"编辑数据系列"对话框。同样，将"销售金额"数据系列的系列值更改为"=Sheet1!销售金额"，然后单击"确定"按钮。需要注意的是，此时在"选择数据源"对话框中，在"图例项(系列)"区域中无论选择"销售量"或"销售金额"这两个数据系列中的哪一个，在右侧的"水平(分类)轴标签"区域中都不再显示具体的数值了，如图 7-12 所示。

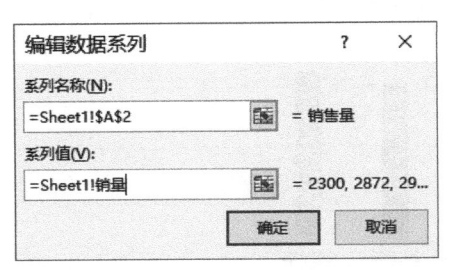

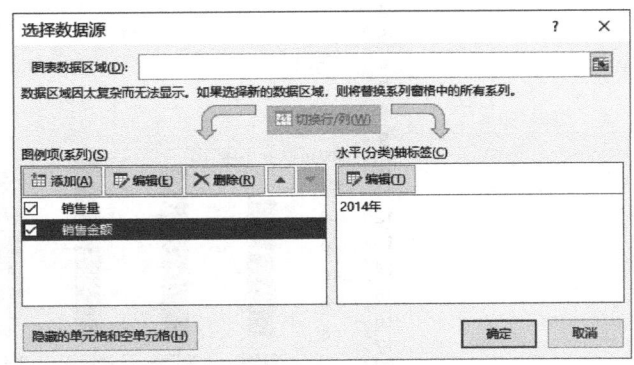

图7-11　更改"销售量"数据系列的系列值　　　　图7-12　设置完成的"选择数据源"对话框

单击"确定"按钮，关闭"选择数据源"对话框，可以看到插入的图只剩下空白背景，没有任何柱状或折线了。此时如果人工在 A6 单元格中输入任何数值（甚至可以是负数，但不能是非数值，否则会出错），图表中都会出现销售量的柱形。

第五步，在"开发工具"选项卡的"控件"选项组中单击"插入"按钮，在打开的列表中选择"表单控件"栏中的"复选框"控件，拖动鼠标，在图表中绘制一个"复选框"控件。将插入点光标放置到控件中，将标题文字更改为"销量"，然后右击该复选框，在弹出的快捷菜单中选择"设置控件格式"选项，在弹出的"设置控件格式"对话框中，将"单元格链接"选择为 A6 单元格，如图 7-13 所示。

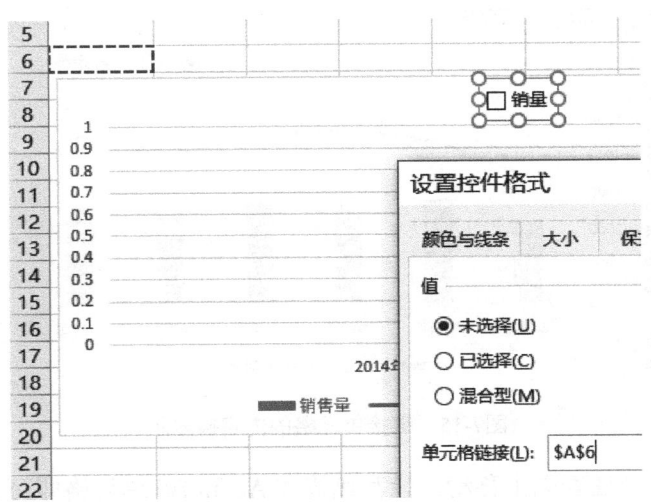

图7-13　选择并设置"复选框"控件

单击"确定"按钮后，选中该复选框，可以看到如图 7-14 所示的柱形图。

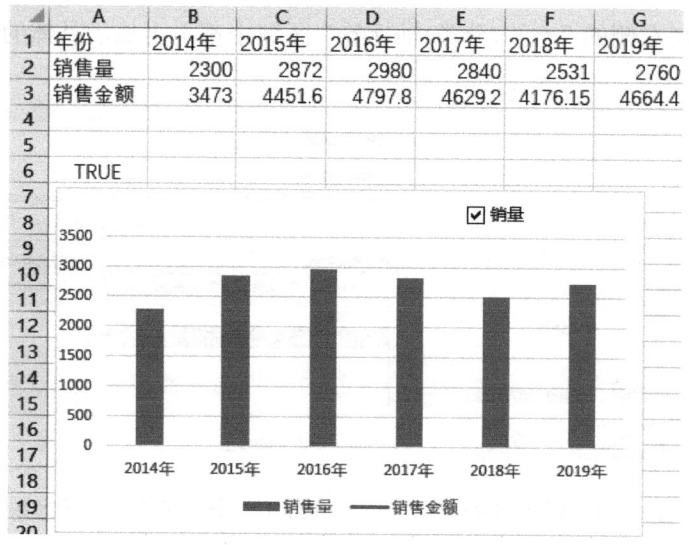

图7-14 已显示的柱形图

第六步，用同样的方式添加"金额"复选框并链接到 **B6** 单元格，就可以根据需求显示其中任意一种或两种数据系列的图了。可以看到，如果某个复选框并选中，则该复选框所链接的单元格中会显示"**TRUE**"，如图 7-15 所示。

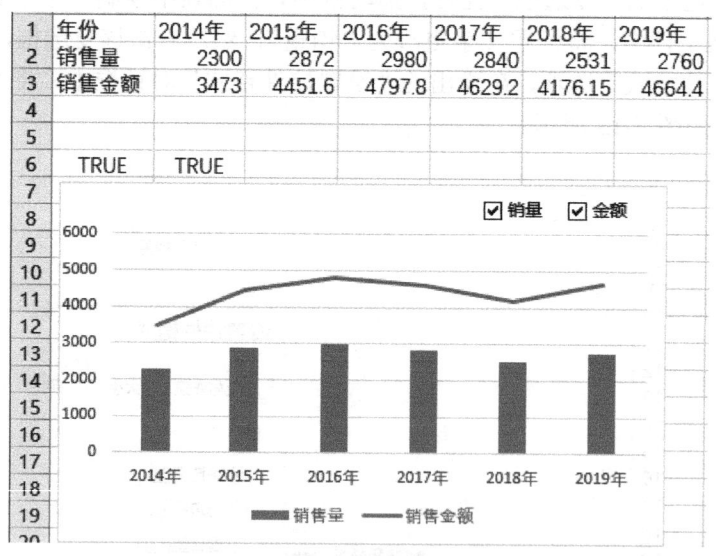

图7-15 链接单元格的内容被显示

此时，只需将整个图表向上移动，让其遮掩住 **A6** 和 **B6** 单元格即可。

（2）数值调节钮。

"数值调节钮"控件可以用来增大或减小数值，单击控件中向上的按钮可以增大数值，单击向下的按钮可以减小数值。本书以通过"数值调节钮"表单控件控制图表的显示为例来介绍 Excel 表格中"数值调节钮"控件的使用方法。

第一步，创建公式。启动 Excel 并打开工作表，在 D1 单元格中输入一个 1~12 的数字，如 4。在"公式"选项卡的"定义的名称"选项组中单击"定义名称"按钮，打开"新建名称"对话框，在"名称"文体框中输入"月份"，在"引用位置"文本框中输入以下公式：

```
=OFFSET(Sheet1!$A$1,COUNTA(Sheet1!$A:$A)-Sheet1!$D$1,0,Sheet1!$D$1,1)
```

此时的"新建名称"对话框如图 7-16 所示。设置完成后，单击"确定"按钮，关闭对话框。

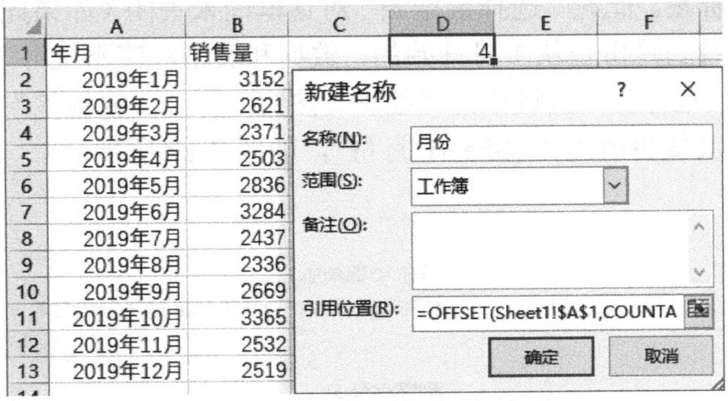

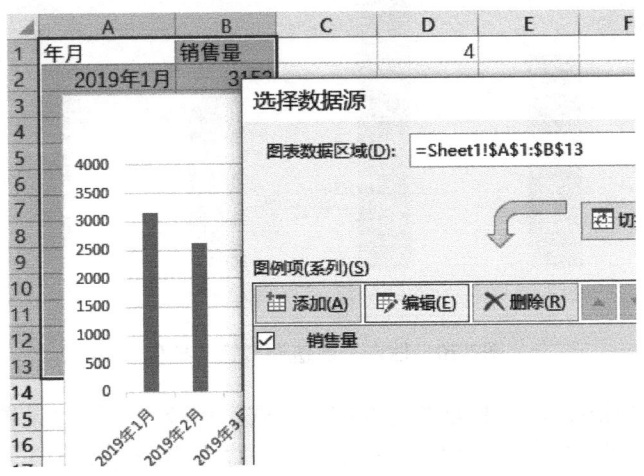

图7-16　打开"新建名称"对话框并新建名称

图 7-16 中的公式的含义是：被选中单元格区域将以标题单元格 A1（"年月"这两个字所在的单元格）为基础偏移到指定位置上。那么，指定位置是哪个位置呢？OFFSET 函数的后面 4 个参数都应该是数值，其中，第一个数值表示移动多少行，正数是向下移动，负数是向上移动。这里移动 COUNTA($A:$A)-$D$1，并且这个值是正数，表明是向下移动，本例中，COUNTA($A:$A)的值是 13，D1 的值是 4，因此结果是 9，即向下移动 9 行。第二个参数为 0，说明列数没有改动，表明被选中单元格区域的起点是 A10 单元格。那么选中的单元格区域有多大呢？后面两个参数分别是 D1（表明有 4 行）和 1（表明有 1 列）。这样就清楚了，在 D1 单元格的值为 4 的情况下，如果某图表的数据系列取值范围是"月份"名称所指定的单元格区域，则该单元格区域将是 A10:A13。

再次打开"新建名称"对话框，将"名称"设置为"销量"，在"引用位置"文本框中输入以下公式：

```
=OFFSET(Sheet1!$B$1,COUNTA(Sheet1!$B:$B)-Sheet1!$D$1,0,Sheet1!$D$1,1)
```

该公式的含义同上。然后单击"确定"按钮，关闭对话框。

第二步，创建图表。选中 A、B 两列所有数据，创建一个柱形图。

第三步，编辑数据系列。在"设计"选项卡的"数据"选项组中单击"选择数据"按钮，打开"选择数据源"对话框，单击左侧的"编辑"按钮，如图 7-17 所示。

图7-17　单击左侧的"编辑"按钮

此时将打开"编辑数据系列"对话框，在"系列值"文本框中，将其值更改为"=Sheet1!销量"，如图 7-18 所示。设置完成后单击"确定"按钮，关闭该对话框。

第四步，编辑轴标签。此时"选择数据源"对话框尚未关闭（如果此时已经关闭了"选择数据源"对话框，将看到月份是从 1 月开始的，数据和表格对应不上），接着在该对话框中单击右侧的"水平(分类)轴标签"区域中的"编辑"按钮，打开"轴标签"对话框，在"轴标签区域"文本框中，将其值更改为"=Sheet1!月份"，如图 7-19 所示。

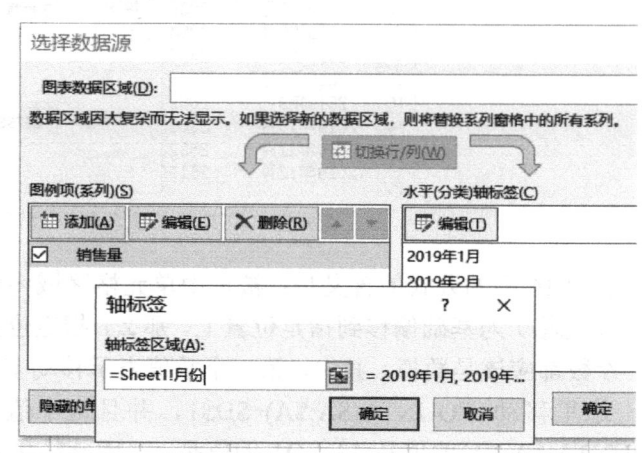

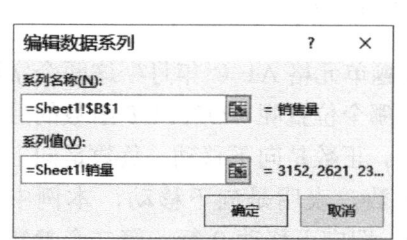

图7-18　在"编辑数据系列"对话框中
　　　　输入公式

图7-19　编辑轴标签

此时，如果更改 D1 单元格的数字（为 1～12，超出将出错），则已经可以看到图中的柱子在增减了，并且数字是以 12 月为基准倒推的。

第五步，添加数值调节钮。在"开发工具"选项卡的"控件"选项组中单击"插入"按钮，选择"表单控件"栏中的"数值调节钮"控件，并拖动鼠标在图表中绘制该控件，结果如图 7-20 所示。

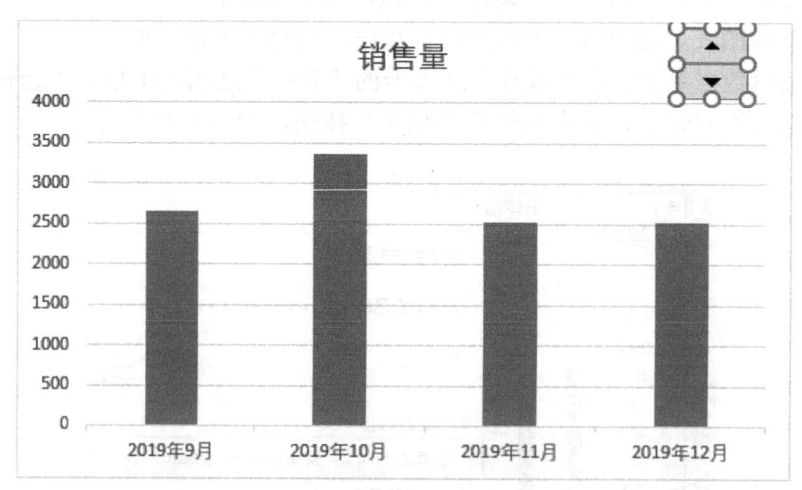

图7-20　插入"数值调节钮"控件

右击该控件，选择快捷菜单中的"设置控件格式"命令，打开"设置对象格式"对话框，在"控制"选项卡的"当前值"数值框中输入 4（1～12 的任意值均可），在"最小值"数值框中输入 1，在"最大值"数值框中输入 12，将步长设为 1，在"单元格链接"文本框中输入 $D$1，如图 7-21 所示。

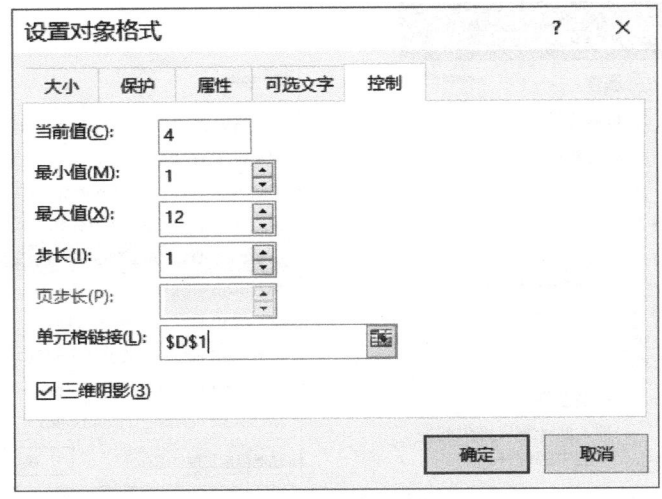

图7-21　设置数值调节钮

设置完成后单击"确定"按钮，关闭对话框，此时可以通过该数值调节钮任意调节要显示的月份数量，D1 单元格中的数值也会随着操作而改变，相应地，柱形图中的柱子数量也会发生改变，如图 7-22 所示。

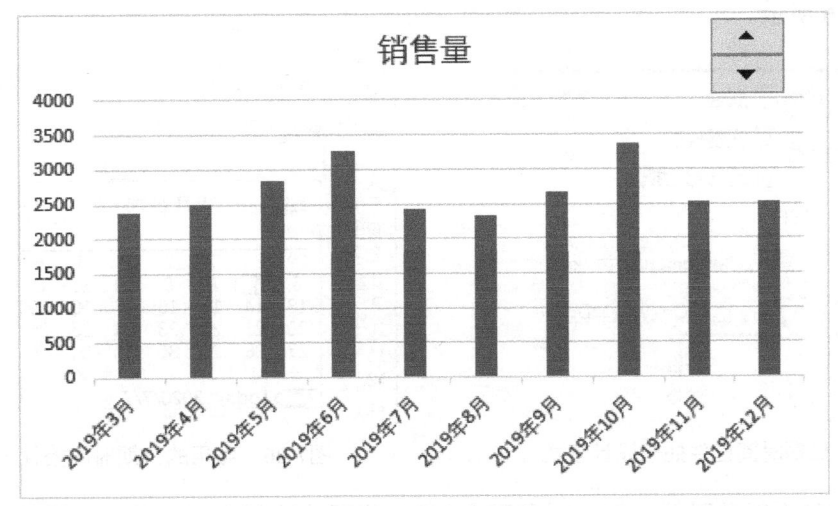

图7-22　数值调节钮效果

从以上两例中可以看出，之所以能够使用控件改变图表的显示效果，是因为控件关联某个单元格，而该单元格又为名称管理器中的某个名称所关联，该名称通过该单元格的值确定本名称究竟包含哪些数据区域，而图表又是直接与名称挂钩并通过该名称获得作图范围的。

（3）ActiveX 控件的使用——日期时间控件。

很多 ActiveX 控件需要配合 VBA 语句使用，这里只通过日期时间控件的使用做一个简单的介绍。选择"开发工具"→"控件"→"插入"→"ActiveX 控件"选项，单击最右下角的"其他控件"按钮，如图 7-23 所示。

在"其他控件"对话框中，下拉右边的滚动条，选择"Microsoft Date and Time Picker Control 6.0 (SP4)"选项，然后单击"确定"按钮，如图 7-24 所示。

图7-23　控件工具箱中的"其他控件"

图7-24　Excel 2016中的日期时间控件

单击工作表区域需要插入的地方，按住鼠标左键往右拖动，就插入了，但此时的日期时间控件还处于设计模式，还不能使用，如图 7-25 所示。

单击工具栏中的"设计模式"按钮，取消它的选中状态，现在日期时间控件就可以使用了，如图 7-26 所示。

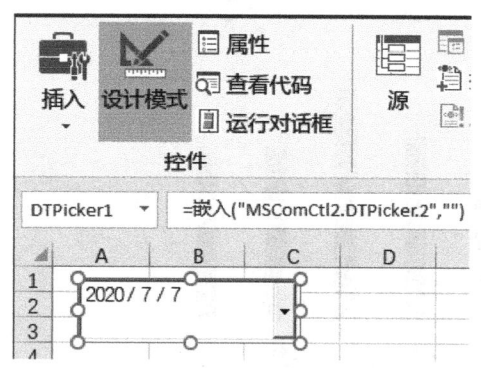

图7-25　日期时间控件处于设计模式

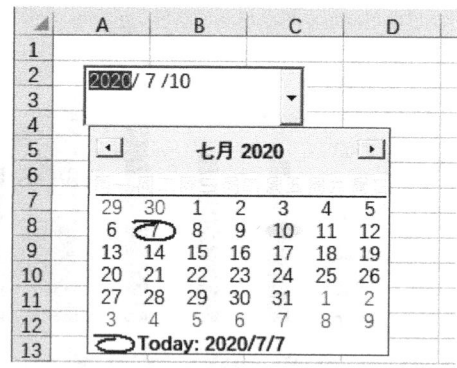

图7-26　可用的日期时间控件

不过此控件不能关联单元格，需要配合 VBA 代码才能起作用，单击"设计模式"按钮，在设计模式下双击该日期时间控件，在弹出的 VBA 代码窗口中输入如下代码：

```
Private Sub DTPicker1_Click()
    ActiveCell.Value = Format(DTPicker1.Value, "yyyy-mm-dd")  ' 注1
    Me.DTPicker1.Visible = False
End Sub


Private Sub Worksheet_SelectionChange(ByVal Target As Range)
    If Target.Column = 1 Then
        If Target.Row > 1 Then
            Me.DTPicker1.Visible = True
            Me.DTPicker1.Top = Target.Top + Target.Height
```

```
                Me.DTPicker1.Left = Target.Left + Target.Width
                Me.DTPicker1.Value = Date
        ' ElseIf Target.Column = 2 Then
            ' Selection = Format(Now(), "hh:mm:ss")     ' 注2
        Else
                Me.DTPicker1.Visible = False
        End If
    Else
        Me.DTPicker1.Visible = False
    End If
End Sub
```

注 1：格式也可是"yyyy-mm-dd hh:mm:ss"，但因无时间可选择，故为 0:00。

注 2：格式也可是"yyyy-mm-dd hh:mm:ss"，均为系统当前时间，但不显示秒数。

运行上述代码，效果如图 7-27 所示。

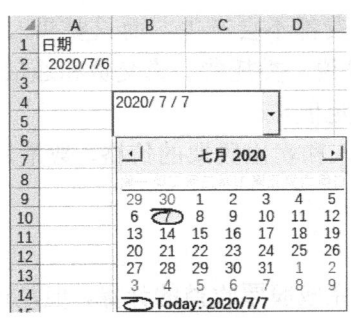

图7-27　使用中的日期时间控件

7.2　表单控件的综合应用

在买卖股票的操作中，如何计算某只股票的收益有时是比较麻烦的，除了买卖股票的价格，还要计算印花税、手续费、委托费等，如果再加上送股、配股和派息等，则更为复杂。利用 Excel 制作一个股票收益计算器，可以使上述工作大大简化。

1. 公式的建立

首先新建一个工作表，输入有关数据。其中，委托费、成交费等各股票交易所不完全相同，可以根据实际数据输入。建立股票收益计算器的原始数据如图 7-28 所示。

然后在需要的地方输入适当的公式。例如，金额显然是数量与价格的乘积，因此，在 F3 单元格中应输入公式"=D3*E3"，该公式可直接填充到 F5、F6、F7 这 3 个单元格中。输入公式后的股票收益计算器如图 7-29 所示。

	A	B	C	D	E	F
1	股票收益计算器					
2	系统参数		股票参数	数量	价格	金额
3	印花税	0.50%	买入	1000	8.5	
4	手续费	0.35%	送股	200		
5	委托费	¥1.00	配股	100	3.5	
6	成交费	¥1.00	派息	1300	0.2	
7	通信费	¥4.00	卖出	1300	8.7	
8	总收益					

图7-28　建立股票收益计算器的原始数据

```
=F7*(1-B3-B4)-F3*(1+B3+B4)-F5+F6-(SIGN(F3)+SIGN(F7))*(B5+B6+B7)
```

	A	B	C	D	E	F	G	H
1	股票收益计算器							
2	系统参数		股票参数	数量	价格	金额		
3	印花税	0.50%	买入	1000	8.5	8500		
4	手续费	0.35%	送股	200				
5	委托费	¥1.00	配股	100	3.5	350		
6	成交费	¥1.00	派息	1300	0.2	260		
7	通信费	¥4.00	卖出	1300	8.7	11310		
8	总收益		¥2,539.62					

图7-29　输入公式后的股票收益计算器

在该工作表中，最关键的是 C8 单元格中的内容，其内容是计算股票收益的公式：

```
=F7*(1-B3-B4)-F3*(1+B3+B4)-F5+F6-(SIGN(F3)+SIGN(F7))*(B5+B6+B7)
```

下面来解释一下这个公式。

（1）B3 和 B4 分别是印花税和手续费，一般来说是常量（严格说是"常率"）。

（2）F7*(1-B3-B4)为卖出股票的收益（已扣除印花税和手续费），因为 F7 只是账面收益，所以必须要减去按比例扣除的税。

（3）F3*(1+B3+B4)为买入股票的支出（含印花税和手续费），因为 F3 只是账面支出，所以必须要加上按比例缴纳的税。

（4）F5 为配股的支出，不缴税。

（5）F6 为派息的收益，也不缴税。

（6）(SIGN(F3)+SIGN(F7))*(B5+B6+B7)：B5、B6、B7 为委托费、成交费和通信费，一般来说是常量；SIGN 函数为符号函数，当 F3 或 F7 大于 0 时，其值为 1，当 F3 或 F7 等于 0 时，其值为 0。公式这部分的意思是说：只要买入或卖出的金额为 0，即没有发生买入或卖出行为，则委托费、成交费和通信费都不会产生，而只要买入或卖出有一项发生，则该值肯定不为 0，就直接取值为 1。也就是说，委托费、成交费和通信费都是按交易的次数（而不是按金额）来收取的，每次收一个固定值。

利用该计算器，只要输入买入和卖出股票的价格、数量，以及送股、配股和派息数据，即可立刻计算出相应的收益。

2. 窗体的应用

上面的计算器虽已可以自动完成股票收益的计算，但是还存在一些不足，如交易的数量、价格每次都必须手工输入。当用户输入股票价格时，如果忘记输入小数点，则会得到一个不着边际的计算结果。为此，下面利用 Excel 提供的滚动条、单选按钮等多种窗体控件，对该计算器加以改造，防止其出现明显的错误，并使其操作更方便。

（1）为买入股票数量等单元格添加滚动条控件，具体操作步骤如下。

① 在"数量"列后面插入一列。

② 单击"开发工具"→"控件"选项组中的"插入"下拉按钮，单击"表单控件"中的"滚动条"控件按钮，如图 7-30 所示。

③ 在 E3 单元格上拖拽出一个矩形。

④ 右击刚刚建立的滚动条控件，在弹出的快捷菜单中选择"设置控件格式"命令，将出现"设置控件格式"对话框。根据需要设置有关参数，这里设置当前值为 1 000、最小值为 100、最大值为 10 000、步长为 10、页步长为 100，并指定单元格链接为 D3（当改变控件值时，D3 单元格的值也会改变），如图 7-31 所示。

类似地，为送股、配股和卖出数量建立滚动条控件。

建立股票价格的滚动条较建立股票数量的滚动条要复杂一些。因为滚动条变化的步长只能是整数，而价格可能需要按 0.01 元的步长变化，所以需要借助其他单元格作为中间单元。例如，指定 G3 单元格的滚动条控件与 I3 单元格链接，其值为 100～10 000，步长为 1，而在 F3 单元格中输入公式"=I3/100"，即可实现当滚动条控件变化一个单位时，股票价格单元格 F3 能按 0.01 元的步长变化。类似地，为配股、派息和卖出价格添加滚动条控件。

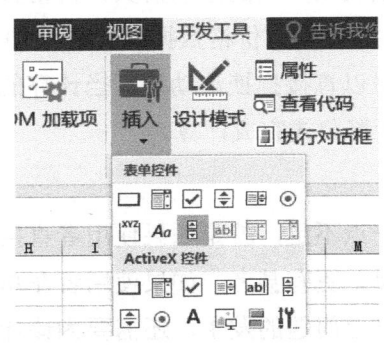

图7-30　"滚动条"控件按钮

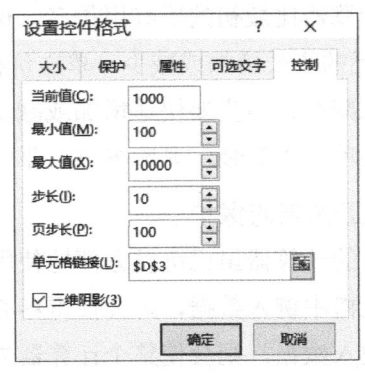

图7-31　"设置控件格式"对话框

（2）因为股市上还有多种基金可以买卖，而基金买卖时是不上印花税的，所以再为计算器添加两个单选按钮控件，使其计算股票时的印花税为 0.50%，而计算基金时的印花税为 0。具体操作步骤如下。

① 在"系统参数"行下插入一行。

② 单击窗体工具栏中的单选按钮控件（图 7-30 中第 1 行的第 6 个控件）。

③ 在工作表中的适当位置拖拽出一个矩形。

④ 将建立的单选按钮控件的名称改为"股票"。

⑤ 右击该单选按钮控件，然后在弹出的快捷菜单中选择"设置控件格式"命令。

⑥ 在弹出的"设置控件格式"对话框中设置有关参数，这里设置其与 I5 单元格链接。

按照类似的方法，在"股票"单选按钮旁边再建立一个"基金"单选按钮，并使其也与 I5 单元格链接。

这样，当单击"股票"单选按钮时，I5 单元格的值为 1；当单击"基金"单选按钮时，I5 单元格的值为 2。这是因为，当两个单选按钮链接到同一个单元格时，Excel 自动为不同按钮按顺序赋了值。然后还需要将单选按钮的结果，即 I5 的结果与印花税单元格相连。为此，在 J5 和 J6 单元格中分别输入 0.005 和 0，而在印花税单元格 B4 中输入公式"= INDEX(J5:J6,I5)"。这样，当选定"股票"单选按钮时，I5 单元格的值为 1，B4 单元格的值将取 J5:J6 单元格区域的第一个值，即 0.005；而当选定"基金"单选按钮时，I5 单元格的值为 2，B4 单元格的值取 J5:J6 单元格区域的第二个值 0。设置好各种控件的股票收益计算器如图 7-32 所示。

显然，I 列和 J 列需要隐藏起来，再适当地重新组织各单元格区域（如有些标题单元格需要合并等），进行一些修饰，最后直接使用"格式"菜单下的"自动套用格式"命令。最终完成的股票收益计算器如图 7-33 所示。

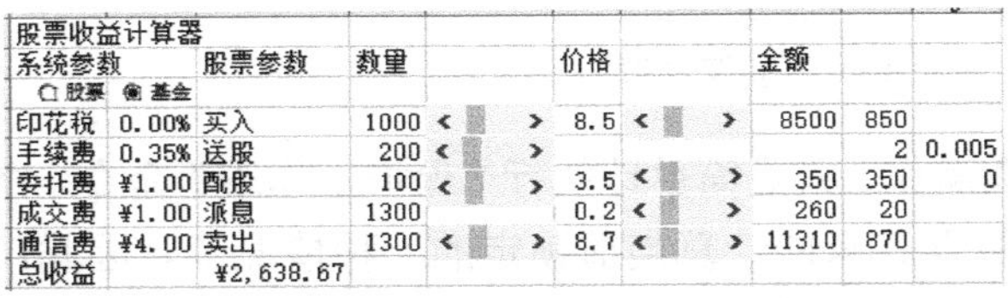

图7-32　设置好各种控件的股票收益计算器

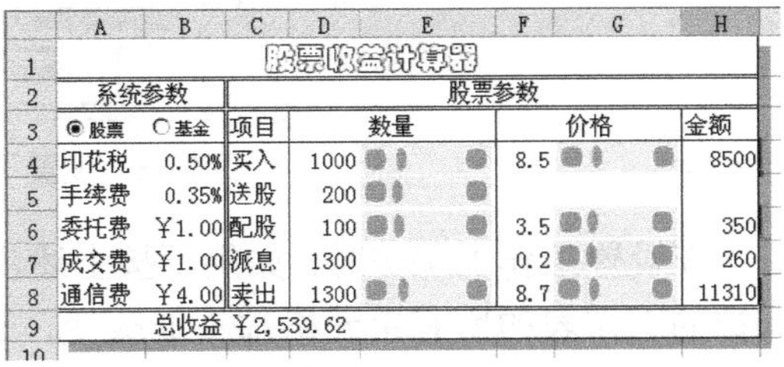

图7-33　最终完成的股票收益计算器

该计算器比最初的要好用得多。例如，单击价格滚动条两端的滚动箭头，价格数据将会按 0.01 元的步长增加或减少；单击价格滚动条（滚动块两侧），价格数据也会按 0.10 元的步长增加或减少；当需要快速增加或减少价格数据时，可以直接拖拽滚动块。当计算的是基金时，只要单击"基金"单选按钮，即可自动按基金的计算公式完成计算。

3．工作表的保护

这时的计算器虽已可以方便地使用了，但是还有一点不足，就是如果使用者直接在某个公式单元格中键入数据，则会使得精心设计的控件失灵。更有甚者，如果使用者在总收益单元格中键入数据，则会使整个计算器失效。为了防止以上问题的发生，还需要为该计算器加上必要的保护措施。具体操作步骤如下。

（1）选定不需要保护的单元格，如买入、卖出、送/配股的数量单元格，以及买入、卖出、配股价格的滚动条链接的单元格（注意：隐藏的 I5、J5、J6 单元格也要选中）。

（2）选择"格式"菜单中的"单元格"命令，在"保护"选项卡下，取消选中"锁定"复选框。

（3）选择"审阅"→"更改"选项组中的"保护工作表"命令，如图 7-34 所示。

（4）此时将出现如图 7-35 所示的"保护工作表"对话框，从中选择需要保护的项，如果需要，那么还可以输入密码，然后单击"确定"按钮即可。

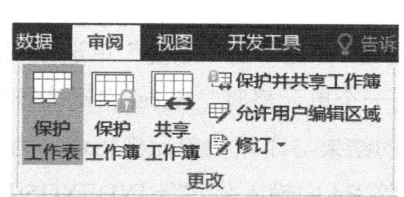

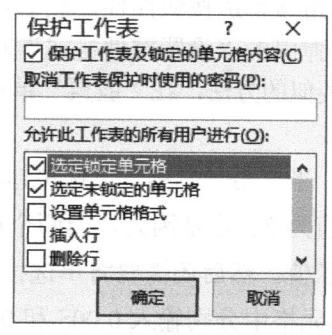

图7-34　选择"保护工作表"命令　　　　图7-35　"保护工作表"对话框

这样，工作表中除刚才解除锁定的单元格外，都不能修改其内容，精心建立的公式和修饰的格式就都不会被破坏了。此时如果要在被保护的单元格中进行操作，则将弹出如图 7-36 所示的警告框。

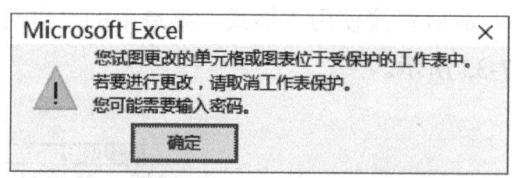

图7-36　设置了工作表保护后的警告框

在设置工作表保护时，如果不按上述步骤操作，只是简单地执行"保护工作表"命令，则保护的工作表的所有单元格都不能改变，计算器就只能计算当前锁定的一种情况了。因此，应将不是公式且需要变化的单元格都解除锁定，然后对工作表设置保护。

至此，股票收益计算器全部制作完成。读者在此基础上还可以根据需要进行各种改进。例如，送股、配股可以只输入百分比，然后自动计算相应的股数；设置累加器，将多次买卖的结果累计，最后计算总的收益等。

7.3　创建和使用宏

在日常工作中，有些操作，甚至可能是一些较为复杂的操作需要经常进行。为了有效地提高工作效率、减少差错，可以利用 Excel 2016 提供的宏使得上述操作自动完成。

在 Excel 2016 中，宏是由一个个过程构成的。它具体分为 3 类：Function 过程、Sub 过程和 Property 过程，也称函数宏、命令宏和属性宏。其中，Function 过程用于创建自定义函数，Property 过程主要用于创建和操作自定义属性。以下主要通过股票行情分析中的应用，介绍创建和应用命令宏的方法。

7.3.1　命令宏

所谓命令宏，就是指能独立完成一些特定操作的一段 VBA 程序。例如，要创建一个命令宏，将单元格区域 A2:E2 的格式设置成货币样式，并清除工作表中的网格线，则相应的命令宏如下：

```
Sub Example( )
' Example 宏
    Range("A2:E2").Select
    Selection.NumberFormatLocal = "￥#,##0.00;￥-#,##0.00"
    Selection.Borders(xlDiagonalDown).LineStyle = xlNone      '右上斜线
    Selection.Borders(xlDiagonalUp).LineStyle = xlNone        '右下斜线
    Selection.Borders(xlEdgeLeft).LineStyle = xlNone
    Selection.Borders(xlEdgeTop).LineStyle = xlNone
    Selection.Borders(xlEdgeBottom).LineStyle = xlNone
    Selection.Borders(xlEdgeRight).LineStyle = xlNone
    Selection.Borders(xlInsideVertical).LineStyle = xlNone    '内部竖线
    Selection.Borders(xlInsideHorizontal).LineStyle = xlNone  '内部横线
End Sub
```

该命令宏的第 1 句使用 Range 对象的 Select 方法，实际上是执行选定 A2:E2 单元格区域的操作；第 2 句用于修改 Selection 的货币样式，其中，NumberFormat 后加 Local，表示返回本地计算机上的格式，此处如果不加 Local 则返回$；后面 8 句用于修改 Selection 的 Borders，即边框属性，将其所有 8 种类型的线型的值均设置为常量 xlNone，实际上是取消当前活动窗口的表格线。而如果要设置某条框线，如将下框线设置为"点横线"，则可以写成：

```
Selection.Borders(xlEdgeBottom).LineStyle = xlDashDotDot
```

Excel 框线共有 13 种类型，如图 7-37 所示。

LineStyle（类型）	Weight（宽度）	边框样式
xlContinuous	xlHairline	··················
xlDot	xlThin	··················
xlDashDotDot	xlThin	— ·· — ·· — ··
xlDashDot	xlThin	— · — · — ·
xlDash	xlThin	— — — — —
xlContinuous	xlThin	··················
xlDashDotDot	xlMedium	▬ ·· ▬ ·· ▬ ··
xlSlanDashDot	xlMedium	▬ ▬ ▬ ▬
xlDashDot	xlMedium	▬ · ▬ · ▬
xlDash	xlMedium	▬ ▬ ▬ ▬
xlContinuous	xlMedium	▬▬▬▬▬▬
xlContinuous	xlThick	████████

图7-37　Excel框线的13种类型

从上例可以看出用 VBA 创建命令宏的大致特点。显然，要创建操作较为复杂的命令宏，需要熟悉 Excel 的各种对象，掌握 VBA 提供的各种语句、函数、方法和属性等内容，还需要具备一定的程序设计能力。这对于一般用户，特别是非计算机专业的用户来说是较为困难的。即使对于掌握了 VBA 的用户，逐字逐句地编写 VBA，也是相当辛苦的工作。为此，Excel 提供了记录宏的功能，它可以录制用户执行的操作，进而自动生成有关的命令宏。

1. 录制宏

例如，现有股票行情数据清单，如图 7-38 所示。

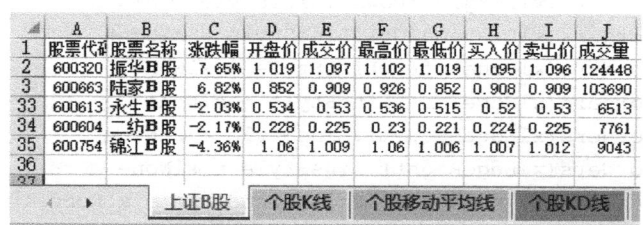

图7-38　股票行情数据清单

要创建有关建立股票排行榜的命令宏的操作步骤如下。

（1）选择"开发工具"→"代码"选项组中的"宏安全性"命令，如图 7-39 所示。

（2）在弹出的"信任中心"对话框中，将默认的"禁用所有宏，并发出通知"改为"启用所有宏"，如图 7-40 所示。

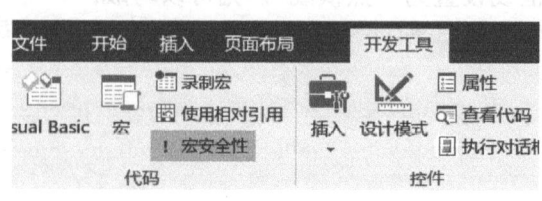

图7-39　选择"宏安全性"命令

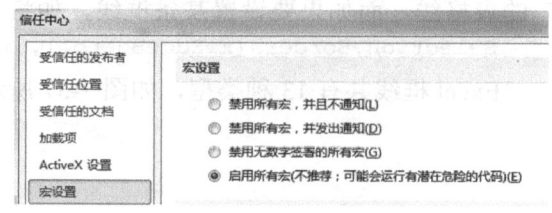

图7-40　更改宏安全性

（3）单击"开发工具"→"代码"选项组中的"录制宏"按钮 📋录制宏或工作表最左下方的 就绪 📋 按钮，会弹出"录制宏"对话框，如图 7-41 所示。

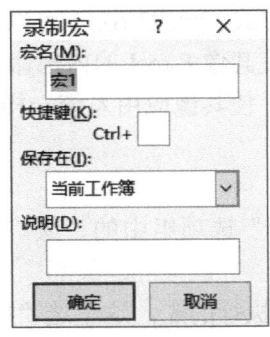

图7-41　"录制宏"对话框

（4）在"宏名"文本框中键入要录制的宏的名字，并根据需要输入说明内容。本例在"宏名"文本框中输入"涨幅"以替换默认的宏名；在"说明"文本框中键入"筛选涨幅为前 5 名的股票"以替换默认的说明内容，单击"确定"按钮。

（5）这时，状态栏出现"录制"字样，并出现"停止录制"工具栏；此后进行的操作，Excel 将自动记录下来，并将其转换成相应的命令宏。

（6）执行一遍筛选涨幅前 5 名的操作，为了保证宏无论在什么情况下都能正确地执行，此时操作的第 1 步就应选定股票行情数据清单所在的工作表，以及该工作表中股票数据所在的任意单元格。

（7）选择"数据"→"排序和筛选"选项组中的"筛选"命令，在"涨跌幅"字段后的下拉列表中先选择"降序排列"（如果要求选跌幅前几名，则应进行升序排列）选项，再选择"数字筛选"→"前 10 项"选项，在弹出的对话框中选择"最大"，然后将默认的"10"改成"5"即可。

（8）单击"停止录制"按钮 ■ 停止录制 。

这样就完成了录制宏的操作。要查看录制的宏的内容，可单击"开发工具"→"代码"选项组中的"Visual Basic"按钮 🖳。此时出现 Visual Basic 编辑器窗口，并已默认选中了左侧的"模块 1"，如图 7-42 所示。

```
Sub 涨幅()
' 涨幅 Macro
' 筛选涨幅为前5名的股票

    Range("B18").Select
    Selection.AutoFilter
    Range("A1:J35").Sort Key1:=Range("C1"), Order1:=xlDescending, Header:= _
        xlGuess, OrderCustom:=1, MatchCase:=False, Orientation:=xlTopToBottom, _
        SortMethod:=xlPinYin, DataOption1:=xlSortNormal
    Selection.AutoFilter Field:=3, Criteria1:="5", Operator:=xlTop10Items
End Sub
```

图7-42　在 Visual Basic 编辑器中查看宏代码

在 Visual Basic 编辑器中，可以查看、编辑及调试 VBA 宏。在其中的代码窗口中，可以看到刚才录制的操作所对应的宏语句。使用宏记录器录制的宏通常都是机械的，录制完后，可以根据需要修改它们，使其更通用、更简洁。为了增加宏的可读性，还可以在宏语句后面添加有关的说明或注释语句。如果创建的宏较为复杂，则可以根据其执行的功能，将其分解成几个简单的宏，分别录制。然后录制依次执行这几个宏的宏，将简单宏组装成功能更强的宏。

按照相同的步骤，分别录制筛选跌幅前 5 名和成交量前 5 名的宏——"跌幅"和"成交量"。

2. 手动执行宏

当需要执行宏时，可以有多种方式。一般情况下可以直接执行；对于使用较为普遍的宏，可以为其建立工具栏或菜单命令，使其像 Excel 的内部命令一样使用；还可以利用窗体控件，在工作表上建立有关命令宏的按钮，使其像应用系统一样工作。

（1）直接执行宏。

直接执行宏的基本操作如下。

① 单击"开发工具"→"代码"选项组中的"宏"按钮，这时出现"宏"对话框，如图 7-43 所示。

② 在"宏名"列表框中选定要执行的宏，这里选"成交量"宏。

③ 单击"执行"按钮。

这时，宏将自动完成筛选成交量前 5 名的股票的操作。

为了更方便地执行宏，可以在创建宏时指定快捷键，或者在"宏"对话框中单击"选项"按钮，弹出如图 7-44 所示的对话框，为指定的宏添加快捷键。

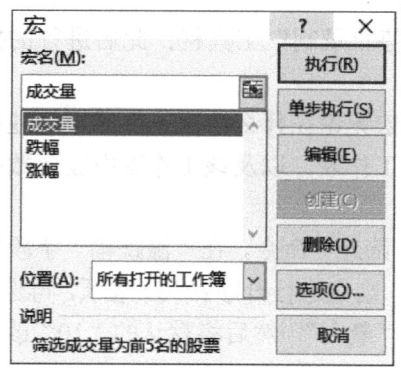

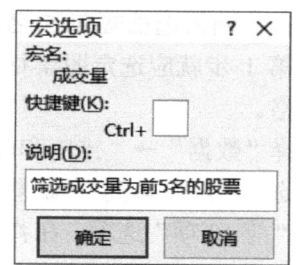

图7-43 "宏"对话框　　　　　　　　图7-44 在"宏选项"对话框中添加快捷键

注意：Ctrl+<字母>复合键大多已经是某些操作的快捷键了，因此，最好使用 Ctrl+Shift +<字母>的复合键形式定义宏的快捷键。在定义快捷键时，Ctrl 键是默认的，故只需按 Shift 键和相应的字母键即可。例如，可以分别指定 Ctrl+Shift+A、Ctrl+Shift+B 和 Ctrl+Shift+C 作为"涨幅""跌幅"和"成交量" 3 个宏的快捷键。这样，当以后需要执行某个筛选操作时，只需按相应的快捷键即可。

（2）宏命令按钮。

对于一些特殊的宏命令，可以利用 Excel 2016 的窗体控件中的按钮，将它们直接放置到相应的工作表中。具体操作步骤如下。

① 从"视图"工具栏中选择"窗体"工具栏。

② 单击"窗体"工具栏中的按钮控件，在工作表上根据所需按钮的大小拖拽出一个矩形。

③ 在弹出的"指定宏"对话框中，为创建的按钮指定"涨幅"宏。

④ 将按钮上显示的"按钮××"改为"涨幅前 5 名"。

按照类似的方法，建立"跌幅前 5 名"和"成交量前 5 名"按钮，结果如图 7-45 所示。

（3）从图形对象上执行宏。

可以通过对图表、插入的各种图形对象（如剪贴画、图片、形状等）指定宏来执行宏，如图 7-46 所示。

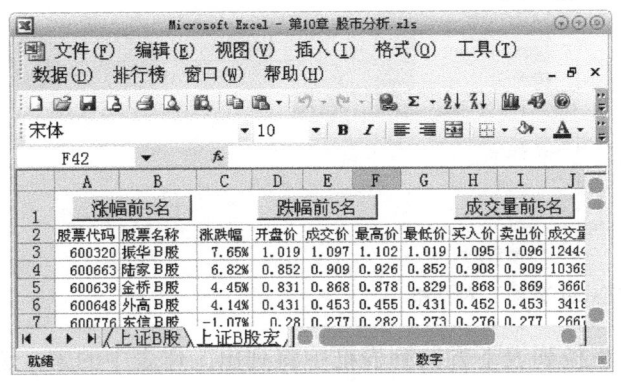

图7-45　添加了宏命令按钮的工作表

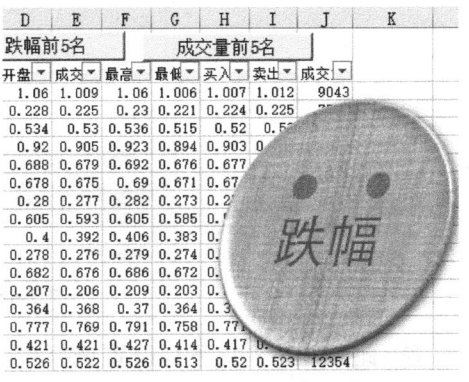

图7-46　从图形对象上执行宏

（4）从艺术字对象上执行宏。

① 启动 Excel 并打开包含宏的工作表，依次单击"插入"→"文本"→"艺术字"按钮，在工作表中插入艺术字，并设置艺术字的样式，如图 7-47 所示。

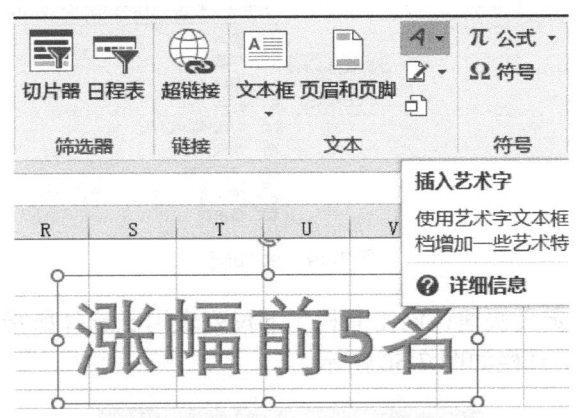

图7-47　插入并设置艺术字的样式

② 右击艺术字文本框，在弹出的快捷菜单中选择"指定宏"命令，此时将打开"指定宏"对话框，在"宏名"列表框中选择"涨幅"宏后单击"确定"按钮，关闭对话框。

③ 此时将鼠标指针放置到文本框上，鼠标指针变为手形，单击该文本框将启动宏。

（5）使用快速访问工具栏中的按钮执行宏。

在 Excel 功能区的右上方有一个快速访问工具栏，用户可以向其中添加常用的按钮以快速执行某种操作。对于用户自己创建的宏，同样可以将启动该宏的按钮添加到这个快速访问工具栏中，以方便宏的启动。

① 启动 Excel 并打开包含宏的工作表，执行"文件"→"选项"命令，打开"Excel 选项"对话框，在左侧选择"快速访问工具栏"选项（或者直接单击主界面左上方快捷按钮右侧的下拉箭头，在下拉菜单中选择"其他命令"选项，都可以进入"自定义快速访问工具栏"），在右侧的"从下列位置选择命令"下拉列表中选择"宏"选项，如图 7-48 所示。

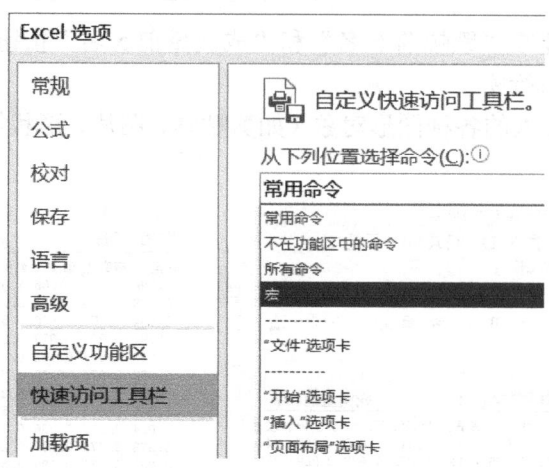

图7-48　"Excel 选项"对话框

② 此时，在"从下列位置选择命令"下拉列表下方的列表框中将列出工作表中的宏，选择需要的宏，然后单击"添加"按钮，即可将其添加到右侧列表框中，如图 7-49 所示。

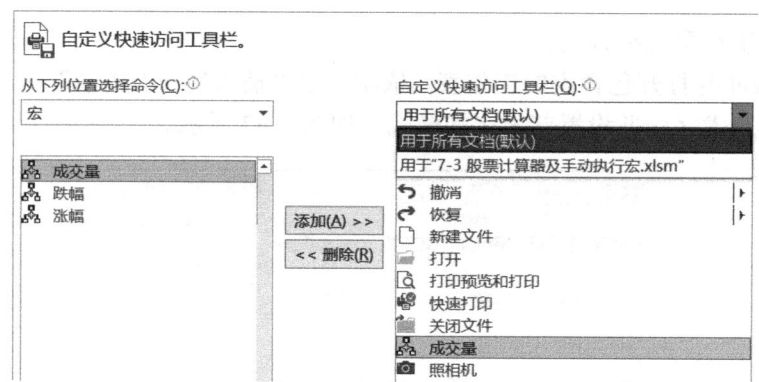

图7-49　添加宏

需要注意的是，"自定义快速访问工具栏"下拉列表用于选择所指定的宏的作用范围。添加了宏命令的快速访问工具栏如图 7-50 所示。

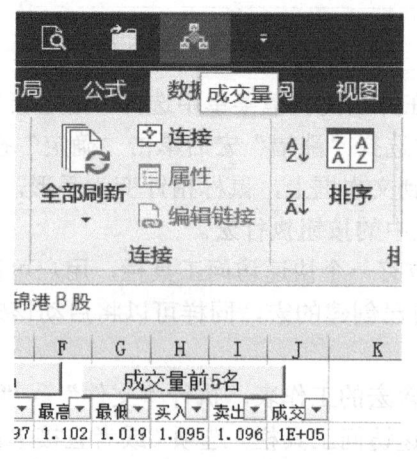

图7-50　添加了宏命令的快速访问工具栏

③ 再次回到在"Excel 选项"对话框，在"自定义快速访问工具栏"下列表中选择刚刚添加的宏，然后单击下面的"修改"按钮，此时将弹出"修改按钮"对话框，从中选择一个图标，如图 7-51 所示。

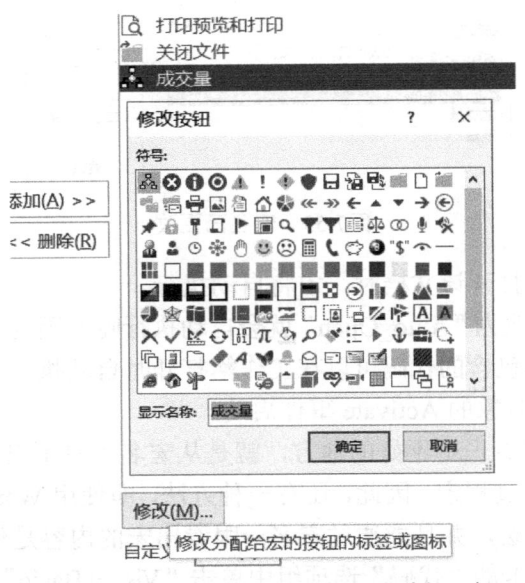

图7-51　在"修改按钮"对话框中选择图标

单击"确定"按钮后，会发现快速访问工具栏中的默认图标被修改了。

3．自动执行宏

宏除了可以用各种方法手动执行，还可以自动执行。

在 Excel 工作簿中创建宏后，有时用户需要它能够随着工作表的打开自动执行，这又有使用 Auto_Open 过程启动和使用事件启动两种方式。

（1）使用 Auto_Open 过程启动。

启动 Excel 并打开包含宏的工作表，在"开发工具"选项卡的"代码"选项组中单击"宏"按钮，打开"宏"对话框，单击"编辑"按钮，打开 VBA 编辑器窗口，在代码窗口中将原有的过程名（宏名）更改为"Auto_Open"，如图 7-52 所示。

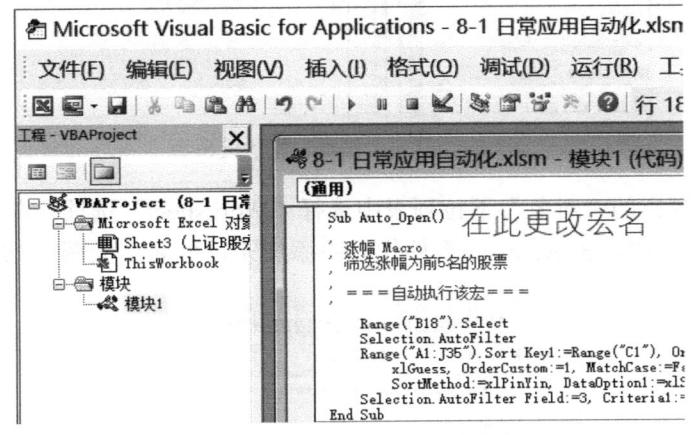

图7-52　在代码窗口中更改宏名

切换到 Excel 窗口，再次打开"宏"对话框，可以看到宏的名称已经改变，如图 7-53 所示。

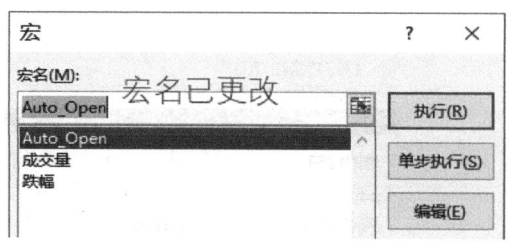

图7-53　宏名已更改

保存该文档，当再次打开该文档时，宏将自动执行。

那么，为什么将宏名改为"Auto_Open"就会自动执行呢？因为 Auto_Open 过程是一个特殊的自定义 Sub 过程，其包含的代码可以在工作簿打开时自动执行。

（2）使用 Worksheet 对象的 Activate 事件启动。

使用 Auto_Open 过程有一个不好的地方，就是从宏名上看不出该宏的内容。并且一个工作簿只有一个 Auto_Open 过程宏。因此，还有一种方法，即使用 Worksheet 对象的 Activate 事件，该事件可以容纳多个宏，并且能通过宏名一眼看出宏的内容是什么。

在"开发工具"选项卡的"代码"选项组中单击"Visual Basic"按钮，打开 VBA 编辑器（Visual Basic 编辑器）窗口，在工程资源管理器窗口中双击"Sheet3（上证 B 股宏）"（如果是新建工作簿且未给工作表重新命名，则应该是"Sheet1（Sheet1）"）工作表，如图 7-54 所示。

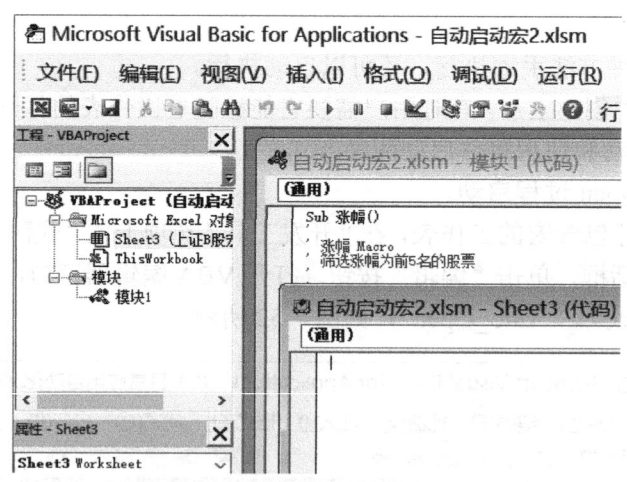

图7-54　打开工作表对象的代码页

在打开的代码窗口的"对象"下拉列表中选择"Worksheet"选项，在"事件"下拉列表中选择"Activate"选项，在 Activate 事件代码中添加宏过程名，如图 7-55 所示。

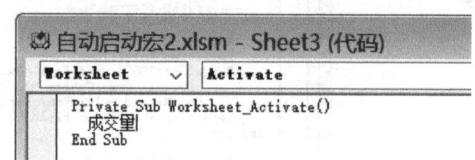

图7-55　添加 Worksheet 对象的 Activate 事件

保存文档，这样，当工作表被激活时，宏将自动执行。那么，怎么算是激活呢？这样测试：重新打开该工作簿，此时并未执行"成交量"宏，需要在该工作簿下方单击新建表的按钮以重新建立一张工作表，再重新选择原先的"Sheet3（上证 B 股宏）"工作表，这个动作就是一个激活动作，此时可见"成交量"宏被执行了。

提示：Worksheet 对象的 Activate 事件是在工作表被激活时触发的，在该事件代码中调用宏过程，将使工作表被激活时启用宏。

7.3.2　函数宏简介

1．定义和使用函数宏

Excel 函数虽然丰富，但并不能满足我们的所有需要。此时我们可以自定义一个函数来完成一些特定的运算。下面，就来自定义一个计算梯形面积的函数。

（1）执行"开发工具"→"代码"→"Visual Basic"命令（或按 Alt+F11 快捷键），打开 Visual Basic 编辑器，如图 7-56 所示。

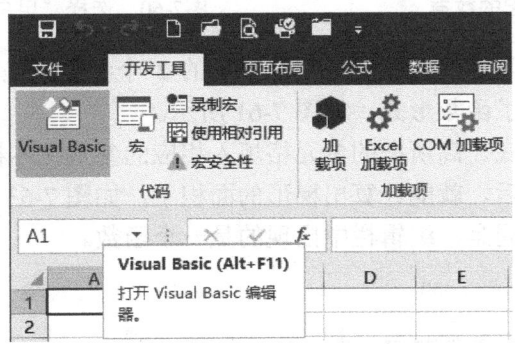

图7-56　打开 Visual Basic 编辑器

（2）在 Visual Basic 编辑器窗口中，执行"插入"→"模块"命令，插入一个新的模块——"模块 1"，如图 7-57 所示。

（3）在右边的代码窗口中输入以下代码（见图 7-58）：

```
Function S(a,b,h)
    S = h*(a + b)/ 2
End Function
```

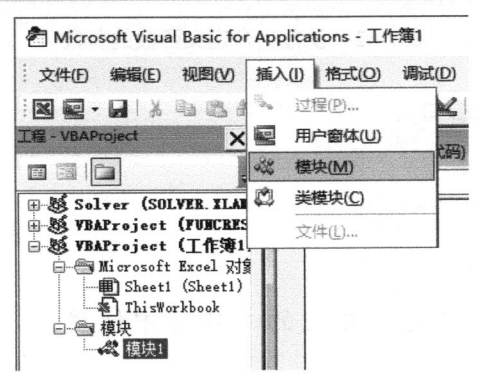

图7-57　插入模块

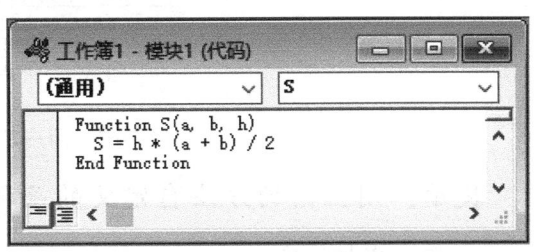

图7-58　输入代码

（4）关闭窗口，自定义函数完成。以后可以像使用内置函数一样使用自定义函数。

（5）在新工作表中列出需要计算面积的梯形数据，如图7-59所示。

（6）在结果单元格中插入该函数，该函数在"用户定义"类别中。也就是说，如果是第一次使用该函数，则应先在"或选择类别"下拉列表中选择"用户定义"选项，只有这样才能找到，如图7-60所示。

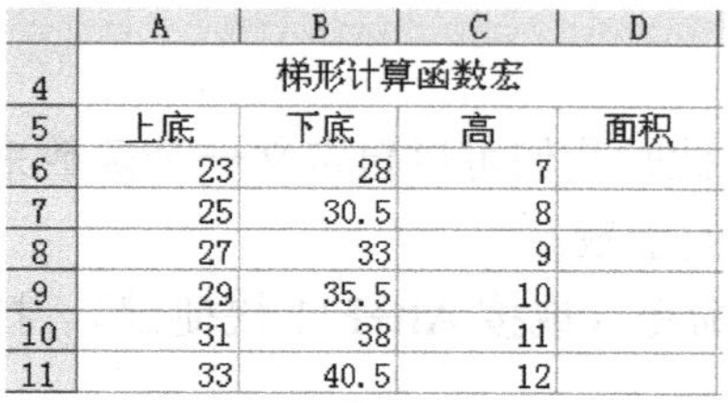

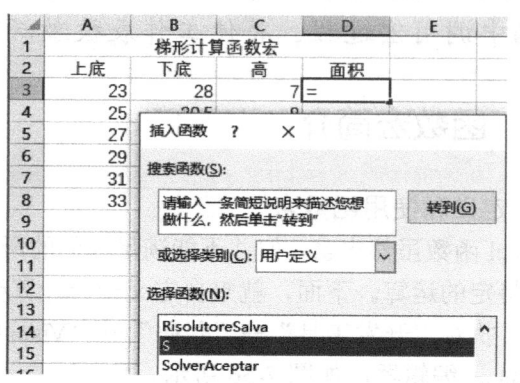

图7-59　准备应用函数宏的数据　　　　图7-60　选择"用户定义"选项

（7）弹出该函数的"函数参数"对话框，其中的3个参数就是刚才定义的，同时，编辑栏和结果单元格中都出现了函数形式，如图7-61所示。

（8）分别将上底、下底、高所在的单元格填入相应的参数文本框中，如图7-62所示。

单击"确定"按钮以后，就能计算出梯形的面积了，如图7-63所示。此时查看编辑栏，与以往输入公式最大的不同是，编辑栏中出现的是一个函数。

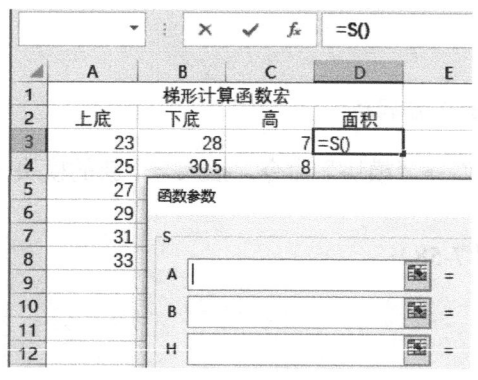

图7-61　用户定义的函数被引用

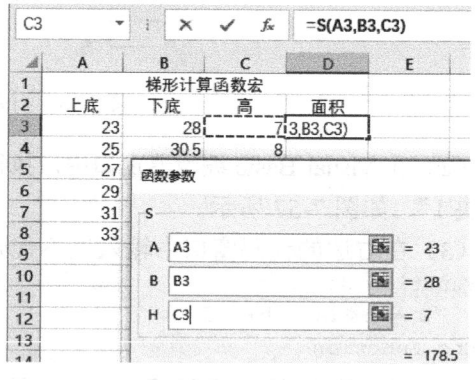

图7-62　设置用户定义函数的参数

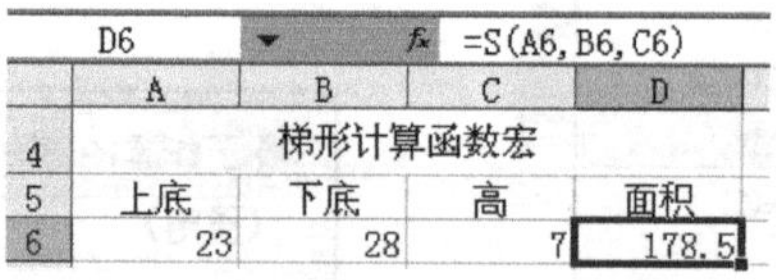

图7-63　用户定义函数的计算结果

提示： 用上面的方法自定义的函数通常只能在相应的工作簿中使用。

2．自定义加载宏

如果想在其他工作簿中使用自定义的函数，则可以将其另存为加载宏，方法是：删除其他与宏无关的数据和表格，然后选择"另存为"命令，给文件起名为"梯形面积"，在"保存类型"下拉列表中选择"Excel 加载宏"选项，此时保存路径自动变为"C:\Users\当前用户名\AppData\Roaming\Microsoft\AddIns"，单击"保存"按钮即可，如图 7-64 所示。

图7-64　另存为 Excel 加载宏

当用户建立了一个全新的工作簿文档时，本来是无法使用建立的函数宏 S 的（此时即使在插入函数中的"用户定义"类别中也找不到先前自定义的函数），如图 7-65 所示。

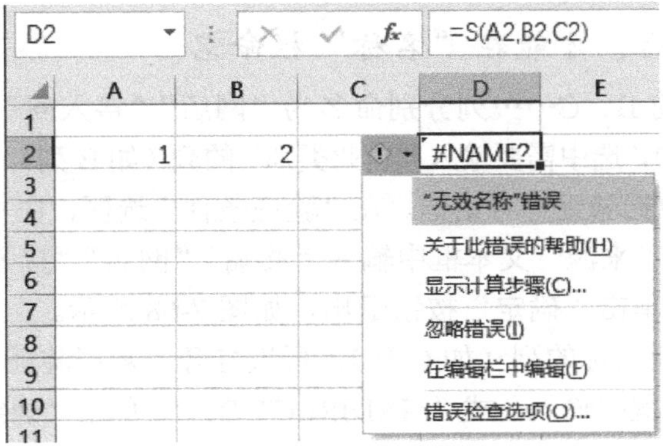

图7-65　全新工作簿不能直接使用已有的函数宏

当使用前述的"插入"→"我的加载项"→"管理其他加载项"命令并转到"Excel 加载项"时，就可以发现，在弹出的"加载宏"对话框的"可用加载宏"列表框中已经有了"梯形面积"加载宏，如图 7-66 所示。

选中该复选框后，虽然在"数据"→"分析"选项组中并没有显示"梯形面积"这一项（这一点与自带的加载项不同），但宏已经可用了，如图 7-67 所示。

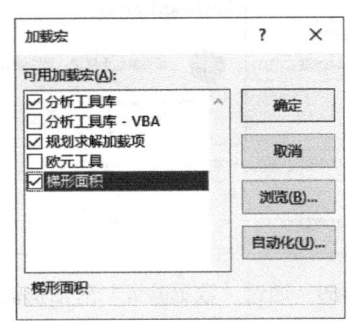

图7-66　另存为加载宏后的"可用加载宏"列表框

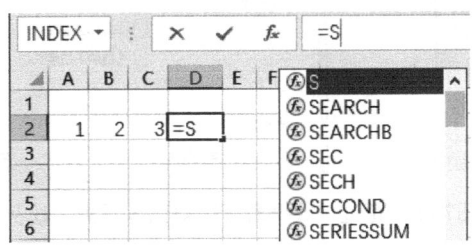

图7-67　通过加载宏使用自定义函数

此后，只要不关闭这个加载项，下次启动 Excel 时此加载项就在。

另外，还要说明一点：可以在一个加载宏文件中定义多个计算公式。例如，可以在一个工作表中"模块 1"代码页中定义两个函数 YZTJ 和 YZBMJ，分别用来计算圆柱体的体积和表面积，然后将该工作簿另存为"圆柱计算"加载宏。

小技巧

建立分类下拉列表填充项

在实际工作中，常常要将企业的名称输入表格中，为了保持名称的一致性，可以利用"数据有效性"功能建一个分类下拉列表填充项。

（1）在 Sheet2 中，将企业名称按类别（如"终端""网店""接入商"等）分别输入不同列中，建立一个企业名称数据库。

注意：不要标题行，即不要将一行作为标题。

（2）选中 A 列（"终端"名称所在列），在"名称"栏内输入"终端"字符，按 Enter 键进行确认。

注意：选中整列后，才能在"名称"栏命名。

仿照上面的操作，将 B、C……列分别命名为"网店""接入商"……

（3）切换到 Sheet1 中，选中需要输入"企业类别"的列（如 B 列），执行"数据工具"→"数据验证"命令，打开"数据验证"对话框。在"验证条件"选区，在"允许"下拉列表中选中"序列"选项，在下面的"来源"文本框中输入"终端""网店""接入商"……序列（各元素之间用英文逗号隔开），单击"确定"按钮退出，如图 7-68 所示。

再选中需要输入企业名称的列（如 C 列），再次打开"数据验证"对话框，选中"序列"选项后，在"来源"文本框中输入公式"=INDIRECT(B1)"，单击"确定"按钮退出，如图 7-69 所示。

图7-68 通过"数据验证"对话框设置下拉列表

图7-69 通过"数据验证"对话框输入公式

注意：这一步，Excel 会提出有错误，不要管它，继续执行。

（4）选中 B 列任意单元格（如 B4），单击右侧下拉按钮，选择相应的"企业类别"填入单元格中。然后选中该单元格对应的 C 列单元格（如 C4），单击下拉按钮，即可从相应企业类别的企业名称列表中选择需要的企业名称填入该单元格中，如图 7-70 所示。

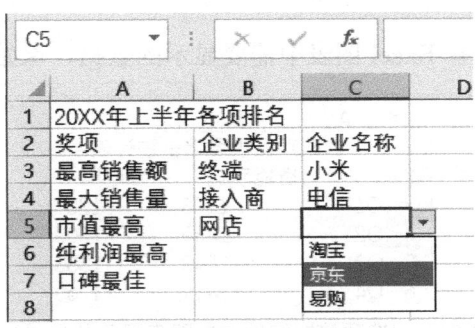

图7-70　通过下拉列表快速填入数据

提示：在以后打印报表时，如果不需要打印企业类别列，则可以选中该列，单击鼠标右键，在弹出的快捷菜单中选择"隐藏"选项，将该列隐藏起来。

注意：

① 在此项操作中，很多具体的操作是针对列的，一定要选中整列。

② 在此项操作中，第二张表（作为数据库的那张表）的内容还可以再编辑，如果不改动企业类型的话，第一张表可以直接应用第二张表上的更新；如果连接企业类型都有改变（如增加、删除、修改），则应在第一张表中选中 B 列，重新在"数据验证"对话框中做出相应的修改。

另外，在第一张表中，如果需要手工输入这些列中的其他信息（如表名、字段名等），则应该在建立分类下拉列表填充项之前输入；否则就再也输入不了了。

 上机题 7

1. 用组合框控件控制图表显示

组合框是 Excel 表格中的一个下拉列表，用户可以在获得的列表中选择项目，选择的项目将出现在上方的文本框中。当需要选择的项目较多时，使用选项按钮进行选择就不合适了，此时可以使用组合框控件进行选择。

请使用组合框控件选择 Excel 图表中需要显示的数据，原始数据如图 7-71 所示。

	A	B	C	D	E	F	G
1		2014年	2015年	2016年	2017年	2018年	2019年
2	青义店	2967	2249	3043	2432	2358	3144
3	龙门店	2752	2130	2778	2448	3060	3400
4	方水店	3400	2839	2523	2142	3351	2381
5	普明店	3318	2482	2561	2927	2853	2859
6	松垭店	2162	3290	2585	2555	3013	3157

图7-71　用组合框控件控制图表显示的原始数据

2．用选项按钮控件控制图表显示

在使用 Excel 创建图表时，经常会遇到图表中存在多个数据系列的情况。当需要一次只显示其中的一个数据系列时，除了可以使用"视图管理器"和筛选功能来实现，还可以通过选项按钮控件来实现。

请使用选项按钮控件选择 Excel 图表中需要显示的数据，原始数据如图 7-72 所示。

	A	B	C
1	数码产品季度销量统计表		
2		智能手机	平板电脑
3	Q1	1508	1207
4	Q2	1439	1509
5	Q3	1543	1333
6	Q4	1411	1265

图7-72　用选项按钮控件控制图表显示的原始数据

3．使用 ActiveX 控件启动宏

在 Excel 中创建的宏实际上是一段程序代码，它是一个 Sub 过程。在工作表中添加 ActiveX 控件后，用户可以在控件的事件过程中输入代码，从而控制宏的启动。

请使用命令按钮控件启动一个宏。

 **课后习题 ⑦**

1．使用列表框控件，依据姓名选择自动突出显示所在行，效果如图 7-73 所示。

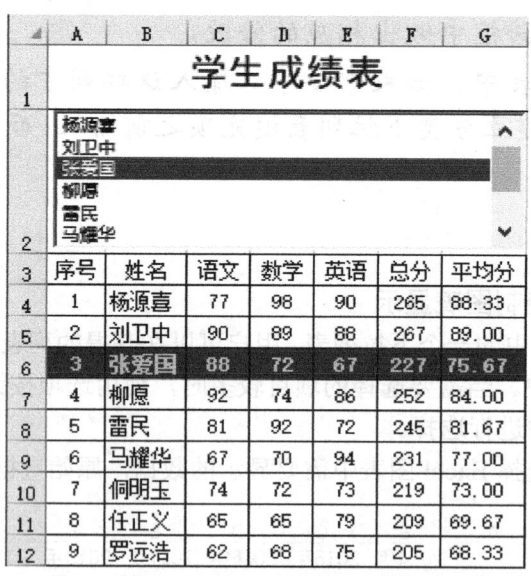

图7-73　列表框控件控制图表显示效果

2．使用滚动条控件实现在 Excel 图表中依次高亮显示数据点，效果如图 7-74 所示。

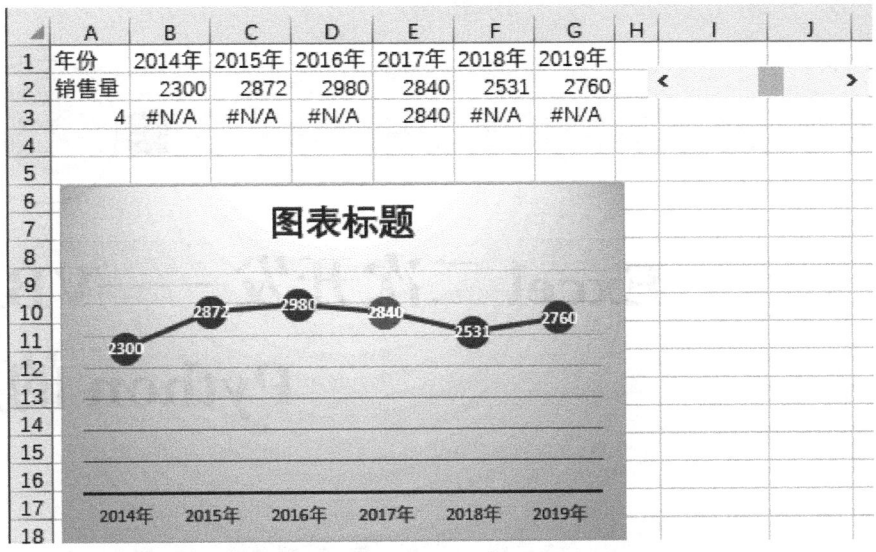

图7-74　使用滚动条控件实现依次高亮显示数据点的效果

3．在 Excel 表中设置两个按钮控件，要求每按一次其中一个按钮，某个单元格内的数值就加 1，以统计按键次数；而每按一次另一个按钮，则对 2 增加一次幂，效果如图 7-75 所示。

4．录制一个宏，通过该宏建立一个完整的空课程表，如图 7-76 所示。

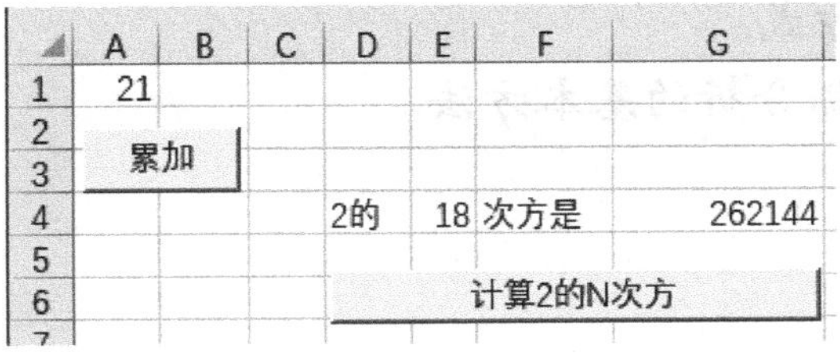

图7-75　用按钮控件实现数据运算的效果

图7-76　通过宏建立一个完整的空课程表
的显示效果

5．自定义以下函数：圆柱体表面积（$2\pi r^2+2\pi rh$）、圆柱体体积（πr^2h）、球体表面积（$4\pi r^2$）、球体体积（$(4/3)\pi r^3$），并分别以"圆柱体计算"和"球体计算"为名将其保存为两个加载项。

Excel 二次开发——VBA 和 Python 的应用

1. 了解 Excel 进行二次开发的含义和主要工具。
2. 了解 VBA 和 Python 的基本语法与开发环境。
3. 了解 Excel 和主要数据库的交互方式。
4. 了解通过 VBA 和 Python 进行数据分析的基本方法。

本章提要

✦ Visual Basic for Applications（VBA）是 Visual Basic 的一种宏语言，主要用来扩展 Windows 的应用程序功能，特别是 Microsoft Office 套件中的各个组件，应用最多的就是 Excel。Excel 具有强大的数据处理和图形转换功能，因而被广泛运用于各行各业，但是这些功能远不能展现 Excel 的真正实力，它除了能实现对数据的存储、处理和管理，还有更多自动化、人性化的操作是一般使用者不知道的。而这些都需要对 Excel 进行二次开发才能得到。因此，本章将对 VBA 进行一个简要介绍。

✦ 近年来，随着 Python 的强势崛起，包括微软在内的多家公司都在开发 Python 对 Excel 的交互操作方法和工具，力图在保持 Excel 方便可视的基础上使其数据分析能力再上一个台阶。因此，本章也会对当前这一热点技术进行简单介绍。

8.1　VBA 初步

要进行 VBA 编程，先要进入 VBA 编程环境。在"开发工具"选项卡中，单击第一个按钮"Visual Basic"，即可进入 VBA 编程环境，如图 8-1 所示。

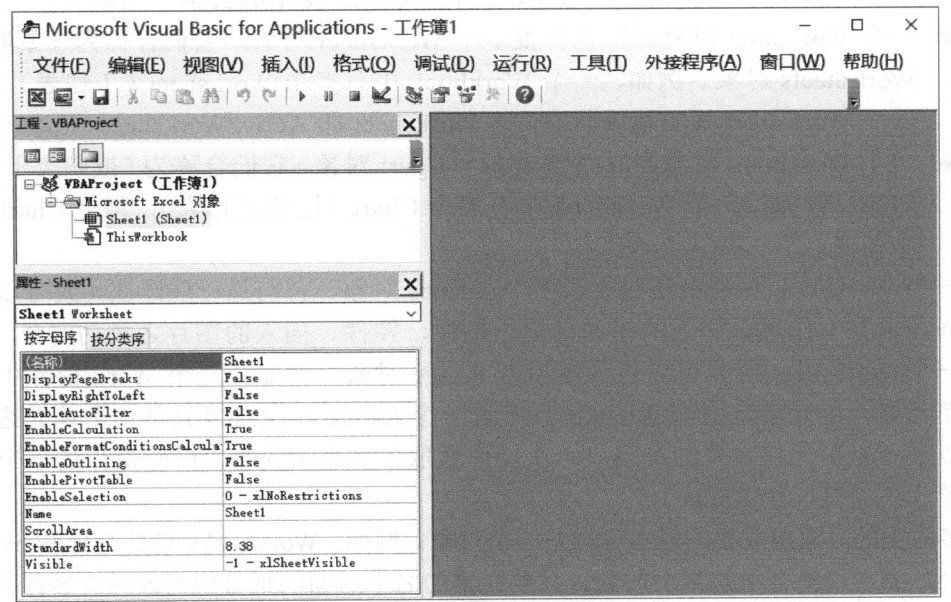

图8-1　VBA 编程环境（VBE）

8.1.1　VBA 编程对象

VB 及其子集 VBA 都是面向对象的语言，因此，要了解 VBA 语法，首先得了解 VBA 编程对象。

1．VBA 对象的构成

对象代表应用程序中的元素，如工作表、单元格、图表或窗体等。Excel 应用程序提供的对象按照层次关系进行排列管理，称为 VBA 对象模型，如图 8-2 所示。

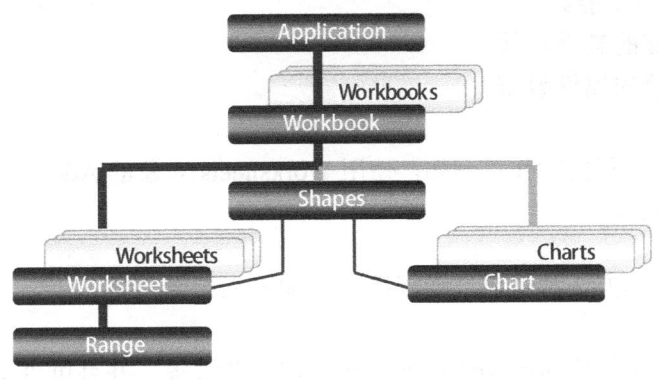

图8-2　VBA 对象模型

- 一个 Excel 程序就是一个 Application 对象，如菜单、工具条等都属于该 Application 对象，如果用户需要自定义工作界面，就是对 Application 对象进行操作。
- 一个 Application 对象可以包含很多个 Workbook 对象，它们合称为（或归类于）Workbooks 对象。例如，用户可以同时打开很多个 Workbook（工作簿），但只有一个 Workbook 处于编辑状态，该 Workbook 即 ActiveWorkbook（活动工作簿）。
  - ◆ 一个 Workbook 对象可以包含很多个 Worksheet 对象，它们合称为（或归类于）Worksheets 对象。例如，一个 Workbook 中有多个 Worksheet（工作表），但只有一个 Worksheet 处于编辑状态，该 Worksheet 即 ActiveWorksheet（活动工作簿）。
  - ◆ 一个 Workbook 对象同时包含很多个 Chart 对象，它们合称为（或归类于）Charts 对象。例如，一个 Workbook 中有多个 Chart（图表工作表），每个 Chart 中有一个图表。
- 一个 Workbook 对象中还包含很多个 Shapes 对象，它们是一些浮在（或可以理解为嵌入于）工作表页面上的诸如标记、批注、控件、插入的图片之类的对象。
- 一个 Worksheet 对象可以包含很多个 Range 对象。例如，一个 Worksheet 中有很多单元格，单元格范围即 Range，只不过一个 Range 对象可以只是一个单元格，也可以是一组单元格，关键看用户一次操作选取多少个单元格，同时操作的一个或一批单元格就是一个 Range。

许多同类的对象组成集，集本身也是一个对象。例如，Workbooks 集是所有 Workbook 对象的集合，要引用集合中的某个对象，只要在集的名字后面的括号中写入对象名称或索引号即可。例如，1 个 Workbooks 集中有 3 个 Workbook（Sheet1、Sheet2、Sheet3），可以使用以下两种方法访问每个 Workbook：

```
Worksheet (1)
```

或

```
Worksheets ("Sheet")
```

2. VBA 对象的要素

（1）属性。

属性用于描述对象的特性，如大小、颜色或屏幕位置；也可用于描述某一方面的行为，如对象是否被激活或是否可见。例如，Range 对象的属性有 Column、Row、Width、Value 等；有些对象的属性本身也是一个对象。Excel 中有很多对象，每个对象都拥有自己的属性集，可以通过 VBA 实现以下功能。

- 检查对象当前的属性设置。
- 更改一个对象的属性设置。

（2）方法。

方法是指对象能执行的动作。例如，使用 Worksheets 对象的 Add 方法，可以添加一个新的工作表，代码如下：

```
Worksheets.Add
```

在代码中，属性和方法都是通过连接符 "." 来和对象连接的。

（3）事件。

事件是一个对象可以辨认的动作，如单击或按下某键等，并且可以指定代码针对此动作做出响应。用户操作、程序代码的执行和系统本身都可以触发相关事件。

8.1.2　VBA 快速上手

1．使用控件实现对表单的操作控制

例 8-1　制作电子版调查问卷。

首先准备原始文件，该文件中预留了一些空白行用于摆放控件；然后将其他所有问题的选项补充完整；最后在"视图"选项卡下取消网格线的显示，即完成了电子问卷的制作，最终效果如图 8-3 所示。

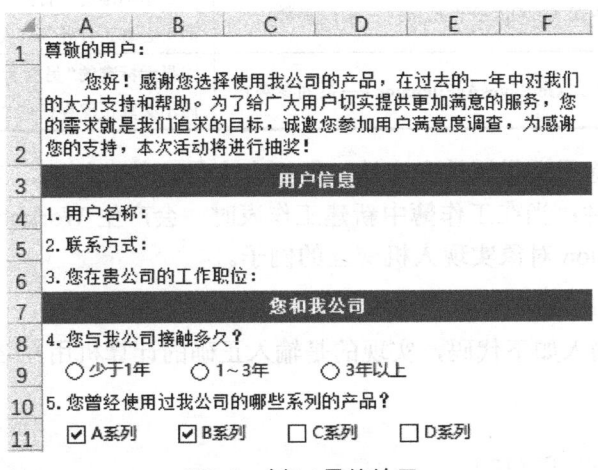

图8-3　例8-1最终效果

2．调用对话框实现内容的输入/输出

Application 对象中有一些属性可以控制 Excel 的外观和状态，它提供的方法可以让用户执行自己需要的功能。另外，Application 对象还有一些专有的成员可配合属性和方法的操作。

（1）Application 对象的属性。

Application 对象有 6 个重要属性，如表 8-1 所示。

表 8-1　Application 对象的 6 个重要属性

属　　性	语法格式	功能说明
ActiveSheet	表达式. ActiveSheet	获得活动工作簿中活动的工作表
Cells	表达式. Cells	返回一个单元格 Range 对象
ScreenUpdating	表达式. ScreenUpdating	更新屏幕
Caption	表达式. Caption	更改 Excel 主窗口的标题栏名称
Interactive	表达式. Interactive	设置 Excel 是否处于交互模式
UserName	表达式. UserName	返回或设置当前用户的名称

表 8-1 中的"表达式"是一个代表 Application 对象的变量。例如，要重新设置标题栏名称为"表格数据处理"，则 Sub 过程中的代码为：

```
Application.Caption = '表格数据处理'
```

程序执行后即可更改标题栏中显示的名称。不过要注意的是，这个名称不是工作簿的名称。

（2）Application 对象的方法。

Application 对象有 4 种方法，每种方法能实现不同的功能，如表 8-2 所示。

表 8-2　Application 对象的 4 种方法

方　　法	语法格式	功能说明
InputBox	表达式. InputBox (一系列参数)	显示一个接收用户输入的对话框，返回此对话框中输入的信息
FindFile	表达式. FindFile (一系列参数)	显示"打开"对话框，并让用户打开一个文件
GetOpenFilename	表达式. GetOpenFilename (一系列参数)	显示标准的"打开"对话框，并获取用户文件名，而不必真正打开任何文件
GetSavesAsFilename	表达式.GetSavesAsFilename (一系列参数)	显示标准的"另存为"对话框，并获取用户文件名，而不必真正保存任何文件

Application 对象除了提供属性和方法，还拥有大量事件。例如，当工作表被激活时，会产生 Sheet Activate 事件；当在工作簿中新建工作表时，会产生 Workbook NewSheet 事件等。下面就是通过 Application 对象实现人机交互的例子。

例 8-2　通过 Application 对象实现人机交互。

首先，在模块中输入如下代码，实现的是输入正确的计算机用户名以修改 Excel 标题栏中的名称：

```
Sub 修改标题栏()
    Dim MyUserName As String
    Dim InputTitle As String
    MyUserName = Application.InputBox("请输入用户名:", "用户验证")

    If MyUserName <> "侗明玉" Then
      MsgBox ("用户名出错，谢谢使用！")                    '退出程序
    End If

    If MyUserName = "侗明玉" Then
      Dim tempmsg As Integer
      tempmsg = MsgBox("需要修改标题栏吗？", vbYesNo, "第一步")
      If tempmsg = vbYes Then
        InputTitle = Application.InputBox("输入新名称：", "第二步")
        If InputTitle <> "" Then
          Application.Caption = InputTitle
          MsgBox ("修改成功！谢谢使用！")
        End If            '此 If 语句块中不设 Else，即只要为空就不操作
      Else
        MsgBox ("取消修改，谢谢使用！")
      End If
    End If
End Sub
```

然后，验证用户名。按 F5 键执行代码，如果代码无误，则会弹出如图 8-4 所示的对话框，用户要在其中输入正确的用户名"侗明玉"。

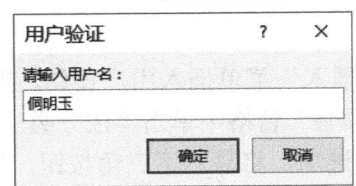

图8-4　例8-2运行过程中弹出的对话框

最后，当用户输入正确的用户名后，单击"确定"按钮，便会进入修改标题栏的第一步，注意此时对话框会出现在 Excel 主界面，如图 8-5 所示。

单击"是"按钮，进入修改标题栏的第二步，可在新弹出的对话框中输入用户需要的名称，并且修改完成后会弹出提示信息，提示用户修改成功。如果此时放弃修改，则会弹出信息框让用户确认已放弃修改。

而如果用户在最初的对话框中未输入正确的用户名，则 Excel 会弹出提示信息，提示用户名出错并退出程序。

修改后的工作簿标题栏效果如图 8-6 所示。

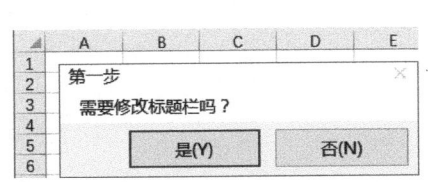

图8-5　例8-2运行过程中弹出的询问对话框

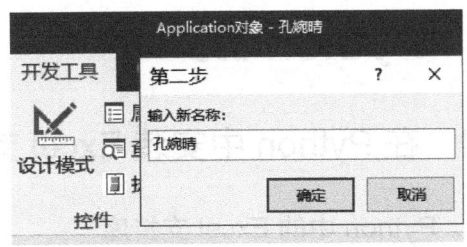

图8-6　修改后的工作簿标题栏效果

3．构建用户窗体，实现人机交互

用户窗体的使用与模块的使用类似，也需要在 VBA 编程环境中执行"插入"→"用户窗体"命令，此时 VBE 会立即弹出一个"UserForm"窗口，一般情况下，还会同时自动弹出设计窗体所需的工具箱，如图 8-7 所示。

用户窗体的各项属性可以按字母或分类进行排序，如图 8-8 所示。

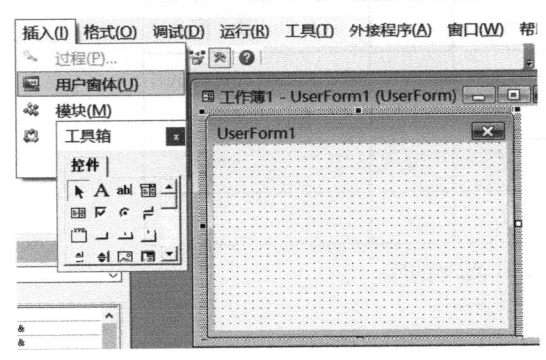

图8-7　用户窗体

图8-8　用户窗体的属性

例8-3 新建一个用户窗体。

第1步，插入模块。通过"插入"菜单插入用户窗体，默认的窗体名称为UserForm1。

第2步，添加滚动条。在"属性"窗格中单击"按分类序"选项卡，设置"滚动"选项组的第1个属性。单击该属性右侧选项，将显示下三角按钮，然后单击该按钮，选择不同的滚动条效果，这里要同时添加水平和垂直滚动条，因此选择第4个选项。

第3步，添加图片并修改窗体名。在"图片"选项组中的Picture属性右侧单击后添加图片，然后在"外观"选项组中修改Caption属性，直接在右侧文本框中输入"我的VBA窗体"。

第4步，运行。修改窗体的属性后，用户窗体会发生相应的改变，此时按F5键运行窗体，会弹出如图8-9所示的窗体。

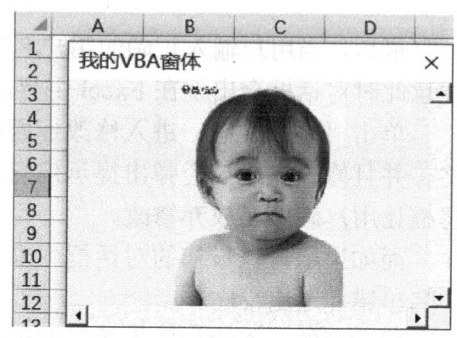

图8-9　例8-3运行结果

8.2 Python 初步

8.2.1 在 Python 中安装 Excel 支持库

1. Python 中的 Excel 支持库

要使用 Python 操作 Excel，必须首先给 Python 添加对 Excel 的支持。平时稍微留意一下，就知道 Excel 文件的后缀有.xls 和.xlsx 两种，而在 Python 语言当中，支持这两种或其中一种的第三方库挺多的，如图 8-10 所示。

包	xls 读	xlsx 读	xls 写	xlsx 写	修改	备注
xlrd	√	√				
xlwt			√		√	
openpyxl		√		√	√	
XlsxWriter				√		
xlutils	√	√	√		√	需要 xlrd/xlwt 配合
pandas	√	√	√	√		需要 xlrd/xlwt/openpyxl /xlsxwriter 配合
xlwings	√	√	√	√	√	
win32com	√	√	√	√	√	

图8-10　几个针对 Excel 读/写的库

2. 安装流程

（1）在线安装。

如何在 Python 中在线安装 Excel 需要的库呢？此处以最简单的 xlrd 和 xlwt 为例进行介绍。

　　打开要安装 Python 的位置，如果不知道，则右击"IDLE"，选择"属性"→"打开文件位置"选项（但如果是 Windows 10 操作系统，则无论在"开始"菜单还是在磁贴上，都应右击图标，在弹出的快捷菜单中选择"更多"→"打开文件位置"选项），如图 8-11 所示。

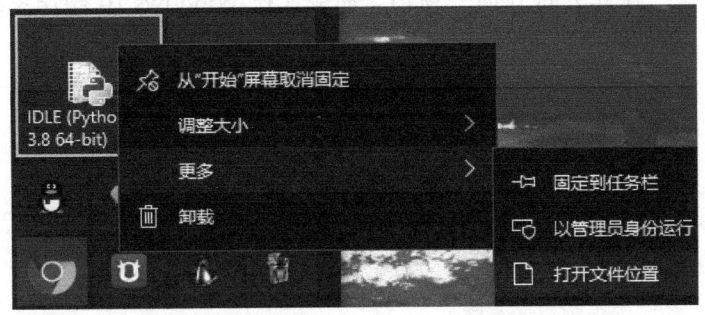

图8-11　在磁贴上选择打开文件位置

　　此时打开的只是快捷方式所在的位置，如图 8-12 所示。

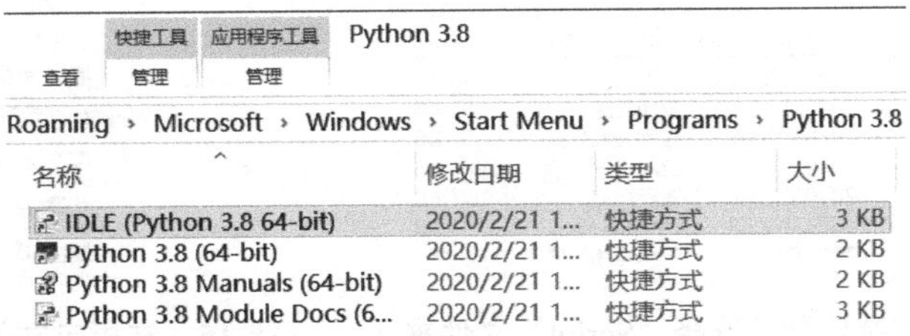

名称	修改日期	类型	大小
IDLE (Python 3.8 64-bit)	2020/2/21 1...	快捷方式	3 KB
Python 3.8 (64-bit)	2020/2/21 1...	快捷方式	2 KB
Python 3.8 Manuals (64-bit)	2020/2/21 1...	快捷方式	2 KB
Python 3.8 Module Docs (6...	2020/2/21 1...	快捷方式	3 KB

图8-12　打开快捷方式所在的位置

　　需要再次右击该快捷方式，在弹出的快捷菜单中选择"属性"选项，在弹出的对话框中单击"打开文件所在的位置"按钮，如图 8-13 所示。

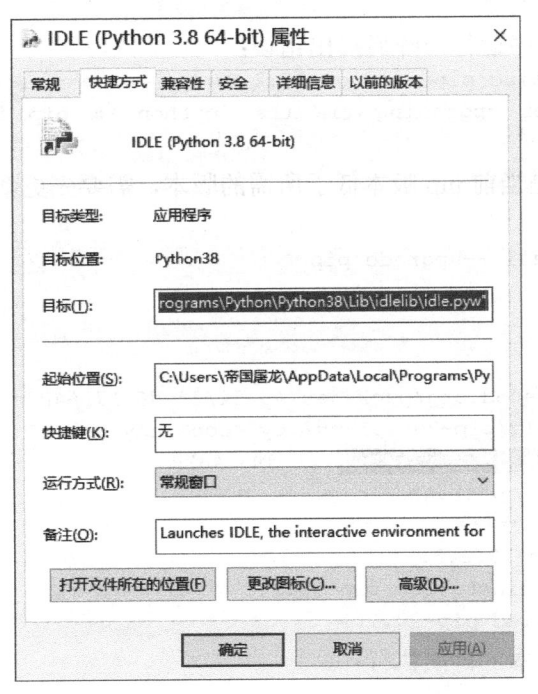

图8-13　再次选择打开文件所在的位置

现在将打开程序文件所在的位置，在当前文件夹中找到"Scripts"文件夹，这就是安装库的地方，如图 8-14 所示。

打开"Scripts"文件夹，按住 Shift 键，同时在文件夹的空白处单击鼠标右键，此时的快捷菜单中将多出一个"在此处打开命令窗口"命令（在 Windows 10 操作系统中是"在此处打开 Powershell 窗口"，如图 8-15 所示）。

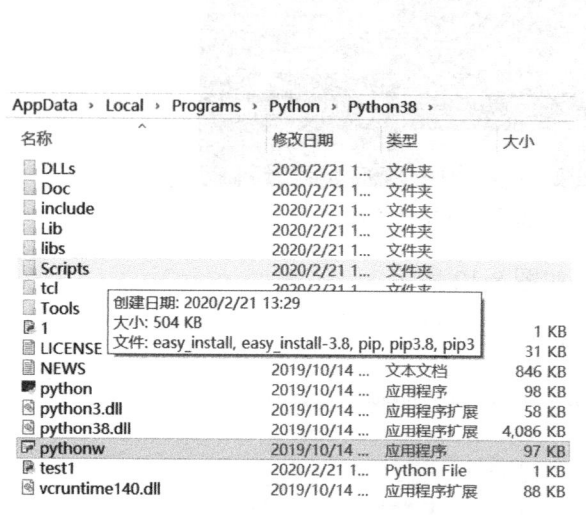

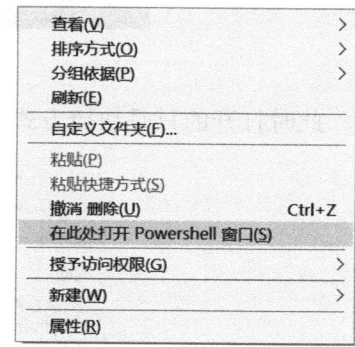

图8-14　打开 Python 安装目录并选择"Script"文件夹　　图8-15　在指定文件夹中打开命令提示符

单击该命令项，直接进入命令提示符界面，且已经 cd 到了当前目录：

```
C:\Users\帝国屠龙\AppData\Local\Programs\Python\Python38\Scripts>
```

现在在此可以安装 Excel 的读出库 xlrd 和写入库 xlwt，首先安装 xlwt，键入：

```
pip install xlwt
```

然后按 Enter 键，程序运行一阵后提出错误：

```
WARNING: You are using pip version 19.2.3, however version 20.1.1 is available.
You should consider upgrading via the 'python -m pip install --upgrade pip'
command.
```

上面的错误的含义是当前 pip 版本低于所需的版本，需要先更新 pip。此时按它给出的命令进行更新，键入：

```
python -m pip install --upgrade pip
```

再次按 Enter 键：

```
Collecting pip
  Downloading
https://files.pythonhosted.org/packages/43/84/23ed6a1796480a6f1a2d38f2802901d07826
6bda38388954d01d3f2e821d/pip-20.1.1-py2.py3-none-any.whl (1.5MB)
     |                                        | 1.5MB 48kB/s
  Installing collected packages: pip
    Found existing installation: pip 19.2.3
    Uninstalling pip-19.2.3:
      Successfully uninstalled pip-19.2.3
  Successfully installed pip-20.1.1
```

说明 pip 已升级到最新版本，再次执行：

```
pip install xlrd
```

安装很快完成，此时进入 IDLE（或在命令提示行中输入"python"后进入 Python 环境），输入 import xlrd，结果如下：

```
>>> import xlrd
>>>
```

此时没有出现出错提示，说明安装成功了。对于其他库，都用同样的方法安装即可。

（2）离线安装。

访问 Python 官方的第三方库：可以下载 xlrd 和 xlwt 的最新版本，本书以 xlrd-1.2.0.tar.gz 和 xlwt-1.3.0.tar.gz 版本为例。下载后，将这两个文件放到某个文件夹中（最好是非 C 盘，并且目录层次应少一些，最好是英文目录，如 E:\Software），解压后，使用 cmd 命令提示符进入以下目录：

```
C:\Users\帝国屠龙>e:
E:\>cd Software\ xlwt-1.3.0\ xlwt-1.3.0
```

然后在当前目录下运行命令：

```
E:\Software\ xlwt-1.3.0\ xlwt-1.3.0> python setup.py install
```

这样瞬间就安装好了。xlrd 的安装也是一样的。

8.2.2　用 Python 完成 Excel 的常用操作

如前所述，Python 操作 Excel 文件的库很多，也很乱，限于篇幅和要求了解的程序，这里主要介绍利用 xlrd 和 xlwt 进行最基本的读/写操作。

（1）使用 xlrd 方法读取 Excel 文件。

步骤 1：安装 xlrd 后，在 PyCharm 客户端输入代码：

```
>>> import xlrd          #导入库
```

步骤 2：在 Excel 中创建数据文件"2020Q1.xlsx"，它有两个工作表："sales"和"price"，如图 8-16 所示。

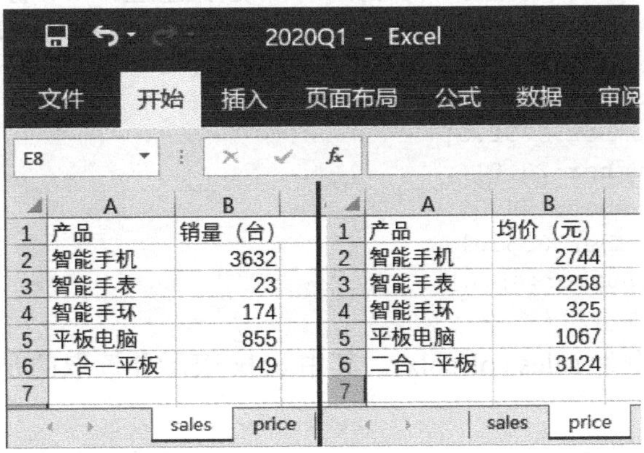

图8-16　Excel 源文件

步骤 3：读取数据文件，并命名为 workbook。

```
>>> import xlrd                #导入库
>>> wb = xlrd.open_workbook("d:/desktop/2020Q1.xlsx")
>>> print(wb)          #也可只写成 wb
<xlrd.book.Book object at 0x0000015A311451F0>
>>>
```

此处需要注意命令中文件地址的写法，目录只能用"/"表示。

步骤4：查看 Excel 文件中工作表的个数及名称。

```
>>> nu = wb.nsheets
>>> na = wb.sheet_names()
>>> print("共有{}个工作表，表名分别是：{}".format(nu,na))#查看工作表的个数和名称
#也可写成 print (f "共有{ nu }个工作表，表名分别是：{ na }")
共有2个工作表，表名分别是：['sales', 'price']
>>>
```

可以看到，本次读取的 Excel 文件有两个工作表，分别是"sales"和"price"。

步骤5：读取其中一个工作表（sales）中的内容（另一个采用同样的操作）。

```
>>> s = wb.sheet_by_name("sales")
#获取 sales 工作表的内容，可写成 wb.sheet_by_index(1)
>>> s                          #也可写成 print(s)
<xlrd.sheet.Sheet object at 0x0000017D0E2CAE50>
>>>
```

步骤6：读取工作表的行数和列数。

```
>>> r=s.nrows                  #获取 sales 工作表中的总行数
>>> c=s.ncols                  #获取 sales 工作表中的总列数
>>> print("工作表 sales 共有{}行{}列".format(r, c))
工作表 sales 共有6行2列
>>>
```

步骤7：读取具体的一列或一行。

读取行的命令为 sales.row(rowx)，其中 rowx 为数字，表示要读取的是第几行。例如，读取第3行：

```
>>> print(s.row(3))
[text:'智能手环', number:174.0]
```

如果要读取所有行，则命令如下：

```
>>> for i in range(r):    #注意：此处按 Enter 键时应按住 Shift 键，否则有些编译器会报错
>>> for i in range(r):    #注意：此处按 Enter 键时应按住 Shift 键，否则有些编译器会报错
...     print(s.row(i))   #按行打印数据。如果在 cmd 中输入命令，则此处需要按一次 Tab 键
...                       #此处需再按一次 Enter 键
[text:'产品', text:'销量（台）']
[text:'智能手机', number:3632.0]
[text:'智能手表', number:23.0]
[text:'智能手环', number:174.0]
[text:'平板电脑', number:855.0]
[text:'二合一平板', number:49.0]
>>>
```

同理，读取列的命令为 sales.col(colx)，其中 colx 表示要读取的是第几列。读取所有列的命令如下：

```
>>> for j in range(c):
...     print(s.col(j))       #按列打印数据
...
[text:'产品', text:'智能手机', text:'智能手表', text:'智能手环', text:'平板电脑',
text:'二合一平板']
[text:'销量（台）', number:3632.0, number:23.0, number:174.0, number:855.0,
number:49.0]
>>>
```

步骤8：读取具体的某个单元格数据。命令 sales.cell(rowx,colx)分别表示读取第几行和第

几列的数据。例如，读取所有单元格的数据：

```
>>> for i in range(r):
...     for j in range(c):
...         print("第{}行第{}列单元格的元素是：{}".format(i+1, j+1, s.cell(i, j)))
...
第1行第1列单元格的元素是：text:'产品'    #也可以写成 s.cell(i,j).value
第1行第2列单元格的元素是：text:'销量（台）'
第2行第1列单元格的元素是：text:'智能手机'
第2行第2列单元格的元素是：number:3632.0
第3行第1列单元格的元素是：text:'智能手表'
第3行第2列单元格的元素是：number:23.0
第4行第1列单元格的元素是：text:'智能手环'
第4行第2列单元格的元素是：number:174.0
第5行第1列单元格的元素是：text:'平板电脑'
第5行第2列单元格的元素是：number:855.0
第6行第1列单元格的元素是：text:'二合一平板'
第6行第2列单元格的元素是：number:49.0
>>>
```

也可以将以上命令全部写在一个 py 文件 read.py 中来执行：

```
import xlrd
wb=xlrd.open_workbook("d:/desktop/2020Q1.xlsx")
print(wb)
nu=wb.nsheets
na=wb.sheet_names()
print(f"共有{nu}个工作表，分别是{na}。")
s=wb.sheet_by_name("sales")
print(s)
r=s.nrows
c=s.ncols
print(f"工作表 sales 共有{r}行{c}列。")
print(s.row(3))
for i in range(r):
    print (s.row(i))
for j in range(c):
    print (s.col(j))
for i in range(r):
    for j in range(c):
        print(f"第{i+1}行第{j+1}列的值是{s.cell(i,j)}。")
```

（2）Python xlwt 写入 Excel 操作。

① 最基础的操作：

```
>>> import xlwt
>>> workbook=xlwt.Workbook(encoding='utf-8')      #创建工作簿并设置编码，注意大写
>>> worksheet=workbook.add_sheet('Sheet_1')       #创建工作表并命名
>>> worksheet.write(1,0,label='品名')             #在第2行第1列输入内容
>>> workbook.save('d:/desktop/2020Q2.xlsx')       #保存为 xlsx 文件
>>> workbook.save('d:/desktop/2020Q2.xls')        #保存为 xls 文件
>>>
```

以上是 xlwt 建立、写入、保存 Excel 文件的最基本步骤，但可以看到，当直接保存为 xlsx 文件时，会弹出错误提示，如图 8-17 所示。

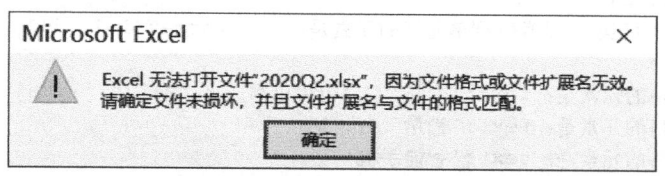

图8-17　保存为 xlsx 文件时提示错误

这是因为 xlwt 无法写入 xlsx 文件，只能写入 xls 文件，不过可以先保存为 xls 文件，再用 Excel 2016 打开（或再另存为新版本）。

后面的操作将不再直接解释执行脚本代码，即不再输入一行代码执行一次，而是将所有代码都输入到源文件后编译执行，可以使用 Python 自带的 ILDE，但建议使用记事本编辑，再使用命令提示行来编译、执行。

② 主要的格式化操作。设置字体和样式：

```
import xlwt                                          # 导入
workbook = xlwt.Workbook(encoding = 'ascii')        #注意大写
worksheet = workbook.add_sheet('本表设置字体样式')
style = xlwt.XFStyle()                              # 初始化样式
font = xlwt.Font()                                  # 以下为样式创建字体对象
font.name = '微软雅黑'                               # 设定字体名称
font.height=20*18                                   # 设定字号为18  注1
font.colour_index=12                                # 设定字体颜色为蓝色  注2
font.bold = True                                    # 粗体
font.underline = True                               # 下画线
font.italic = True                                  # 斜体字
style.font = font                                   # 确定以上设定的样式
worksheet.write(0, 0, '未使用指定样式')              # 未应用指定样式的写入
worksheet.write(1, 0, '使用指定样式', style)         # 应用了指定样式的写入
workbook.save('d:/desktop/test_format.xls')         # 保存该文件为 xls 格式文件
```

注 1：字号以 20 为衡量单位，乘以一个数字，该数字在 Excel 中就是字号。本例中是乘以 18，在生成的 Excel 中的确就是显示为 18 号字。

注 2：字体颜色是以索引值表示的，PythonExcel 使用索引表示 6 位色（64 种颜色），如图 8-18 所示。

其中，前 8 种颜色为基本色，第 9～15 种又重复了这些颜色，因此记住这 8 种颜色就够用了，毕竟 Excel 不是图形处理软件。在这 8 种颜色中，前两种其实不是黑白颜色，而是亮度；中间 3 种（2～4）依次是红、绿、蓝三原色，后面 3 种（5～7）是三原色的两两混色（红绿混成黄、红蓝混成紫、绿蓝混成青）。

上述代码执行后，会在指定文件夹生成一个 test_format.xls 文件，打开后效果如图 8-19 所示。

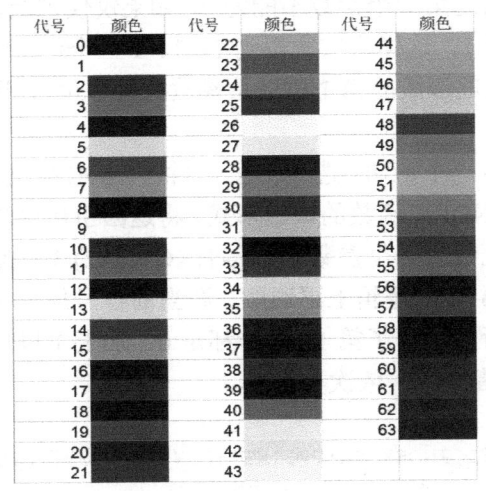

图8-18　PythonExcel 颜色索引值

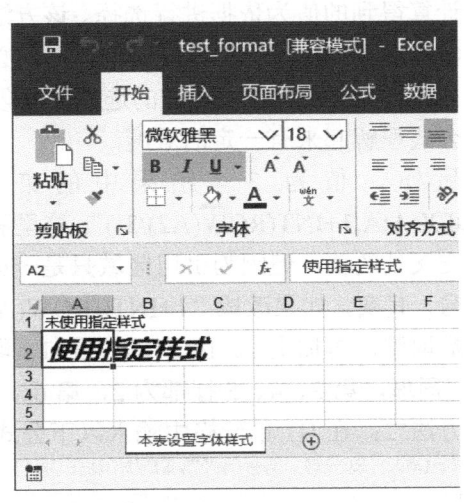

图8-19　PythonExcel 设置字体格式效果

 小技巧

自动生成按每记录行报表

对于如何打印工资条（或成绩条）这样的问题，有不少人采取录制宏或 VBA 的方法来实现，这对于初学者来说有一定的难度。出于此种考虑，在这里给出一种用函数实现的简便方法。

利用 IF 函数（或 CHOOSE 函数）进行分支判断，利用 ROW 和 COLUMN 函数计算行号和列号，结合 INDEX 函数，可以实现复杂的功能。例如，自动生成按"每记录行"的报表，如工资条或成绩条等。工资表原始文件如图 8-20 所示，要求达到的效果如图 8-21 所示。

H	I	J	K	L	M
序号	姓名	基本工资	基本绩效	应发工资	备注
1	张三	2000	336	2336	张三收入
序号	姓名	基本工资	基本绩效	应发工资	备注
2	李四	1800	424	2224	李四收入
序号	姓名	基本工资	基本绩效	应发工资	备注
3	王五	2000	398	2398	王五收入
序号	姓名	基本工资	基本绩效	应发工资	备注
4	赵六	2000	368	2368	赵六收入
序号	姓名	基本工资	基本绩效	应发工资	备注
5	朱七	1500	236	1736	朱七收入
序号	姓名	基本工资	基本绩效	应发工资	备注
6	周八	1800	378	2178	周八收入

▲	A	B	C	D	E	F
1	序号	姓名	基本工资	基本绩效	应发工资	备注
2	1	张三	2000	336	2336	张三收入
3	2	李四	1800	424	2224	李四收入
4	3	王五	2000	398	2398	王五收入
5	4	赵六	2000	368	2368	赵六收入
6	5	朱七	1500	236	1736	朱七收入
7	6	周八	1800	378	2178	周八收入

图8-20　工资表原始文件　　　　图8-21　按"每记录行"分离的工资表效果

方法一：在 H1 单元格中输入以下公式：

```
=CHOOSE(MOD(ROW(A1),3)+1,"",INDEX(A:A,1),INDEX(A:A,1+INT(ROW(A2)/3)))
```

然后分别向右、向下填充至合适的地方即可。

该方法使用 CHOOSE 函数，在"空值""标题行""对应值"3 个选项中。以所在行号的求余计算得到的值为依据进行选择。该方法的重点是第一个参数不能为0，如果仅仅求余，三行一组必然会得出1、2、0三个值，因此必须加上1，这样将依次得到2、3、1三个值；而值为1（结果中的第3行）对应的选项又必须放在选项参数的第1位（总参数的第2位），因此这个公式理解起来有一定的难度。

另外，值为3（结果中的第2行）对应的选项是一个 INDEX 函数"INDEX(A:A,1+INT(ROW(A2)/3))"，这里利用了 INDEX 函数的数组形式，将返回引用区域中行列交叉处的值，但因为引用区域只是一列，因此只有一个参数"1+INT(ROW(A2)/3)"来返回行号，其实，如果改成"1+INT((ROW(A1)+1)/3)"，则逻辑上更通顺，即当前行号加1再除以3后取整，再加上1。由于 INT 是向下取整，所以确定了第1、2行都是0，加上1以后才为1。同理，第3、4、5行都为2，第6、7、8行都为3，依次类推。

方法二：在 H1 单元格中输入以下公式：

```
=IF(MOD(ROW(),3)=0,"",IF(MOD(ROW(),3)=1,A$1,INDEX($A:$F,INT((ROW()+4)/3),COLUMN(A1))))
```

或者另建一张新工作表，在其中的 A1 单元格中输入以下公式：

```
=IF(MOD(ROW(),3)=0,"",IF(MOD(ROW(),3)=1,Sheet1!A$1,INDEX(Sheet1!$A:$F,INT((ROW()+4)/3),COLUMN())))
```

上机题 8

1. 设置用户窗体与 Excel 工作表互动

要求在工作表中建立一个用户窗体，通过该窗体实现与 Excel 工作表中的单元格进行输入/输出互动，并可实现简单的计算。

2. 自动填入时间的签到簿

要求在工作表 A 列输入姓名后，会在 B 列自动填入签到日期和时间，如图 8-22 所示。

3. 个性化的行和列

通过个性化的行和列辅助确认单元格内容，其原始数据如图 8-23 所示。

A	B	C	D	E	F	G	H	I	J	K	L	M
员工编号	姓名	所在部门	性别	入职日期	工龄	一季度销	二季度销	三季度销	四季度销	年度总销	排名	奖金
R1001	杨源喜	销售部	男	2014/7/6	6	15500	15630	22450	9980	63560	16	0
R1002	柳惠	销售部	女	2010/6/23	10	19250	14870	19360	31220	84700	8	1470
R1003	刘卫中	销售部	男	2010/8/1	10	21500	12690	23650	15460	73300	13	330
R1004	张爱国	销售部	男	2012/7/15	8	19630	22450	24780	22510	89370	5	1937
R1005	马羽	销售部	男	2013/7/20	7	21300	21690	26310	20130	89430	3	1943
R1006	雷民	销售部	男	2012/6/28	8	22600	23580	22580	22130	90890	2	2089
R1007	任正义	销售部	男	2011/8/15	9	16540	19630	29460	21450	87080	7	1708
R1008	恫明玉	销售部	女	2010/7/12	10	12300	15880	12560	22690	63430	17	0
R1009	罗远浩	销售部	男	2012/7/4	8	9890	13210	11020	13640	47760	20	0
R1010	马耀华	销售部	男	2010/9/12	10	12450	11200	23620	14780	62050	18	0
R1011	孔婉晴	销售部	女	2013/5/11	7	29400	19450	12410	15460	76720	11	672
R1012	李光东	销售部	男	2012/4/19	8	19630	23690	13640	32450	89410	4	1941
R1013	陈亦民	销售部	男	######	10	21400	28540	28690	10200	88830	6	1883
R1014	何丽佳	销售部	女	######	9	22780	26410	32010	13260	94460	1	2446
R1015	于成甫	销售部	男	2014/5/29	6	19360	19360	22540	11450	72710	14	271
R1016	刘恒非	销售部	男	2015/3/1	5	13260	10200	13640	23140	60240	19	0
R1017	杨韬	销售部	女	2014/6/30	6	18520	15420	12540	25800	72280	15	228
R1018	王飞庆	销售部	女	2014/6/30	6	16830	13690	22140	26430	79090	10	909
R1019	曾东方	销售部	女	2010/4/28	10	14290	14780	17450	28460	74980	12	498
R1020	陈运华	销售部	女	2011/4/17	9	20130	13690	18740	29460	82020	9	1202

图8-22　自动填入日期和时间
的签到簿效果

图8-23　个性化的行和列原始数据

4．利用 VBA 设计一张可回收答案的课程调查表

使用控件收集学生对课程和老师的反馈，并通过代码将反馈意见存储到反馈结果中。要求：调查表运行界面如图 8-24 所示。

填写调查内容并单击"提交"按钮后，将弹出 MsgBox，同时会清空调查表中已填写的数据，如图 8-25 所示。

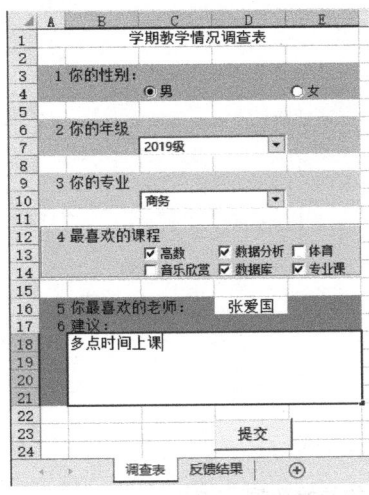

图8-24　调查表运行界面1

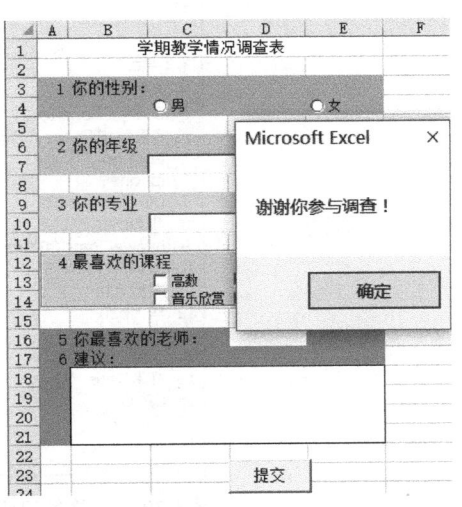

图8-25　调查表运行界面2

反馈结果表中已收集了调查表中提交的信息，如图 8-26 所示。

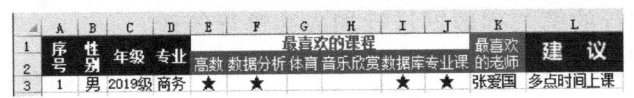

图8-26　反馈结果表

5．用 Python 读取、计算并输出销售数据

已有数据文件 2020Q1.xlsx，有两个工作表"sales""price"，如图 8-27 所示。

请使用 xlrd 读取、统计后写入数据文件"2020Q1total.xls"中，如图 8-28 所示。

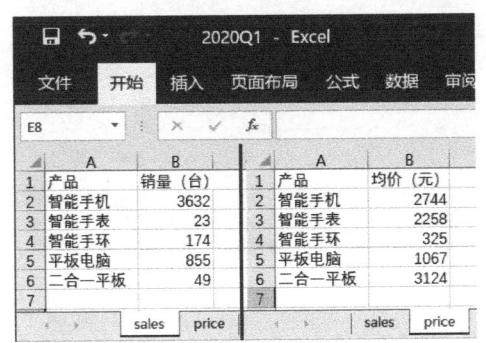

图8-27　需要进行统计的原始销售数据

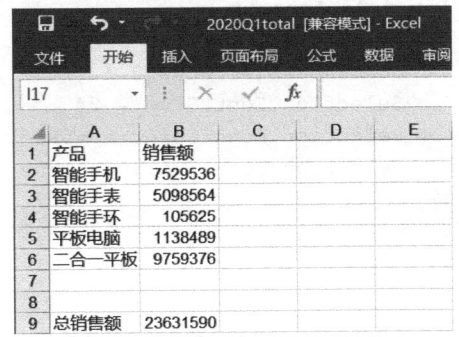

图8-28　统计后生成的汇总数据

6．用 Python 统计品牌销量

在某个项目中，需要对某地智能手机销量按品牌进行统计，可是各门店传回的数据用词

不规范，如图 8-29 所示，同样是 iPhone，却有很多种写法，其他的安卓手机也都有类似的情况，现在需要将这些分散的数据识别出来，并加以统计。

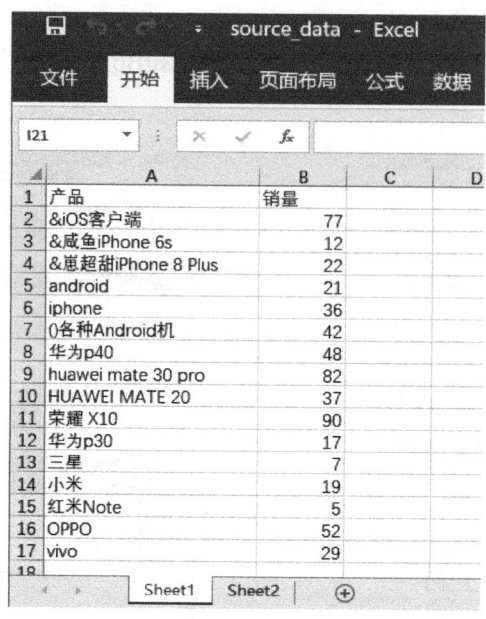

图8-29　汇总各门店得到的不规范的原始数据

要求的具体操作流程如下。

- 用关键字对表内的内容进行查找，结果将包含关键字的行记录。
- 将包含关键字行的第二列数据进行加成并进行统计。
- 将结果输出到新的文档里。

 课后习题 8

1．现有两段 VBA 代码，请逐句分析并写出其含义。

代码 1 如下：

```
Sub 代码1()
    Dim j As Integer
    For j = 1 To 7
        Worksheets(1).Rows(2 * j).Select
        Selection.Font.Size = 24
        Selection.Font.Color = vbRed
        Selection.Font.Italic = True
    Next j
End Sub
```

代码 2 如下：

```
Sub 代码2()
    Dim a As Integer, b As Integer
    Dim s As String
    a = Selection.Rows.Row
    b = Selection.Columns.Column
    n = Selection.Value
    If n <> "VBA" Then
```

```
        Cells(a, b + 1).Value = "我不喜欢" & n
    End If
End Sub
```

2．建立用户窗体，从窗体输入学号、班级、姓名、性别 4 项个人信息，在 Excel 工作表中生成记录行，效果如图 8-30 所示。

图8-30　使用 VBA 制作学生信息输入窗体

要求写出实现代码。

3．用自己的示例更改上机题 2，进一步练习 xlrd 和 xlwt 的用法。

4．现在有一批电商产品及其当日销量的数据，如表 8-3 所示（可自行提供类似的原始数据）。

表 8-3　使用 Python 统计日销量原始数据（局部）

……	
美宝莲（MAYBELLINE）精纯矿物水感亲肤散粉 5.5g(粉底　粉饼　散粉　定妆控油　遮瑕不油腻)	3 421
冰希黎娇之真我 50ml 香水女士持久淡香学生自然清新网红款送小样	3 158
美康粉黛眼线胶笔棕色持久防水不晕染不易脱色初学者大眼定妆自动	2 962
棕色眼线胶笔防水不晕染持久防汗不脱色膏初学者网红内眼线笔铅笔	2 915
美宝莲（MAYBELLINE）绝色持久唇膏雾感哑光系列 R09PM 3.9g	2 656
UKISS 悠珂思粉扑清洗剂 150ml 化妆刷清洗液美妆蛋工具气垫粉年清洁	2 626
美宝莲小金笔　初学者极细防水易画眼线笔液持久浓黑速干不晕染	2 561
Amy/安美四色散粉定妆粉蜜粉控油持久遮瑕防水修容四宫格正品	2 560
火烈鸟丝羽流畅眼线液笔+火烈鸟睫毛膏　防水不晕染初学者彩妆正品	2 556
法国清新自然淡香水 50ml 绿茶持久女士玫瑰栀子桂花男薰衣草学生味	2 511
【6支】口红持久保湿不脱色防水唇膏韩国学生款可爱正品小样套装	2 474
美康粉黛凤羽双头睫毛膏防水纤长卷翘不晕染纤维上下加长浓密黑白	2 473
……	

假定表很长，总共有上万条数据，现在需要使用 Python 统计每个品牌当日的销量，如美宝莲今天总共卖出了多少的商品。另外，还需要统计每个品牌下面的每个子品类当日的销量（品类可分为口红、睫毛膏、粉底等），如卡姿兰口红卖了多少、眉笔卖了多少。

参 考 文 献

[1] 卞诚君，苏婵. 完全掌握 Excel 2016 高效办公[M]. 北京：机械工业出版社，2016.

[2] 盖玲，李捷. Excel 2010 数据处理与分析立体化教程[M]. 北京：人民邮电出版社，2015.

[3] 刘志红. Excel 统计分析与应用[M]. 3 版. 北京：电子工业出版社，2016.

[4] 张岩艳，严晨. 活用 Excel VBA 让你的工作化繁为简[M]. 北京：机械工业出版社，2016.